矢量磁路理论

Vector Magnetic Circuit Theory

程 明 秦 伟 王 政 著

科 学 出 版 社

北 京

内 容 简 介

本书较为系统地介绍了作者团队近年来在矢量磁路理论及应用方面的最新研究成果，内容涉及新型磁路元件——磁感和磁容的定义、磁通相位的定量表征、磁电功率定律、磁通集肤效应、铁磁材料参数计算、时变磁感的电磁感应，以及矢量磁路理论在电机等电磁设备分析、控制中的应用等。本书定义了磁感和磁容，实现了铁磁材料涡流效应和磁滞效应的定量表征，为电磁设备的分析、设计、控制及拓扑创新提供了全新的视角和方法。

本书适合电气工程等相关领域的科研人员和研究生阅读，也可供从事电磁设备研究开发等技术领域的研究人员、工程师与工程管理人员参考。

图书在版编目（CIP）数据

矢量磁路理论 / 程明, 秦伟, 王政著. -- 北京 : 科学出版社, 2024. 12.
ISBN 978-7-03-080442-6

Ⅰ. TM14

中国国家版本馆CIP数据核字第2024510QK3号

责任编辑：朱英彪　纪四稳 / 责任校对：任苗苗
责任印制：肖　兴 / 封面设计：有道文化

科学出版社 出版
北京东黄城根北街 16 号
邮政编码: 100717
http://www.sciencep.com
北京中科印刷有限公司印刷
科学出版社发行　各地新华书店经销
*
2024年12月第　一　版　开本：720 × 1000　1/16
2024年12月第一次印刷　印张：19 3/4
字数：398 000

定价：180.00 元

（如有印装质量问题，我社负责调换）

作 者 简 介

程明，1982年、1987年在南京工学院(现东南大学)获工学学士和工学硕士学位，2001年在香港大学获哲学博士学位；美国电气和电子工程师学会会士(IEEE Fellow)和英国工程技术学会会士(IET Fellow)。现任东南大学首席教授、博士生导师，东南大学风力发电研究中心主任；曾任东南大学电气工程学院院长，美国威斯康星大学麦迪逊分校、丹麦奥尔堡大学、英国阿斯顿大学访问/客座教授；兼任国家自然科学基金委员会专家评审组成员，《电气工程学报》主编、*Chinese Journal of Electrical Engineering* 共同主编，以及 *Energy Conversion and Management*、《中国电机工程学报》、《电工技术学报》等期刊编委，是IEEE工业应用学会和磁学会执委，IEEE IAS/PES南京联合分会创始主席，IEEE工业应用学会杰出讲座学者。

主要研究领域：微特电机、电动车驱动控制、新能源发电技术、伺服电机系统等。主持国家自然科学基金重大项目、原创探索计划项目及其延续资助、重点项目和重大国际(地区)合作研究项目，以及国家973计划、863计划等各类项目60余项；获授权中国发明专利160余件、美国发明专利6件、欧洲发明专利1件；发表学术期刊论文500余篇(SCI收录350余篇)，出版《微特电机及系统》、《可再生能源发电技术》、《电机气隙磁场调制统一理论及应用》、《定子永磁无刷电机——理论、设计与控制》、*General Airgap Field Modulation Theory for Electrical Machines: Principles and Practice* 等专著、教材，以第一完成人获国家技术发明奖二等奖、教育部自然科学奖一等奖、江苏省科学技术奖一等奖、中国机械工业科学技术奖一等奖、江苏省专利发明人奖、IET Achievement Award等；享受国务院政府特殊贡献津贴。

秦伟，2016 年在河南理工大学获电气工程及其自动化学士学位，2019 年在南京理工大学获电力电子与电力传动硕士学位，2024 年在东南大学获电气工程博士学位，现为东南大学电气工程学院至善博士后、助理研究员。

主要从事磁路理论与磁场调制理论方面的研究，主持国家自然科学基金青年科学基金项目，作为项目骨干参与国家自然科学基金重大项目及其课题、原创探索计划项目及其延续资助、联合基金项目、面上项目。以第一作者/第二作者共发表 SCI/EI 论文 14 篇，获授权中国发明专利 12 件、美国发明专利 4 件。曾获硕士研究生国家奖学金、江苏省优秀硕士学术学位论文、2023 MagNet Challenge Honorable Mentions Award 等荣誉。

王政，2000 年、2003 年在东南大学获工学学士和工学硕士学位，2008 年在香港大学获哲学博士学位，2008～2009 年在加拿大瑞尔森大学从事博士后工作，现为东南大学电气工程学院教授、博士生导师。

主要从事电机系统及变流控制方面的研究，近年主持国家重点研发计划课题、国家自然科学基金、江苏省自然科学基金杰出青年基金等各类项目 30 余项；发表国内外期刊论文 150 余篇(SCI 收录 120 余篇)，出版中、英文专著各 1 部；担任 *IEEE Transactions on Industrial Electronics*、*IEEE Transactions on Industry Applications* 等期刊编委。获江苏省科学技术奖一等奖 1 项、中国电工技术学会技术发明奖一等奖 1 项、江苏省研究生教育改革成果一等奖 1 项。获 IET Fellow、IEEE VTS Distinguished Lecturer 等荣誉。

序　一

程时杰

中国科学院院士

华中科技大学教授

磁路理论作为电磁设备的重要分析工具，自 1840 年焦耳首次发现磁阻现象以来，历经了一个半世纪的发展与完善，为变压器、电机等电磁设备的设计与分析提供了重要的理论支撑，为推动电气工程学科的发展做出了重要贡献。

然而，随着电气工程领域向高频、高效、轻量化方向持续发展，传统磁路理论的局限性日益显现。传统理论主要依赖单一的磁阻元件/参数来构造与表征磁路特性，难以全面涵盖现代复杂电磁设备中多维特性和动态行为。例如，对于涡流效应、磁滞效应以及磁路变量的相位关系等复杂现象，传统磁路理论缺乏精确的描述能力，制约了磁路理论的进一步发展与应用。在此背景下，程明教授团队在国家自然科学基金重大项目和原创探索计划项目等支持下，从基础理论入手，积极探索，通过定义新的磁路元件，创新性地提出了一种很有创意的磁路理论。它不仅为电磁设备的磁路设计增添了新的自由度，而且能够同时表征磁通的幅值和相位特性，可实现对涡流、磁滞等电磁现象的定量描述，还通过磁电功率定律建立了磁路功率与电路功率之间的内在联系，为解决长期以来电磁设备设计与分析中的诸多难题提供了一种新的思路。

《矢量磁路理论》一书是作者团队近年所取得的相关成果的提炼和总结，是对磁路理论的丰富和发展。该书内容丰富，创新性强，为新时代电磁设备的设计和性能优化提供了强有力的理论支持和技术工具，也为磁路理论的进一步发展开辟了崭新的研究方向。希望作者团队继续努力，百尺竿头，更进一步，为科学技术进步与社会经济发展做出更大贡献。

程时杰

2024 年 12 月

序　二

胡敏强

南京师范大学教授

电机、变压器是重要的能源动力装备，是电气化的基石。电路理论与磁路理论一起作为重要的分析工具，为电机、变压器等电磁设备的设计、性能评估与优化提供了重要的理论支撑。然而，传统磁路理论仅有单一磁阻元件，不仅导致磁路设计中调控手段单一，而且无法定量表征铁心涡流与磁滞效应及其产生的损耗，更难以描述磁路变量的相位关系等。在磁路理论发展史上，曾有多位学者进行过有益的探索与尝试，但一直未能取得突破性进展，仅有单一磁阻元件的传统磁路理论一直延用至今，已成为现代高速、高频化电磁设备发展的理论瓶颈。

程明教授团队从全新的视角揭示了影响交变磁通幅值和相位的新因素，定义磁路新元件，不仅为电磁设备的磁路设计与调控提供了新手段，而且实现了铁磁材料涡流与磁滞效应等电磁物理现象的参数化定量表征。在此基础上，进一步提出铁心损耗的解析模型，结束了长期以来铁心损耗计算仅依赖斯坦梅茨方程等经验公式的历史。

《矢量磁路理论》一书正是程明教授团队相关成果的集中提炼和总结。该书系统阐述了作者团队近年来在矢量磁路理论及应用方面的最新研究成果，内容涵盖新型磁路元件的定义及构成方法、磁通相位的定量表征、磁电功率定律、磁通集肤效应、铁磁材料参数计算、时变磁感的电磁感应，以及矢量磁路理论在电机等电磁设备分析、设计与控制中的应用等。该书的出版是磁路理论发展的重要里程碑，为磁路理论研究开辟了新方向。

该书内容丰富，条理清晰，自成体系，创新性强，是电气工程领域一部高水平的学术著作。该书的出版对于丰富和发展磁路理论，促进电磁装备的创新发展与技术进步，具有重要的科学意义和工程指导价值。

2024 年 12 月

前　言

磁性是物质具有的一种普遍而重要的属性，磁能生电，电能生磁。法拉第电磁感应定律揭示了磁与电的相互关联性，电学与磁学共同构成了电气工程等学科的理论基础。电磁场理论、电路理论和磁路理论是构建电磁知识体系的重要支柱。磁路理论是一门研究磁路元件特性及磁路拓扑的科学，是电机、变压器等电磁设备的理论基础，是解决复杂电磁问题和优化电磁设备性能的重要分析工具。与电磁场理论相比，磁路理论概念清晰、模型简洁、易于参数化、计算速度快，因此在电机等电磁设备的分析设计中得到了广泛的应用。然而，与电路理论中包含电阻、电感和电容三个无源元件/参数不同，自 1840 年焦耳发现对磁通具有阻碍作用的磁阻以来，传统磁路理论仅有单一磁阻元件/参数，因此难以定量描述和阐释磁路中交变磁通的相位、涡流与磁滞效应及其引起的损耗等电磁现象，制约了其进一步发展和应用。

近年来，作者团队在研究电机气隙磁场调制统一理论的过程中，发现短路线圈不仅会影响磁通的幅值，而且会改变磁通的相位，由此发现了影响交变磁通的新因素，并将其定义为“磁感”(magductance)，实现了对磁通相位的定量表征，并为电磁设备中磁通幅值和相位的调控提供了新途径。由于铁磁材料中的涡流可以等效为闭合线圈，磁感可用于定量表征涡流效应。沿着这一思路，作者团队进一步发现了磁滞效应对磁通的影响规律，并将其定义为“磁容”(hysteretance)。在此基础上，建立了磁电功率定律，提出了涡流损耗和磁滞损耗的解析模型，结束了长期以来铁心损耗计算仅依赖斯坦梅茨(Steinmetz)和贝尔托蒂(Bertotti)等经验公式的历史。为区别于传统的仅有单一磁阻元件/参数的标量磁路理论，将包含磁阻、磁感、磁容三个无源元件/参数，既可表征磁通幅值也可表征磁通相位的磁路理论称为“矢量磁路理论”。

本书是作者团队近年研究成果的提炼和总结。全书共 9 章，第 1 章讨论磁路理论和磁路现象的研究背景与研究现状，介绍全书的总体思路与框架；第 2 章提出磁路元件的定义、构成方法及基本特性等；第 3 章介绍矢量磁路的定律和定理；第 4 章基于矢量磁路理论揭示磁通集肤效应的产生机理；第 5 章介绍硅钢片等不同形状铁磁材料磁路参数的计算方法；第 6 章阐述时变磁感元件的物理规律，即磁电感应定律，分析超导体迈斯纳效应的产生机理；第 7 章介绍矢量磁路理论在电机分析设计中的应用；第 8 章介绍基于矢量磁路理论的电机气隙磁场调制统一理论；第 9 章介绍矢量磁路理论在电机控制中的应用。

本书相关研究工作得到了国家自然科学基金重大项目“高品质伺服电机系统磁场调制理论与设计方法”(51991380)和原创探索计划项目“磁感及其对磁通的调控机理”(52250065)及其延续资助项目“磁感/磁容及其对磁通的调控机理”(52450007)的支持。华北电力大学(保定)朱新凯副教授，以及东南大学博士研究生马钲洲、许芷源、罗哲君、蒋阳、顾珉睿等协助撰写了部分章节的初稿。本书还得到东南大学江苏电机与电力电子联盟(JEMPEL)团队成员的关心和支持。在此，一并表示衷心的感谢。最后要特别感谢中国科学院院士、华中科技大学程时杰教授和教育部高等学校电气类教学指导委员会主任、南京师范大学胡敏强教授在百忙中为本书作序。

由于作者能力和水平有限，且矢量磁路理论仍在不断发展和完善之中，书中难免有不足或疏漏之处，敬望读者不吝赐教，给予批评指正。

程　明

2024 年 12 月于南京四牌楼

目　　录

第1章 绪　论

1.1 磁路的概念、作用与意义

一组闭合的磁力线所经过的全部路径称为磁路。磁路是电机、变压器等电磁装置的重要组成部分。磁路参数的好坏不仅决定了电磁装置的体积、重量，而且严重影响电磁装置的性能，同时也反映了磁性材料被合理利用的程度。要得到好的磁路参数，就要对磁路进行设计、计算与优化。在工程实践中，为了提高效率，减小体积和重量，通常要求电磁装置以较小的励磁磁动势产生较大的磁通，为此，常采用具有高磁导率的铁磁性物质组成特定的闭合结构，人为地构造闭合的磁通路径，使磁通(磁力线)主要集中在这个闭合路径中。因此，实践中多将这种由铁磁性物质为主(有时包括一段或多段空气隙)构成的结构总体称为磁路。

磁路理论是一门研究磁路元件特性以及磁路拓扑的科学，可以视为电磁场理论的一种近似。它是电机、变压器等电磁装置的理论基础，是解决复杂电磁问题和优化电磁装置性能的重要分析工具[1,2]。与电磁场理论相比，磁路理论概念清晰、模型简洁、易于参数化、计算速度较快，并且具备三维建模能力等优点[3,4]。通常情况下，电磁装置参数调整修改时无须构建新的磁路拓扑，只需在原有模型的基础上调整对应的磁阻值即可。因此，磁路理论在电机等电磁装置的分析设计中得到了广泛的应用。

“磁路”一词原是对应“电路”而来的，磁路理论也是由电路理论对偶形成的[4,5]。然而，这种对偶并不是物理本质的，更多的是数学形式上的比拟。虽然磁路和电路在形式上有某些类似之处，但二者之间有着很大的差异。首先，电路中导电材料的电导率一般比周围绝缘材料的电导率大几千亿倍以上，而磁路中导磁材料的磁导率一般比周围空气等非导磁材料的磁导率大几千倍，二者相差甚大[6]。因此，磁路中的漏磁比电路中的漏电现象要显著得多。其次，导体的电阻率本质上是常数，而磁性材料的磁导率则是磁场的非线性函数。另外，电路理论中通常有三种无源元件/参数，即电阻、电感和电容，用于表征电路中阻碍电流流动、电磁感应现象以及电能存储这三种基本属性[7]。一方面，可以利用这三个参数定量表征电路中电压与电流之间的幅值、相位关系以及所产生的有功功率和无功功率；另一方面，在工程实践中，可以通过对三种元件的合理配置，调控电磁装置的性能。

但是，传统磁路理论中仅有磁阻一种元件/参数，通过磁路的欧姆定律，可定量计算磁通与磁动势之间的量值关系，却无法定量表征它们之间的相位，也难以定量描述铁磁材料中普遍存在的涡流效应和磁滞效应及其产生的损耗等，更无法通过不同元件的合理配置来调控电磁装置的性能[8]。正因为这样，磁路理论相对电路理论来说应用较少。例如，在现有的国内外教材中，电机和变压器的分析计算多采用等效电路模型[1,9]。

1.2 磁路理论发展回顾

磁路理论的研究起源于1840年，Joules首次发现磁阻现象，即磁阻对恒定磁通的阻碍作用，并将磁阻称为“magnetic-resistance”[10]。为了更好地区分磁阻与电阻，1880年Heaviside明确了磁阻的概念，并使用“reluctance”代替原有的“magnetic-resistance”[11]。随后，在1873年Rowland提出了磁阻的物理特性，即磁路的欧姆定律[12]，并在1885年和1886年被Hopkinson等[13,14]实验验证。该定律是磁路理论的基础，也是目前理解和分析磁路的主要手段。

磁路理论积淀了悠久而深厚的历史，至今仍然充满着朝气和活力。表1.1呈

表1.1 磁路理论的近代发展概要

年份	磁路理论进展	提出者	国家
1813	证明磁极之间存在恒定磁通[15]	J. C. F. Gauss	德国
1820	发现“电生磁”现象[16]	H. C. Oersted	丹麦
1821	发现“磁动势”存在[15]	A. Ampère	法国
1831	发现“磁生电”现象[17]	M. Faraday	英国
1833	提出“magnetic circuit”[15]	Ritchie	—
1840	发现“磁阻”现象[10]	J. P. Joules	英国
1853	提出“closed magnetic circuit”[18]	A. D. L. Rive	瑞士
1873	提出磁路的欧姆定律，定义“magnetomotive force”[19]	H. A. Rowland	美国
1880	提出用“reluctance”来描述磁阻现象[4,11]	O. Heaviside	英国
1886	推广磁路欧姆定律，提出“*B-H*曲线”[13,14]	J. Hopkinson 等	英国
1886	分析磁阻的串联与并联[15]	G. J. E. Kapp	奥地利，英国
1892	提出“permeance”名词[15,20]	S. P. Thompson	英国
1941	提出变压器等效磁路[4]	H. C. Roters	加拿大
1943	出版第一本磁路学教材[21]	Massachusetts Institute of Technology	美国
1946	定义“vector permeance”及“complex reluctance”[22]	K. A. MacFadyen	英国
1949	分析电路与磁路的对偶性[23]	E. C. Cherry	英国

续表

年份	磁路理论进展	提出者	国家
1967	提出“transferance”元件对应偶电路中的电感[24]	E. R. Laithwaite	英国
1968	提出“magnetic capacitance”磁路模型[25]	C. J. Carpenter	英国
1968	提出“gyrator”，建立磁路与电路的联系[26]	R. W. Buntenbach	美国
1973	提出“基于等效磁路的电机统一理论”[27]	J. Fiennes	英国
1986	提出标量磁网络理论分析传统电机[28,29]	V. Ostović	德国
1993	提出磁性元件“gyrator-capacitor”的建模方法[30]	D. C. Hamill	英国
2000	提出双凸极永磁电机等效磁路模型[3,31]	程明等	中国
2013	提出“leddy”磁路概念表示磁路损耗[32]	I. Boldea	罗马尼亚
2014	结合有限元思想，提出“finite reluctance approach”[33]	C. Bruzzese 等	意大利
2015	提出“mutator”磁路二端口模型[34]	M. Lambert 等	加拿大
2022	发现磁感现象，定义“magductance”磁路元件[35]	程明等	中国
2024	建立包含“磁阻”、“磁感”、“磁容”的矢量磁路理论[36]	程明等	中国

现了磁路理论发展历程中具有代表性的成果或事件。

由表 1.1 可见，在磁路理论的发展历程中，不少学者进行了有益的探索，通过与电路理论的对偶与类比，尝试定义更多磁路参数，以完善和发展磁路理论。

下面介绍在磁路理论发展史上具有一定代表性的三种磁路模型，并进行详细的分析和讨论，以使读者更好地理解磁路理论的研究现状以及面临的瓶颈与挑战。

1.2.1　Hopkinson 磁路模型

Hopkinson 磁路模型是标量磁路理论的根基。为了纪念 Hopkinson 对磁路欧姆定律的推广与应用，称使用标量磁路理论所建立的磁路模型为 Hopkinson 磁路模型[34,37]。作为当前电气工程领域的主要磁路理论，标量磁路理论不仅在科学研究中得到广泛应用[38,39]，还被纳入教材用于教学[2,40]，并成为制定中国标准和国际标准的依据[41,42]。

1. 磁路元件与磁路定律

在标量磁路理论中，仅存在一个磁路元件，即磁阻，长期以来这种设定使得人们普遍认为磁路理论中仅有单一的磁阻元件。标量磁路理论应用过程如图 1.1 所示，图 1.1(a) 为实际应用中的磁路模型，图 1.1(b) 为对应的等效磁路模型。如图 1.1(a) 所示，励磁绕组在磁路上施加的磁动势 $\mathcal{F}(t)$ 在磁路中形成磁通 $\Phi(t)$，磁路中的等效磁阻元件 $\mathcal{R}$ 阻碍磁路中的磁通流通。如图 1.1(b) 所示，磁阻元件 $\mathcal{R}$ 是一种集总参数的双端元件，其物理本质为阻碍磁路中的磁通流通，它不仅阻碍恒定磁通，而且阻碍变化的磁通，其阻碍磁通流动的程度由磁阻值来表征。在实际应用中，任何磁路在一定程度上都具备这种物理特性。对于理想化的磁阻(线性磁阻)，其磁阻值与施加的磁动势和磁通无关，仅取决于磁路的几何形状和制造材料的物理特性[8,28]。

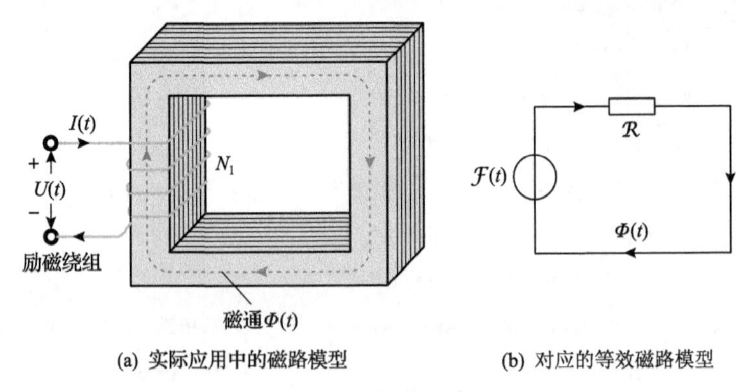

(a) 实际应用中的磁路模型　　(b) 对应的等效磁路模型

图 1.1　标量磁路

图 1.1 中，$U(t)$ 与 $I(t)$ 分别表示磁路的励磁绕组电压与电流，N_1 表示磁路的励磁绕组的匝数。特别地，为了方便区分本书中所出现的磁路变量和电路变量，一般情况下，电路变量采用新罗马(Times New Roman)字体，磁路变量采用卢日查书法(Lucida Calligraphy)字体。

在研究磁路元件时，准确表征磁路元件磁动势 $\mathcal{F}(t)$ 与磁通 $\Phi(t)$ 之间的端口特性至关重要。在不考虑漏磁和磁路饱和的前提下，对于磁阻元件，其端口特性可以由磁路欧姆定律(magnetic circuit Ohm' law, MCOL)来描述[9]：

$$\mathcal{F}(t) = \mathcal{R}\Phi(t) \tag{1.1}$$

当磁路中磁通分布均匀时，磁阻元件 $\mathcal{R}$ 的磁阻值计算公式可表示为[28]

$$\mathcal{R} = \frac{l}{\mu S} \tag{1.2}$$

式中，l 为磁阻元件的等效长度；S 为磁阻元件的有效横截面积；μ 为磁导率，其取决于构成磁阻元件的材料成分、环境温度以及所通入的磁通密度(简称磁密，也称为磁感应强度)。

除了磁路欧姆定律，在标量磁路理论中还包括基尔霍夫磁动势定律(Kirchhoff' magnetomotive force law, KML)和基尔霍夫磁通定律(Kirchhoff' magnetic flux law, KFL)，它们可以分别表示为[8]

$$\sum_{k=1}^{n}\mathcal{F}_k(t) - \sum_{k=1}^{m}\mathcal{R}_k\Phi_k(t) = 0 \tag{1.3}$$

$$\sum_{k=1}^{m}\Phi_k(t)=0 \tag{1.4}$$

式中，$\mathcal{F}_k(t)$ 为磁路中第 k 条支路上的磁动势源；n 为磁路中磁动势源的数目；$\mathcal{R}_k$ 为磁路中第 k 条支路上的等效磁阻；$\Phi_k(t)$ 为流经 $\mathcal{R}_k$ 的磁通；m 为磁路的支路数目。

2. 复数磁导率

在标量磁路理论中，磁阻元件代表的是磁路中存储的无功功率。然而，在实际磁路中，除了无功功率，还存在涡流损耗和磁滞损耗，单一的磁阻元件并不能很好地描述这种情况。为此，1949 年，Cherry 利用 MacFadyen[22]提出的"vector permeance"，在磁路中引入名为"magnetic loss"的变量来表示磁路损耗，如图 1.2(a)所示；用 θ 描述变压器铁心损耗所带来的损耗角，它和磁阻构成了复数形式的磁阻抗，形成有功磁阻 $\mathcal{R}_{\text{real}}$ 和无功磁阻 $\mathcal{R}_{\text{imag}}$，如图 1.2(b)所示[23]。华北电力大学崔翔教授团队曾利用类似概念来研究电力变压器铁心等效模型[43]。

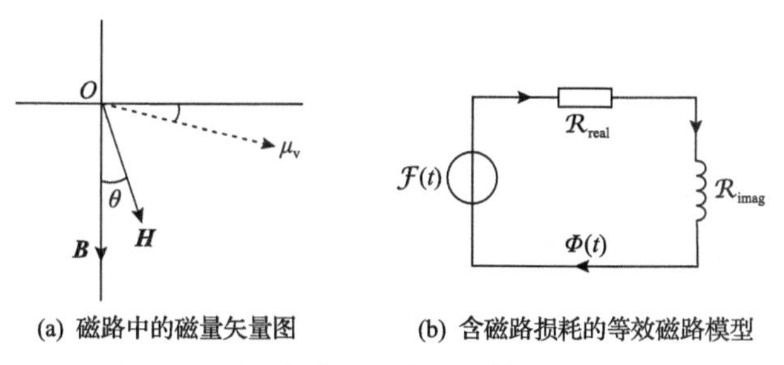

图 1.2 引入复数磁导率后的等效磁路模型

图 1.2(a)中，$\boldsymbol{H}$ 与 $\boldsymbol{B}$ 分别为磁路的磁场强度矢量与磁感应强度矢量，θ 为磁路的损耗角，μ_{v} 为磁路的复数磁导率。

复数磁导率的应用可以为电磁设备的建模分析带来一定的便利，有助于计算磁路中变量之间的相位关系。然而，复数磁导率的引入也引发了新的问题，例如，如何在不同的磁路激励下准确计算复数磁导率？将磁路损耗归因于磁阻的变化是否具备物理意义？1974 年，Stoll 就明确指出，尽管这种计算方法在某种程度上有效，但它仅是一种因人们主观认为磁芯的磁导率发生了变化而采取的计算手段[44]。

3. 标量磁网络模型

在标量磁路模型中，通常采用集总参数和单一支路来描述电磁设备的磁路特性，但这种方法往往无法准确地考虑磁路的非线性特性，如磁路饱和、磁通分布和漏磁，从而可能导致理论计算与实验测量之间存在较大误差。为了更精确地考虑电磁设备中的磁路非线性特性，Ostović[28,29]于1986～1989年将标量磁路理论推广为标量磁网络理论(magnetic network theory, MNT)，用于分析具有非线性特性的永磁电机和感应电机等，拓宽了标量磁路理论的应用领域。该模型首先将电磁设备的磁路分解为多个磁通管，每个磁通管具有独立的磁导率，然后将这些磁通管相互连接，形成一个分布参数磁路网络。通过标量磁网络模型，电磁设备的几何特征被转化为磁路网络分布，从而更好地模拟了电磁设备中复杂的磁场分布和非线性特性。此外，借助标量磁网络模型，还能够准确计算电磁设备内的磁通分布，进而确定各种关键参数，如磁密、磁场强度、磁链和电磁转矩等。

标量磁网络模型可被视为有限元数值模型与等效磁路模型的折中[45]。它具有诸多优点，包括适度的计算复杂度与精度。相对于有限元分析方法，它的几何建模更为简化，但却比典型的等效磁路模型更为精细，很容易扩展成三维模型。同时，漏磁、局部饱和以及谐波效应等复杂的非线性磁路现象可通过磁阻元件包含到标量磁网络模型中。标量磁网络模型的精度取决于模型的复杂度，已被广泛应用于电磁设备的稳态和动态特性分析。标量磁网络模型可以进一步扩展到电磁设备的相互耦合[28]、多相激励[46]和不对称气隙[47]等更多复杂的运行工况。此外，它还可以与其他数值模型或解析模型相结合，形成混合模型，更全面地描述电磁设备的行为。例如，在文献[48]中，饱和的磁阻特性是通过有限元仿真获得的，而定子和转子的磁阻则是基于标量磁网络模型建模得到的。需要说明的是，标量磁网络模型建立的前提是，需要提前设定磁通的流经路径以形成磁通管。因此，在某些情况下，它不可避免地忽略了定子和转子的漏磁和局部饱和等因素[49]。

4. *有限磁阻模型*

有限磁阻法(finite reluctance approach, FRA)采用了有限元数值模型中剖分的思想，无须严格或固定地预先规定磁通路径，可视为标量磁网络模型的进一步发展[33,50]。如图1.3所示，在有限磁阻模型中，电磁设备被划分成离散的网格点，相

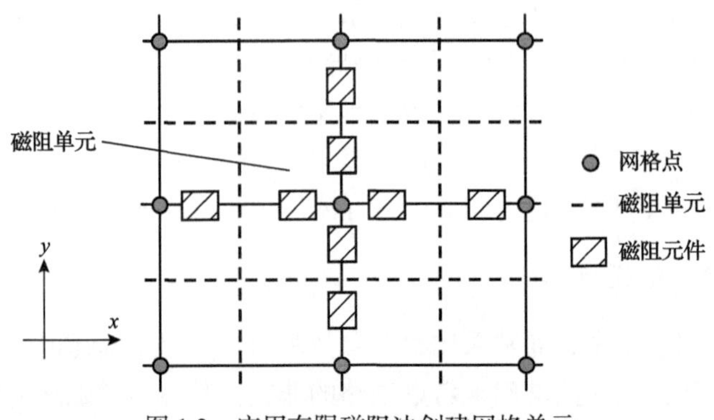

图1.3　应用有限磁阻法创建网格单元

邻网格点之间定义磁阻。在每个网格点周围，定义一个磁阻网格单元，这些单元的形状主要为矩形、曲线矩形或梯形，甚至更复杂的形状如菱形和六边形[51,52]。

与标量磁网络模型不同的是，有限磁阻模型不需要通过预先知道电磁设备内部的磁通路径来建立磁阻网格模型。此外，通过细化网格，可以提高有限磁阻网格模型的精度，但同时也增加了磁网络中的元素数量，从而增加了计算负担和模拟时间。此外，通过沿 z 轴增加两个方向的磁阻元件，可以将二维磁阻元件扩展到三维[53]，实现对电磁设备更加精细的建模。

目前，基于标量磁路理论构建的模型广泛应用于分析各种类型的电磁设备，包括传统电机，如变压器[4]、直流电机[54]、永磁电机[55,56]、感应电机[29]、磁阻电机[49]、直线电机[32,57]等，以及新型电机，如磁场调制电机[38,58]、无刷双馈电机[59,60]、超导电机等[61]。标量磁路理论不仅可用于创建电磁设备的等效磁路集总参数模型，还能够根据电磁设备的磁路拓扑构建二维及三维标量磁网络模型或有限磁阻模型[53,62]。这一理论不仅适用于分析电磁设备的正常运行，还可用于检测设备的故障，如转子偏心[63]、永磁体退磁[64]和绕组匝间短路等[65]。然而，无论是标量磁网络模型还是有限磁阻模型，它们都仅包含磁阻元件，因此难以将涡流等其他磁路效应纳入模型[55,66]。这是因为磁路欧姆定律公式(1.1)仅描述了一个标量的磁动势，没有单独的磁路元件来表示涡流效应和磁滞效应对磁路的影响。

1.2.2 Laithwaite 磁路模型

为了探究变压器二次侧电路元件对所耦合磁路的影响，1967年，Laithwaite[24]采用正交磁阻方法尝试对电路二次侧元件进行建模。首先，将磁路中的磁导率设定为无穷大，即 $\mu=\infty$，由磁阻的计算公式(1.2)可知，磁路的磁阻值趋于零，即

$$\mathcal{R}\to 0 \tag{1.5}$$

因此，磁路中的磁阻所存储的无功功率也趋于零。接着，在磁路中的二次侧接入电阻元件，如图1.4(a)所示。

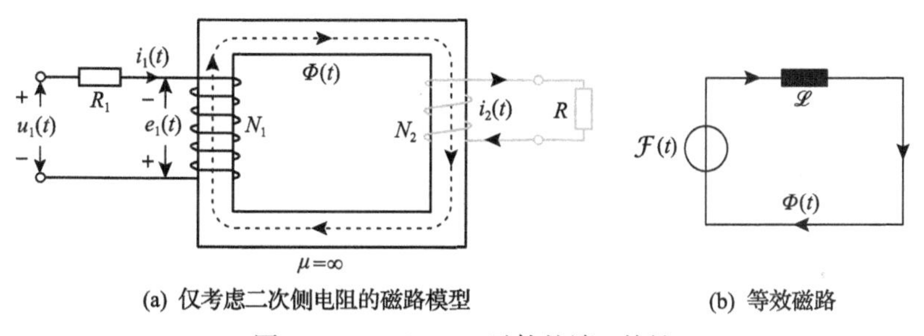

(a) 仅考虑二次侧电阻的磁路模型　　(b) 等效磁路

图 1.4　transferance 元件的端口特性

在不考虑一次侧和二次侧线圈漏磁的前提下，根据磁动势平衡和电动势平衡，可得

$$N_1 i_1(t) + N_2 i_2(t) = 0 \tag{1.6}$$

$$N_2 \frac{\mathrm{d}\Phi(t)}{\mathrm{d}t} + i_2(t) R = 0 \tag{1.7}$$

式中，N_1 为一次侧绕组的匝数；$i_1(t)$ 为一次侧绕组的电流；N_2 为二次侧绕组的匝数；$i_2(t)$ 为二次侧绕组的电流；R 为二次侧绕组的电阻；$\Phi(t)$ 为磁路中的磁通。将式(1.6)代入式(1.7)，可得

$$N_1 i_1(t) = \mathcal{F}(t) = \frac{N_2^2}{R} \frac{\mathrm{d}\Phi(t)}{\mathrm{d}t} \tag{1.8}$$

根据电感 L 与其磁阻 $\mathcal{R}$ 的关系，可得[8]

$$L = \frac{N^2}{\mathcal{R}} \tag{1.9}$$

式中，N 为电感线圈匝数；$\mathcal{R}$ 为电感磁路的磁阻。

使用式(1.8)对偶于式(1.9)所述的电感表达式，对偶出磁路参数 $\mathscr{L}$ 为

$$\mathscr{L} = \frac{N_2^2}{R} \tag{1.10}$$

式中，R 为二次侧绕组的电阻；N_2 为二次侧绕组的匝数。

Laithwaite 将式(1.10)中的 $\mathscr{L}$ 称为“transferance”。将式(1.10)代入式(1.8)，可以得到 transferance 的端口特性，即

$$\mathcal{F}(t) = \mathscr{L} \frac{\mathrm{d}\Phi(t)}{\mathrm{d}t} \tag{1.11}$$

进一步，根据式(1.11)可以得到不考虑磁路磁阻所对应的等效磁路，如图 1.4(b)所示。

考虑磁阻所带来的无功功率时，根据式(1.6)，可得

$$N_1 i_1(t) + N_2 i_2(t) = \mathcal{R}\Phi(t) \tag{1.12}$$

将式(1.12)代入式(1.7)，可得

$$\mathcal{F}(t)=\mathcal{R}\Phi(t)+\mathscr{L}\frac{\mathrm{d}\Phi(t)}{\mathrm{d}t} \tag{1.13}$$

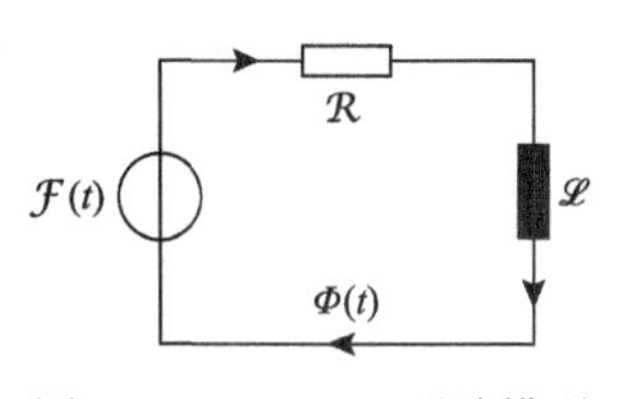

图 1.5　Laithwaite 磁路模型

此时，根据式(1.13)可得到 Laithwaite 磁路模型，如图1.5 所示。在 Laithwaite 磁路模型中，包含两种磁路元件，即磁阻元件 $\mathcal{R}$ 和 transferance 元件$\mathscr{L}$。

此外，Laithwaite 还分析了二次侧绕组中分别接入电感元件、电容元件等电路元件对磁路的影响。Laithwaite 磁路模型在磁路理论的研究中迈出了重要一步，使人们意识到通过调整磁路中的电路元件可以对磁路的运行状态产生影响。然而，这一理论仍然存在一些局限性。首先，transferance 元件是为了表示磁路中的电路元件对磁路的影响而引入的概念性元件。尽管已经提供了 transferance 元件的计算公式和端口特性，但在实际应用中难以确定二次侧线圈的电阻 R 和匝数 N_2。其次，Laithwaite 磁路模型中 transferance 元件仅在数学形式上和电路中电感表现形式对偶，缺少物理内涵，更没有与磁路中的磁阻、涡流和磁滞三个物理属性相联系。因此，依靠 transferance 元件难以与实际的磁路现象建立清晰的联系。最后，在电路理论中电阻元件为耗能元件，而 Laithwaite 磁路模型中磁阻元件为储能元件，两者在能量角度上并没有实现完全对偶[25]。此外，Laithwaite 磁路模型未能揭示 transferance 元件与磁路损耗之间的关系，难以有效表征变压器、感应电机等电磁装备中的磁通相位(即电机学中“铁耗角”)[36]。因此，该建模方法提出至今，除了在高频变压器建模中有少量应用[67,68]，基本未得到进一步的发展与应用。

1.2.3　Buntenbach 磁路模型

在 Laithwaite 磁路模型中，电路理论中电阻元件对应有功功率，而磁路理论中磁阻元件对应无功功率。从功率角度看，Carpenter[25]和 Buntenbach[26]认为 Laithwaite 磁路模型与电路之间并没有形成严格的对偶关系，因此于 1968 年对 Laithwaite 磁路模型进行了修正，提出了 Buntenbach 磁路模型[26]。将磁通的导数 $\mathrm{d}\Phi/\mathrm{d}t$ 定义为磁路中的磁流(magnetic current) $\phi(t)$ [69]，与电路中的电流对偶，即

$$\phi(t)=\frac{\mathrm{d}\Phi(t)}{\mathrm{d}t} \tag{1.14}$$

将磁阻的倒数定义为“magnetic capacitance”，即

$$\ell=\frac{1}{\mathcal{R}} \tag{1.15}$$

式中，$\mathcal{R}$ 为磁路的磁阻。

将“transferance”的倒数定义为“magnetic conductance”，即

$$\mathfrak{C}=1/\mathscr{L} \tag{1.16}$$

将式(1.14)～式(1.16)代入式(1.13)，可得

$$\mathcal{F}(t)=\mathcal{R}\int\phi(t)\mathrm{d}t+\mathscr{L}\phi(t)=\frac{1}{\ell}\int\phi(t)\mathrm{d}t+\phi(t)/\mathfrak{C} \tag{1.17}$$

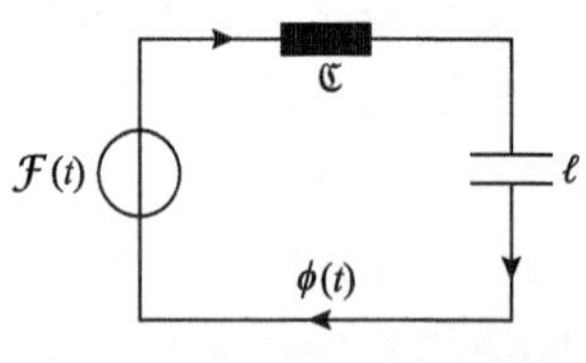

图 1.6　Buntenbach 磁路模型

由此，得到 Buntenbach 磁路模型如图 1.6 所示。容易看出，Buntenbach 磁路模型由 Laithwaite 磁路模型变换而来，它包含了两个磁路元件，即“magnetic capacitance”ℓ和“magnetic conductance”$\mathfrak{C}$。在变换过程中，$1/\mathscr{L}$变换为“magnetic conductance”$\mathfrak{C}$，而$1/\mathcal{R}$变换为“magnetic capacitance”ℓ。在 Buntenbach 磁路模型表达形式中，实部和“magnetic conductance”$\mathfrak{C}$相关，对应磁路中有功功率；虚部和“magnetic capacitance”ℓ有关，对应磁路中存储的无功功率。因此，相较于 Laithwaite 磁路模型，Buntenbach 磁路模型从功率角度上实现了磁路和电路表现形式的对偶。此时，“magnetic capacitance”ℓ的端口特性可以表示为

$$\mathcal{F}(t)=\frac{1}{\ell}\int\phi(t)\mathrm{d}t \tag{1.18}$$

对于 Buntenbach 磁路模型，同样适用基尔霍夫磁动势定律和基尔霍夫磁通定律。此外，Carpenter[25]还提出了适用于 Buntenbach 磁路模型的磁路功率计算方法，可表示为

$$\mathcal{F}(t)\phi(t)=\mathscr{L}\phi^2(t)+\frac{\phi(t)}{\ell}\int\phi(t)\mathrm{d}t^{\text{①}} \tag{1.19}$$

与 Laithwaite 磁路模型相比，Buntenbach 磁路模型的优点在于从功率角度上实现了磁路和电路表现形式的对偶。然而，Buntenbach 磁路模型最显著的缺陷在于其磁路元件已经脱离了实际的物理意义，仅代表一种数学关系而非实际的物理现象。例如，“magnetic conductance”$\mathfrak{C}$不再反映对磁通的阻碍作用，而表示磁路中的有功损耗，从而失去了磁路参数最本质的内涵，并与传统标量磁路理论中磁导的定义(磁阻的倒数)相抵触。在实际应用中难以找到这样的“magnetic conductance”$\mathfrak{C}$元件，同样也无法找到相应的存储磁场能量的“magnetic capacitance”ℓ元件。此外，该模型所表示的有功功率难以与涡流或磁滞损耗相联系。因此，Buntenbach 磁路模型常限

---

① 原文中的公式误为 $\mathcal{F}(t)\phi(t)=\mathscr{L}\phi^2(t)+\frac{\ell}{\phi(t)}\int\phi(t)\mathrm{d}t$，此处已改正。

于对磁性元件的建模分析，难以应用于其他方面[30]。

总结而言，早期的磁路研究倾向于通过与电路模型对偶的方式提出所需的磁路模型，但缺乏对磁路中物理现象的分析与总结。因此，对磁路理论的探索主要局限于电磁设备的等效磁路建模分析。而提出的这些磁路模型由于缺乏清晰的物理意义，以及与标量磁路理论的不兼容等原因，并未得到广泛接受和应用。时至今日，国内外教材[1,2,21,70]、专著[8,28,71]、标准[41,42]等主流文献仍采用包含单一磁阻元件/参数的标量磁路理论。

1.3　磁路现象的研究现状

1.2 节对当前磁路研究中存在的三种磁路模型进行了介绍与回顾。为了能够准确描述磁路的行为及特性，有必要探讨和分析磁路中出现的各种电磁现象，并评估当前这些磁路现象的研究状况。通常，这些磁路现象包括磁芯饱和、磁通泄漏、涡流现象、磁滞现象以及磁路损耗等。考虑到磁芯饱和现象和磁通泄漏现象已经能够通过磁阻元件建模得到有效处理和解决[8,28]，本节将着重介绍磁路的涡流现象、磁滞现象以及磁路损耗的研究现状。

1.3.1　涡流现象

涡流(eddy current, EC)是法国物理学家 Foucault 于 1851 年首次发现的电磁现象[72]。涡流现象作为楞次定律的直接产物，在电磁设备研究中一直具有不可或缺的作用。涡流是源于法拉第电磁感应定律和楞次定律的物理现象，它在导体中感应生成，其主要效果是阻碍导致它产生的磁通变化[73]，如图 1.7 所示。

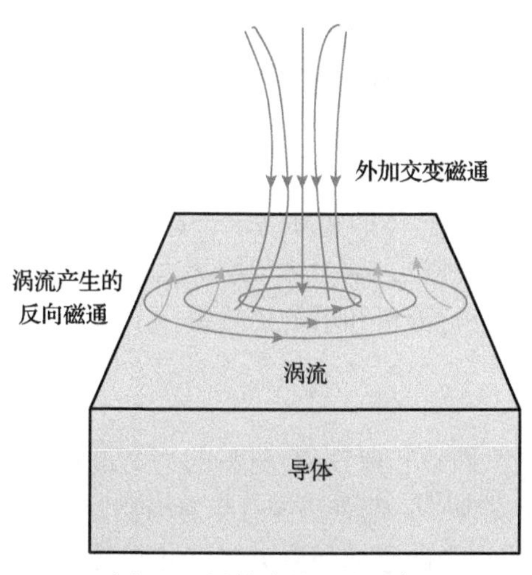

图 1.7　导体中的涡流现象

涡流通常是导体暴露在变化的磁场中时产生的，这种磁场的变化可以是由磁场源和导体之间的相对运动引起的，也可以是由磁场随时间的变化而产生的。当变化的磁场作用于导体时，会在导体内部引发电流的循环流动，这种现象类似于液体中湍流流动所产生的旋涡，因此命名为“涡流”。涡流现象具有多重物理效应，包括以下三个主要方面[44]。

(1)磁效应：涡流会生成自身感应的磁场，以抵消引发涡流的原始磁场。这一性质在涡流制动、裂纹检测等领域有实际应用。

(2)热效应：涡流的循环流动导致其所处的导体发生能量损耗，进而产生热量。该特性在涡流加热的应用中具有重要价值。

(3)力效应：涡流与原始磁场相互作用产生安培力，从而导致机械转矩的产生，这也是感应电机的基本工作原理。

目前，研究涡流现象主要分为两种途径。第一种途径是基于电路理论，侧重于分析涡流现象引起的功率损耗。首先利用磁动势守恒方程和法拉第电磁感应定律，将涡流对电路的影响等效为电路中的电阻元件，然后将其整合到电路方程中，以进行分析和求解[74,75]。

第二种途径是基于电磁场理论，借助麦克斯韦方程和媒介构成方程来研究电磁设备中涡流的分布和强度，如式(1.20)和式(1.21)所示[76,77]：

$$\nabla \cdot \boldsymbol{H} = \boldsymbol{J}_{\mathrm{e}} \tag{1.20}$$

$$\boldsymbol{J}_{\mathrm{e}} = \sigma \boldsymbol{E} \tag{1.21}$$

式中，$\boldsymbol{H}$ 为磁场强度；$\nabla \cdot \boldsymbol{H}$ 为对磁场强度 $\boldsymbol{H}$ 进行散度运算；$\boldsymbol{J}_{\mathrm{e}}$ 为涡流的电流密度；σ 为导体的电导率；$\boldsymbol{E}$ 为导体中的电场强度。

第二种途径主要侧重于优化电磁设备的设计，通过综合考虑涡流现象对电磁设备的影响，最大限度地利用涡流现象以产生积极效应，提升电磁设备的效率与性能。

两种途径各自侧重不同，具有各自的优势。因此，在研究涡流现象及其对电磁设备的影响时，可以根据具体的实际需求选择合适的途径开展分析计算。然而，这两种途径都未涉及磁路理论，缺少表征涡流大小的物理参数。如何利用磁路理论对磁路中的涡流现象进行分析和求解仍然是一个亟待解决的问题[66]。

1.3.2 磁滞现象

磁滞现象是强磁性(铁磁和亚铁磁)材料的一个重要特征，最早由德国物理学家 Warburg 在 1880 年发现[78]。磁滞一词意味着滞后，它描述了磁性物质保持其原本磁性的倾向，具体表现为磁感应强度 B 的变化总是滞后于磁场强度 H 的变化，这种现象即磁滞现象[79]。当磁场从$+H$ 减小到$-H$，再从$-H$ 增加到$+H$ 时，磁感应强度B与磁场强度H的关系表现为一封闭曲线，即磁滞回线，如图1.8所示。值得说明的是，将不同磁场强度条件下各磁滞回线的顶点连接起来，所形成的曲线通常称为基本磁化曲线，又称B-H曲线，如图1.8中虚线所示[1,9]。

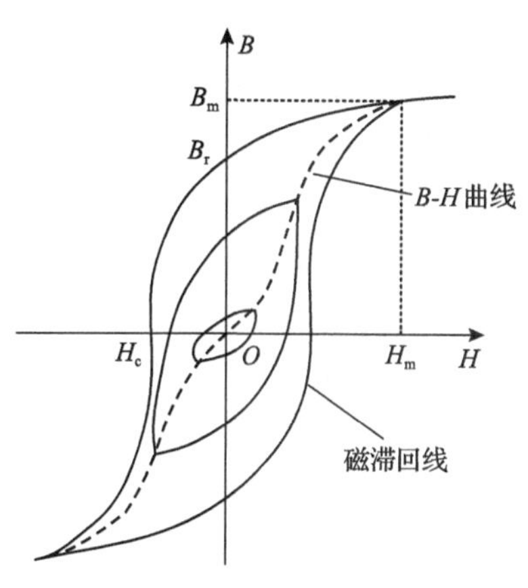

图1.8 磁性材料的磁滞现象

磁滞现象是磁性材料在循环磁化时必然出现的现象，它既有利又有弊。具体来说，磁滞的不利之处在于磁路在反复磁化过程中会伴随磁滞损耗，而这种损耗与磁滞回线的面积成正比。为了减少这种能量损耗，通常需要尽量减小回线的面积[8]。在这个意义上，磁滞可视为衡量能量损失的指标，并且在某些应用中，尤其是需要在磁性材料中进行循环磁化的交变磁场应用中，磁滞现象是不利的，因此需要尽量避免或减小。

然而，对于某些特定情况，磁滞现象或其特性却可以被有意地利用，需要尽量发挥其有益的作用。目前，磁滞现象的应用主要涉及以下四种材料[78]。

(1)永磁材料：指矫顽力B_r高于100Oe(1Oe=1000/(4π)A/m)的磁性材料，可在其构成的磁路气隙中产生恒定的磁场或具有一定的磁矩。永磁材料的主要应用领域包括各种永磁电机、电子器件(如磁控管、行波管、电子束聚焦器等)、电声器件(如扬声器、微音器、受话器等)、测量仪表(如各种磁电式电表、磁强计、转速器等)、控制器件(如断路器、限制开关等)、工业设备(如磁选机、磁耦合器、磁阻尼器等)以及其他器件(如指南针等)。

(2)半永磁材料：指矫顽力B_r在10～250Oe范围内的磁性材料。这类材料需要具有适当高的矫顽力和高滞磁比，既能保持其稳定工作状态，又能够进行磁化和反磁化。半永磁材料的主要应用领域包括磁滞电动机(如电钟、惯性陀螺等，其转矩与磁滞损失成正比)以及各种锁式继电器(如铁磁簧片继电器、剩磁簧片继电器、自持继电器、电话交换器等)。

(3)矩磁材料：指剩磁比高而矫顽力低的软磁材料。这类材料具有两个可显著区分和可快速改变的剩磁状态，具有良好的静态和动态矩磁性。矩磁材料的主要应用领域包括磁存储器件(如电子计算机、脉冲分析仪等)、磁开关器件(如自动控制和手机等)、磁逻辑元件(如电子计算机、自动控制等)以及磁放大器(如伺服器件、测量仪器等)。

(4)磁记录材料：指矫顽力B_r在250～1000Oe范围内的微粉或薄膜磁性材料。这类材料具有记录、存储和再现磁信息的能力。磁记录材料的主要应用领域包括磁记录(如录音、录像和计量等)、磁印刷和磁复制等。

鉴于磁滞现象在实际应用中的重要性以及磁性物理中的复杂性，对其进行的研究一直备受关注并不断深入发展。目前，存在多种用于研究磁性材料磁滞现象的模型，这些模型可根据研究尺度分为三种[80]。

(1) 微观模型：属于自发磁化理论的研究领域，基于原子或电子的相互作用来推导磁滞建模方法，该方法物理含义明晰，但计算复杂，不适用于描述宏观磁性材料的磁滞现象[81]。

(2) 宏观模型：属于应用磁学理论的研究领域，较为经典的是德国物理学家Preisach在1935年提出的Preisaeh磁滞模型[82]。这类模型从纯数学的角度抽象出描述磁滞现象的普适规律，并运用数学公式(如算子)表示磁滞现象中的非线性映射关系。然而，宏观模型通常没有涵盖铁磁材料本身的磁化物理特性，未深入探讨磁化现象的物理基础，也未综合考虑磁滞现象的来源[83]。这些模型主要依赖于大量实验数据，并以经验方式拟合相关参数，从而难以考虑温度、应力等外部因素对磁滞特性的影响。需要说明的是，基于大量实验数据训练的神经网络等磁滞模型能够直接获取磁性材料的磁场强度 H 与磁感应强度 B 之间的关系，因此归属于宏观模型。

(3) 介观模型：属于技术磁化理论的研究领域，位于微观模型和宏观模型之间，用于模拟磁畴空间尺度上的磁化过程，其代表包括由物理学家Jiles和Atherton[84]于1986年提出的J-A标量磁滞模型以及由Stoner和Wohlfarth[85]于1948年提出的S-W矢量磁滞模型等。在介观模型的研究中，可以归结为两种技术路线[86]：一种路线旨在考察磁化过程中的磁滞现象，对其进行辨识和模拟；另一种路线则采用电磁学理论和基本动力学方程，结合有限元等数值方法，刻画磁滞行为的动力学过程。这两种路线各有利弊，前者在数值性能方面表现出色，但无法反映物理过程；后者可以直接揭示磁化过程的动力学机制，但其延展性和数值性能相对较差。

铁磁材料的磁滞特性模拟构成了一个具有复杂性和多重分支的非线性问题。到目前为止，尽管已经提出了多种磁滞与损耗模型和求解方法，但仍然存在一些问题和缺陷，这限制了它们在实际工程中的广泛应用。当前磁性材料的研究焦点主要集中在对磁性材料的磁滞现象和能量损耗特性进行准确且高效的模拟与分析上[79,83]。然而，如何从宏观磁路的角度明确阐述磁滞现象的机理，如何从磁路的角度定量评估和控制磁性材料中的磁滞现象及其带来的效应，特别是磁滞损耗、剩磁效应等问题，仍然需要深入探索。

1.3.3　磁路损耗

在交变磁场作用下，磁性材料在经历周期性磁化过程中伴随能量损耗，导致磁路中产生热量。磁路损耗是指这个过程中磁路在交变磁场作用下产生的各种能量损耗的统称。目前，磁路损耗的计算公式通常建立在一系列实验数据的基础上，以描述磁路损耗与所加激励特征量(如频率 f、磁感应强度 B)之间的数学关系。这些磁路损耗的计算公式主要分为两大类，即 Steinmetz 公式和损耗分离模型[72,87-89]。

1. Steinmetz 公式

最早的磁性材料损耗模型可以追溯到 Steinmetz[90]于 1892 年提出的仅适用于正弦激励的原始 Steinmetz 经验公式(original Steinmetz equation, OSE)。Steinmetz 通过记录和分析实验中单位体积内铁心损耗的变化规律，发现可以将损耗表示为频率 f 与磁感应强度幅值 B_{m} 的简单幂函数，即

$$\mathcal{P} = k \cdot f^{\alpha} \cdot B_{\mathrm{m}}^{\beta} \tag{1.22}$$

式中，B_{m} 为磁路中磁感应强度的幅值；f 为磁路磁源的频率；k、α、β 为与频率 f 无关的系数，需要通过实验数据拟合确定。

为了计算在不同波形非正弦激励下磁性材料的损耗，Reinert 等[91]于 2001 年提出了修正 Steinmetz 公式(modified Steinmetz equation, MSE)。该修正公式中，磁性材料在磁化过程中产生的损耗不仅与 B_{m} 有关，还与磁密变化速率 $\mathrm{d}B/\mathrm{d}t$ 直接相关，继而使用了与单位周期内磁密变化率相关的等效频率 f_{eq}，即

$$\mathcal{P} = \left(k \cdot f_{\mathrm{eq}}^{\alpha-1} \cdot B_{\mathrm{m}}^{\beta}\right) \cdot f \tag{1.23}$$

$$f_{\mathrm{eq}} = \frac{2}{(\Delta B)^2 \pi^2} \int_0^T \left(\frac{\mathrm{d}B}{\mathrm{d}t}\right)^2 \mathrm{d}t \tag{1.24}$$

式中，ΔB 为磁感应强度的峰峰值；T 为磁源的变化周期。

2001 年，Li 等[92]和 Yue 等[93]认为磁性材料的损耗不仅与磁化周期内磁密变化速率 $\mathrm{d}B/\mathrm{d}t$ 有关，还与磁感应强度的瞬时值 $B(t)$ 相关，提出了广义 Steinmetz 公式(generalized Steinmetz equation, GSE)，即

$$\mathcal{P} = \frac{k_1}{T} \int_0^T \left|\frac{\mathrm{d}B}{\mathrm{d}t}\right|^{\alpha} \left|B(t)\right|^{\beta-\alpha} \mathrm{d}t \tag{1.25}$$

$$k_1 = \frac{k}{2^{\beta-\alpha} (2\pi)^{\alpha-1} \int_0^{2\pi} \left|\cos\theta\right|^{\alpha} \mathrm{d}\theta} \tag{1.26}$$

式中，θ 为磁感应强度 $B(t)$ 波形 t 时刻相对于零时刻所变化的相位。

2002 年，Venkatachalam 等[94]认为磁性材料的损耗不仅与磁化周期内磁感应

强度的变化率、瞬态值相关，还与磁化的历史过程有关。进而在此基础上提出了广义 Steinmetz 改进公式(improved generalized Steinmetz equation, IGSE)，将 GSE 中的 $B(t)$ 替换为单位磁化周期内磁感应强度的峰峰值 ΔB，即

$$\mathcal{P}=\frac{k_{\mathrm{i}}}{T}\int_{0}^{T}\left|\frac{\mathrm{d}B}{\mathrm{d}t}\right|^{\alpha}\left|\Delta B\right|^{\beta-\alpha}\mathrm{d}t \tag{1.27}$$

$$k_{\mathrm{i}}=\frac{k}{2^{\beta-\alpha}(2\pi)^{\alpha-1}\int_{0}^{2\pi}\left|\cos\theta\right|^{\alpha}\mathrm{d}\theta} \tag{1.28}$$

式中，k_{i} 为磁性材料的修正参数。

2012 年，Muhlethaler 等[95]通过引入额外的材料修正系数并考虑了方波激励在零电压区间内产生的弛豫损耗，提出了更为广义的 Steinmetz 进一步改进公式(improved-improved generalized Steinmetz equation, I^{2}GSE)，即

$$\mathcal{P}=\frac{1}{T}\int_{0}^{T}k_{\mathrm{i}}\left|\frac{\mathrm{d}B}{\mathrm{d}t}\right|^{\alpha}\left|\Delta B\right|^{\beta-\alpha}\mathrm{d}t+\sum_{l=1}^{n}Q_{\mathrm{r}l}P_{\mathrm{r}l} \tag{1.29}$$

$$P_{\mathrm{r}l}=\frac{1}{T}k_{\mathrm{r}}\left|\frac{\mathrm{d}B(t_{-})}{\mathrm{d}t}\right|^{\alpha_{\mathrm{r}}}(\Delta B)^{\beta_{\mathrm{r}}}\left(1-\mathrm{e}^{-\frac{t_{1}}{\tau}}\right) \tag{1.30}$$

$$Q_{\mathrm{r}l}=\mathrm{e}^{-q_{\mathrm{r}}\left|\frac{\mathrm{d}B(t_{+})/\mathrm{d}t}{\mathrm{d}B(t_{-})/\mathrm{d}t}\right|} \tag{1.31}$$

式中，k_{r}、α_{r}、β_{r}、q_{r}、τ 为磁性材料的修正参数。

尽管上述改进方法有效提高了 Steinmetz 公式在各种激励下的适用性，但不可避免地增加了数学复杂性。Steinmetz 公式及其各种改进版本因其形式简单、参数易得以及应用方便等优势，在实际工程领域中得到广泛应用。然而，Steinmetz 公式本质上是基于大量数据拟合得到的经验公式，缺乏明确的物理内涵。此外，Steinmetz 系数受激励频率影响明显，当用于宽频磁路损耗计算时，需先进行大量实验，极大地降低了其应用的简便性。

2. 损耗分离模型

与 Steinmetz 公式相比，损耗分离模型融合了实验数据拟合和磁路损耗的物理机制。早在 1924 年，Jordan[96]提出将磁路损耗分为两个部分，即磁滞损耗和涡流损耗：

$$\mathcal{P}=P^{(\mathrm{hyst})}+P^{(\mathrm{dyn})}=k_{\mathrm{h}}fB_{\mathrm{m}}^{2}+k_{\mathrm{e}}f^{2}B_{\mathrm{m}}^{2} \tag{1.32}$$

式中，$P^{(\mathrm{hyst})}$为磁滞损耗；$P^{(\mathrm{dyn})}$为涡流损耗；k_{h}为磁滞损耗系数；k_{e}为涡流损耗系数或动态损耗系数。

然而，由于式(1.32)过于粗略简化，通常发现使用这种方法计算的损耗结果与实验测试结果存在较大差异。因此，引入了剩余损耗的概念来解释这种差异，即[97]

$$\mathcal{P}=P^{(\mathrm{hyst})}+P^{(\mathrm{eddy})}+P^{(\mathrm{exc})} \tag{1.33}$$

式中，$P^{(\mathrm{eddy})}$为涡流损耗；$P^{(\mathrm{exc})}$为剩余损耗。

然而，如何准确计算剩余损耗一直没有明确答案。直到 1988 年，Bertotti[97]通过深入分析磁性材料的磁畴结构、磁畴壁的运动规律，结合统计学理论，提出了一种损耗分离模型。他认为磁路损耗主要由三部分组成，即磁滞损耗、涡流损耗和剩余损耗：

$$\mathcal{P}=k_{\mathrm{h}}fB_{\mathrm{m}}^{2}+k_{\mathrm{e}}f^{2}B_{\mathrm{m}}^{2}+k_{\mathrm{a}}f^{1.5}B_{\mathrm{m}}^{1.5} \tag{1.34}$$

式中，k_{a}为剩余损耗系数。

1992 年，Atallah 等[98]进一步给出了硅钢片叠压的磁路中的损耗分离模型：

$$\mathcal{P}=k_{\mathrm{h}}fB_{\mathrm{m}}^{\alpha}+\frac{\sigma w^{2}}{12}\frac{1}{T}\int_{0}^{T}\left(\frac{\mathrm{d}B}{\mathrm{d}t}\right)^{2}\mathrm{d}t+\frac{k_{\mathrm{a}}}{T}\int_{0}^{T}\left|\frac{\mathrm{d}B}{\mathrm{d}t}\right|^{1.5}\mathrm{d}t \tag{1.35}$$

式中，σ为硅钢片的电导率；w为硅钢片的厚度。

综上所述，尽管现有的损耗分离模型在形式上与 Steinmetz 公式一样简洁，但它们同样缺乏牢固的物理基础，本质上都属于经验公式，仍需要通过大量的实验测量数据来拟合确定模型中的参数。无论是各种 Steinmetz 公式还是损耗分离模型，随着模型数学复杂性的提升以及拟合参数的增加，理论计算逐渐接近实际测量数据，这一进展主要得益于计算机计算速度和拟合能力的提升，但并未给出更深刻的物理意义上的解释。因此，一个重要的问题仍然摆在我们面前，即各个公式中的每一项的物理意义是什么，以及如何从基本磁路理论中推导出每一项损耗的方程，从而揭示每一项损耗的物理本质。这些问题仍然需要进一步研究和解决。

1.4　本书的总体思路与基本框架

1.4.1　本书的总体思路

近年来，作者团队在开展电机气隙磁场调制统一理论(general airgap field modulation theory, GAFMT)等相关研究过程中[99,100]，揭示出感应电机中交变磁通存在两种不同的调制作用，一种是磁阻调制，另一种是闭合导电线圈(鼠笼绕组)调制。与磁阻调制不同，闭合导电线圈所产生的调制作用不仅影响磁通的幅值，还影响磁通的相位。虽然楞次定律定性地描述了闭合导电线圈对交变磁通产生阻碍作用，但其阻碍作用的强弱如何表征，与什么因素有关，一直缺少定量的表征参数。

为此，我们从闭合导电线圈对交变磁通的幅值和相位产生影响这一本质属性出发，将单位磁通所产生的电荷链定义为一个新磁路元件，即“磁感”(magnetic-inductance)，为避免与电感(inductance)产生混淆，将该新磁路元件的英文名称命名为“magductance”，从而实现了楞次定律的定量表征[35,101]。依据楞次定律的作用规律，推导并定义了非时变磁感元件的表达式[35]。磁性材料中的涡流可等效为闭合导电线圈，即可以用等效磁感表示。由磁阻、磁感构成的磁路理论，既可以定量表征磁路中磁动势与磁通之间的幅值关系，也可以表征两者之间的相位关系，而且还有效表征了磁动势与磁通之间的动态变化关系。为了与传统的标量磁路理论相区别，参考电机理论中磁链(或电压、电流)空间矢量的大小和方向代表磁链(或电压、电流)幅值和相位角等相关概念[22,71,102,103]，将既可表征磁通幅值也可表征磁通相位的磁路理论称为“矢量磁路理论”。矢量磁路(vector magnetic circuit，VMC)理论有助于对磁通幅值和相位进行分析[104]。此外，基于矢量磁路理论，提出了磁电功率定律[35,105]，解决了长期以来无法通过磁通等变量直接求解电磁设备功率的难题[106]，为磁路功率的计算提供了快速简便的手段。

同样重要的是，在磁感定义的基础上，作者团队提出了磁感元件的构建方法[36,107]，为在工程实践中引入磁感来主动调控磁通的大小与相位奠定了基础，也为电机、变压器等电磁装置的设计、优化等提供了新的自由度[108]。

在磁感思想基础上，作者团队进一步深入分析了磁滞效应对磁路中磁通与磁动势的影响，定义了一个全新的磁路参数来定量表征磁滞效应，由于这个参数在数学表达形式上与电路中的电容有某些类似，但又考虑到磁滞效应导致磁通滞后于磁动势不同于电容导致电流超前于电压，并且在磁路中也不存在“磁荷”，故将它命名为“虚拟磁容”[36]。在英文名称上，为区别于 Buntenbach 磁路模型中的“magnetic capacitance”，将其命名为“hysteretance”。不过，为语言表达简洁，本书中将“虚拟磁容”简称为“磁容”，希望读者注意其含义，不要与“电容”之间产生过多的联想。

1.4.2 本书的基本框架

自磁感概念提出以来，作者团队已在国内外学术期刊和国际会议发表相关论文 20 余篇，申请发明专利近 20 项，其中已授权中国发明专利 5 项、美国专利 4 项，内容涉及磁路参数的概念与定义、矢量磁路理论及其在电机等电磁设备分析设计与控制中的应用等。为了较为系统全面地呈现矢量磁路理论及其应用方法，特将相关研究成果整理成书，希望起到抛砖引玉的效果，吸引更多同行学者的关注和参与，共同促进磁路理论的发展，丰富电磁学理论，推动电机等电磁设备的创新发展。

本书在定义磁感、磁容等磁路元件的基础上，建立矢量磁路模型，分析认证矢量磁路所遵循的定律和定理，利用矢量磁路理论分析铁磁材料的特性，探讨不同磁路形态下的磁阻、磁感、磁容等参数计算方法，揭示时变磁感的电磁感应现象并分析超导体的特性，最后介绍矢量磁路理论在电机设计、分析与控制中的应用。本书总体框架如下：

第 1 章通过回顾磁路理论的发展历史，分析传统磁路理论的局限性，阐明建立矢量磁路理论的初衷和必要性。

第 2 章定义磁感、磁容、磁阻三种基本磁路元件，并提出基本磁路元件的构建方法，建立矢量磁路模型，对磁化效应、涡流效应和磁滞效应进行定量表征。

第 3 章推导矢量磁路理论遵循的主要定律和定理，提出磁电功率定律，证明矢量磁路理论与传统电磁理论的兼容性。

第 4 章利用矢量磁路理论分析揭示铁磁材料中磁通集肤效应现象及其机理，为铁磁材料磁路参数计算与建模奠定基础。

第 5 章介绍不同成分、不同形状的磁性材料(如硅钢片等)的磁阻、磁感和磁容的计算方法，为矢量磁路理论在电机等电磁设备分析计算中的应用奠定基础。

第 6 章揭示在恒定磁通下磁感时变所产生的电磁感应现象，分析其机理，通过闭合超导线圈加以实验验证，并进一步分析超导体的迈斯纳效应。

第 7 章介绍矢量磁路理论在电机分析设计中的应用，包括变压器和感应电机的等效矢量磁路分析、磁场调制电机的矢量磁网络模型等。

第 8 章介绍矢量磁路理论在电机气隙磁场调制理论中的应用，构建磁感、磁容调制算子，分析磁感导致的磁通相位偏移及补偿方法，总结调制器的调制模态特征及应用方法等。

第 9 章介绍矢量磁路理论在电机控制中的应用，建立计及铁心涡流反作用的永磁电机控制数学模型，并用于预测控制和无位置传感器控制，探讨基于磁感凸性的磁通切换永磁电机的无位置传感器控制等。

参考文献

[1] 汤蕴璆. 电机学[M]. 4 版. 北京: 机械工业出版社, 2011.

[2] 赵凯华, 陈熙谋. 电磁学[M]. 4 版. 北京: 高等教育出版社, 2018.

[3] Cheng M, Chau K T, Chan C C, et al. Nonlinear varying-network magnetic circuit analysis for doubly salient permanent magnet motors[J]. IEEE Transactions on Magnetics, 2000, 36(1): 339-348.

[4] Roters H C. Electromagnetic Devices[M]. New York: Wiley, 1941.

[5] 胡敏强, 黄学良, 黄允凯, 等. 电机学[M]. 3 版. 北京: 中国电力出版社, 2014.
[6] 邱关源, 罗先觉. 电路[M]. 6 版. 北京: 高等教育出版社, 2022.
[7] Mayergoyz I D, Lawson W. Basic Electric Circuit Theory: A One-Semester Text[M]. Cambridge: Academic Press, 1996.
[8] Kazimierczuk M K. High-frequency Magnetic Components[M]. 2nd ed. New York: Wiley, 2014.
[9] Sahdev S K. Electrical Machines[M]. Cambridge: Cambridge University Press, 2018.
[10] Joules J P. The Scientific Papers of James Prescott Joule, Volume 1[M]. Cambridge: Cambridge University Press, 2011.
[11] Heaviside O. Electrical Papers, Volume II[M]. Cambridge: Macmillan and Company, 1894.
[12] Miller J D. Rowland's magnetic analogy to Ohm's law[J]. ISIS, 1975, 66(2): 230-241.
[13] Hopkinson J. Magnetisation of iron[J]. Philosophical Transactions of the Royal Society of London, 1885, 176: 455-469.
[14] Hopkinson J, Hopkinson E. Dynamo-electric machinery[J]. Philosophical Transactions of the Royal Society of London, 1886, 177: 331-358.
[15] Douglas J F H. The reluctance of some irregular magnetic fields[J]. Transactions of the American Institute of Electrical Engineers, 1915, XXXIV(1): 1067-1134.
[16] Oersted H C. Experiments on the effect of a current of electricity on the magnetic needle[J]. Annals of Philosophy, 1820, 16: 273-277.
[17] Faraday M. Experimental Researches in Electricity, Volume 3[M]. Cambridge: Cambridge University Press, 2012.
[18] Auguste D L R. A Treatise on Electricity: In Theory and Practice[M]. London: Longman, Brown, Green, and Longmans, 1853.
[19] Rowland H A. On the general equations of electro-magnetic action, with application to a new theory of magnetic attractions, and to the theory of the magnetic rotation of the plane of polarization of light[J]. American Journal of Mathematics, 1880, 3(1): 89-96.
[20] Thompson S P. Dynamo-electricity Machinery: A Manual for Students of Electrotechnics[M]. Cambridge: Cambridge University Press, 2011.
[21] Members of the Staff of the Department of Electrical Engineering, Massachusetts Institute of Technology. Magnetic Circuits and Transformers[M]. New York: Wiley, 1943.
[22] MacFadyen K A. Vector permeability[J]. Journal of the Institution of Electrical Engineers, 1947, 94(32): 407-414.
[23] Cherry E C. The duality between interlinked electric and magnetic circuits and the formation of transformer equivalent circuits[J]. Proceedings of the Physical Society, Section B, 1949, 62(2): 101-111.
[24] Laithwaite E R. Magnetic equivalent circuits for electrical machines[J]. Proceedings of the

Institution of Electrical Engineers, 1967, 114(11): 1805-1809.

[25] Carpenter C J. Magnetic equivalent circuits[J]. Proceedings of the Institution of Electrical Engineers, 1968, 115(10): 1503-1511.

[26] Buntenbach R W. Improved circuit models for inductors wound on dissipative magnetic cores[C]. IEEE Asimolar Conference on Circuits and Systems, Monterey, 1968: 229-236.

[27] Fiennes J. New approach to general theory of electrical machines using magnetic equivalent circuits[J]. Proceedings of the Institution of Electrical Engineers, 1973, 120(1): 94-104.

[28] Ostović V. Dynamics of Saturated Electric Machines[M]. New York: Springer, 1989.

[29] Ostović V. A method for evaluation of transient and steady state performance in saturated squirrel cage induction machines[J]. IEEE Transactions on Energy Conversion, 1986, EC-1(3): 190-197.

[30] Hamill D C. Lumped equivalent circuits of magnetic components: The gyrator-capacitor approach[J]. IEEE Transactions on Power Electronics, 1993, 8(2): 97-103.

[31] 程明, 周鹗, 黄秀留. 双凸极变速永磁电机的变结构等效磁路模型[J]. 中国电机工程学报, 2001, 21(5): 23-28.

[32] Boldea I. Linear Electric Machines, Drives, and Maglevs Handbook[M]. 2nd ed. Boca Raton: CRC Press, 2013.

[33] Bruzzese C, Zito D, Santini E, et al. A finite reluctance approach to electrical machine modeling and simulation: Magnetic network-based field solutions in MATLAB environment[C]. Annual Conference of the IEEE Industrial Electronics Society, Dallas, 2014: 323-329.

[34] Lambert M, Mahseredjian J, Martínez-Duro M, et al. Magnetic circuits within electric circuits: Critical review of existing methods and new mutator implementations[J]. IEEE Transactions on Power Delivery, 2015, 30(6): 2427-2434.

[35] Cheng M, Qin W, Zhu X K, et al. Magnetic-inductance: Concept, definition, and applications[J]. IEEE Transactions on Power Electronics, 2022, 37(10): 12406-12414.

[36] 秦伟, 程明, 王政, 等. 矢量磁路及应用初探[J]. 中国电机工程学报, 2024, 44(18): 7381-7394.

[37] Mork B A. Five-legged wound-core transformer model: Derivation, parameters, implementation and evaluation[J]. IEEE Transactions on Power Delivery, 1999, 14(4): 1519-1526.

[38] 张淦, 花为, 程明, 等. 磁通切换型永磁电机非线性磁网络分析[J]. 电工技术学报, 2015, 30(2): 34-42.

[39] 佟文明, 王萍, 吴胜男, 等. 基于三维等效磁网络模型的混合励磁同步电机电磁特性分析[J]. 电工技术学报, 2023, 38(3): 692-702.

[40] Hayt W H, Buck J A. Engineering Electromagnetics[M]. 8th ed. New York: McGraw-Hill, 2012.

[41] 国家技术监督局. GB/T 3102.5—1993. 电学和磁学的量和单位[S]. 北京: 中国标准出版社, 1994.

[42] IEC. IEC 8000-6. Quantities and units–Part 6: Electromagnetism[S]. Geneva: IEC, 2022.

[43] 李泓志. 直接接地极接地性能及入地电流对变压器影响的研究[D]. 北京：华北电力大学, 2010.

[44] Stoll R L. The Analysis of Eddy Currents[M]. Oxford: Oxford University Press, 1974.

[45] Amrhein M, Krein P T. Induction machine modeling approach based on 3-D magnetic equivalent circuit framework[J]. IEEE Transactions on Energy Conversion, 2010, 25(2): 339-347.

[46] Kokernak J M, Torrey D A. Magnetic circuit model for the mutually coupled switched-reluctance machine[J]. IEEE Transactions on Magnetics, 2000, 36(2): 500-507.

[47] Chen H, Yan W J. Flux characteristics analysis of a double-sided switched reluctance linear machine under the asymmetric air gap[J]. IEEE Transactions on Industrial Electronics, 2018, 65(12): 9843-9852.

[48] Yu Q, Wang X S, Cheng Y H. Magnetic modeling of saliency effect for saturated electrical machines with a new calculation method[J]. IEEE Transactions on Magnetics, 2016, 52(6): 8001106.

[49] Watthewaduge G, Sayed E, Emadi A, et al. Electromagnetic modeling techniques for switched reluctance machines: State-of-the-art review[J]. IEEE Open Journal of the Industrial Electronics Society, 2020, 1: 218-234.

[50] Bruzzese C, Zito D, Tessarolo A. Finite reluctance approach: A systematic method for the construction of magnetic network-based dynamic models of electrical machines[C]. AEIT Annual Conference—From Research to Industry: The Need for a More Effective Technology Transfer, Trieste, 2014: 1-6.

[51] Cao D H, Zhao W X, Ji J H, et al. A generalized equivalent magnetic network modeling method for vehicular dual permanent-magnet vernier machines[J]. IEEE Transactions on Energy Conversion, 2019, 34(4): 1950-1962.

[52] Liu G H, Jiang S, Zhao W X, et al. Modular reluctance network simulation of a linear permanent-magnet vernier machine using new mesh generation methods[J]. IEEE Transactions on Industrial Electronics, 2017, 64(7): 5323-5332.

[53] Amrhein M, Krein P T. 3-D magnetic equivalent circuit framework for modeling electromechanical devices[J]. IEEE Transactions on Energy Conversion, 2009, 24(2): 397-405.

[54] Hameyer K, Hanitsch R. Numerical optimization of the electromagnetic field by stochastic search and MEC-model[J]. IEEE Transactions on Magnetics, 1994, 30(5): 3431-3434.

[55] Hsieh M F, Hsu Y C. A generalized magnetic circuit modeling approach for design of surface permanent-magnet machines[J]. IEEE Transactions on Industrial Electronics, 2012, 59(2): 779-792.

[56] Qu R, Lipo T A. Analysis and modeling of air-gap and zigzag leakage fluxes in a surface-mounted permanent-magnet machine[J]. IEEE Transactions on Industry Applications,

2004, 40(1): 121-127.

[57] Vaez-Zadeh S, Isfahani A H. Enhanced modeling of linear permanent-magnet synchronous motors[J]. IEEE Transactions on Magnetics, 2007, 43(1): 33-39.

[58] Liu G, Ding L, Zhao W, et al. Nonlinear equivalent magnetic network of a linear permanent magnet vernier machine with end effect consideration[J]. IEEE Transactions on Magnetics, 2018, 54(1): 8100209.

[59] Chau K T, Cheng M, Chan C C. Nonlinear magnetic circuit analysis for a novel stator doubly fed doubly salient machine[J]. IEEE Transactions on Magnetics, 2002, 38(5): 2382-2384.

[60] Hsieh M, Lin I, Hsu Y, et al. Design of brushless doubly-fed machines based on magnetic circuit modeling[J]. IEEE Transactions on Magnetics, 2012, 48(11): 3017-3020.

[61] Wang X S, Li X L, Hua W, et al. Modeling and analysis of 3-D magnetic network for claw-pole HTS-excitation field-modulation machine[J]. IEEE Transactions on Applied Superconductivity, 2023, 33(5): 5200506.

[62] Amrhein M, Krein P T. Force calculation in 3-D magnetic equivalent circuit networks with a maxwell stress tensor[J]. IEEE Transactions on Energy Conversion, 2009, 24(3): 587-593.

[63] Toliyat H A, Arefeen M S, Parlos A G. A method for dynamic simulation of air-gap eccentricity in induction machines[J]. IEEE Transactions on Industry Applications, 1996, 32(4): 910-918.

[64] Farooq J, Srairi S, Djerdir A, et al. Use of permeance network method in the demagnetization phenomenon modeling in a permanent magnet motor[J]. IEEE Transactions on Magnetics, 2006, 42(4): 1295-1298.

[65] Naderi P, Shiri A. Rotor/stator inter-turn short circuit fault detection for saturable wound-rotor induction machine by modified magnetic equivalent circuit approach[J]. IEEE Transactions on Magnetics, 2017, 53(7): 8107013.

[66] Yilmaz M, Krein P T. Capabilities of finite element analysis and magnetic equivalent circuits for electrical machine analysis and design[C]. IEEE Power Electronics Specialists Conference, Rhodes, 2008: 4027-4033.

[67] Davoudi A, Chapman P L, Jatskevich J, et al. Reduced-order modeling of high-fidelity magnetic equivalent circuits[J]. IEEE Transactions on Power Electronics, 2009, 24(12): 2847-2855.

[68] Lambert M, Martínez-Duro M, Rezaei-Zare A, et al. Topological transformer leakage modeling with losses[J]. IEEE Transactions on Power Delivery, 2020, 35(6): 2692-2699.

[69] Heaviside O. Electromagnetic Theory[M]. Cambridge: Cambridge University Press, 2011.

[70] 丁君, 郭陈江. 工程电磁场与电磁波[M]. 2版. 北京: 高等教育出版社, 2019.

[71] 唐任远. 现代永磁电机理论与设计[M]. 北京: 机械工业出版社, 2016.

[72] Jassal A, Polinder H, Ferreira J A. Literature survey of eddy current loss analysis in rotating electrical machines[J]. IET Electric Power Applications, 2012, 6(9): 743-752.

[73] Kriezis E E, Tsiboukis H D, Panas S M, et al. Eddy currents: Theory and applications[J]. Proceedings of the IEEE, 1992, 80(10): 1559-1589.

[74] Zhu J G, Hui S Y R, Ramsden V S. A generalized dynamic circuit model of magnetic cores for low- and high-frequency applications. I. Theoretical calculation of the equivalent core loss resistance[J]. IEEE Transactions on Power Electronics, 1996, 11(2): 246-250.

[75] Hui S Y R, Zhu J G, Ramsden V S. A generalized dynamic circuit model of magnetic cores for low- and high-frequency applications. II. Circuit model formulation and implementation[J]. IEEE Transactions on Power Electronics, 1996, 11(2): 251-259.

[76] Gyselinck J, Vandevelde L, Melkebeek J, et al. Calculation of eddy currents and associated losses in electrical steel laminations[J]. IEEE Transactions on Magnetics, 1999, 35(3): 1191-1194.

[77] Lammeraner J, Stafl M, Toombs G A. Eddy Currents[M]. London: Iliffe Books Ltd., 1966.

[78] 李国栋. 磁滞现象发现 100 周年[J]. 仪表材料, 1981,(1): 40-50.

[79] Visintin A. Differential Models of Hysteresis[M]. Berlin: Springer, 1994.

[80] 宛德福, 马兴隆. 磁性物理学[M]. 成都: 电子科技大学出版社, 1994.

[81] 戴道生, 钱昆明. 铁磁学: 上册[M]. 北京: 科学出版社, 1987.

[82] Vajda F, Torre E D. Ferenc preisach, in memoriam[J]. IEEE Transactions on Magnetics, 1995, 31(2): i-ii.

[83] Mayergoyz I D. Mathematical Models of Hysteresis and Their Applications[M]. Amsterdam: Elsevier Academic Press, 2003.

[84] Jiles D C, Atherton D L. Theory of ferromagnetic hysteresis[J]. Journal of Magnetism and Magnetic Materials, 1986, 61(1-2): 48-60.

[85] Stoner E C, Wohlfarth E P. A mechanism of magnetic hysteresis in heterogeneous alloys[J]. Philosophical Transactions of the Royal Society of London Series A: Mathematical and Physical Science, 1948, 240(826): 599-642.

[86] 刘任. 软磁材料的磁滞模拟与损耗计算方法研究[D]. 北京: 华北电力大学, 2021.

[87] 朱洒. 新型永磁电机损耗计算与多物理场分析[D]. 南京: 东南大学, 2017.

[88] 王景霞. 磁场调制永磁电机的铁耗分析与建模研究[D]. 南京: 东南大学, 2022.

[89] Zhu Z Q, Xue S S, Chu W Q, et al. Evaluation of iron loss models in electrical machines[J]. IEEE Transactions on Industry Applications, 2019, 55(2): 1461-1472.

[90] Steinmetz C P. On the law of hysteresis[J]. AIEE Transactions, 1892, 9: 3-64.

[91] Reinert J, Brockmeyer A, de Doncker R W A A. Calculation of losses in ferro- and ferrimagnetic materials based on the modified Steinmetz equation[J]. IEEE Transactions on Industry Applications, 2001, 37(4): 1055-1061.

[92] Li J L, Abdallah T, Sullivan C R. Improved calculation of core loss with nonsinusoidal waveforms[C]. IAS Annual Meeting, Chicago, 2001: 2203-2210.

[93] Yue S C, Li Y J, Yang Q X, et al. Comparative analysis of core loss calculation methods for magnetic materials under nonsinusoidal excitations[J]. IEEE Transactions on Magnetics, 2018, 54(11): 6300605.

[94] Venkatachalam K, Sullivan C R, Abdallah T, et al. Accurate prediction of ferrite core loss with nonsinusoidal waveforms using only Steinmetz parameters[C]. IEEE Workshop on Computers in Power Electronics, Mayaguez, 2002: 36-41.

[95] Muhlethaler J, Biela J, Kolar J W, et al. Improved core- loss calculation for magnetic components employed in power electronic systems[J]. IEEE Transactions on Power Electronics, 2012, 27(2): 964-973.

[96] Jordan H. Die Ferromagnetischen Konstanten für Schwache Wechselfelder[M]. Elektrische: Nachrichtentechnic, 1924.

[97] Bertotti G. General properties of power losses in soft ferromagnetic materials[J]. IEEE Transactions on Magnetics, 1988, 24(1): 621-630.

[98] Atallah K, Zhu Z Q, Howe D. An improved method for predicting iron losses in brushless permanent magnet DC drives[J]. IEEE Transactions on Magnetics, 1992, 28(5): 2997-2999.

[99] 程明. 电机气隙磁场调制统一理论及应用[M]. 北京: 机械工业出版社, 2021.

[100] Cheng M, Han P, Du Y, et al. General Airgap Field Modulation Theory for Electrical Machines: Principles and Practice[M]. Hoboken: John Wiley & Sons, 2023.

[101] 程明，秦伟，朱新凯，等. 楞次定律的定量化表征[OL]. 中国科技论文在线，2022. https://www.paper.edu.cn/releasepaper/content/202207-21.

[102] 陈伯时. 电力拖动自动控制系统——运动控制系统[M]. 3版. 北京: 机械工业出版社, 2003.

[103] Novotny D W, Lipo T A. Vector Control and Dynamics of AC Drives[M]. Oxford: Oxford University Press, 1996.

[104] Qin W, Cheng M, Wang J X, et al. Compatibility analysis among vector magnetic circuit theory, electrical circuit theory, and electromagnetic field theory[J]. IEEE Access, 2023, 11: 113008-113016.

[105] Qin W, Cheng M, Wang Z, et al. Vector magnetic circuit analysis of silicon steel sheet parameters under different frequencies for electrical machines[J]. IET Electric Power Applications, 2024, 18(9): 981-994.

[106] Zhu X K, Qi G Y, Cheng M, et al. Equivalent magnetic network model of electrical machine based on three elements: Magneticflux source, reluctance and magductance[J]. IEEE Transaction on Transportation Electrification, 2024, DOI: 10.1109/TTE.2024.3443521.

[107] 程明, 秦伟, 王政, 等. 一种磁感元件[P]: 中国, ZL 202011350276.4. 2021.12.28.

[108] Cheng M, Qin W, Zhu X K, et al. High-performance breathable magnetic core for high-frequency power electronic systems[J]. Fundmental Research, 2024, DOI: 10.1016/j.fmre.2024.08.008.

第2章　矢量磁路元件

2.1　概　　述

在磁路理论中，磁路元件是其最基本的组成单元，也是整个理论体系的根基。不完备的磁路元件将成为磁路理论发展的瓶颈，限制其应用。自1840年焦耳发现磁阻以来，整个电气工程领域就一直认为在磁路中能够对磁通产生影响的仅有磁阻，在电磁设备的设计中，磁阻也是唯一的调控手段。另外，在电磁设备的分析建模中，仅有磁阻单一参数，而磁性材料的涡流和磁滞效应则仍停留在概念性描述层面，缺乏定量的数学参数来予以表征。因此，当前亟须解决的问题是如何定义影响磁通的其他元件，如何实现对磁性材料涡流效应和磁滞效应的定量表征。

本章在传统磁路理论中磁阻定义的基础上，定义两个新的基本磁路元件，即磁感元件和磁容元件，阐述它们的物理意义，探讨磁路元件的构成方法、串并联等问题。此外，针对磁感元件，总结其物理形式，探讨电路元件与磁感元件组成的复合磁感元件对磁路的影响。最后，剖析理想磁路元件与非理想磁路元件的关系，揭示通过理想磁路元件表示非理想磁路元件的方法。为方便读者系统地理解磁路元件的本质，本章一并介绍磁阻元件的定义及端口特性等。

2.2　磁 阻 元 件

2.2.1　磁阻元件的定义

磁阻元件是一个无源二端口磁路元件，其物理意义在于描述磁路中对磁通流动的阻碍作用。这种作用不仅适用于恒定磁通，也适用于变化的磁通。磁阻元件的阻碍作用强度由磁阻参数来定量表征。理论上，每个磁路都在某种程度上具有这种磁阻特性。对于理想化的磁阻元件，其磁阻参数独立于所施加的磁动势和磁通，仅由磁路的几何形状和构成材料的物理性质决定[1]。

对于磁阻元件，其特性表现为两端的磁动势 $\mathcal{F}_{\mathcal{R}}$ 与流经的磁通 Φ 的比值，即

$$\mathcal{R}=\frac{\mathcal{F}_{\mathcal{R}}}{\Phi}=\frac{\int \boldsymbol{H}_0\cdot \mathrm{d}\boldsymbol{l}}{\int_S \boldsymbol{B}\cdot \mathrm{d}\boldsymbol{S}} \tag{2.1}$$

式中，$\mathcal{F}_{\mathcal{R}}$ 为磁阻元件两端的磁动势；$\varPhi$ 为磁路磁通；$\mathcal{R}$ 为磁阻元件及其代表的磁阻参数；$\boldsymbol{H}_0$、$\boldsymbol{B}$ 分别为磁阻元件内部的磁场强度和磁感应强度；l、S 分别为磁阻元件的长度和横截面积，$\boldsymbol{l}$、$\boldsymbol{S}$ 表示对应矢量，后文类似定义与此相同。

式(2.1)为磁阻元件的定义式，在任何时刻其两端的磁动势和磁通服从磁路的欧姆定律[2]：

$$\mathcal{F}_{\mathcal{R}} = \mathcal{R}\varPhi \tag{2.2}$$

因此，磁阻的单位为[3,4]

$$[\mathcal{R}] = \mathrm{A/Wb} = \mathrm{H}^{-1} \tag{2.3}$$

根据式(2.1)，定义磁阻元件的符号和理想特性曲线如图 2.1 所示。

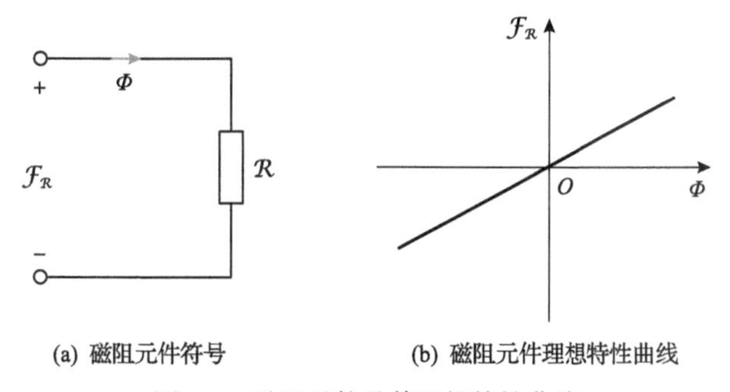

图 2.1　磁阻元件及其理想特性曲线

应用磁路理论解决实际问题时，这些磁阻参数并不总是已知的，工程师必须计算(或测量)这些参数以进行磁路分析。对于具有均匀横截面的磁路，式(2.1)可以简化为[1,2]

$$\mathcal{R} = \frac{l}{\mu S} \tag{2.4}$$

式中，μ 为磁阻元件的磁导率。

式(2.4)为磁阻元件的计算公式。然而，在实际应用中，磁阻往往表现为一个非线性元件，其特性如图 1.8 中的 B-H 曲线所示，磁阻参数的大小与磁路的饱和程度密切相关，在 B-H 曲线的线性区域内，磁阻参数几乎不变。因此，可通过观察磁阻参数的变化趋势来判断磁路的饱和情况。

2.2.2　磁阻元件的串联和并联

当磁阻元件为串联或并联的组合时，它们可用一个等效磁阻元件来替代。

图 2.2(a)所示磁路为n个磁阻元件即$\mathcal{R}_1,\mathcal{R}_2,\cdots,\mathcal{R}_n$的串联组合，磁阻元件串联时，每个磁阻上流经的磁通为同一磁通Φ，根据式(2.2)可得

$$\begin{aligned}\mathcal{F} &= \mathcal{F}_1+\mathcal{F}_2+\cdots+\mathcal{F}_n=\mathcal{R}_1\Phi+\mathcal{R}_2\Phi+\cdots+\mathcal{R}_n\Phi\\ &=\left(\mathcal{R}_1+\mathcal{R}_2+\cdots+\mathcal{R}_n\right)\Phi=\mathcal{R}_{\mathrm{eq}}\Phi\end{aligned}\tag{2.5}$$

式中，$\mathcal{R}_{\mathrm{eq}}$为这些串联磁阻的等效磁阻，如图 2.2(b)所示，其值为

$$\mathcal{R}_{\mathrm{eq}}=\mathcal{R}_1+\mathcal{R}_2+\cdots+\mathcal{R}_n\tag{2.6}$$

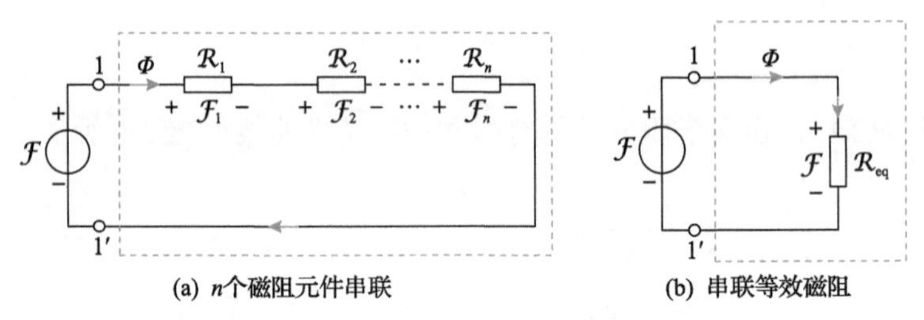

图 2.2　串联磁阻元件的等效磁阻

图 2.3(a)所示磁路为n个磁阻元件即$\mathcal{R}_1,\mathcal{R}_2,\cdots,\mathcal{R}_n$的并联组合，磁阻并联时，各磁阻的磁动势为同一磁动势$\mathcal{F}$。由于磁动势相同，根据式(2.2)可得

$$\Phi=\Phi_1+\Phi_2+\cdots+\Phi_n=\frac{\mathcal{F}}{\mathcal{R}_1}+\frac{\mathcal{F}}{\mathcal{R}_2}+\cdots+\frac{\mathcal{F}}{\mathcal{R}_n}=\mathcal{F}\left(\frac{1}{\mathcal{R}_1}+\frac{1}{\mathcal{R}_2}+\cdots+\frac{1}{\mathcal{R}_n}\right)=\frac{\mathcal{F}}{\mathcal{R}_{\mathrm{eq}}}\tag{2.7}$$

式中，$\mathcal{R}_{\mathrm{eq}}$为这些并联磁阻的等效磁阻，如图 2.3(b)所示，并联后的等效磁阻为

$$\frac{1}{\mathcal{R}_{\mathrm{eq}}}=\frac{1}{\mathcal{R}_1}+\frac{1}{\mathcal{R}_2}+\cdots+\frac{1}{\mathcal{R}_n}\tag{2.8}$$

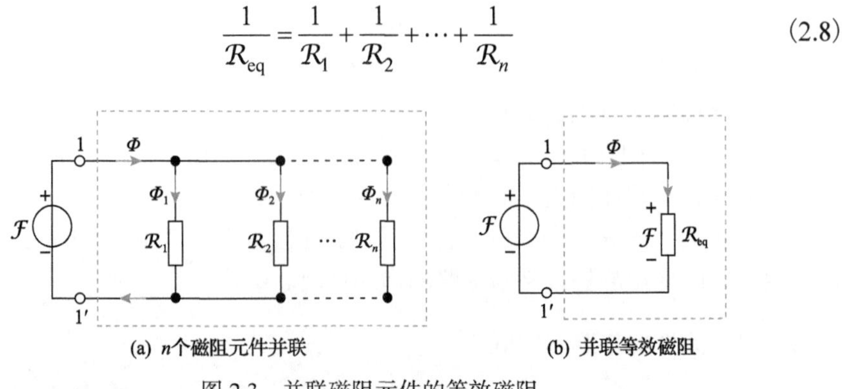

图 2.3　并联磁阻元件的等效磁阻

2.2.3　磁阻元件的构成方法

由于空气的磁导率显著低于铁磁材料的磁导率，在磁路中引入气隙可以有效控制磁路的等效磁阻。通过精确调节磁路中的气隙长度，可以实现对磁密、电感值和磁芯饱和程度的调控，如图 2.4 所示。

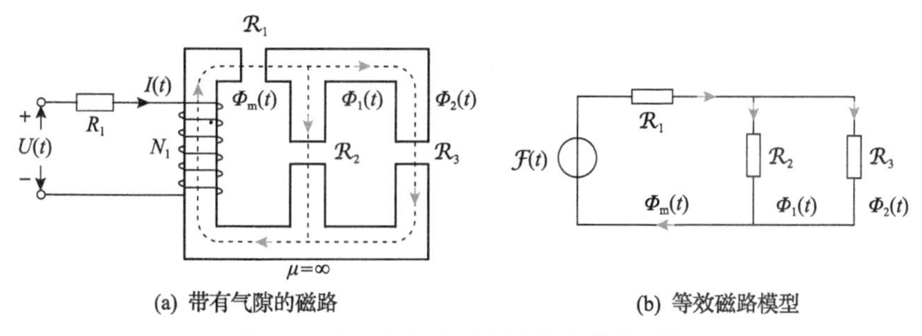

(a) 带有气隙的磁路　　(b) 等效磁路模型

图 2.4　引入气隙来控制磁路的等效磁阻

磁阻与电感值之间的关系为[2]

$$L = \frac{N^2}{\mathcal{R}} \tag{2.9}$$

式中，$\mathcal{R}$ 为磁路的等效磁阻；N 为磁路的等效匝数；L 为磁路的等效电感。

如式(2.9)所示，将气隙引入磁路中会增加磁路的等效磁阻，同时显著降低其等效电感。然而，带气隙的磁芯在热稳定性、有效磁导率、总磁阻和电感值方面表现出更可预测和稳定的特性。因此，带有气隙的电感器和变压器在许多应用中具有重要的价值，尤其是在需要避免磁芯饱和的场合。

此外，在磁路中引入的气隙可以是整体的或分布的，如图2.5 所示。在变压器设计中，通过引入气隙，可以调节磁路的磁阻参数，从而优化设备的工作效率等

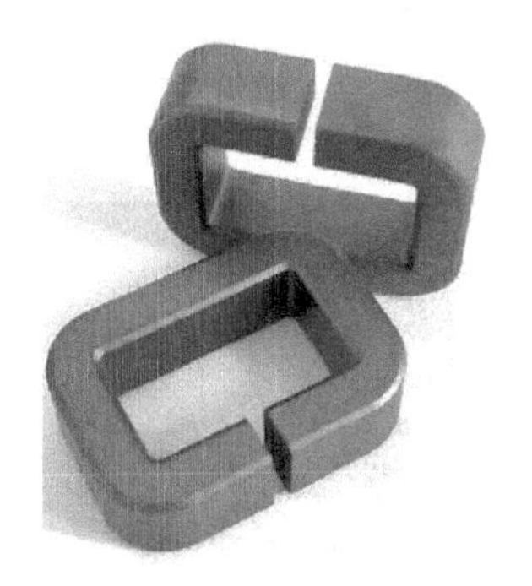

(a) 改变磁路磁阻大小

(b) 改变磁路磁阻分布

图 2.5　磁阻元件的构成方式

性能，如图 2.5(a)所示。在这种设计中，部分磁通路径被非磁性介质(如空气或尼龙)替代，通常使用垫片填充气隙以确保稳定性。同样，在电机设计中，如图 2.5(b)所示，通过调整气隙的分布，可以调节磁阻分布，从而改变磁场的分布特性，进而优化电机的运行性能[5]。这种优化手段不仅提高了设备的效率和性能，还增强了其在各种工作条件下的适应性和稳定性。

2.3 磁感元件

2.3.1 磁感元件的定义

1. *磁感定义式*

对于如图 2.6(a)所示的闭合铁心磁路，在不考虑铁心损耗的前提下，由磁路欧姆定律可知，磁路中的磁通幅值与铁心磁路的磁阻成反比，磁通与磁动势同相位。但当在铁心磁路中加入一个匝数为 N 的闭合导电线圈时，发现磁通的幅值减小，并在相位上滞后于磁动势一个角度，如图 2.6(b)所示。也就是说，在交变磁路中，除了磁阻之外，还存在影响磁通的新因素即闭合导电线圈。为定量表征闭合导电线圈对磁通的影响，将其定义为磁感，称该闭合导电线圈为磁感元件[6]。

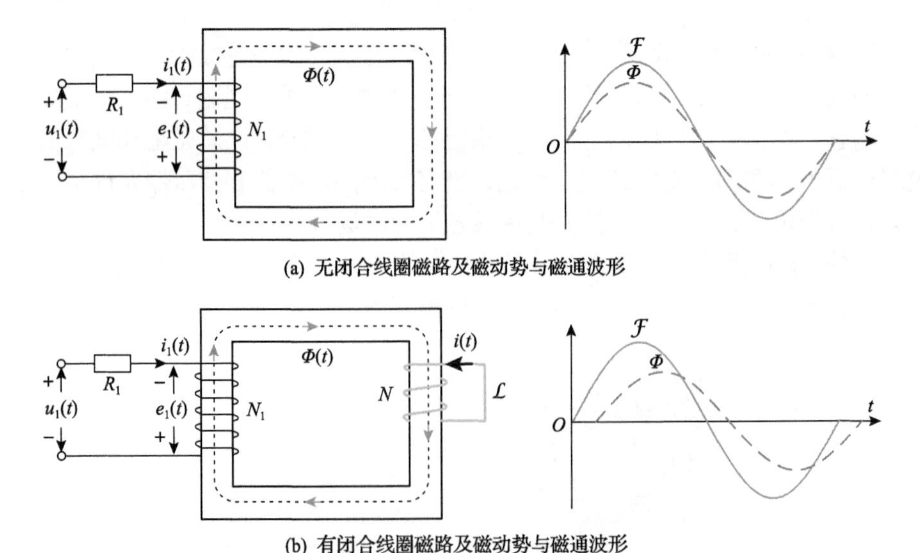

图 2.6 闭合导电线圈对交变磁通的影响示意图

磁感对交变磁通的影响机理，可由法拉第电磁感应定律和楞次定律来阐释。由于磁路中变化的磁通导致了磁感元件中自由电荷的运动，形成了感应电流，该感应电流又在闭合线圈中产生一个反向磁动势，试图阻碍磁通的变化，其阻碍的程度大小与闭合线圈的匝数、电阻等有关。为此，定义磁感为磁路中流经磁感元件的单位磁通 $\varPhi$ 在磁感元件上所产生的总的运动电荷 NQ（电荷链 $\varGamma$），即

$$\mathcal{L} = \frac{\varGamma}{\varPhi} = \frac{NQ}{\varPhi} \tag{2.10}$$

式中，$\mathcal{L}$ 为磁感元件及其代表的磁感参数；$\varGamma$ 为磁感元件与磁路所匝链的电荷链；Q 为磁感元件中单匝线圈中的运动电荷。

由式(2.10)磁感元件的定义式，可得磁感的单位为

$$[\mathcal{L}] = \mathrm{C/Wb} = \mathrm{A/V} = \Omega^{-1} \tag{2.11}$$

根据式(2.10)，定义磁感元件的符号和理想特性曲线如图 2.7 所示。磁感参数既不依赖于电荷链也不依赖于磁通，它完全取决于磁感元件本身的参数。

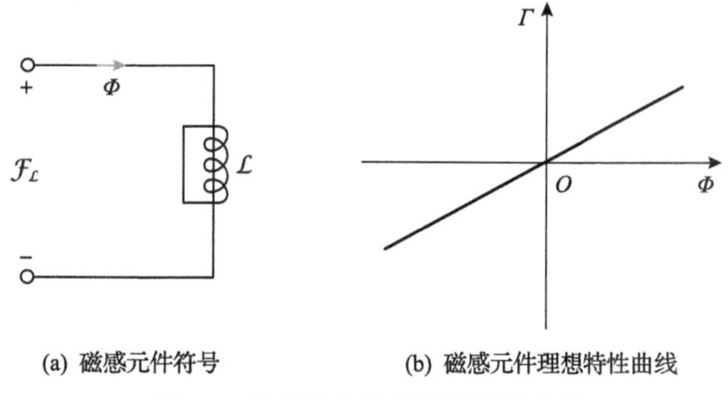

(a) 磁感元件符号　(b) 磁感元件理想特性曲线

图 2.7　磁感元件及其理想特性曲线

特别地，当磁路由稳态正弦波磁动势激励时，定义磁感抗 $\mathcal{X}_{\mathcal{L}}$ 描述磁感元件对于交变磁通阻碍作用的大小，即

$$\mathcal{X}_{\mathcal{L}} = \omega \mathcal{L} \tag{2.12}$$

式中，ω 为磁路激励的角频率。

根据式(2.12)，推导磁感抗 $\mathcal{X}_{\mathcal{L}}$ 的单位为

$$[\mathcal{X}_{\mathcal{L}}] = \mathrm{A/(V \cdot s)} = \mathrm{A/Wb} = \mathrm{H}^{-1} \tag{2.13}$$

根据电流的定义，可知[7,8]

$$I = \frac{\mathrm{d}Q}{\mathrm{d}t} \tag{2.14}$$

将式(2.10)代入式(2.14)，可得

$$\mathcal{F}_{\mathcal{L}} = NI = \frac{\mathrm{d}(NQ)}{\mathrm{d}t} = \frac{\mathrm{d}(\mathcal{L}\Phi)}{\mathrm{d}t} = \mathcal{L}\frac{\mathrm{d}\Phi}{\mathrm{d}t} + \frac{\mathrm{d}\mathcal{L}}{\mathrm{d}t}\Phi \tag{2.15}$$

式(2.15)表明，磁感元件以交变磁通作为媒介将磁路中的磁能转换为电能。然而，在实际应用中，由于构成磁感元件的导体通常具有电阻，这不可避免地导致磁感元件中的电能被转化为热能而散失。当磁感元件的磁感参数被假定为与时间无关的恒定值($\mathrm{d}\mathcal{L}/\mathrm{d}t = 0$)时，磁感元件的端口特性为

$$\mathcal{F}_{\mathcal{L}} = \mathcal{L}\frac{\mathrm{d}\Phi}{\mathrm{d}t} \tag{2.16}$$

由式(2.16)可知，当磁路中激励为正弦波形时，磁感元件不仅影响磁通的幅值，还影响磁动势与磁通之间的相位。为避免与电路中的“inductance”产生混淆，将这一磁路元件命名为“magductance”[6,9]，将磁感元件影响磁通的幅值和相位的现象称为“磁感现象”。

根据式(2.16)，可得其逆关系为

$$\Phi = \frac{1}{\mathcal{L}}\int \mathcal{F}_{\mathcal{L}}\mathrm{d}t \tag{2.17}$$

可写成积分形式为

$$\Phi = \frac{1}{\mathcal{L}}\int_{-\infty}^{t} \mathcal{F}_{\mathcal{L}}\mathrm{d}\xi = \frac{1}{\mathcal{L}}\int_{-\infty}^{t_0} \mathcal{F}_{\mathcal{L}}\mathrm{d}\xi + \frac{1}{\mathcal{L}}\int_{t_0}^{t} \mathcal{F}_{\mathcal{L}}\mathrm{d}\xi = \Phi(t_0) + \frac{1}{\mathcal{L}}\int_{t_0}^{t} \mathcal{F}_{\mathcal{L}}\mathrm{d}\xi \tag{2.18}$$

式中，ξ 为时间变量。

2. *磁感计算公式*

根据磁感元件的端口特性(2.16)，可知：

$$\mathcal{L} = \frac{\mathcal{F}_{\mathcal{L}}}{\dfrac{\mathrm{d}\Phi}{\mathrm{d}t}} = \frac{NI}{\dfrac{\mathrm{d}\Phi}{\mathrm{d}t}} \tag{2.19}$$

假设磁感元件中的感应电流密度 J 分布均匀，则感应电流 I 可由电流密度 J 表示：

$$I = JS_{\mathcal{L}} \tag{2.20}$$

式中，$S_{\mathcal{L}}$ 为磁感元件闭合线圈导体的有效横截面积。

联立式(2.19)和式(2.20)可得

$$\mathcal{L} = \frac{NJS_{\mathcal{L}}}{\dfrac{\mathrm{d}\Phi}{\mathrm{d}t}} \tag{2.21}$$

在磁感元件中，由欧姆定律可知[10]：

$$J = \sigma E \tag{2.22}$$

式中，E 为磁感元件上的电场强度；σ 为磁感元件的电导率。因此，式(2.21)可简化为

$$\mathcal{L} = \frac{NS_{\mathcal{L}}\sigma E}{\dfrac{\mathrm{d}\Phi}{\mathrm{d}t}} \tag{2.23}$$

根据电场强度 E 与感应电压 e 的关系，可知[11]：

$$E = e / l_{\mathcal{L}} \tag{2.24}$$

式中，$l_{\mathcal{L}}$ 为磁感元件的有效长度。将式(2.24)代入式(2.23)，可得

$$\mathcal{L} = \frac{NS_{\mathcal{L}}\sigma e}{\dfrac{\mathrm{d}\Phi}{\mathrm{d}t} l_{\mathcal{L}}} \tag{2.25}$$

由法拉第电磁感应定律可知[12]：

$$e = N\frac{\mathrm{d}\Phi}{\mathrm{d}t} \tag{2.26}$$

考虑磁感元件与磁路磁通 Φ 的参考方向，式(2.26)取正。将式(2.26)代入式(2.25)，可得

$$\mathcal{L} = \frac{\sigma N^2 S_{\mathcal{L}}}{l_{\mathcal{L}}} = \frac{N^2}{R} \tag{2.27}$$

一般而言，式(2.27)称为磁感元件的计算公式，所对应的是物理形式为缠绕在磁路上的多匝闭合线圈的磁感元件，可以通过控制磁感元件中有效长度 $l_{\mathcal{L}}$、构成材料、有效横截面积 $S_{\mathcal{L}}$ 等具体物理参数来调节磁感元件的磁感值。

2.3.2　楞次定律的定量化表征

众所周知，楞次定律(Lenz's law)是电磁学的基本定律之一，在中学物理中已经广泛普及，自从 1834 年被俄国物理学家 Lenz[13]提出以来，被广泛应用于分析

和解释各种电磁现象。楞次定律通常表述为[13,14]：感应电流具有这样的方向，即感应电流的磁场总要阻碍引起感应电流的磁通的变化。可见，楞次定律仅定性地定义了感应电流及其磁场的方向，即阻碍磁通的变化，因此在法拉第电磁感应定律中出现一个负号，但它无法定量地表征感应电流的磁场对磁通变化的阻碍程度及其与哪些因素有关。然而，在实际应用中，常常需要定量地评估感应电流的去磁效应。为此，人们尝试利用感应电流所产生的一些其他物理效应，如力效应、热效应和电效应[15]，来间接地评估楞次定律作用的影响程度，但迄今未能取得理想的结果。

下面对带有磁感元件的变压器磁路模型进行分析，通过对楞次定律的作用过程进行矢量磁路建模，定量表征闭合导电线圈对交变磁通的阻碍作用，剖析磁感元件与楞次定律的内在联系。为了实现楞次定律的定量表征，需要排除楞次定律所引起的力效应和热效应带来的影响，仅考虑楞次定律去磁效应对磁路的影响。为了简化分析，在不考虑磁路漏磁和磁路饱和的情况下，选择了正弦激励下的理想变压器作为分析对象，并且忽略了磁路本身的涡流损耗和磁滞损耗，如图2.8(a)所示。此外，引入了一个匝数为 N_2 的磁感元件，使得楞次定律描述的阻碍效果得以集中在该磁感元件上。通过分析磁感元件对磁路的影响，能够更全面地揭示楞次定律对交变磁通的阻碍作用。假设多匝闭合线圈构成的磁感元件与变压器磁路紧密缠绕，随着磁路中交变磁通的变化，多匝闭合线圈的位置保持不变，且其温度也不随磁通发生变化。图2.8(b)、(c)为图2.8(a)所对应的等效磁路，其中，$\dot{\mathcal{F}}_1$ 和 $\dot{\mathcal{F}}_2$ 为磁路的磁动势源，$\dot{\Phi}$ 为磁路的磁通，磁路变量上的符号“·”表示其为磁路相量；$\mathcal{R}$ 为磁路中的等效磁阻，$\mathcal{L}$ 为磁路中的等效磁感。

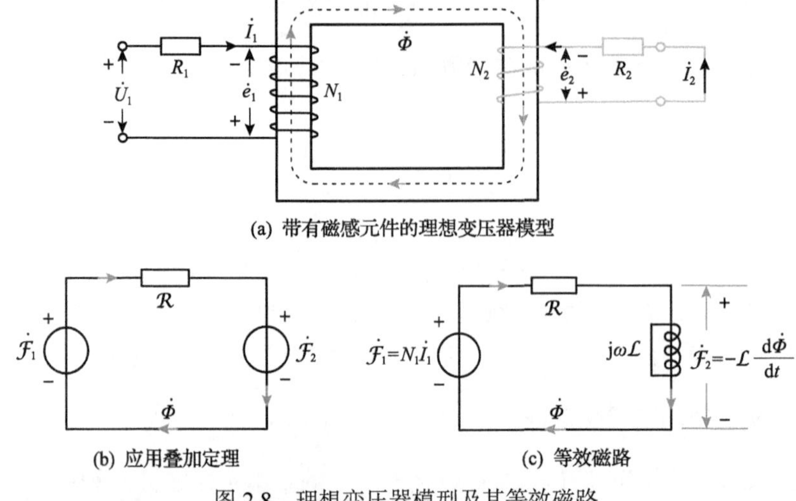

图 2.8　理想变压器模型及其等效磁路

根据安培环路定律[2]，当磁路稳定运行时，在磁路中有两个磁动势源在磁路中产生磁通，即一次侧绕组 N_1 通过励磁电流 $\dot{I}_1$ 产生的磁动势源 $\dot{\mathcal{F}}_1$，以及根据楞次定律，多匝闭合线圈 N_2 中引起的感应电流 $\dot{I}_2$ 所产生的磁动势源 $\dot{\mathcal{F}}_2$，如图 2.8(b)所示。对于线性磁路，磁路中的总磁通等于各个独立磁源单独产生的磁通的矢量叠加。因此，当磁动势源 $\dot{\mathcal{F}}_1$ 单独作用时，磁动势源 $\dot{\mathcal{F}}_2$ 可视为短路。根据安培环路定律，磁动势源 $\dot{\mathcal{F}}_1$ 的表达式为

$$\dot{\mathcal{F}}_1 = N_1\dot{I}_1 \tag{2.28}$$

根据磁路欧姆定律[1,10]，此时磁路的磁通 $\dot{\Phi}_1$ 为

$$\dot{\Phi}_1 = \frac{\dot{\mathcal{F}}_1}{\mathcal{R}} = \frac{N_1\dot{I}_1}{\mathcal{R}} \tag{2.29}$$

根据法拉第电磁感应定律[12]，磁感元件的感应电压 $\dot{e}_2$ 的有效值为

$$e_2 = -N_2\frac{\mathrm{d}\Phi}{\mathrm{d}t} \tag{2.30}$$

由于不考虑磁感元件的漏磁，根据基尔霍夫电压定律[7]，磁感元件的感应电流 $\dot{I}_2$ 为

$$\dot{I}_2 = -\frac{N_2}{R_2}\frac{\mathrm{d}\dot{\Phi}}{\mathrm{d}t} \tag{2.31}$$

式中，R_2 为磁感元件的电阻。

当磁动势源 $\dot{\mathcal{F}}_2$ 单独作用时，磁动势源 $\dot{\mathcal{F}}_1$ 可视为短路。根据安培环路定律[2]，磁动势源 $\dot{\mathcal{F}}_2$ 的表达式为

$$\dot{\mathcal{F}}_2 = N_2\dot{I}_2 = -\frac{N_2^2}{R_2}\frac{\mathrm{d}\dot{\Phi}}{\mathrm{d}t} \tag{2.32}$$

根据磁路的欧姆定律[10]，此时磁路的磁通 $\dot{\Phi}_2$ 为

$$\dot{\Phi}_2 = -\frac{N_2^2}{R_2\mathcal{R}}\frac{\mathrm{d}\dot{\Phi}}{\mathrm{d}t} \tag{2.33}$$

根据磁路的叠加定理，磁路的总磁通 $\dot{\Phi}$ 可以表示为

$$\dot{\Phi} = \frac{N_1\dot{I}_1}{\mathcal{R}} - \frac{N_2^2}{R_2\mathcal{R}}\frac{\mathrm{d}\dot{\Phi}}{\mathrm{d}t} = \frac{1}{\mathcal{R}}\left(\dot{\mathcal{F}} - \frac{N_2^2}{R_2}\frac{\mathrm{d}\dot{\Phi}}{\mathrm{d}t}\right) \tag{2.34}$$

式(2.34)表明，在恒定的磁通下，楞次定律不起作用，磁路中的总磁通 $\dot{\Phi}=\dot{\Phi}_1$。只有在交变磁通下，楞次定律才会起作用，进而磁感元件中的感应电流才会产生阻碍磁通变化的感应电流，并产生影响其相位变化的 $\dot{\Phi}_2$，磁通 $\dot{\Phi}_2$ 对应着多匝闭合线圈对磁路的阻碍作用。在正弦激励的情况下，通过相量法可得

$$\frac{\mathrm{d}\dot{\Phi}}{\mathrm{d}t}=\mathrm{j}\omega\dot{\Phi} \tag{2.35}$$

将式(2.35)代入式(2.34)，可以求解出总磁通的表达式为

$$\dot{\Phi}=\frac{N_1\dot{I}_1}{\mathcal{R}+\mathrm{j}\omega N_2^2/R_2}=\frac{\dot{\mathcal{F}}}{\mathcal{R}+\mathrm{j}\omega N_2^2/R_2} \tag{2.36}$$

整理式(2.36)可得

$$\dot{\mathcal{F}}=\left(\mathcal{R}+\mathrm{j}\omega\frac{N_2^2}{R_2}\right)\dot{\Phi} \tag{2.37}$$

根据磁感元件的计算公式(2.27)，可知：

$$\mathcal{L}=\frac{N_2^2}{R_2} \tag{2.38}$$

结合式(2.34)，将式(2.38)代入式(2.37)，可得

$$\dot{\mathcal{F}}=\mathcal{R}\dot{\Phi}+\frac{N_2^2}{R_2}\frac{\mathrm{d}\dot{\Phi}}{\mathrm{d}t}=\mathcal{R}\dot{\Phi}+\mathrm{j}\omega\mathcal{L}\dot{\Phi}=\mathcal{R}\dot{\Phi}+\mathrm{j}\mathcal{X}\dot{\Phi} \tag{2.39}$$

根据式(2.39)，可绘制出相应的等效磁路如图2.8(c)所示。由此可见，图2.8(a)中的磁路由两个基本元件构成，即磁阻元件和磁感元件。在这两者中，磁阻元件的主要功能在于阻碍磁通的流动，其阻碍作用既适用于恒定磁通，也适用于交变磁通，但并不引起磁通与磁动势之间的相位变化。相较之下，磁感元件的作用主要体现在阻碍磁通的变化，其阻碍效应仅对交变磁通产生影响，而其阻碍的强度则由磁抗来量化描述，它直接导致磁动势与磁通相位发生变化。

因此，闭合线圈的磁感的大小可用于定量衡量磁路中感应电流对交变磁通的阻碍作用，即楞次定律定量化表征[16]。通过在磁路中添加或移除磁感元件，能够主动调节等效磁路的磁感值，它不仅会影响磁路中磁量的幅值，还能影响磁量之间的相位。

因此，楞次定律可以拓展为：闭合导电回路中感应电流所产生的磁通总要阻碍引起感应电流的磁通变化，其阻碍作用的大小正比于该闭合导电回路的磁感。

2.3.3　实验验证

在磁路分析的基础上，使用有限元仿真结果和实验数据对所提出的磁感元件及其计算方法进行验证。变压器的有限元模型与实物图如图2.9 所示，有限元模型与变压器实物参数完全一致，磁感元件作为无源元件被串联在有限元磁路和实际磁路中，磁感元件与变压器铁心之间通过绝缘纸隔离。

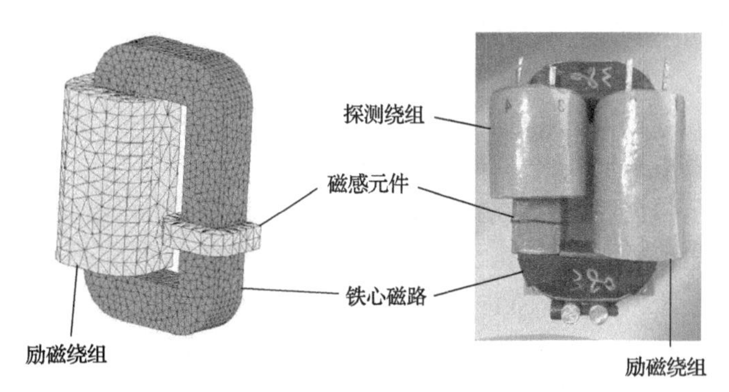

图 2.9　测试磁路的有限元模型与实物图

实验验证的思路如下：首先，在频率和磁通固定的条件下，变压器磁路具有固定的内置磁阻参数和磁抗参数，因此需要事先测量这两个参数的数值。接着，制备不同匝数、直径和材料的磁感元件，如图 2.10 所示。通过直流微欧姆计测量电阻值后，根据式(2.27)计算磁感元件的理论磁感值并记录。然后，将测定过的磁感元件加入变压器磁路中，通过测量实验数据计算磁路的等效磁阻值和等效磁抗值，进而计算与未加入磁感元件相比所增加的磁抗值。最后，利用式(2.39)计

图 2.10　制作匝数、直径、材料不同的磁感元件

算磁路中新增的磁感值，并与理论计算值进行比对。

有限元仿真的验证思路如下：首先，根据所测量的内置磁阻参数值，在有限元仿真模型中选择适当的磁路材料，并根据内置磁抗参数设定磁感元件在磁路上的磁感大小，以确保在未加入磁感元件的情况下，有限元仿真模型计算结果与实验测量结果一致。接着，利用理论计算的磁感值，根据式(2.39)计算磁路中增加的磁抗值，并通过调整磁感元件的磁感值来改变磁路中的磁抗值大小。然后，根据仿真模型中的仿真数据，计算仿真磁路的等效磁阻值和等效磁抗值，进而计算与未加入磁感元件相比增加的磁抗值。最后，利用式(2.39)计算仿真磁路中新增的磁感值，并与实验测量值进行比对。

所有磁路测试的实验数据均在室温条件下(约为24℃)获取。不同实验条件下，变压器磁路的磁通保持在3.78×10^{-4}Wb，且在改变磁感元件匝数、材料及直径的实验中，磁源的频率始终维持在50Hz。由式(2.39)可知，未引入磁感元件时，磁路的等效磁阻为$\mathcal{R}_{\text{eq}}=2.23\times10^{4}\text{H}^{-1}$，等效磁抗为$\mathcal{X}_{\text{eq}}=1.36\times10^{4}\text{A/Wb}$。根据实验验证和有限元验证思路，在磁路中保持磁通幅值稳定为3.78×10^{-4}Wb的前提下，选定频率为50Hz、1匝直径为0.5mm的铜质闭合线圈的磁感值作为参考，通过对不同匝数、不同材料、不同直径的线圈和不同运行频率的情况进行理论分析、有限元仿真和实验测量，得到的对比结果如表2.1所示。容易看出，不论实验条件如何变化，理论计算值、有限元仿真值和实验结果三者相互吻合、相互验证、相互支持，为磁路特性的研究奠定了坚实的基础。

表 2.1　磁感参数结果对比　　(单位：Ω^{-1})

变量名称	变量参数	磁感值		
		理论计算值	有限元仿真值	实验结果
匝数	1 匝	68.4	69.71	67.1
	2 匝	146.0	147.2	146.7
	3 匝	223.9	225.1	224.2
材料	铜	68.4	69.71	67.1
	银	80.6	81.4	78.7
	锌	21.9	22.8	21.2
直径	0.31mm	29.2	30.5	28.2
	0.5mm	68.4	69.71	67.1
	1mm	272.5	273.5	272.6
频率	25Hz	75.9	78.2	74.6
	50Hz	75.9	75.2	75.4
	100Hz	75.9	76.5	71.5

由表 2.1 的结果可知，对于相同材质的闭合线圈，磁感值的大小随匝数平方的增加而增加；对于不同材质的闭合线圈，磁感值的大小则随着闭合线圈电导率的增加而增加；此外，在磁通变化频率增加的情况下，闭合多匝线圈的磁感值并未发生明显变化。通过对磁路中磁感值的计算，能够定量地描述闭合导电回路对磁路磁通变化的阻碍程度。在相同频率的条件下，磁感值的增大表明磁路中对交变磁通的阻碍效应更加显著。引入磁感元件到磁路中能够主动调节磁路的等效磁感参数，进而调节电磁装置的性能。

2.3.4　磁感元件的串联和并联

下面讨论磁感元件的串联和并联问题，首先是磁感元件串联的问题，如图 2.11 所示。

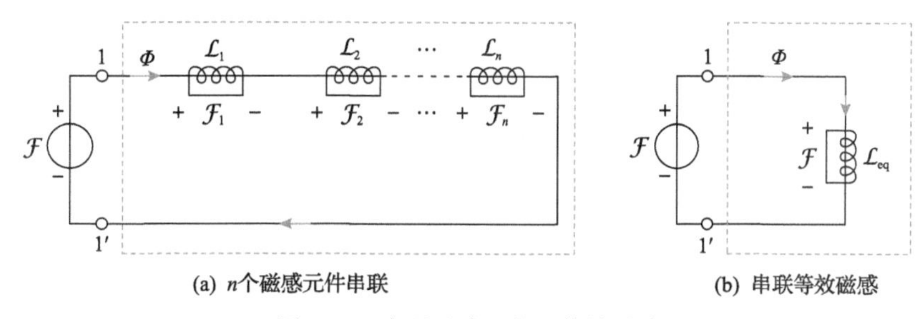

图 2.11　串联磁感元件的等效磁感

图 2.11(a)为 n 个磁感元件 $\mathcal{L}_1,\mathcal{L}_2,\cdots,\mathcal{L}_n$ 的串联，根据式(2.16)，支路上总的磁动势 $\mathcal{F}$ 可表示为

$$\begin{aligned}\mathcal{F}&=\mathcal{F}_1+\mathcal{F}_2+\cdots+\mathcal{F}_n=\mathcal{L}_1\frac{\mathrm{d}\Phi}{\mathrm{d}t}+\mathcal{L}_2\frac{\mathrm{d}\Phi}{\mathrm{d}t}+\cdots+\mathcal{L}_n\frac{\mathrm{d}\Phi}{\mathrm{d}t}\\&=\left(\mathcal{L}_1+\mathcal{L}_2+\cdots+\mathcal{L}_n\right)\frac{\mathrm{d}\Phi}{\mathrm{d}t}=\mathcal{L}_{\mathrm{eq}}\frac{\mathrm{d}\Phi}{\mathrm{d}t}\end{aligned}\tag{2.40}$$

式中，$\mathcal{L}_{\mathrm{eq}}$ 为磁感元件的串联等效磁感，其表达式为

$$\mathcal{L}_{\mathrm{eq}}=\mathcal{L}_1+\mathcal{L}_2+\cdots+\mathcal{L}_n\tag{2.41}$$

根据式(2.41)，可以绘制串联等效磁感 $\mathcal{L}_{\mathrm{eq}}$ 的等效磁路，如图 2.11(b)所示。

图 2.12(a)为 n 个磁感元件 $\mathcal{L}_1,\mathcal{L}_2,\cdots,\mathcal{L}_n$ 的并联，每一个磁感元件具有相同的磁动势 $\mathcal{F}$，因此由式(2.16)可知：

$$\Phi_1=\frac{1}{\mathcal{L}_1}\int_{-\infty}^{t}\mathcal{F}\mathrm{d}\xi\tag{2.42}$$

$$\Phi_2 = \frac{1}{\mathcal{L}_2}\int_{-\infty}^{t} \mathcal{F}\mathrm{d}\xi \tag{2.43}$$

$$\vdots$$

$$\Phi_n = \frac{1}{\mathcal{L}_n}\int_{-\infty}^{t} \mathcal{F}\mathrm{d}\xi \tag{2.44}$$

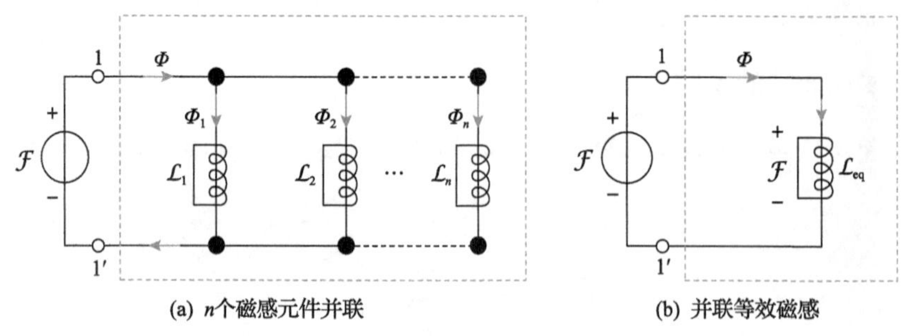

图 2.12　并联磁感元件的等效磁感

根据磁通连续性定律[2]，合并式(2.42)～式(2.44)，可得

$$\begin{aligned}\Phi &= \frac{1}{\mathcal{L}_1}\int_{-\infty}^{t} \mathcal{F}\mathrm{d}\xi + \frac{1}{\mathcal{L}_2}\int_{-\infty}^{t} \mathcal{F}\mathrm{d}\xi + \cdots + \frac{1}{\mathcal{L}_n}\int_{-\infty}^{t} \mathcal{F}\mathrm{d}\xi \\ &= \left(\frac{1}{\mathcal{L}_1} + \frac{1}{\mathcal{L}_2} + \cdots + \frac{1}{\mathcal{L}_n}\right)\int_{-\infty}^{t} \mathcal{F}\mathrm{d}\xi = \frac{1}{\mathcal{L}_{\mathrm{eq}}}\int_{-\infty}^{t} \mathcal{F}\mathrm{d}\xi\end{aligned} \tag{2.45}$$

式中，$\mathcal{L}_{\mathrm{eq}}$为磁感元件的并联等效磁感，其表达式为

$$\frac{1}{\mathcal{L}_{\mathrm{eq}}} = \frac{1}{\mathcal{L}_1} + \frac{1}{\mathcal{L}_2} + \cdots + \frac{1}{\mathcal{L}_n} \tag{2.46}$$

根据式(2.46)可以绘制并联等效磁感$\mathcal{L}_{\mathrm{eq}}$的等效磁路，如图 2.12(b)所示。

2.3.5　磁感元件的构成方法

根据磁感的计算公式(2.10)，当形成闭合导体回路的物理形式不同时，所构成磁感元件的物理形式也会有所不同。因此，根据磁感元件中感应电流的分布方式，将磁感元件划分为两大类别，即集中式和分布式[17]。以下将对这两类磁感元件分别进行介绍。

1. 集中式磁感元件

集中式磁感元件是指通过在磁路中铺设闭合导电回路来固定感应电流的流

向，以确保磁感元件中的感应电流能够按照预设的方向流通，从而在适合的方向上对交变磁通产生所需的阻碍作用，如图 2.13 所示。其优势在于清晰地呈现了磁感元件中感应电流的预设路径，有助于实现对磁路变量的精确控制，且实施操作相对容易。通常情况下，集中式磁感元件常被用于两个方面：一是通过磁感元件所产生的感应磁动势，影响磁路中磁动势与磁通之间的相位关系；二是利用磁感元件上产生的感应电流，与周围磁场相互作用，从而产生热效应、力效应或其他物理效应。

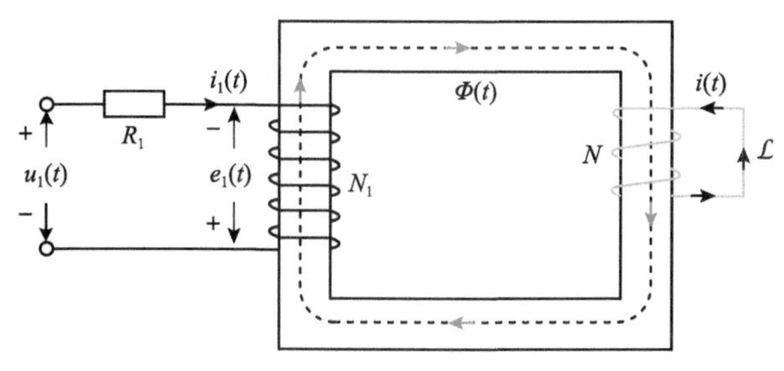

图 2.13　集中式磁感元件

磁感的数值大小由形成闭合导体回路的方式决定，影响因素包括有效长度、截面积、电导率等。对于图 2.13 中的集中式磁感元件，磁感参数的计算公式为

$$\mathcal{L}=\frac{N^2}{R} \tag{2.47}$$

这里提供两个实际的应用示例，以说明集中式磁感元件对磁路的调控作用，如图 2.14 所示。在交流断路器应用场景中，处于导通状态的动铁心需要克服拉力，以持续吸附到静铁心，从而维持磁路闭合。然而，由于磁通存在过零点，动铁心在过零点时难以克服拉力，导致动铁心与静铁心分离。这一过程可能引发噪声和

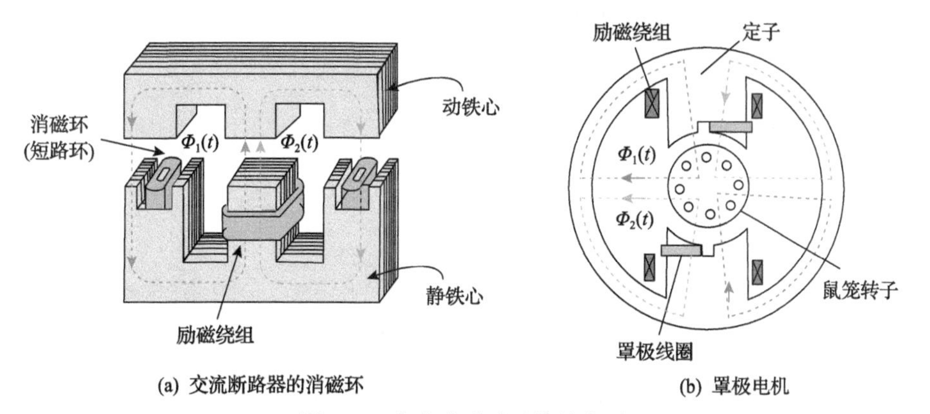

(a) 交流断路器的消磁环　　(b) 罩极电机

图 2.14　集中式磁感元件的应用

电弧，对设备稳定性构成威胁。因此，在交流断路器中，通过在变压器铁心中嵌入集中磁感元件来调整磁动势与磁通之间的相位关系，使得未经短路环的磁通 $\Phi_1(t)$ 与通过磁路的磁通 $\Phi_2(t)$ 相位不一致，如图 2.14(a)所示。这样，磁通 $\Phi_1(t)$ 与磁通 $\Phi_2(t)$ 过零点时刻不同，使得动铁心能够持续吸附在静铁心上，从而消除了由磁通过零点引起的铁心振动。因此，在这个应用中，磁感元件也称为消磁环或法拉第环。这一设计显著减少了设备中可能出现的噪声和电弧问题，维护了设备的可靠性和稳定性。

罩极电机是一种由单相电源供电的单相感应电动机，广泛应用于家用电器(如电冰箱、电风扇、空调装置、洗衣机)和医疗器械等领域，因其使用方便而备受青睐[1]。相对于同容量的三相感应电机，罩极电机的体积稍大、运行性能略差，因此主要制造成小容量电机，功率通常在几十瓦到几百瓦。罩极式单相感应电动机的定子铁心通常设计成凸极式，每个极上装有励磁绕组。在极靴的一侧开有一个小槽，该槽内嵌有磁感元件(短路铜环)，将部分磁极“罩”起来，这就是罩极线圈。

当励磁绕组通入单相交流电流时，会产生一个随时间交变的脉振磁通。其中，一部分磁通 $\Phi_1(t)$ 未经过铜环，而另一部分磁通 $\Phi_2(t)$ 通过铜环，如图 2.14(b)所示。由于磁感元件的作用，通过被罩部分的合成磁通与未罩部分的磁通在时间上将出现一定的相位差。同时，被罩部分与未罩部分在空间上也存在一定的相位差。因此，电机气隙内的合成磁场将形成一个具有一定推移速度的“旋转磁场”。在旋转磁场的作用下，鼠笼转子将产生一定的启动转矩，从而使得鼠笼转子顺着磁场移行的方向开始转动，进而罩极电机能够正常工作。

2. 分布式磁感元件

分布式磁感元件是指在磁感元件内部没有预设感应电流的流通路径，感应电流会根据外部磁场的变化呈分布状态。因此，它通常是金属块材或金属网的物理形式，作为磁路的一部分形成闭合磁路，如图 2.15 所示。

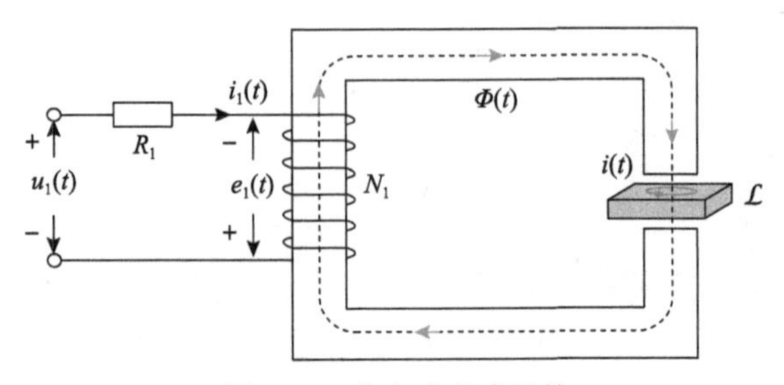

图 2.15　分布式磁感元件

当磁通分布均匀时，根据磁电功率定律，分布式磁感元件的磁感参数的计算公式为

$$\mathcal{L}=\frac{\sigma l}{16\left(\dfrac{w}{h}+\dfrac{h}{w}\right)} \tag{2.48}$$

式中，σ 为磁感元件的电导率；l、h、w 分别为分布式磁感元件的长度、高度、宽度，具体推导过程见第 5 章。

通常，分布式磁感元件的磁感参数较大。根据式(2.39)，可知带有分布式磁感元件的磁路磁通较小，磁路能量主要分布在磁感元件上。因此，分布式磁感元件主要应用于磁路磁通的阻断，以显著减小磁通的幅值。其典型应用有磁屏蔽，如图 2.16(a)所示，利用金属网或其他屏蔽材料构成磁感元件，以阻挡或减弱外部磁场对特定区域的影响。此外，分布式磁感元件还常用于涡流加热，通过将磁感元件置于变化的磁场中，使感应电流在磁感元件内形成环流，如图 2.16(b)所示。功率损耗产生焦耳热效应，导致导体表面或特定区域升温。

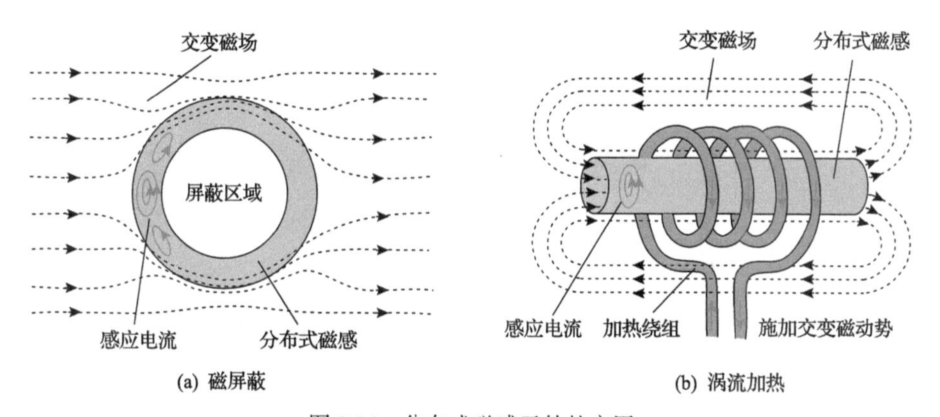

图 2.16　分布式磁感元件的应用

2.4 磁 容 元 件

2.4.1 磁容元件的定义

磁容元件为一个无源二端口磁路元件，用于描述磁路中磁滞效应对变化磁通的阻碍作用。磁容元件仅对变化的磁通具备阻碍作用，对恒定的磁通无阻碍作用，其阻碍作用的强弱由磁容参数来定量表征。定义磁容元件为流过磁容元件的磁通对时间积分与磁容元件上的磁动势 $\mathcal{F}_C$ 的比值，即

$$C=-\frac{\int \Phi \mathrm{d}t}{\mathcal{F}_C}=-\frac{\iint_A \mu \boldsymbol{H}_C \cdot \mathrm{d}A\mathrm{d}t}{\int_h \boldsymbol{H}_C \cdot \mathrm{d}h} \tag{2.49}$$

式中，C 为磁容元件及其代表的磁容参数；μ 为磁容元件的磁导率；$\boldsymbol{H}_C$ 为磁容元件的磁场强度。

由式(2.49)磁容元件的定义式，可知磁容的单位为

$$[C]=\mathrm{Wb}\cdot\mathrm{s/A}=\Omega\cdot\mathrm{s}^2 \tag{2.50}$$

由于磁路中没有“磁荷”概念，为避免与电路中的电容相混淆或误解，并区别于 Buntenbach 磁路模型中的“magnetic capacitance”，故将表征磁滞特性的集总元件/参数命名为虚拟磁容“hysteretance”，简称磁容，磁容元件也是一个无源元件[18]。

根据式(2.49)，定义磁容元件的符号及其理想特性曲线如图 2.17 所示。对于理想磁容元件，其仅由磁容元件的几何参数和电磁参数所决定。

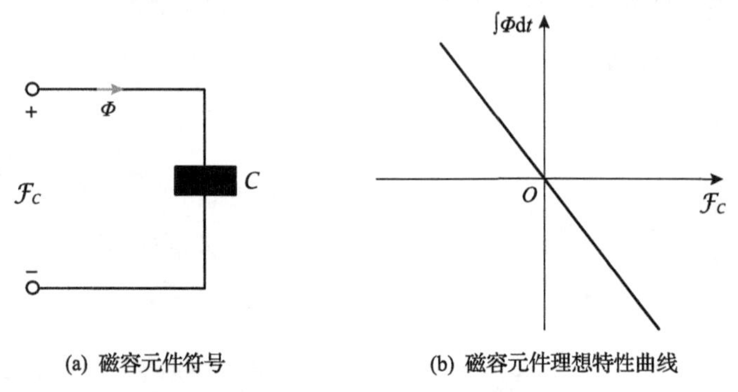

图 2.17　磁容元件符号及其理想特性曲线

考虑到磁通与磁通对时间积分的关系为

$$\Phi=\frac{\mathrm{d}\int\Phi\mathrm{d}t}{\mathrm{d}t} \tag{2.51}$$

将式(2.51)代入式(2.49)，可得

$$\Phi=-\frac{\mathrm{d}\left(\mathcal{F}_C C\right)}{\mathrm{d}t}=-C\frac{\mathrm{d}\mathcal{F}_C}{\mathrm{d}t}-\mathcal{F}_C\frac{\mathrm{d}C}{\mathrm{d}t} \tag{2.52}$$

当磁容元件的磁容参数被假定为与时间无关的恒定值($\mathrm{d}C/\mathrm{d}t=0$)时，磁容元件的端口特性为

$$\Phi=-C\frac{\mathrm{d}\mathcal{F}_C}{\mathrm{d}t} \tag{2.53}$$

式(2.53)的逆关系可以表示为

$$\mathcal{F}_C = -\frac{1}{C}\int \Phi \mathrm{d}t \tag{2.54}$$

由式(2.54)可知，磁容本质上代表了磁路在交变磁通作用下所产生的磁滞现象，磁滞现象所带来的磁滞效应会影响磁动势与磁通之间的相位，使磁容元件的磁动势超前磁通[19]。特别地，式(2.54)中的符号“－”表明，磁容元件上生成的磁动势 $\mathcal{F}_C$ 与参考方向相反。

在实际应用中，铁磁材料在交变磁通下普遍呈现出磁滞效应，而磁容元件的磁容参数则可以定量表征这些磁性材料磁滞效应的强度。磁容参数也对应着磁性材料磁滞回线的面积，随着面积增大，磁容值减小，表明磁滞效应更显著，同时，磁性材料磁滞效应引起的损耗也相应增加。

此外，式(2.54)为不定积分的表达式，可改写为定积分的表达式：

$$\mathcal{F}_C = -\frac{1}{C}\int_{-\infty}^{t} \Phi \mathrm{d}\xi = -\frac{1}{C}\int_{-\infty}^{t_0} \Phi \mathrm{d}\xi - \frac{1}{C}\int_{t_0}^{t} \Phi \mathrm{d}\xi = -\mathcal{F}_C(t_0) - \frac{1}{C}\int_{t_0}^{t} \Phi \mathrm{d}\xi \tag{2.55}$$

式(2.55)表明，磁容元件的磁动势 $\mathcal{F}_C$ 与磁通 Φ 之间存在动态关系。

2.4.2　磁容元件的串联和并联

当 n 个磁容元件串联时，如图 2.18(a)所示，对于每一个磁容元件，具有相同的磁通 Φ 。

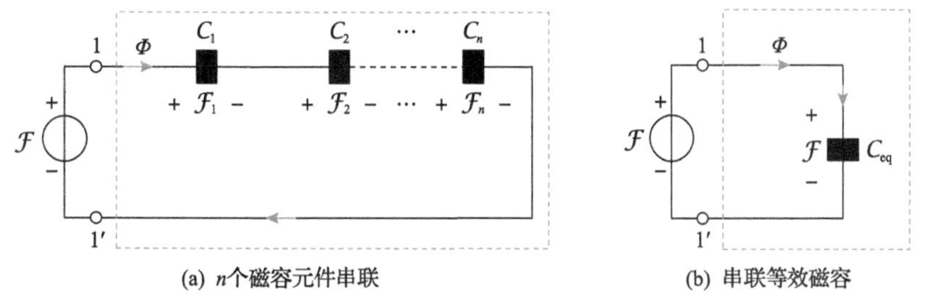

(a) n个磁容元件串联　　(b) 串联等效磁容

图 2.18　串联磁容元件的等效磁容

因此，由式(2.55)可知，每个磁容元件上的磁动势可表示为

$$\mathcal{F}_1 = -\frac{1}{C_1}\int_{-\infty}^{t} \Phi \mathrm{d}\xi \tag{2.56}$$

$$\mathcal{F}_2 = -\frac{1}{C_2}\int_{-\infty}^{t} \Phi \mathrm{d}\xi \tag{2.57}$$

$$\vdots$$

$$\mathcal{F}_n = -\frac{1}{C_n}\int_{-\infty}^{t}\Phi \mathrm{d}\xi \tag{2.58}$$

联立式(2.56)～式(2.58)，可得

$$\begin{aligned}\mathcal{F} &= \mathcal{F}_1 + \mathcal{F}_2 + \cdots + \mathcal{F}_n = -\frac{1}{C_1}\int_{-\infty}^{t}\Phi \mathrm{d}\xi - \frac{1}{C_2}\int_{-\infty}^{t}\Phi \mathrm{d}\xi + \cdots - \frac{1}{C_n}\int_{-\infty}^{t}\Phi \mathrm{d}\xi \\ &= -\left(\frac{1}{C_1} + \frac{1}{C_2} + \cdots + \frac{1}{C_n}\right)\int_{-\infty}^{t}\Phi \mathrm{d}\xi = -\frac{1}{C_{\mathrm{eq}}}\int_{-\infty}^{t}\Phi \mathrm{d}\xi\end{aligned} \tag{2.59}$$

式中，C_{eq}为串联等效磁容，其值为

$$\frac{1}{C_{\mathrm{eq}}} = \frac{1}{C_1} + \frac{1}{C_2} + \cdots + \frac{1}{C_n} \tag{2.60}$$

根据式(2.60)可以绘制串联等效磁容C_{eq}的等效磁路，如图 2.18(b)所示。

当n个磁容元件并联时，如图 2.19(a)所示，由于每个磁容元件的磁动势一致，根据磁通连续性定律[2]和式(2.53)，可知

$$\begin{aligned}\Phi &= \Phi_1 + \Phi_2 + \cdots + \Phi_n = -C_1\frac{\mathrm{d}\mathcal{F}}{\mathrm{d}t} - C_2\frac{\mathrm{d}\mathcal{F}}{\mathrm{d}t} - \cdots - C_n\frac{\mathrm{d}\mathcal{F}}{\mathrm{d}t} \\ &= -(C_1 + C_2 + \cdots + C_n)\frac{\mathrm{d}\mathcal{F}}{\mathrm{d}t} = -C_{\mathrm{eq}}\frac{\mathrm{d}\mathcal{F}}{\mathrm{d}t}\end{aligned} \tag{2.61}$$

式中，C_{eq}为并联等效磁容，其值为

$$C_{\mathrm{eq}} = C_1 + C_2 + \cdots + C_n \tag{2.62}$$

根据式(2.62)可以绘制并联等效磁容C_{eq}的等效磁路，如图 2.19(b)所示。

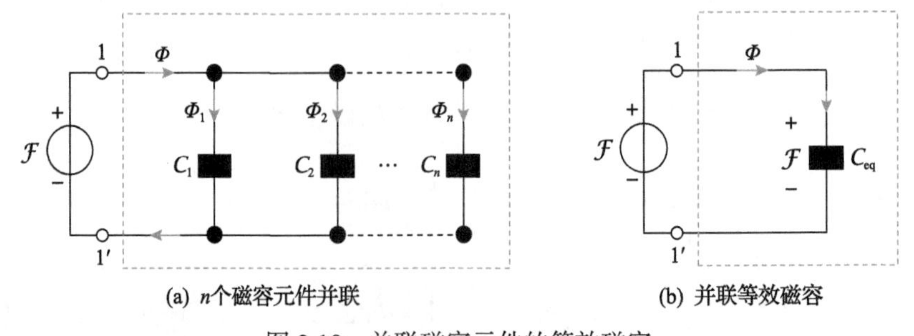

(a) n个磁容元件并联　　(b) 并联等效磁容

图 2.19　并联磁容元件的等效磁容

2.4.3　磁容元件的构成方法

磁容元件的磁容参数反映了磁路中磁滞效应对磁通的调控作用。为了在磁路中实现磁容参数的调节，可以通过引入磁滞效应较强的磁滞磁体来构成磁路，如图 2.20 所示。磁滞磁体作为磁容元件，成为闭合磁路的一部分，并形成完整的磁路，如图 2.20(a)所示。根据其物理模型，可以得到其等效磁路，如图 2.20(b)所示。通过外加磁容元件，可以有效调控磁路中磁通的幅值和相位，从而实现对磁路性能的控制。

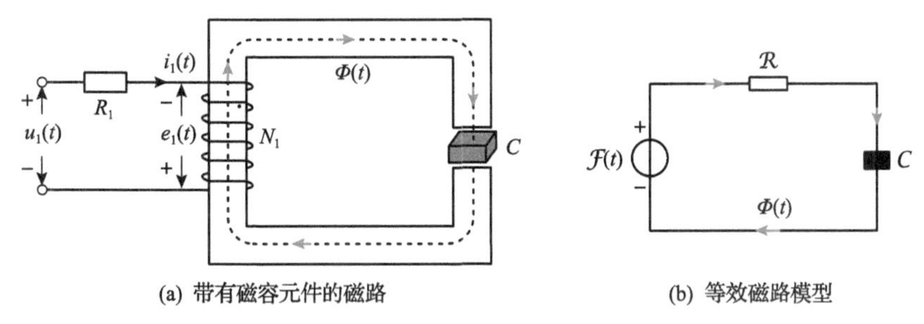

(a) 带有磁容元件的磁路　　(b) 等效磁路模型

图 2.20　磁容元件的构成

为了更好地阐述磁容元件对磁路的调控作用，这里给出磁滞电动机的应用示例[19,20]，如图 2.21 所示。磁滞电动机的特点是，其电磁转矩的特性与转子有效层材料的磁滞特性密切相关。通常，磁滞电动机采用隐极的空心圆柱形转子，由硬磁材料构成，且转子上没有任何绕组，如图2.21(a)所示。转子的有效层由具有显著磁滞特性的硬磁材料制成，但不进行预先磁化，其磁化过程完全依赖于电机启动过程中定子磁场的作用。由于磁滞转子的调制作用，在旋转磁场中的转子材料内，磁密和磁场强度曲线之间出现了相移，从而使磁滞电动机的磁通和磁动势之间也产生了相移γ，如图2.21(b)所示。这种相移γ的存在是磁滞电动机产生转矩的关键因素。通过对磁滞转子的设计，磁滞电动机能够实现对磁路中磁通幅值和相位的精确调控，从而提升设备的转矩和效率等性能，同时增强其在各种工作条

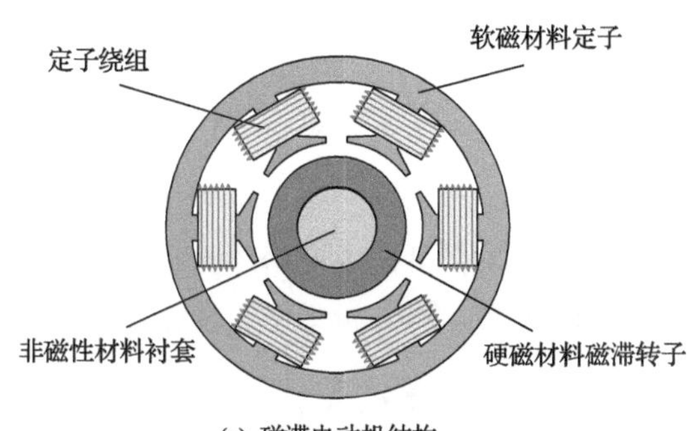

(a) 磁滞电动机结构

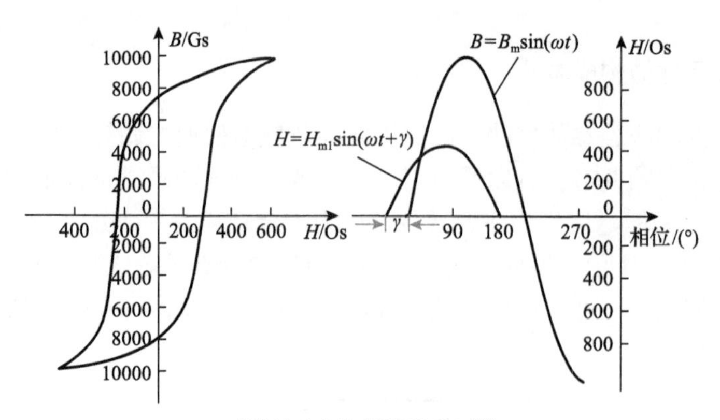

(b) 磁滞转子对磁通的调控作用[19]

图 2.21 磁容元件的应用示例

件下的适应性和稳定性。

2.5 磁 源 元 件

磁源元件是从实际的磁路激励中抽象得到的磁路模型。外部施加在理想磁路模型的磁激励可等效为磁源元件，磁源元件通常包括磁动势源和磁通源两类[21]。理想磁动势源是一个双端元件，其端口特性是两端的磁动势在每一时刻都是给定的，这个磁动势不依赖于通过磁源的磁通。也就是说，任何方向的磁通都有可能流过磁源，这个磁通将完全由连接到这个磁动势源的磁路元件决定。类似地，理想的磁通源是一个双端元件，其端口特性是在每个时刻流过器件的磁通都是给定的，这个磁通不依赖于磁源两端的磁动势，磁动势将完全由连接到这个磁通源的磁路元件决定。

根据安培环路定律[2]，磁动势源的磁动势 $\mathcal{F}$ 可以表示为

$$\mathcal{F} = \int \boldsymbol{H}_{\mathrm{a}} \cdot \mathrm{d}\boldsymbol{l} \tag{2.63}$$

式(2.63)为源磁动势的定义式，其单位为[3,4]

$$[\mathcal{F}] = \mathrm{A} \quad 或 \quad \mathrm{N \cdot A} \tag{2.64}$$

通常情况下，有两种方法构成磁源。第一种方法是通过对励磁绕组通以电流来产生，如图 2.8(a)所示。此时，可使用安培环路定律来计算磁路中磁动势的大小。对于如图 2.8(a)所示的磁路，随时间变化的磁动势 $\mathcal{F}(t)$ 的计算公式为

$$\mathcal{F}(t) = N_1 I_1(t) \tag{2.65}$$

第二种方法是利用永磁体作为磁源。由于永磁材料的固有特性，经过预先的磁化(充磁)之后，它不需要外加能量就可以在其周围的空间中建立磁场[21]。一般情况下，为了简化磁路的计算，可以将永磁体等效为一个磁通源 $\varPhi_{\mathrm{c}}$ 与一个内磁阻 $\mathcal{R}_0$ 并联的磁路，如图 2.22(a)所示，其中磁通源的表达式为

$$\varPhi=\varPhi_{\mathrm{c}}-\varPhi_0=\frac{\mathcal{F}_{\mathrm{c}}}{\mathcal{R}_0}-\frac{\mathcal{F}}{\mathcal{R}_0} \tag{2.66}$$

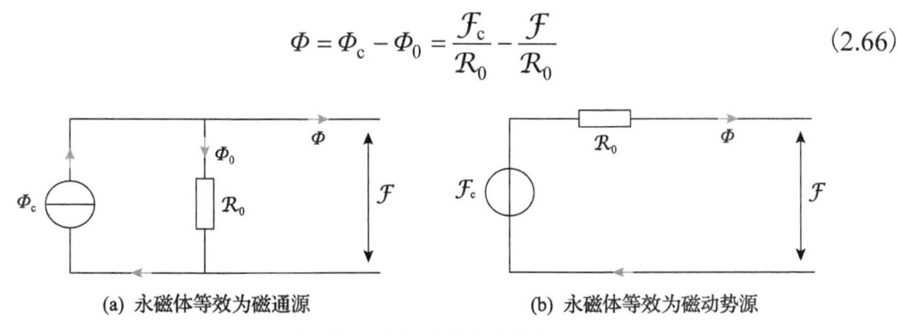

(a) 永磁体等效为磁通源　(b) 永磁体等效为磁动势源

图 2.22　永磁体等效磁路图

此外，永磁体也可以等效为一个磁动势源与一个内磁阻 $\mathcal{R}_0$ 串联的磁路[21]，如图 2.22(b)所示，可以表示为

$$\mathcal{F}=\mathcal{F}_{\mathrm{c}}-\mathcal{R}_0\varPhi \tag{2.67}$$

式中，$\mathcal{F}_{\mathrm{c}}$ 为永磁体的计算磁动势。对于给定的永磁体性能和几何参数，$\mathcal{F}_{\mathrm{c}}$ 是一个常数，可以表示为

$$\mathcal{F}_{\mathrm{c}}=H_{\mathrm{c}}h_{\mathrm{Mp}} \tag{2.68}$$

式中，H_{c} 为磁感应强度矫顽力(简称矫顽力)；h_{Mp} 为磁路中永磁体磁化方向的长度。

2.6　非理想磁路元件

到目前为止，所讨论的磁阻、磁感、磁容等磁路元件，均被视为理想元件，或者称为“纯元件”。例如，认为磁阻元件只有磁阻，没有磁感和磁容，以此类推。然而，在实际中很少有理想元件或纯元件存在。例如，一段铁心磁路，除了磁阻外，或多或少存在涡流和磁滞效应，也就是还存在磁感和磁容；同样，由磁滞材料构成的磁容，也存在磁阻和磁感。总之，实际的磁路元件一般具有磁阻、磁感、磁容几个方面的综合特性。理想元件或“纯元件”不过是以某一方面的特性为主而已。指出这一点，并不意味着前面对理想元件的分析讨论没有意义，恰恰相反，理想元件是实际元件的抽象，将它们的特性逐个弄清楚了，一切实际元件都可以用理想元件的适当组合来处理。

此外，漏磁是磁路中一种常见的物理现象，主要体现在磁场传递过程中部分磁通没有完全集中在磁路的主要路径上，而是通过其他次要路径散失或漏出。如图 2.23(a)所示，漏磁现象主要存在于励磁绕组和添加的磁感元件上。励磁绕组的漏磁磁路的磁通记为$\Phi_{L1}(t)$，对应的漏磁阻为$\mathcal{R}_{L1}$。而磁感元件的漏磁磁路的磁通为$\Phi_{L2}(t)$，漏磁阻为$\mathcal{R}_{L2}$。在等效磁路上，可用相应的并联磁路元件$\mathcal{R}_{L1}$和$\mathcal{R}_{L2}$来考虑上述漏磁，如图 2.23(b)所示，漏磁路与主磁路形成并联关系，以并联漏磁阻的形式加入等效磁路中。

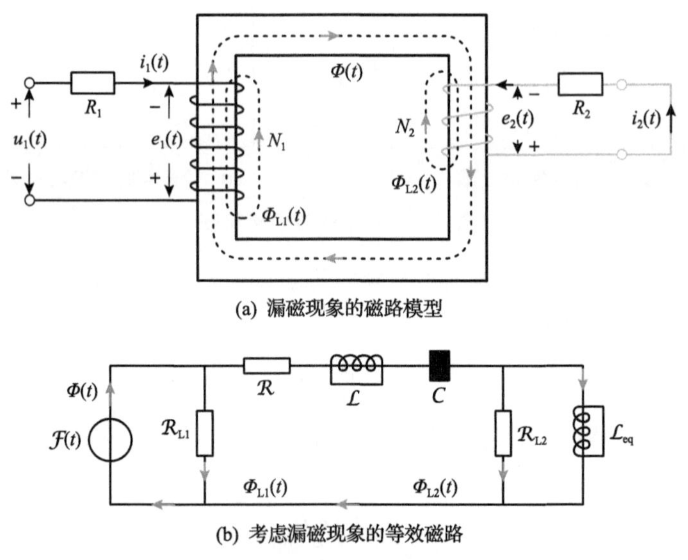

(a) 漏磁现象的磁路模型

(b) 考虑漏磁现象的等效磁路

图 2.23　考虑漏磁现象的磁路模型及等效磁路

2.7　复合磁感元件

由磁感的定义式(2.10)可知，磁感定义为单位磁通在磁感元件上所产生的总运动电荷(电荷链)。在磁路中，可以通过改变磁感元件中的运动电荷来调节磁感参数的大小。对于集中式磁感元件，如图 2.13 所示，可通过在其闭合导电回路中引入电路元件(电阻、电感、电容等)来调节磁感元件中的运动电荷，从而影响其磁感参数。在这种情况下，磁感元件充当一种媒介，通过电路耦合，使得电路元件对磁路产生了影响。因此，将具有电路元件的磁感元件称为“复合磁感元件”。

2.7.1　复合磁感元件的构成与类型

变压器和电感器等电磁设备在开关电源[22,23]、隔离变换器[24,25]等电力电子系统中得到广泛应用，对这些电磁设备的磁路参数进行控制和调节，可以实现对电场、磁场和能量转换的精确控制[26-29]。根据传统的电磁学[30]，磁路中只有一个无源磁路元件——磁阻，因此目前调节磁路参数的方法基本都是改变磁阻，例如，通过改变铁心几何结构尺寸[31]、气隙长度[32]或磁导率[33]来调节磁路的磁阻。其他常见的方法包括重新定向磁路以改变其与磁场的相对方向[34]，或添加永磁体或励磁绕组等外部磁场[35]。然而，对于给定的电磁设备，其结构和尺寸通常是不可改变的，因此上述方法在工程实践往往难以应用；而永磁体在高温或大电流下(如过载或雷击)有退磁风险[36]。

最近，又出现了几种改变有效磁导率的新技术。文献[37]指出，串联集总电容的多重超材料垂直堆叠双螺旋结构能够改变复数磁导率；文献[38]提出了一种线圈连接电容器的负磁阻结构(negative magnetic reluctance structure, NMRS)，将其安装在变压器气隙中，可以帮助高频变压器承受强直流偏压与提高效率。然而，上述研究多基于 *RLC* 串联谐振电路拓扑，结合磁导率等磁学参数对结构进行分析，所提出的理论模型均针对特定排布的线圈，计算相对复杂，且对实际参数的选择缺少有效指导。

本节基于矢量磁路理论，提出一种复合磁感(composite magductance, CM)元件，在闭合导电回路即磁感元件的基础上，引入电阻、电感、电容等电路元件或电路拓扑，实现对磁阻抗的精确调节与控制。

1. 复合磁感元件的构成

复合磁感元件由一个磁感元件连接若干电路元件构成，通过磁感线圈与磁路进行耦合。图 2.24(a)是带有一个复合磁感元件的磁路，图 2.24(b)为其等效磁路。

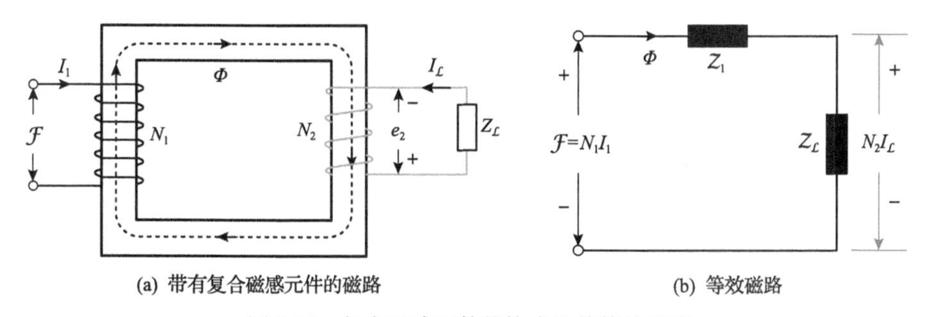

图 2.24　复合磁感元件的构成及其等效磁路

运用矢量磁路理论中的等效磁路和磁路定理对复合磁感元件的相关表达式进行推导。图 2.24(a)中，左侧励磁绕组在磁芯中产生了磁动势 $\mathcal{F}=N_1I_1$。设磁芯中的磁通为 Φ，右侧复合磁感元件中的磁感线圈的匝数为 N_2，其感应电势为 $e_2=-N_2(\mathrm{d}\Phi/\mathrm{d}t)$，复合磁感元件的电阻抗为 $Z_\mathcal{L}$，则感应电流 $I_\mathcal{L}=-(N_2/Z_\mathcal{L})(\mathrm{d}\Phi/\mathrm{d}t)$。$I_\mathcal{L}$ 流经磁感线圈，产生的磁动势 $\mathcal{F}_\mathcal{L}$ 为 $-\left(N_2^2/Z_\mathcal{L}\right)(\mathrm{d}\Phi/\mathrm{d}t)$，与励磁绕组磁动势方向相反。

等效磁路如图 2.24(b)所示。运用磁路叠加定理对复合磁感元件的磁阻抗 $\mathcal{Z}_{\mathcal{L}}$ 进行分析，磁路内部的磁通 $\varPhi$ 可以视为由励磁绕组激励的磁通 $\varPhi_1$ 和由复合磁感中磁感线圈激励的磁通 $\varPhi_{\mathcal{L}}$ 的叠加，这两种磁通均经过主磁路。

当只有励磁绕组的磁动势 $\mathcal{F}$ 作用时，复合磁感产生的反磁动势 $\mathcal{F}_{\mathcal{L}}$ 置零，处于短路状态。此时，在磁路中，有

$$N_1 I_1 = \varPhi_1 \mathcal{Z}_1 \tag{2.69}$$

式中，$\mathcal{Z}_1$ 是磁芯的磁阻抗。

当只有 $\mathcal{F}_{\mathcal{L}}$ 作用时，$\mathcal{F}$ 处于短路状态。此时，在磁路中，有

$$N_2 I_{\mathcal{L}} = -\frac{N_2^2}{Z_{\mathcal{L}}}\frac{\mathrm{d}\varPhi}{\mathrm{d}t} = \varPhi_{\mathcal{L}} \mathcal{Z}_1 \tag{2.70}$$

由于 $\varPhi = \varPhi_1 + \varPhi_{\mathcal{L}}$，代入式(2.69)和式(2.70)，可得

$$\mathcal{F} = \varPhi \mathcal{Z} = \varPhi\left(\mathcal{Z}_1 + \frac{N_2^2}{Z_{\mathcal{L}}\varPhi}\frac{\mathrm{d}\varPhi}{\mathrm{d}t}\right) \tag{2.71}$$

由于磁路总磁阻抗 $\mathcal{Z}$ 为磁芯的磁阻抗 $\mathcal{Z}_1$ 与复合磁感元件的磁阻抗 $\mathcal{Z}_{\mathcal{L}}$ 之和，$\mathcal{Z} = \mathcal{Z}_1 + \mathcal{Z}_{\mathcal{L}}$，则有

$$\mathcal{Z}_{\mathcal{L}} = \frac{N_2^2}{Z_{\mathcal{L}}\varPhi}\frac{\mathrm{d}\varPhi}{\mathrm{d}t} \tag{2.72}$$

在正弦稳态条件下，$\frac{\mathrm{d}}{\mathrm{d}t} = \mathrm{j}\omega$，式(2.72)可化为

$$\mathcal{Z}_{\mathcal{L}} = \mathrm{j}\omega\frac{N_2^2}{Z_{\mathcal{L}}} \tag{2.73}$$

复合磁感元件的磁阻抗 $\mathcal{Z}_{\mathcal{L}}$ 与电阻抗 $Z_{\mathcal{L}}$ 的关系如式(2.73)所示，$\mathcal{Z}_{\mathcal{L}}$ 与 $Z_{\mathcal{L}}$ 成反比。设 $\mathcal{Z}_{\mathcal{L}} = \mathcal{R}_{\mathcal{L}} + \mathrm{j}\mathcal{X}_{\mathcal{L}}$，$Z_{\mathcal{L}} = R_{\mathcal{L}} + \mathrm{j}X_{\mathcal{L}}$，则电阻抗与磁阻抗相互转化的关系式为

$$\mathcal{Z}_{\mathcal{L}} = \mathrm{j}\omega\frac{N_2^2}{Z_{\mathcal{L}}} = \frac{N_2^2\omega X_{\mathcal{L}}}{R_{\mathcal{L}}^2 + X_{\mathcal{L}}^2} + \mathrm{j}\omega\frac{N_2^2 R_{\mathcal{L}}}{R_{\mathcal{L}}^2 + X_{\mathcal{L}}^2} \tag{2.74}$$

$$Z_{\mathcal{L}} = \mathrm{j}\omega\frac{N_2^2}{\mathcal{Z}_{\mathcal{L}}} = \frac{N_2^2\omega \mathcal{X}_{\mathcal{L}}}{\mathcal{R}_{\mathcal{L}}^2 + \mathcal{X}_{\mathcal{L}}^2} + \mathrm{j}\omega\frac{N_2^2 \mathcal{R}_{\mathcal{L}}}{\mathcal{R}_{\mathcal{L}}^2 + \mathcal{X}_{\mathcal{L}}^2} \tag{2.75}$$

对于一个频率和磁感匝数 N_2 已知的复合磁感元件，其 $\mathcal{Z}_{\mathcal{L}}$ 与 $Z_{\mathcal{L}}$ 可以相互

计算。

2. 不同类型的复合磁感元件

将磁感元件与不同电阻抗特性的电路元件连接，可以构成不同类型的复合磁感元件，进而会对所在磁路产生不同的调节作用。下面以电阻、电感、电容这三种基本的电路元件为例，对不同类型的复合磁感元件的特性进行分析。

1) 含有电阻的复合磁感元件

当复合磁感元件由磁感(匝数为 N_2，电阻值为 R_2)和电阻(电阻值为 R)构成时，其电阻抗为纯阻性，$Z_{\mathcal{L}}=R_{\mathcal{L}}=R_2+R$。相应地，其磁阻抗为

$$\mathcal{Z}_{\mathcal{L}}=\mathrm{j}\omega\frac{N_2^2}{R_{\mathcal{L}}}=\mathrm{j}\omega\frac{N_2^2}{R_2+R} \tag{2.76}$$

这种复合磁感元件的磁抗 $\mathcal{X}_{\mathcal{L}}$ 为正，在磁路中可以等效为一个电阻值可调的磁感元件。式(2.76)中不存在磁阻成分，所在磁路的磁阻 $\mathcal{R}$ 不变，磁阻抗 $\mathcal{Z}$ 的模值 $|\mathcal{Z}|$、磁阻抗角 θ、磁抗 $\mathcal{X}$ 均增加。

2) 含有电感的复合磁感元件

当复合磁感元件由磁感和电感(电感值为 L)构成时，其电阻抗为阻感性，$Z_{\mathcal{L}}=R_{\mathcal{L}}+\mathrm{j}X_{\mathcal{L}}=R_{\mathcal{L}}+\mathrm{j}\omega L$。相应地，其磁阻抗为

$$\mathcal{Z}_{\mathcal{L}}=\frac{N_2^2\omega^2 L}{R_{\mathcal{L}}^2+\omega^2L^2}+\mathrm{j}\omega\frac{N_2^2R_{\mathcal{L}}}{R_{\mathcal{L}}^2+\omega^2L^2} \tag{2.77}$$

这种复合磁感元件的磁阻 $\mathcal{R}_{\mathcal{L}}$ 和磁抗 $\mathcal{X}_{\mathcal{L}}$ 均为正，添加到磁路上时，所在磁路的 $\mathcal{R}$、$\mathcal{X}$、$|\mathcal{Z}|$ 都增加。所在磁路阻抗的模值 $|\mathcal{Z}|$ 随频率的变化趋势如图 2.25(a)所示，其中 $|\mathcal{Z}_1|$ 是磁路原磁阻抗的模值。

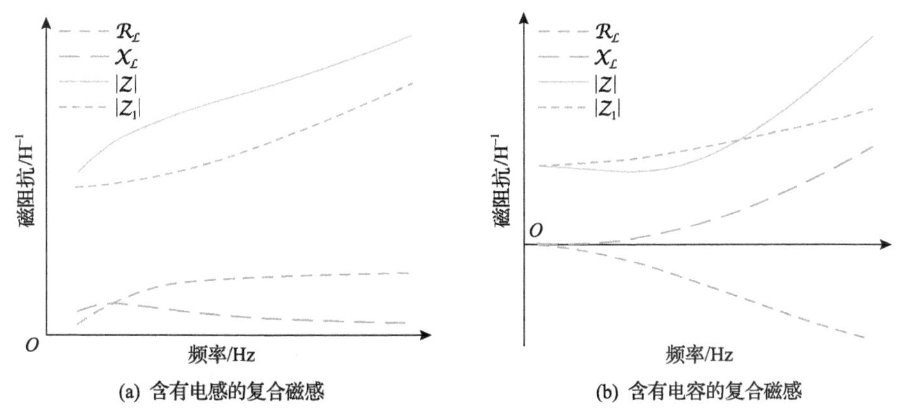

(a) 含有电感的复合磁感　　(b) 含有电容的复合磁感

图 2.25　不同复合磁感元件的磁阻抗特性

3）含有电容的复合磁感元件

当复合磁感元件由磁感和电容（电容值为C）构成时，其电阻抗为阻容性，$Z_{\mathcal{L}} = R_{\mathcal{L}} + \mathrm{j}X_{\mathcal{L}} = R_{\mathcal{L}} + \frac{1}{\mathrm{j}\omega C}$。相应地，其磁阻抗为

$$\mathcal{Z}_{\mathcal{L}} = -\frac{N_2^2\omega^2 C}{\omega^2 C^2 R_{\mathcal{L}}^2 + 1} + \mathrm{j}\frac{N_2^2\omega^3 C^2 R_{\mathcal{L}}}{\omega^2 C^2 R_{\mathcal{L}}^2 + 1} \tag{2.78}$$

这种复合磁感元件的磁阻$\mathcal{R}_{\mathcal{L}}$为负，磁抗$\mathcal{X}_{\mathcal{L}}$为正。设磁路原磁阻抗$\mathcal{Z}_1 = \mathcal{R}_1 + \mathrm{j}\omega\mathcal{L}_1$，添加该复合磁感后，磁阻抗$\mathcal{Z}$变为

$$\mathcal{Z} = \left(\mathcal{R}_1 - \frac{N_2^2\omega^2 C}{\omega^2 C^2 R_{\mathcal{L}}^2 + 1}\right) + \mathrm{j}\left(\omega\mathcal{L}_1 + \frac{N_2^2\omega^3 C^2 R_{\mathcal{L}}}{\omega^2 C^2 R_{\mathcal{L}}^2 + 1}\right) \tag{2.79}$$

所在磁路的磁抗$\mathcal{X}$增加，同时磁阻$\mathcal{R}$减小，甚至可能变为负数。该类含有电容的复合磁感元件可以使磁路呈现负磁阻（negative reluctance, NR）特性，故将其简称为NR。NR所在磁路总磁阻抗的模值$|\mathcal{Z}|$随频率的变化趋势如图2.25（b）所示，比较$|\mathcal{Z}|$和$|\mathcal{Z}_1|$可知，当参数满足$\omega^2 C\left(N_2^2 + 2R_{\mathcal{L}}\mathcal{L}_1\right) - 2\mathcal{R}_1 < 0$时，磁路的磁阻抗模值将小于原磁阻抗，也就是说，在一定的频率范围内，合成磁阻抗比磁路原有磁阻抗要小，这在工程中具有重要的应用前景[38]。

在复合磁感元件中，磁感线圈的参数和所连接的电路元件可以按需选择。总体来说，根据复合磁感元件的电阻抗$Z_{\mathcal{L}}$和式（2.74），计算得到磁阻抗$\mathcal{Z}_{\mathcal{L}}$，即可推导出它对所在磁路的调节效果。

2.7.2 基于复合磁感的磁阻抗调节方法

1. 磁阻抗调节方法

利用复合磁感元件可以对磁路参数进行调节，而不同阻抗特性的复合磁感元件会对所在磁路产生不同的调节效果。在此提出一种基于复合磁感元件的磁阻抗调节方法，能够根据磁路磁阻抗调节需求和当前磁路参数，设计所需复合磁感元件的类型和参数，具体步骤如下：

（1）计算磁路原磁阻抗$\mathcal{Z}_1$。基于矢量磁路理论，根据模值$|\mathcal{Z}_1|$、磁阻抗角θ_1或磁阻$\mathcal{R}_1$、磁抗$\mathcal{X}_1$等磁路参数，计算磁路原磁阻抗$\mathcal{Z}_1$。

（2）计算目标磁阻抗$\mathcal{Z}$。根据磁路调节目标，计算目标磁阻抗$\mathcal{Z}$。

（3）获得复合磁感的磁阻抗$\mathcal{Z}_{\mathcal{L}}$。计算所需复合磁感的磁阻抗值，并将其赋给复合磁感元件，即

$$Z_{\mathcal{L}}=Z-Z_1$$

(4) 确定磁感线圈的匝数 N_2。初始化复合磁感元件中磁感线圈的匝数 N_2，并根据磁芯规格等参数计算磁感线圈的电阻 R_2。

(5) 计算复合磁感的电阻抗 $Z_{\mathcal{L}}$。根据复合磁感的磁阻抗 $Z_{\mathcal{L}}$ 和工作频率，计算其电阻抗

$$Z_{\mathcal{L}}=\mathrm{j}\omega\frac{N_2^2}{Z_{\mathcal{L}}}$$

(6) 确定电路元件的类型和取值。复合磁感元件中电路元件的电阻抗应为 $Z_{\mathcal{L}}-R_2$。根据该电阻抗值，选择相应的电路元件的类型，并确定其取值。

若无法得到具体的电阻抗值，则基于磁路调节目标，判断磁路的磁阻和磁抗变化量的正负，进而得到复合磁感元件的电阻和电抗的正负，从而得到电路元件的类型和取值范围。

(7) 判断电路元件是否合适。在待选电路元器件库中，根据元件参数与运行工况等条件，选择合适的电路元件。若可获得合适的电路元件，则执行步骤(8)；否则，返回步骤(4)调节磁感参数，重新执行。

(8) 确定复合磁感。通过上述步骤选择的磁感元件与电路元件形成了合适的复合磁感元件，将其添加至磁路中即可满足磁阻抗的调节和优化需求。

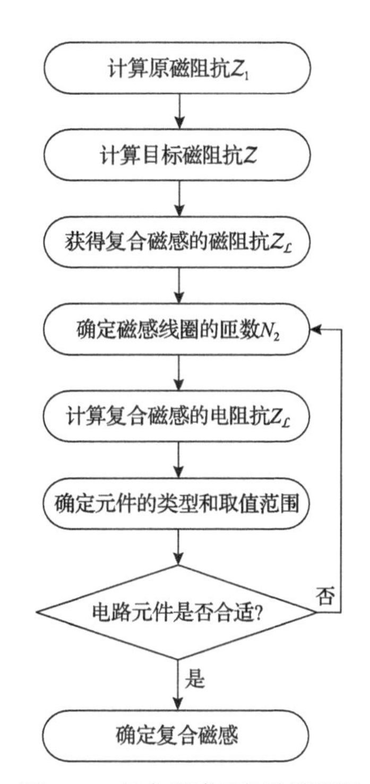

图 2.26　复合磁感元件设计流程

该设计方法的流程如图 2.26 所示。通过这些步骤可以快速获得合适的复合磁感元件，以实现磁路的调节或优化。

2. 实例验证

下面通过两个实例验证通过添加复合磁感元件进行磁路磁阻抗调节的方法。选用一个铁基非晶合金磁环作为磁芯，在磁芯上缠绕一个励磁绕组和一个开路的探测绕组，如图 2.27 所示，磁芯主要参数如表 2.2 所示。

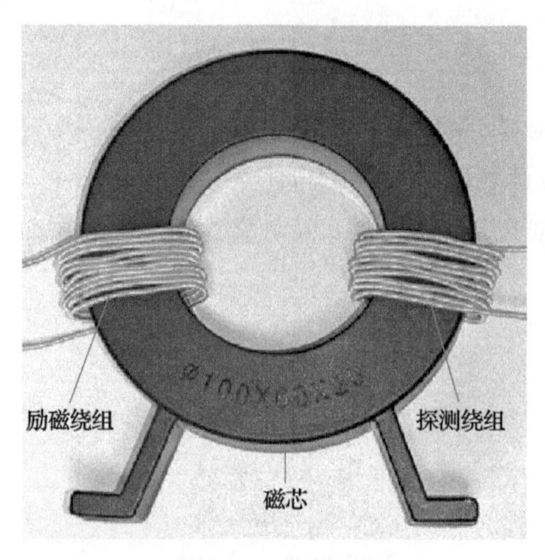

图 2.27　环形磁芯

表 2.2　环形磁芯的主要参数

结构	参数	取值
磁芯	材料	铁基非晶合金
	材料牌号	1K107
	尺寸	ϕ100mm×60mm×20mm
励磁绕组	导线类型	利兹线 0.01mm/100
	匝数	10
	电阻	0.05Ω
探测绕组	导线类型	利兹线 0.01mm/100
	匝数	10
	电阻	0.05Ω

基于矢量磁路理论，从矢量角度计算磁路磁阻抗的过程如下：根据励磁绕组的匝数 N_1 和励磁电流 I_1 计算磁动势 $\mathcal{F}$；根据开路探测绕组的感应电压 U_3 和匝数 N_3 计算磁通 Φ，$|\Phi| = |U_3|/(N_3\omega)$；分析感应电压 U_3 和励磁电流 I_1 之间的相位差，获得磁阻抗角 θ。根据以上参数即可得到磁路的磁阻抗。

搭建实验平台，包括一个信号发生器、一个功率放大器、一个电流探头、两个电压探头、一台录波仪、一台功率分析仪和待测磁路，如图 2.28 所示。

在 10～300Hz 频率下测量磁芯磁阻抗 $\mathcal{Z}_1$，计算磁阻抗模 $|\mathcal{Z}_1|$、磁阻 $\mathcal{R}_1$、磁抗 $\mathcal{X}_1$ 和磁感 $\mathcal{L}_1$，如图 2.29 所示。该磁芯材料具有较高的磁导率和较低的磁化损耗，磁阻抗角较小。

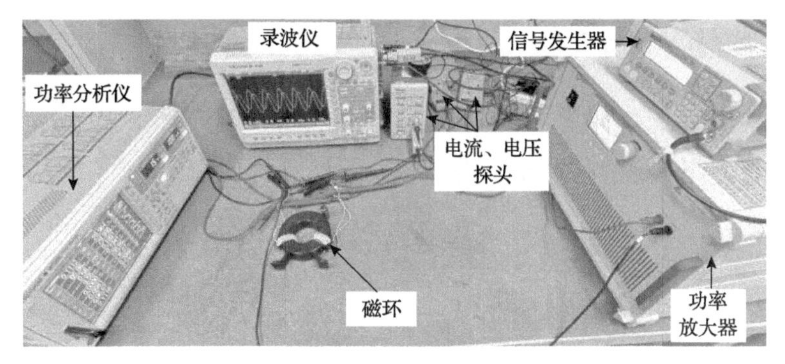

图 2.28　实验平台

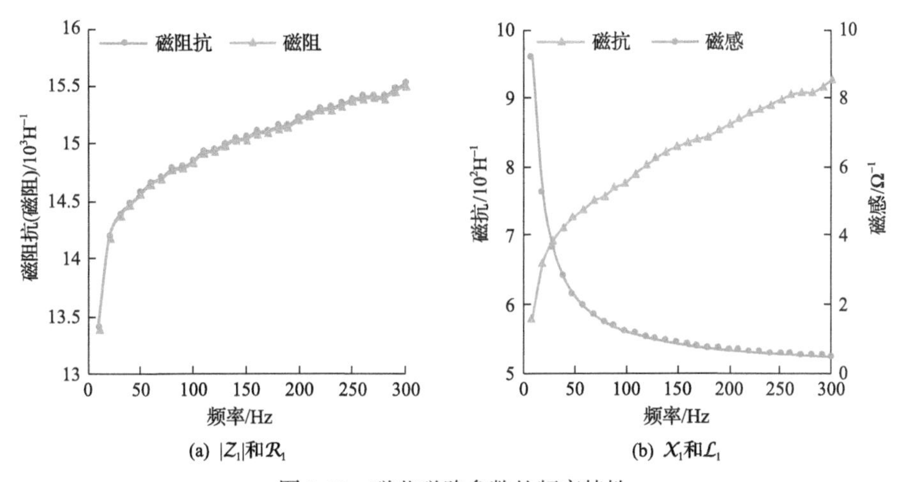

(a) $|\mathcal{Z}_1|$和$\mathcal{R}_1$　(b) $\mathcal{X}_1$和$\mathcal{L}_1$

图 2.29　磁芯磁路参数的频率特性

下面分别针对两个不同的磁阻抗调节目标，验证磁阻抗调节方法的可行性。

1) 磁阻抗调节目标明确

当磁路调节有明确目标，如可以计算出磁阻抗的模值、相角、磁阻、磁抗等具体参数时，根据本节提出的设计方法，可以快速选出磁路调节所需的复合磁感元件。

对于部分非接触式传感器，增大磁阻抗可以提高传感器的灵敏度，扩大测量范围，提高信噪比，使其更加灵活、高效[39]。作为一个具体的例子，设定的调节目标为：在 100Hz 下，磁阻抗增加四分之一，磁阻抗角约为 30°。

(1) 复合磁感元件设计。

设计合适的复合磁感元件的步骤如下：

①计算磁路的原磁阻抗 $\mathcal{Z}_1$。根据实验测量，基于矢量磁路理论，100Hz 下磁路原磁阻抗 $\mathcal{Z}_1$ 为

$$\mathcal{Z}_1 = 14854.0\angle 3.00° = 14833.64 + \mathrm{j}777.40\mathrm{H}^{-1}$$

②计算目标磁阻抗 $\mathcal{Z}$ 为

$$\mathcal{Z} = 18567.5 \angle 30° = 16079.93 + \mathrm{j}9283.75\mathrm{H}^{-1}$$

③获取复合磁感的磁阻抗 $\mathcal{Z}_{\mathcal{L}}$ 为

$$\mathcal{Z}_{\mathcal{L}} = \mathcal{Z} - \mathcal{Z}_1 = 1246.29 + \mathrm{j}8506.35\mathrm{H}^{-1}$$

④复合磁感的匝数 N_2 暂定为 1，选择ϕ0.5mm 的铜线制作磁感线圈。根据磁芯尺寸，1 匝磁感的电阻 R_2 为 13.5mΩ。

⑤计算复合磁感的电阻抗 $Z_{\mathcal{L}}$ 为

$$Z_{\mathcal{L}} = \mathrm{j}\omega \frac{N_2^2}{\mathcal{Z}_{\mathcal{L}}} = 0.07231 + \mathrm{j}0.01059\Omega$$

⑥电阻抗 $Z_{\mathcal{L}}$ 中包含电感分量，则复合磁感元件中应包含一个电感器，电感器的电阻抗值应为

$$Z_{\mathcal{L}} - R_2 = 0.0581 + \mathrm{j}0.01059\Omega$$

⑦由于待选电感器的电阻约为 5Ω，远大于 $Z_{\mathcal{L}} - R_2$ 中的电阻值，故 N_2 不应为 1。

返回步骤④，改变 N_2。当 $N_2 = 8$ 时，有

$$Z_{\mathcal{L}} = 4.628 + \mathrm{j}0.678\Omega$$

$$R_2 = 0.108\Omega$$

$$Z_{\mathcal{L}} - R_2 = 4.520 + \mathrm{j}0.678\Omega$$

电阻值与待选电感元件的电阻接近。此时电感 L=1.079mH。

⑧选择标称电感为 1mH 的电感器，将其与匝数为 8 的磁感元件相连，获得所需的复合磁感元件。

(2) 实验验证。

对设计得到的复合磁感元件进行测量。100Hz 下，复合磁感元件中磁感线圈的匝数 N_2=8，总电阻 $R_{\mathcal{L}}$ =4.92Ω，电感 L=1.049mH。将该复合磁感添加至磁路中，在如图 2.28 所示的实验平台上测量磁路的磁阻抗，验证所设计的复合磁感元件对磁路的影响。

图 2.30 为 100Hz 时励磁绕组中的电流 I_1 和开路探测绕组两端的电压 U_3 的实验波形，计算得到此时磁路的磁阻抗为$18533 \angle 28.27°\mathrm{H}^{-1}$，与设定的调节目标相吻合。可见，所设计的复合磁感元件很好地满足了磁阻抗调节需求。

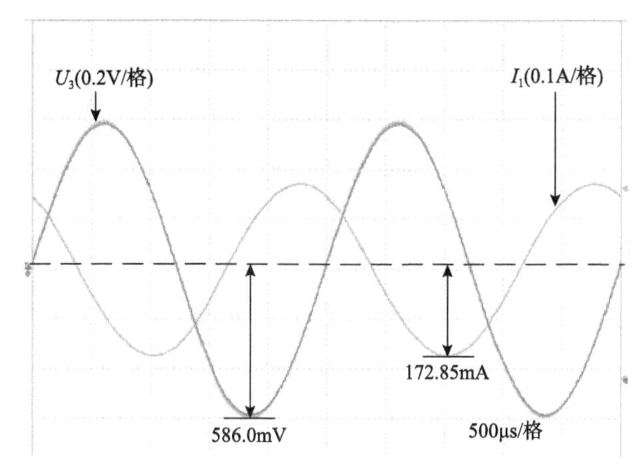

图 2.30　实验波形

2）磁阻抗调节目标模糊

在工业实践中，很多情况下无法获得准确的磁阻抗调节目标，下面给出一个调节目标模糊的实例。

对于低频扬声器，降低磁阻抗有助于提高磁场强度，提升音频系统性能[40,41]。本例中，设定的调节目标为在 100Hz 下减小磁阻抗。

（1）复合磁感元件设计。

设计合适的复合磁感元件的步骤如下：

①计算现有磁路的磁阻抗 $\mathcal{Z}_1$ 为

$$\mathcal{Z}_1 = 14854.0\angle 3.00° = 14833.64 + \mathrm{j}777.40\mathrm{H}^{-1}$$

②获得目标磁阻抗 $\mathcal{Z}$ 。本例没有明确的目标磁阻抗。

③复合磁感元件的匝数 N_2 暂设为 1，选择 0.5mm 线径的铜线制作磁感，1 匝磁感的电阻 R_2 =13.5mΩ。

④为实现磁阻抗减小的调节目标，设计含有电容的复合磁感元件，即 NR。由于待选电容器的电阻为几十毫欧，NR 的电阻值 $R_{\mathcal{L}}$ 暂定为 0.05Ω。

磁阻抗的降低需要磁路各个参数满足 $\omega^2 C\left(N_2^2 + 2R_{\mathcal{L}}\mathcal{L}_1\right) - 2\mathcal{R}_1 < 0$，代入参数，计算得到电容的取值范围为 $C < 68\mathrm{mF}$。

⑤选择一个标称电容为 22mF 的电容器，该元件的电容值在取值范围内，且适用于低频交流工况，因此选用该电容与前述磁感线圈构成一个 NR。

（2）实验验证。

对设计得到的 NR 进行测量。100Hz 下，其匝数 $N_2 = 1$，总电阻 $R_{\mathcal{L}} = 61\mathrm{m}\Omega$，电容 C =18.3mF。将该 NR 添加至磁路中，如图 2.31 所示。

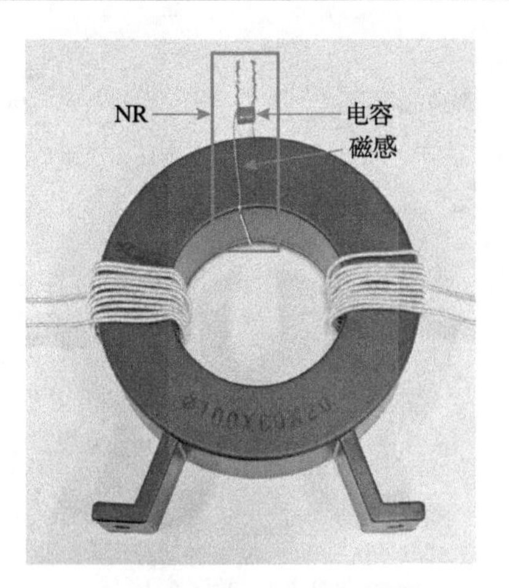

图 2.31　安装了 NR 的磁路

通过实验对所选 NR 的效果进行验证。主磁路中的磁通维持在约 7.96×10^{-5}Wb，不同频率下的实验波形如图 2.32 所示，其中，U_1、I_1 分别为励磁绕组的电压和电流，U_3 为开路探测绕组两端的电压。

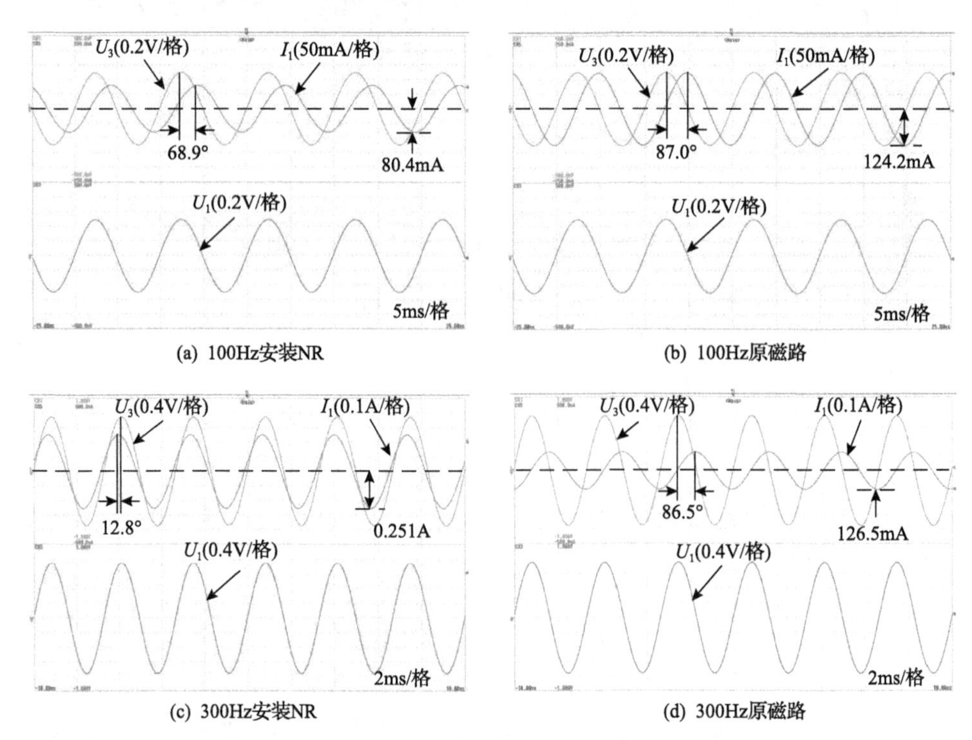

图 2.32　不同频率下的实验波形

100Hz 下，磁路原磁动势 $\mathcal{F}_1$ 为 1.242A；安装 NR 后，在相同磁通下，磁动势

$\mathcal{F}$ 减小到 0.804A，降低了 35.3%。所设计的复合磁感元件发挥了减小磁路磁阻抗的作用，实现了磁阻抗的调节目标。

而在 300Hz 下，原磁动势 $\mathcal{F}_1$ 为 1.265A；安装 NR 后，相同磁通下 $\mathcal{F}$ 增加至 2.51A，意味着 NR 使磁路的磁阻抗的模值增加了 98.4%。可见，该类复合磁感元件对磁路磁阻抗的调节效果会随频率发生变化。

总之，两个实例中的复合磁感元件均实现了设定的磁阻抗调节目标，验证了调节磁路磁阻抗的可靠性和复合磁感元件设计方法的可行性。

由于磁感线圈及所接电容等电路元件可通过电子开关在线控制，所以可以实现磁性元件磁路参数的在线调控，更好地满足电力电子系统在不同工况下的性能需求。例如，磁感和电容构成的复合磁感在特定条件下可使磁路磁阻为负，使磁路总阻抗在一定频率范围内减小，在其他频率下增大，实现磁通的滤波。进而，对于由磁感连接多个电容构成的电路拓扑的复合磁感元件，可以通过电子开关在线控制接入复合磁感/磁路的电路元件，改变磁路的等效磁阻抗，有助于在较大的频率范围内实现磁信号的滤波，提升电磁设备运行性能。

参考文献

[1] 汤蕴璆. 电机学[M]. 4 版. 北京：机械工业出版社, 2011.

[2] Kazimierczuk M. High-frequency Magnetic Components[M]. 2nd ed. New York: Wiley, 2013.

[3] 国家技术监督局. GB/T 3102.5—1993. 电学和磁学的量和单位[S]. 北京：中国标准出版社, 1994.

[4] IEC 8000-6. Quantities and Units—Part 6: Electromagnetism[S]. Geneva: IEC, 2022.

[5] 程明. 电机气隙磁场调制统一理论及应用[M]. 北京：机械工业出版社, 2021.

[6] Cheng M, Qin W, Zhu X K, et al. Magnetic-inductance: Concept, definition, and applications[J]. IEEE Transactions on Power Electronics, 2022, 37(10): 12406-12414.

[7] 邱关源, 罗先觉. 电路[M]. 6 版. 北京：高等教育出版社, 2022.

[8] Mayergoyz I D, Lawson W. Basic Electric Circuit Theory: A One-Semester Text[M]. Cambridge: Academic Press, 1996.

[9] Qin W, Cheng M, Wang J X, et al. Compatibility analysis among vector magnetic circuit theory, electrical circuit theory, and electromagnetic field theory[J]. IEEE Access, 2023, 11: 113008-113016.

[10] Kraus J D, Carver K R. Electromagnetics[M]. 2nd ed. New York: McGraw-Hill, 1973.

[11] 冯慈璋, 马西奎. 工程电磁场导论[M]. 北京：高等教育出版社, 2000.

[12] 倪光正. 工程电磁场原理[M]. 北京：高等教育出版社, 2002.

[13] Lenz E. Ueber die bestimmung der richtung der durch elektrodynamische vertheilung erregten galvanischen ströme[J]. Annalen der Physik, 1834, 107(31): 483-494.

[14] Wood L T, Rottmann R M, Barrera R. Faraday's law, Lenz's law, and conservation of energy[J]. American Journal of Physics, 2004, 72(3): 376-380.

[15] Stoll R L. The Analysis of Eddy Currents[M]. Oxford: Oxford University Press, 1974.

[16] 程明, 秦伟, 朱新凯, 等. 楞次定律的定量化表征[OL]. 中国科技论文在线, 2022. https://www.paper.edu.cn/releasepaper/content/202207-21.

[17] 程明, 秦伟, 王政, 等. 一种磁感元件[P]. 中国, ZL 202011350276.4. 2021.12.28.

[18] 秦伟, 程明, 王政, 等. 矢量磁路及应用初探[J]. 中国电机工程学报, 2024, 44(18): 7381-7394.

[19] 拉里奥洛夫 A H, 马斯加也夫 H Э, 奥尔洛夫 H H. 磁滞电动机[M]. 一机部电器科学研究院五室, 清华大学自动控制系, 译. 北京: 国防工业出版社, 1965.

[20] Bhargava S C. The Hysteresis Machines[M]. London: CRC Press, 2022.

[21] 唐任远. 现代永磁电机: 理论与设计[M]. 北京: 机械工业出版社, 2016.

[22] Ekhtiari M, Andersen T, Andersen M A E, et al. Dynamic optimum dead time in piezoelectric transformer-based switch-mode power supplies[J]. IEEE Transactions on Power Electronics, 2017, 32(1): 783-793.

[23] Solis C J, Rincon-Mora G A. 87%-efficient 330-mW 0.6-μm single-inductor triple-output Buck-Boost power supply[J]. IEEE Transactions on Power Electronics, 2018, 33(8): 6837-6844.

[24] Wu H F, Zhang Y, Li Z W. Hybrid resonant converter-based 8∶1 bus converter with 3.5kW/in^3 and 98.6%-efficient for 48V data-center power systems[J]. IEEE Transactions on Power Electronics, 2024, 39(1): 36-41.

[25] Mu M K, Lee F C, Jiao Y, et al. Analysis and design of coupled inductor for interleaved multiphase three-level DC-DC converters[C]. IEEE Applied Power Electronics Conference and Exposition, Charlotte, 2015: 2999-3006.

[26] Roters H C. Electromagnetic Devices[M]. New York: Wiley, 1941.

[27] Griffiths D J. Introduction to Electrodynamics[M]. 4th ed. Cambridge: Cambridge University Press, 2012.

[28] Piroird K, Clanet C, Quéré D. Magnetic control of Leidenfrost drops[J]. Physical Review E, 2012, 85(5): 056311.

[29] Stefanelli U. Magnetic control of magnetic shape-memory single crystals[J]. Physica B: Condensed Matter, 2012, 407(9): 1316-1321.

[30] Hayt W H, Buck J A. Engineering Electromagnetics[M]. 8th ed. New York: McGraw-Hill, 2012.

[31] Lee I G, Kim N, Cho I K, et al. Design of a patterned soft magnetic structure to reduce magnetic flux leakage of magnetic induction wireless power transfer systems[J]. IEEE Transactions on Electromagnetic Compatibility, 2017, 59(6): 1856-1863.

[32] Mirzaei M, Binder A. Permanent magnet savings in high-speed electrical motors[C]. International Symposium on Power Electronics, Electrical Drives, Automation and Motion, Ischia, 2008: 1276-1281.

[33] Silveyra J M, Ferrara E, Huber D L, et al. Soft magnetic materials for a sustainable and electrified world[J]. Science, 2018, 362(6413): eaao0195.

[34] Zhang Y Q, Lu Q F, Yu M H, et al. A novel transverse-flux moving-magnet linear oscillatory actuator[J]. IEEE Transactions on Magnetics, 2012, 48(5): 1856-1862.

[35] Hong H J, Tang S D, Sheng Y J, et al. Magnetic circuit design and computation of a magnetorheological damper with exterior coil[C]. IEEE International Conference on Mechatronics and Automation, Beijing, 2015: 60-64.

[36] Zarko D, Stipetic S. Adjustment of rated current in design of synchronous reluctance motors using axial scaling and rewinding[C]. International Conference on Electrical Machines, Alexandropoulos, 2018: 39-45.

[37] Gong Z, Yang S Y. One-dimensional stacking miniaturized low-frequency metamaterial bulk for near-field applications[J]. Journal of Applied Physics, 2020, 127(11): 114901.

[38] Chen Y X, Fu W N, Lin H J, et al. A passive negative magnetic reluctance structure-based kHz transformer for improved DC magnetic bias withstanding[J]. IEEE Transactions on Power Electronics, 2023, 38(1): 717-727.

[39] 王骋, 邓智泉, 蔡骏, 等. 电机转子位置传感器的评述与发展趋势[J]. 微特电机, 2014, 42(3): 64-71.

[40] 霍鹏. 浅析扬声器磁路系统设计中的几个误区[J]. 电声技术, 2008, 32(6): 24-27.

[41] 夏利. 扬声器磁路系统优化设计探讨[J]. 电声技术, 2021, 45(3): 36-41.

第 3 章　矢量磁路的定律和定理

3.1　概　　述

磁路的实质在于磁路元件之间的相互连接。第 2 章已通过磁路现象和物理性质推导了磁路元件的特性，建立了磁路元件库。当磁路元件相互连接构成磁路拓扑或磁路网络时，解决各支路磁路变量的问题显得至关重要。通常，这需要运用磁路定律和磁路定理进行深入求解。然而，目前的磁路理论和磁路定理仅适用于包含磁阻元件的标量磁路模型，为了指导矢量磁路模型的求解，需要明确适用于矢量磁路理论的磁路定律和磁路定理。

因此，本章的主要任务在于推导和证明矢量磁路理论中的基本定律(磁路欧姆定律、基尔霍夫定律、磁电功率定律)和重要定理(叠加定理、替代定理、戴维南定理、磁源变换定理和诺顿定理)。这些磁路定律和磁路定理不仅是解决磁路方程的关键条件，更是在实际问题求解中不可或缺的基本法则。

3.2　磁路欧姆定律

磁路欧姆定律，源自麦克斯韦方程中的安培环路定律，用于描述磁路中仅有磁阻元件时磁动势与磁通之间的关系[1,2]。如图 1.1(a)所示，若不考虑漏磁通，假设磁路中仅有磁阻元件对磁通产生阻碍作用。在匝数为 N_1 的励磁绕组上施加电压 U_1，所产生电流 I_1 在磁路中产生磁动势 $\mathcal{F}$，并在磁路内形成磁通 Φ。假设所有磁阻参数都集中在一个磁阻元件上，从而得到理想的磁路模型，如图 3.1(a)所示，其中 S 为磁阻元件的等效横截面积，l 为磁阻元件的等效长度，μ 为磁阻元件的等效磁导率。

对于图 3.1(a)中的理想磁路模型，由安培环路定律可知[3]：

$$\int_a^b \boldsymbol{H}_{\mathrm{a}} \cdot \mathrm{d}\boldsymbol{l} + \int_b^a \boldsymbol{H}_0 \cdot \mathrm{d}\boldsymbol{l} = 0 \tag{3.1}$$

考虑到磁动势源的磁动势 $\mathcal{F}$，可以表示为

$$\mathcal{F} = -\int_a^b \boldsymbol{H}_{\mathrm{a}} \cdot \mathrm{d}\boldsymbol{l} = \int_b^a \boldsymbol{H}_{\mathrm{a}} \cdot \mathrm{d}\boldsymbol{l} \tag{3.2}$$

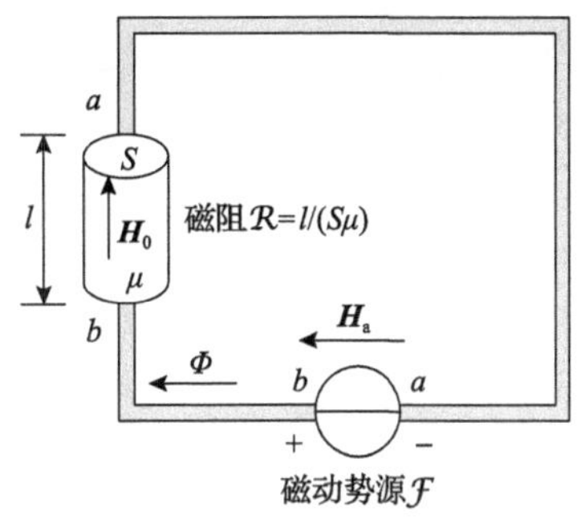

(a) 仅考虑磁阻作用的磁路模型

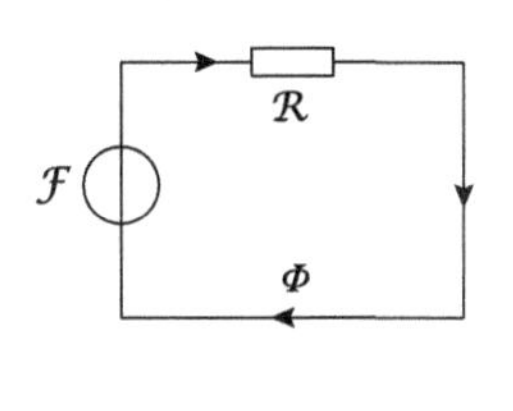

(b) 仅考虑磁阻作用的等效磁路

图 3.1　磁路欧姆定律

假设图 3.1(a)中磁阻元件的磁导率 μ 和磁感应强度 $\boldsymbol{B}$ 均匀分布，由媒介构成方程可知：

$$\boldsymbol{B}=\mu\boldsymbol{H}_0 \tag{3.3}$$

将式(3.2)和式(3.3)代入式(3.1)，可得

$$\mathcal{F}=\int_b^a \frac{\boldsymbol{B}}{\mu}\cdot \mathrm{d}\boldsymbol{l}=\frac{l}{\mu S}\Phi=\mathcal{R}\Phi \tag{3.4}$$

式中

$$\Phi=\int_S \boldsymbol{B}\cdot \mathrm{d}\boldsymbol{S} \tag{3.5}$$

$$\mathcal{R}=\frac{l}{\mu S} \tag{3.6}$$

式(3.4)称为磁路欧姆定律，也称为 Hopkinson 定律，最初由 H. A. Rowland 于 1873 年的实验研究中发现[4]，后经 J. Hopkinson 和 E. Hopkinson 于 1885 年和 1886 年再次实验证实[5,6]，并在工程领域中得到推广应用。因此，基于式(3.4)，可以得到仅考虑磁阻作用的等效磁路，如图 3.1(b)所示。

3.3　基尔霍夫定律

磁路的分析与计算旨在确定磁网络或磁路中各支路的磁量状态，包括磁通、磁动势和功率等。磁路定律为磁路中磁量分析与计算奠定了基础，其适用性可根据具体磁路拓扑和运行状况进行指定和修正。通常，给定磁路的拓扑结构、各支路的磁源和磁阻抗，需要利用磁路定律解出各支路的磁路未知变量。基尔霍夫定

律[7,8]最初由德国物理学家 Kirchhoff 于 1845 年提出，是电路理论中描述电压和电流基本规律的理论基础，被广泛应用于复杂电路的分析和计算。

由于电路理论与磁路理论存在相似性，磁路理论中的相似规律通常称为基尔霍夫磁路定律[3]。在磁路中，磁路元件的相互连接给支路磁通或支路磁动势之间带来了约束关系，有时称为几何约束或拓扑约束，而这些约束可由基尔霍夫磁路定律表征。基尔霍夫磁路定律与磁路元件的端口特性一同被应用于确定磁路中各处的磁动势和磁通。

3.3.1　基尔霍夫磁动势定律

矢量磁路理论中的基尔霍夫定律可以由麦克斯韦方程推导出来。在工程应用中，电磁设备通常在准静态电磁场中运行，其中位移电流 $\boldsymbol{D}$ 明显小于传导电流 $\boldsymbol{J}$，因此可以忽略位移电流的影响[9,10]，即

$$\frac{\partial \boldsymbol{D}}{\partial t}=0 \tag{3.7}$$

麦克斯韦方程的积分形式可以表示为[11]

$$\begin{cases}\oint_l \boldsymbol{H}\cdot \mathrm{d}\boldsymbol{l}=\int_S \boldsymbol{J}\cdot \mathrm{d}\boldsymbol{S}\\ \oint_l \boldsymbol{E}\cdot \mathrm{d}\boldsymbol{l}=-\int_S \frac{\partial \boldsymbol{B}}{\partial t}\cdot \mathrm{d}\boldsymbol{S}\\ \int_S \boldsymbol{B}\cdot \mathrm{d}\boldsymbol{S}=0\\ \int_S \boldsymbol{D}\cdot \mathrm{d}\boldsymbol{S}=\int_V \rho \mathrm{d}V\end{cases} \tag{3.8}$$

式中，$\boldsymbol{H}$ 为磁场强度；$\boldsymbol{B}$ 为磁感应强度；$\boldsymbol{E}$ 为电场强度；$\boldsymbol{J}$ 为传导电流密度；ρ 为电荷体密度。

此外，描述场量与媒介特性之间关联性的媒介构成方程[12]通常可以表示为

$$\begin{cases}\boldsymbol{J}=\sigma \boldsymbol{E}\\ \boldsymbol{B}=\mu \boldsymbol{H}\\ \boldsymbol{D}=\varepsilon \boldsymbol{E}\end{cases} \tag{3.9}$$

式中，σ 为媒介的电导率；μ 为媒介的磁导率；ε 为媒介的介电系数。

为了完整描述时变电磁场的特性，还需要考虑电荷守恒定律，它表明电荷与电流之间的关系。电荷守恒定律的微分形式通常表示为[10]

$$\nabla \cdot \boldsymbol{J} = -\frac{\partial \rho}{\partial t} \tag{3.10}$$

将式(3.8)代入式(3.7)，可得

$$\frac{\partial \rho}{\partial t} = \nabla \cdot \frac{\partial \boldsymbol{D}}{\partial t} = 0 \tag{3.11}$$

将式(3.11)代入式(3.10)，可得电流连续性方程的微分形式：

$$\nabla \cdot \boldsymbol{J} = 0 \tag{3.12}$$

式(3.12)为基尔霍夫电流定律的微分形式，即任意瞬间流入电磁设备任一节点的电流必须等于流出该节点的电流[13]。根据矢量运算可知，基于传导电流密度矢量 $\boldsymbol{J}$ 的无散性，可以定义矢量电位 $\boldsymbol{A}_E$ 辅助矢量函数。矢量电位 $\boldsymbol{A}_E$ 与基本场量 $\boldsymbol{J}$ 的关系为[10]

$$\boldsymbol{J} = \nabla \times \boldsymbol{A}_E \tag{3.13}$$

将式(3.13)代入式(3.8)，可得

$$\oint_l \boldsymbol{H} \cdot \mathrm{d}\boldsymbol{l} = \int_S \boldsymbol{J} \cdot \mathrm{d}\boldsymbol{S} = \int_S \nabla \times \boldsymbol{A}_E \cdot \mathrm{d}\boldsymbol{S} \tag{3.14}$$

利用 Stokes 公式可得[14]

$$\int_S \nabla \times \boldsymbol{A}_E \cdot \mathrm{d}\boldsymbol{S} = \oint_l \boldsymbol{A}_E \cdot \mathrm{d}\boldsymbol{l} \tag{3.15}$$

将式(3.15)代入式(3.14)，可得

$$\oint_l \left(\boldsymbol{H} - \boldsymbol{A}_E\right) \cdot \mathrm{d}\boldsymbol{l} = 0 \tag{3.16}$$

即

$$\nabla \times \left(\boldsymbol{H} - \boldsymbol{A}_E\right) = 0 \tag{3.17}$$

由式(3.17)括号中矢量的无旋性，可定义一个称为标量磁位 φ_{m} 的辅助函数[15]，可表示为

$$\boldsymbol{H} = \boldsymbol{A}_E - \nabla \varphi_{\mathrm{m}} \tag{3.18}$$

式中，标量磁位 φ_{m} 是由磁动势建立的，矢量电位 $\boldsymbol{A}_E$ 是由磁通建立的。通常情况下，磁场强度 $\boldsymbol{H}$ 在磁路中不仅由磁通引起，还可能由磁源产生，这可以表示为[13]

$$\boldsymbol{H}_{\mathrm{a}}+\boldsymbol{H}_{0}=-\boldsymbol{H} \tag{3.19}$$

式中，$\boldsymbol{H}_{\mathrm{a}}$ 为磁动势源产生的外磁场强度；$\boldsymbol{H}_0$ 为磁通在磁路中流通所形成的磁场强度；“−”表示 $\boldsymbol{H}$ 对变化磁通的阻碍作用。

根据媒介构成方程(3.3)，磁通流通所形成的磁场强度 $\boldsymbol{H}_0$ 可表示为[15]

$$\boldsymbol{H}_{0}=\frac{\boldsymbol{B}}{\mu} \tag{3.20}$$

将式(3.19)和式(3.20)代入式(3.18)，可得

$$-\boldsymbol{H}_{\mathrm{a}}=\frac{\boldsymbol{B}}{\mu}+\boldsymbol{A}_{E}+\left(-\nabla \varphi_{\mathrm{m}}\right) \tag{3.21}$$

式(3.21)就是以磁场量表示的基尔霍夫磁动势定律，等号左边为磁源提供的外施磁场强度，等号右边三项分别表示磁路中磁通阻碍作用、涡流效应、磁滞效应三种磁路基本属性所对应的磁场强度。为了将磁场量转化为磁路量，在不考虑磁路中漏磁的前提下，对式(3.21)中所有项以顺时针方向沿完整磁路进行积分，如图 3.2 所示，即

$$-\oint_{l}\boldsymbol{H}_{\mathrm{a}}\cdot\mathrm{d}\boldsymbol{l}=\oint_{l}\frac{\boldsymbol{B}}{\mu}\cdot\mathrm{d}\boldsymbol{l}+\oint_{l}\boldsymbol{A}_{E}\cdot\mathrm{d}\boldsymbol{l}+\oint_{l}-\nabla\varphi_{\mathrm{m}}\cdot\mathrm{d}\boldsymbol{l} \tag{3.22}$$

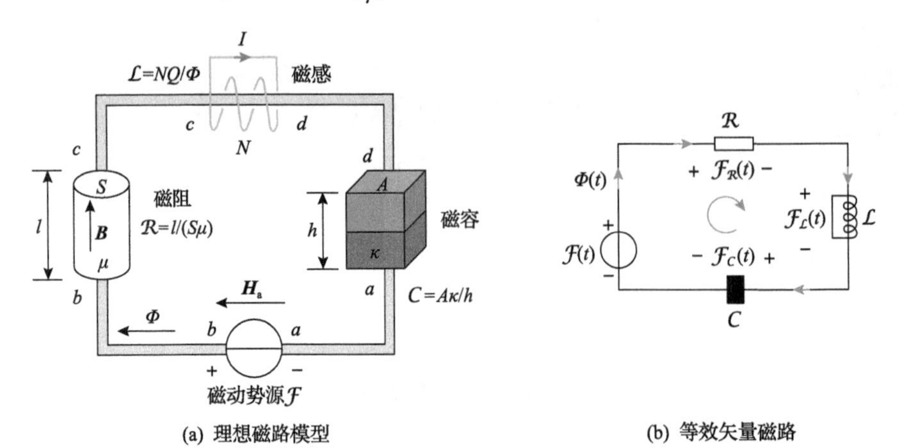

(a) 理想磁路模型　　(b) 等效矢量磁路

图 3.2　基尔霍夫磁动势定律

根据式(3.22)，提出了矢量磁路理论的理想磁路模型，如图 3.2(a)所示，这个磁路模型由磁动势源、磁阻、磁感和磁容元件组成，使用了磁路的集总参数来对整个磁路进行建模，即假定整个磁路的全部磁阻参数都集中在 bc 段代表的磁阻元件中，全部磁感参数集中在 cd 段的磁感元件中，全部磁容参数集中在 da 段的

磁容元件中，假定连接磁阻元件、磁感元件、磁容元件的线段 aa、bb、cc 和 dd 是磁阻抗为零的理想线段，磁动势源内的磁阻抗也为零。图 3.2(a)中，$\mathcal{F}$ 表示磁动势元件及其代表的磁动势参数，Φ 为磁路磁通，$\mathcal{R}$ 为磁阻元件及其代表的磁阻参数，l、S、μ 分别为磁阻元件的长度、横截面积、磁导率；$\mathcal{L}$ 为磁感元件及其代表的磁感参数，N、I、Q 分别为磁感元件的匝数、感应电流、单匝线圈上的运动电荷；C 为磁容元件及其代表的磁容参数，h、A、κ 分别为磁容元件的长度、横截面积、磁滞系数。

根据式(2.16)，磁感元件的磁动势 $\mathcal{F}_{\mathcal{L}}$ 满足：

$$\mathcal{F}_{\mathcal{L}} = \oint_l \boldsymbol{A}_E \cdot \mathrm{d}\boldsymbol{l} = \int_S \boldsymbol{J} \cdot \mathrm{d}\boldsymbol{S} = NI = \mathcal{L}\frac{\mathrm{d}\Phi}{\mathrm{d}t} \tag{3.23}$$

在磁容元件的磁动势 $\mathcal{F}_C$ 满足：

$$\mathcal{F}_C = \oint_l -\nabla \varphi_{\mathrm{m}} \cdot \mathrm{d}\boldsymbol{l} = \int_d^a -\nabla \varphi_{\mathrm{m}} \cdot \mathrm{d}\boldsymbol{l} = -\frac{1}{C}\int \Phi \mathrm{d}t \tag{3.24}$$

在磁阻元件的磁动势 $\mathcal{F}_{\mathcal{R}}$ 满足：

$$\mathcal{F}_{\mathcal{R}} = \oint_l \frac{\boldsymbol{B}}{\mu} \cdot \mathrm{d}\boldsymbol{l} = \int_b^c \frac{\boldsymbol{B}}{\mu} \cdot \mathrm{d}\boldsymbol{l} = \mathcal{R}\Phi \tag{3.25}$$

在磁动势源的磁动势 $\mathcal{F}$ 满足：

$$\mathcal{F} = -\int_a^b \boldsymbol{H}_{\mathrm{a}} \cdot \mathrm{d}\boldsymbol{l} = \int_b^a \boldsymbol{H}_{\mathrm{a}} \cdot \mathrm{d}\boldsymbol{l} \tag{3.26}$$

将式(3.23)～式(3.26)代入式(3.22)，可得

$$\mathcal{F}(t) = \mathcal{R}\Phi(t) + \mathcal{L}\frac{\mathrm{d}\Phi(t)}{\mathrm{d}t} + \left(-\frac{1}{C}\int \Phi(t)\mathrm{d}t\right) \tag{3.27}$$

即

$$\mathcal{F}(t) = \mathcal{F}_{\mathcal{R}}(t) + \mathcal{F}_{\mathcal{L}}(t) + \mathcal{F}_C(t) \tag{3.28}$$

式(3.27)和式(3.28)表明，在交变磁动势源的作用下，磁路中涉及三种基本物理现象。其中，磁阻表示磁路中对磁通的恒定阻碍作用，主要用于调控磁通的幅值和分布；磁感表示闭合导体回路对磁路中变化磁通的阻碍作用，其值等于单位磁通变化所引起的电荷链，用于分析和描述磁路中的涡流现象；磁容表示磁路中的磁滞特性，用于分析和描述磁路中的磁滞效应。磁化效应、涡流效应、磁滞效应三种基本的磁路属性对应着磁路中的磁阻元件、磁感元件和磁容元件。

根据图 3.2(a)和式(3.27)，规定了磁路元件的参考方向后，沿着顺时针方向可得到图 3.2(a)所对应的等效矢量磁路，如图 3.2(b)所示。由于磁路拓扑中可能存在多条支路，可以进一步得到式(3.27)和式(3.28)的通用表达式：

$$\begin{aligned}\sum_{k=1}^{n}\mathcal{F}_{sk}(t)&=\sum_{k=1}^{m}\mathcal{F}_{k\mathcal{R}}(t)+\sum_{k=1}^{m}\mathcal{F}_{k\mathcal{L}}(t)+\sum_{k=1}^{m}\mathcal{F}_{kC}(t)\\&=\sum_{k=1}^{m}\mathcal{R}_k\Phi_k(t)+\sum_{k=1}^{m}\mathcal{L}_k\frac{\mathrm{d}\Phi_k(t)}{\mathrm{d}t}-\sum_{k=1}^{m}\frac{1}{C_k}\int\Phi_k(t)\mathrm{d}t\end{aligned}\tag{3.29}$$

式中，$\mathcal{F}_{sk}(t)$ 为第 k 条支路上的磁动势源；n 为磁路拓扑中磁动势源的数量；$\Phi_k(t)$ 为流经第 k 条支路的交变磁通；m 为磁路拓扑中的支路数目；$\mathcal{F}_{k\mathcal{R}}(t)$ 为第 k 条支路等效磁阻上的磁动势；$\mathcal{R}_k$ 为第 k 条支路的等效磁阻；$\mathcal{F}_{k\mathcal{L}}(t)$ 为第 k 条支路等效磁感上的磁动势；$\mathcal{L}_k$ 为第 k 条支路的等效磁感；$\mathcal{F}_{kC}(t)$ 为第 k 条支路等效磁容上的磁动势；C_k 为第 k 条支路的等效磁容。

式(3.29)称为基尔霍夫磁动势定律，适用于磁路拓扑中所有的磁路环路。该定律规定任何时刻，沿磁路拓扑中任何磁路环路，所有支路磁动势的代数和恒等于零。式(3.29)取和时，需要任意指定一个磁路环路的绕行方向，若支路磁动势的参考方向与磁路环路的绕行方向一致，则该磁动势为正；若支路磁动势的参考方向与磁路环路的绕行方向相反，则该磁动势为负。

特别地，当磁路由稳态正弦波磁动势激励时，如图 3.2(b)所示，可以利用相量法[7]获得稳态情况下基尔霍夫磁动势定律的表达式：

$$\dot{\mathcal{F}}=\mathcal{R}\dot{\Phi}+\mathrm{j}\omega\mathcal{L}\dot{\Phi}+\mathrm{j}\frac{1}{\omega C}\dot{\Phi}\tag{3.30}$$

式中，j为虚数单位；磁路变量上的符号“·”表示相量；ω 为磁源的角频率。令

$$\mathcal{X}_{\mathcal{L}}=\omega\mathcal{L}\tag{3.31}$$

$$\mathcal{X}_C=\frac{1}{\omega C}\tag{3.32}$$

$$\mathcal{X}=\mathcal{X}_{\mathcal{L}}+\mathcal{X}_C=\omega\mathcal{L}+\frac{1}{\omega C}\tag{3.33}$$

$$\mathcal{Z}=\mathcal{R}+\mathrm{j}\mathcal{X}\tag{3.34}$$

式中，$\mathcal{X}_{\mathcal{L}}$ 为磁感抗；$\mathcal{X}_C$ 为磁容抗；$\mathcal{X}$ 为磁抗；$\mathcal{Z}$ 为磁阻抗。它们的单位均为 A/Wb(国际单位制)。

因此，式(3.30)可变为

$$\dot{\mathcal{F}}=\mathcal{R}\dot{\Phi}+\mathrm{j}\mathcal{X}_{\mathcal{L}}\dot{\Phi}+\mathrm{j}\mathcal{X}_{C}\dot{\Phi}=\mathcal{R}\dot{\Phi}+\mathrm{j}\mathcal{X}\dot{\Phi}=\mathcal{Z}\dot{\Phi} \tag{3.35}$$

对于任意磁路拓扑，基尔霍夫磁动势定律的相量形式为

$$\sum_{k=1}^{n}\dot{\mathcal{F}}_{sk}=\sum_{k=1}^{m}\mathcal{R}_k\dot{\Phi}_k+\mathrm{j}\sum_{k=1}^{m}\left[\left(\omega\mathcal{L}_k+\frac{1}{\omega C_k}\right)\dot{\Phi}_k\right]=\sum_{k=1}^{m}\mathcal{R}_k\dot{\Phi}_k+\mathrm{j}\sum_{k=1}^{m}\mathcal{X}_k\dot{\Phi}_k=\sum_{k=1}^{m}\mathcal{Z}_k\dot{\Phi}_k \tag{3.36}$$

式中，$\mathcal{X}_k$ 为第 k 条支路的等效磁抗；$\mathcal{Z}_k$ 为第 k 条支路的等效磁阻抗。

3.3.2　基尔霍夫磁通定律

当通过励磁绕组对具有并联结构的磁路施加交变磁动势 $\mathcal{F}(t)$ 时，会在两个磁路环路中分别产生磁通，即 $\Phi_1(t)$ 和 $\Phi_2(t)$，如图 3.3 所示。

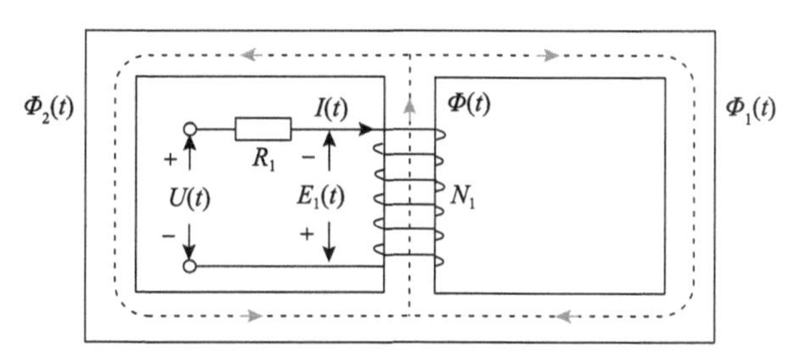

图 3.3　具有并联结构的磁路

在不考虑漏磁的情况下，应用基尔霍夫磁动势定律分别对两个磁路环路进行分析，可以将其等效为理想磁路模型和等效磁路模型，如图 3.4 所示。

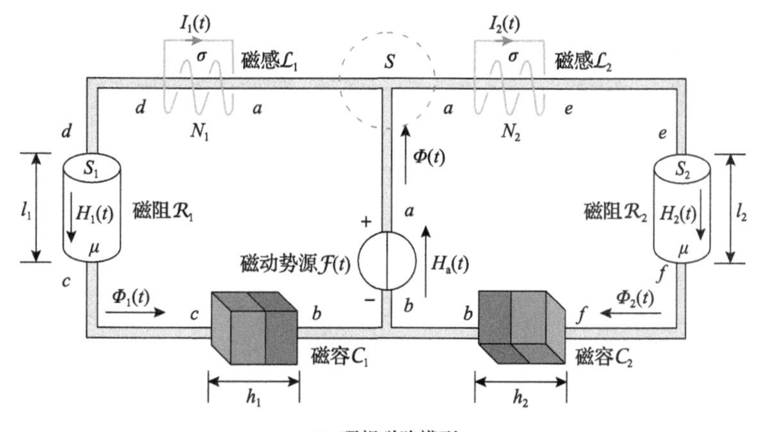

(a) 理想磁路模型

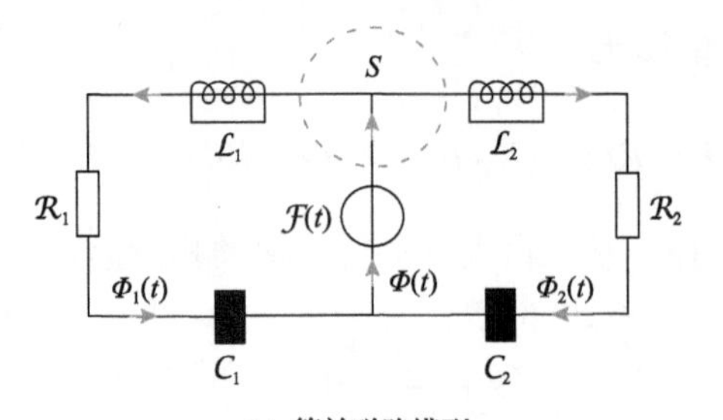

(b) 等效磁路模型

图 3.4　基尔霍夫磁通定律

接下来，将探讨两个磁路环路的磁通与主磁通 $\Phi(t)$ 之间的关系。根据麦克斯韦方程(3.8)，可知任何闭合表面的净磁通均为零。选择的闭合表面 S 如图 3.4(a)和图 3.4(b)中的虚线所示，可得

$$\Phi(t)=\oiint_S \boldsymbol{B}\cdot \mathrm{d}\boldsymbol{S}=0 \tag{3.37}$$

式(3.37)表明流入闭合曲面 S 的磁通的代数和为零，如果将其等效为一个磁路节点，可以得到

$$\Phi(t)-\Phi_1(t)-\Phi_2(t)=0 \tag{3.38}$$

由于磁路拓扑中一个磁路节点可能连接着多条支路，根据式(3.38)，可以进一步得到通用表达式为

$$\sum_{k=1}^{m}\Phi_k(t)=0 \tag{3.39}$$

式(3.39)称为基尔霍夫磁通定律。该定律规定了任何时刻，在磁路拓扑中的任何节点上，所有流出节点的支路磁通的代数和恒为零。此处，磁通的“代数和”是根据磁通是流出节点还是流入节点来判断的。按照惯例，流入节点的磁通为正，流出节点的磁通为负。

特别地，如图 3.4(b)所示，当磁路由稳态正弦波磁动势激励时，结合相量法，根据基尔霍夫磁动势定律和基尔霍夫磁通定律可得

$$\dot{\mathcal{F}}=\mathcal{R}_1\dot{\Phi}_1+\mathrm{j}\left(\omega\mathcal{L}_1+\frac{1}{\omega C_1}\right)\dot{\Phi}_1=\mathcal{Z}_1\dot{\Phi}_1 \tag{3.40}$$

$$\dot{\mathcal{F}}=\mathcal{R}_2\dot{\Phi}_2+\mathrm{j}\left(\omega\mathcal{L}_2+\frac{1}{\omega C_2}\right)\dot{\Phi}_2(t)=\mathcal{Z}_2\dot{\Phi}_2 \tag{3.41}$$

$$\dot{\Phi} = \dot{\Phi}_1 + \dot{\Phi}_2 \tag{3.42}$$

联立式(3.41)和式(3.42)，可得两个环路磁通 $\dot{\Phi}_1(t)$ 和 $\dot{\Phi}_2(t)$ 的关系为

$$\frac{\dot{\Phi}_1(t)}{\dot{\Phi}_2(t)} = \frac{\mathcal{R}_2 + \mathrm{j}\left(\omega\mathcal{L}_2 + \dfrac{1}{\omega\mathcal{C}_2}\right)}{\mathcal{R}_1 + \mathrm{j}\left(\omega\mathcal{L}_1 + \dfrac{1}{\omega\mathcal{C}_1}\right)} = \frac{\mathcal{Z}_2}{\mathcal{Z}_1} \tag{3.43}$$

进一步，将式(3.43)代入式(3.40)和式(3.42)，可得磁路的等效磁阻抗 $\mathcal{Z}_{\mathrm{eq}}$ 为

$$\mathcal{Z}_{\mathrm{eq}} = \frac{\dot{\mathcal{F}}}{\dot{\Phi}} = \frac{\mathcal{Z}_1 \cdot \mathcal{Z}_2}{\mathcal{Z}_1 + \mathcal{Z}_2} \tag{3.44}$$

3.3.3　实验验证

为验证所推导的基尔霍夫磁路定律的正确性和有效性，选择较为简单的变压器磁路作为验证对象，并给出验证过程的流程图，如图 3.5 所示。

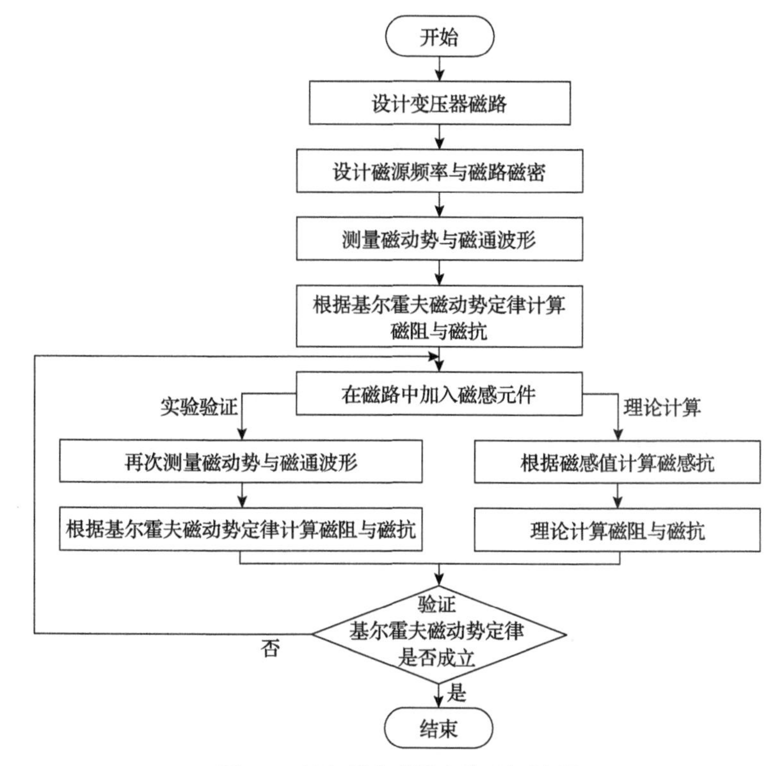

图 3.5　基尔霍夫磁路定律验证流程

在正弦激励下，由式(3.35)可知，变压器形成的封闭磁路可等效为串联的等效磁阻$\mathcal{R}_{eq}$和等效磁抗$\mathcal{X}_{eq}$，且等效磁阻$\mathcal{R}_{eq}$和等效磁抗$\mathcal{X}_{eq}$的数值仅与变压器自身的参数相关。当变压器制造完成后，在变压器磁路稳定运行的情况下，等效磁阻和等效磁抗的数值将保持恒定，形成一个固定的相位差，即磁阻抗角θ_0。

根据验证流程图 3.5 建立了相应的实验平台，利用实验平台可以测量磁路所对应的磁动势与磁通的波形，进而根据基尔霍夫磁路定律计算出磁路的等效磁阻$\mathcal{R}_{eq}$与等效磁抗$\mathcal{X}_{eq}$。为了方便计算磁路参数，选用多匝闭合线圈形成的磁感元件作为引入的磁路元件。在变压器磁路中主动引入磁感元件后，可以定量改变磁路的磁感抗值$\mathcal{X}_{\mathcal{L}}$，从而改变磁路的磁阻抗角。如图 3.5 所示，有两种获取磁路等效磁阻与等效磁抗的途径。第一种，在磁路中加入磁感元件之后，通过实验方法再次测量磁路中磁动势与磁通的波形，然后根据基尔霍夫磁路定律求解加入磁感元件后的等效磁阻$\mathcal{R}_{1eq}$与等效磁抗$\mathcal{X}_{1eq}$。第二种，采用理论计算方法，借助磁感参数的计算公式，在之前测量的基础上，理论计算出加入磁感元件后的等效磁阻$\mathcal{R}_{eq}$与等效磁抗$\mathcal{X}_{eq}+\mathcal{X}_{\mathcal{L}}$。最后，通过对实验测量的等效磁阻$\mathcal{R}_{1eq}$、等效磁抗$\mathcal{X}_{1eq}$与理论计算的等效磁阻$\mathcal{R}_{eq}$、等效磁抗$\mathcal{X}_{eq}+\mathcal{X}_{\mathcal{L}}$进行比对，验证基尔霍夫磁路定律的准确性与有效性。

在验证过程中使用的变压器实物如图 3.6(a)所示，它具备两套绕组，即励磁绕组与探测绕组，这些绕组与变压器铁心之间通过绝缘纸隔离。励磁绕组的作用是在磁路中产生具有正弦波形的磁动势源，从而在磁路中形成随时间正弦变化的磁通，而探测绕组则用于测量磁路中的磁通波形。变压器铁心几何参数如图 3.6(b)所示，变压器的参数如表 3.1 所示。

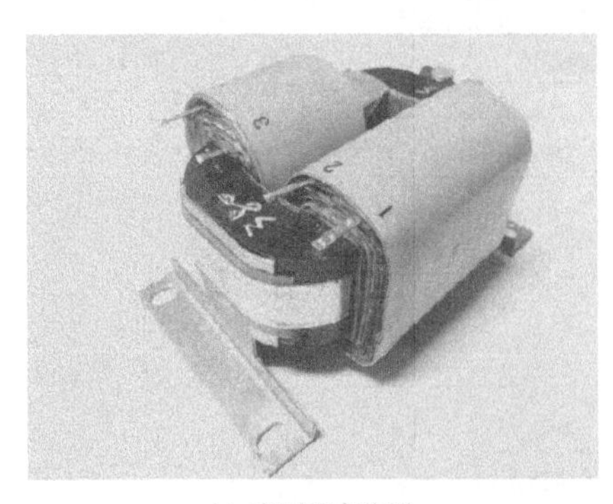

(a) 变压器实物图

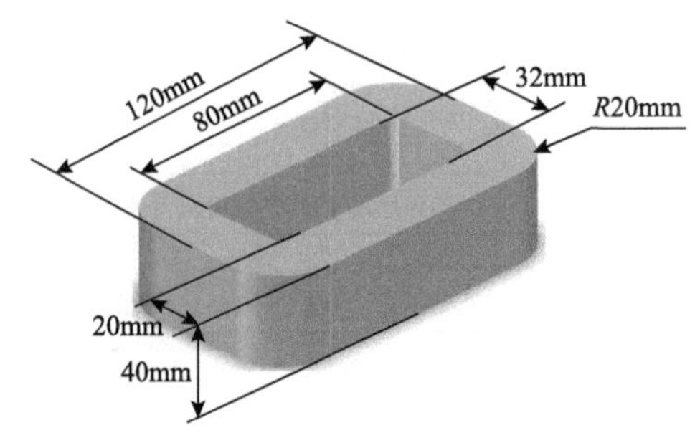

(b) 铁心的几何参数

图 3.6　磁感验证实验中所使用的变压器

表 3.1　实验变压器的参数

结构/部分	参数	数值/类型
铁心	硅钢片型号	DQ151
励磁绕组	运行频率	50Hz
	绕组匝数	840
	绕组直径	0.83mm
	绕组电阻	4.9Ω
	绕组型号	QZ-130
探测绕组	绕组匝数	450
	绕组直径	0.83mm
	绕组电阻	3.2Ω
	绕组型号	QZ-130

为验证提出的基尔霍夫磁路定律，搭建了具有稳定频率的正弦交流磁路实验平台，如图 3.7 所示。在验证过程中，实验数据均在室温下(约为 24℃)测得，室温及被测变压器温度由测温仪实时监控。调压器连接着交流电网和被测变压器的一次侧，通过调节调压器来调节一次侧励磁电压，从而保证不同实验情况下变压器磁路中磁通维持在 3.78×10^{-4}Wb。通过电流探头获取励磁绕组的电流，进而根据安培环路定律计算磁路的磁动势。使用电压探头测量探测绕组上的感应电压，进而根据法拉第电磁感应定律计算磁路的磁通。录波仪采集的数据用于重构磁动势和磁通之间的相位关系。根据矢量磁路理论，未加入磁感元件前，变压器的等

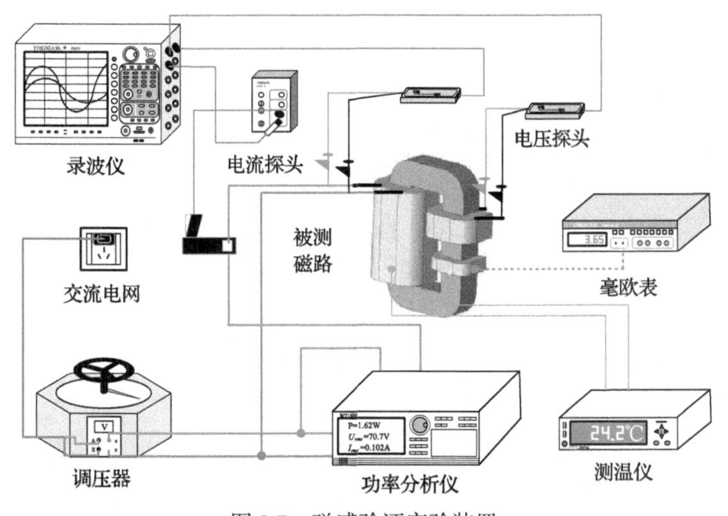

图 3.7　磁感验证实验装置

效磁路如图 3.2(b)所示。在此基础上，对实验结果进行分析，结合计算出的磁动势与磁通，应用基尔霍夫磁动势定律(3.35)，计算得出磁路的等效磁阻 $\mathcal{R}_{eq}$ 与等效磁抗 $\mathcal{X}_{eq}$。

变压器磁路在 50Hz 频率下运行，加入磁感元件前后实验测量得到的 u_2、Φ 和 i_1 的波形如图 3.8 所示。图 3.8(a)为未加入磁感元件前磁路中磁动势(一次侧电流)与磁路磁通的波形。从图中可观察到，磁阻抗角为 $\theta_0 = 31.3°$，这是由铁心中的涡流效应和磁滞效应引起的，说明这二者对交变磁通变化具有阻碍作用。根据基尔霍夫磁动势定律，加入磁感元件前磁路的等效磁阻为 $\mathcal{R}_{eq} = 2.23\times10^4\text{H}^{-1}$，等效磁抗为 $\mathcal{X}_{eq} = 1.36\times10^4\text{A/Wb}$。保持磁路磁通幅值 $|\Phi|$ 恒定为 3.78×10^{-4}Wb，加入不同磁感元件后的变压器磁动势和磁通波形如图 3.8(b)所示。

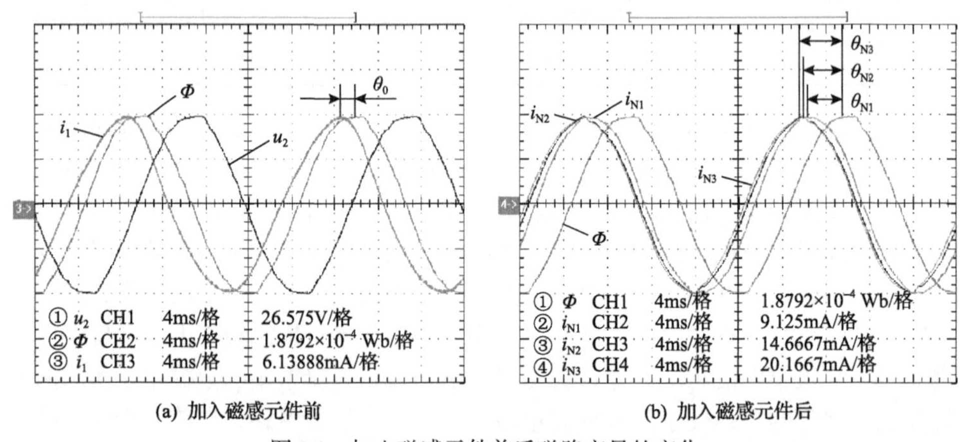

图 3.8 加入磁感元件前后磁路变量的变化

当磁感元件匝数分别为 1、2 和 3 时，励磁绕组的电流波形分别为 i_{N1}、i_{N2} 和 i_{N3}，所对应的磁阻抗角为 θ_{N1}、θ_{N2} 和 θ_{N3}。加入不同匝数的磁感元件后，磁阻抗角呈现 $\theta_0 < \theta_{N1} < \theta_{N2} < \theta_{N3}$，说明通过在磁路中加入磁感元件，可以实现对磁量相位的主动调控，实验测试结果符合基尔霍夫磁路定律的理论分析结果。进一步，根据基尔霍夫磁路定律可以计算出，接入不同磁感元件后磁路的等效磁阻分别为 $2.32\times10^4\text{H}^{-1}$、$2.24\times10^4\text{H}^{-1}$、$2.28\times10^4\text{H}^{-1}$，磁路的等效磁抗为 3.46×10^4A/Wb、5.97×10^4A/Wb、8.41×10^4A/Wb。测试结果表明，在磁通幅值保持恒定的情况下，等效磁阻 $\mathcal{R}_{eq}$ 可以视为恒定。由于引入磁感元件影响了磁路的等效磁抗值，从而改变了磁阻抗角，验证了之前的理论分析。

当加入的磁感元件的匝数分别为 1、2 和 3 时，通过直流微欧姆计测定电阻值后，根据磁感参数的计算公式(2.27)，计算得到不同匝数磁感元件的磁感分别为 $68.5\Omega^{-1}$、$146\Omega^{-1}$ 和 $223.9\Omega^{-1}$。由式(3.31)可知，磁感抗分别为 2.15×10^4A/Wb、

4.58×10^4A/Wb 和 7.03×10^4A/Wb。在磁路磁通幅值固定的情况下，磁路的等效磁阻保持不变，磁路等效磁抗的理论计算值为 3.51×10^4A/Wb、5.94×10^4A/Wb、8.39×10^4A/Wb。理论计算值与实验测量值之间的误差分别为 1.46%、0.39%、0.15%。实验结果不仅定性和定量地验证了所提出的基尔霍夫磁路定律的正确性与有效性，而且证明了磁感参数计算公式的准确性与可行性，为解释和分析电磁设备中磁路行为提供了可靠的理论基础。

3.4　磁电功率定律

在电路理论中，通常通过焦耳定律直接计算电路损耗，该定律规定导体中损耗的有功功率与通过其中的电流的平方以及导体的自身电阻成正比[3,7]。然而，长期以来，对于如何计算磁路的功率损耗一直缺乏强有力的理论支持，至今尚未建立一种能够直接根据磁路磁量计算磁功率的方法，这导致实际工程应用中不得不依赖经验公式来估算磁路损耗[16,17]，如 Steinmetz 铁耗公式和 Bertotti 铁耗分离模型等[18,19]。为解决上述问题，本节揭示磁路功率和电路功率之间的转换关系，建立磁电功率定律[20,21]。在此基础上，进一步分析涡流损耗、磁滞损耗的计算方法，提出铁磁材料损耗的解析模型，突破长期以来铁磁材料损耗主要依赖经验公式的瓶颈，为铁磁材料损耗的准确计算奠定理论基础。

3.4.1　磁路功率与电路功率

以如图 3.9 所示的空载变压器等效电路和等效磁路为例来推导电路功率与磁路功率的关系。图 3.9(a)中，$\dot{U}_1$ 为一次侧励磁绕组的电压，$\dot{I}_1$ 为一次侧励磁绕组的电流，R_1 为励磁绕组的电阻，$\dot{I}_m$ 为变压器的励磁电流，L_m 为励磁电感，$\dot{E}_1$ 为一次侧励磁绕组反电势。

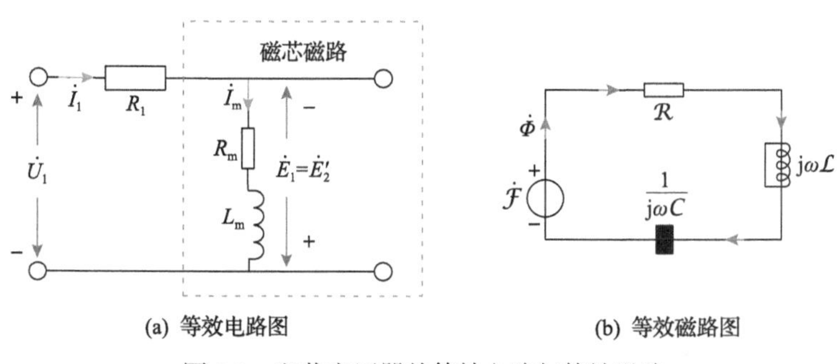

(a) 等效电路图　　(b) 等效磁路图

图 3.9　空载变压器的等效电路与等效磁路

根据电路理论中的复功率定义[7,9]，一次侧绕组输入到铁心磁路中的复功率为

$$\dot{S}_{\mathrm{e}} = -\dot{E}_1 \cdot \dot{I}_1^* \tag{3.45}$$

$$\dot{E}_1 = -N_1 \frac{\mathrm{d}\dot{\Phi}}{\mathrm{d}t} = -\mathrm{j}N_1\omega\dot{\Phi} \tag{3.46}$$

由图 3.9(b)的变压器等效磁路，并利用式(3.35)有

$$\dot{\mathcal{F}} = \mathcal{R}\dot{\Phi} + \mathrm{j}\mathcal{X}_{\mathcal{L}}\dot{\Phi} + \mathrm{j}\mathcal{X}_C\dot{\Phi} = \mathcal{R}\dot{\Phi} + \mathrm{j}\mathcal{X}\dot{\Phi} = N_1\dot{I}_1 \tag{3.47}$$

由此可得

$$\dot{I}_1 = \frac{\dot{\Phi}(\mathcal{R} + \mathrm{j}\mathcal{X})}{N_1} \tag{3.48}$$

将式(3.46)和式(3.48)代入式(3.45)，有

$$\begin{aligned}\dot{S}_{\mathrm{e}} &= \mathrm{j}\omega N_1\dot{\Phi} \cdot \left[\frac{\dot{\Phi}(\mathcal{R} + \mathrm{j}\mathcal{X})}{N_1}\right]^* \\ &= \mathrm{j}\omega\left|\dot{\Phi}\right|^2 \cdot (\mathcal{R} - \mathrm{j}\mathcal{X}) = \mathrm{j}\omega\mathcal{R}\left|\dot{\Phi}\right|^2 + \omega\mathcal{X}\left|\dot{\Phi}\right|^2\end{aligned} \tag{3.49}$$

另外，依据磁通(磁链)与电压关联、磁动势与电流关联的原则[20]，定义磁路虚拟功率 $\dot{S}_{\mathrm{m}}$ 为

$$\dot{S}_{\mathrm{m}} = \dot{\Phi} \cdot \dot{\mathcal{F}}^* \tag{3.50}$$

式中，$\dot{\mathcal{F}}^*$ 为磁动势 $\dot{\mathcal{F}}$ 的共轭复数。将磁动势方程(3.30)代入式(3.50)，可得

$$\begin{aligned}\dot{S}_{\mathrm{m}} &= \dot{\Phi} \cdot \dot{\mathcal{F}}^* = \mathcal{R}\left|\dot{\Phi}\right|^2 - \mathrm{j}\left(\omega\mathcal{L} + \frac{1}{\omega C}\right)\left|\dot{\Phi}\right|^2 \\ &= \mathcal{R}\left|\dot{\Phi}\right|^2 - \mathrm{j}\mathcal{X}\left|\dot{\Phi}\right|^2\end{aligned} \tag{3.51}$$

这一方程虽然在形式上与电复功率对偶，但其量纲不是功率，在电机中，磁通与电流(磁动势)的乘积具有转矩的量纲，因此将 $\dot{S}_{\mathrm{m}}$ 称为虚拟磁功率[20]。对比式(3.49)与式(3.51)可见，电功率与虚拟磁功率之间相差 $\mathrm{j}\omega$，即有下列关系：

$$\dot{S}_{\mathrm{e}} = \mathrm{j}\omega\dot{S}_{\mathrm{m}} = \mathrm{j}\omega\mathcal{R}\left|\dot{\Phi}\right|^2 + \omega\mathcal{X}\left|\dot{\Phi}\right|^2 = \mathrm{j}\mathcal{Q} + \mathcal{P} \tag{3.52}$$

式中，$\mathcal{P}$ 为磁路有功功率，其表达式为

$$\mathcal{P} = \omega\left|\dot{\Phi}\right|^2(\mathcal{X}_{\mathcal{L}} + \mathcal{X}_C) = \omega\left|\dot{\Phi}\right|^2\left(\omega\mathcal{L} + \frac{1}{\omega C}\right) = \mathcal{P}_{\mathcal{L}} + \mathcal{P}_C \tag{3.53}$$

$$\mathcal{P}_{\mathcal{L}} = \omega^2 \mathcal{L}\left|\dot{\Phi}\right|^2 \tag{3.54}$$

$$\mathcal{P}_{C} = \omega \frac{1}{\omega C}\left|\dot{\Phi}\right|^2 = \frac{1}{C}\left|\dot{\Phi}\right|^2 \tag{3.55}$$

$\mathcal{Q}$ 为磁路无功功率，其表达式为

$$\mathcal{Q} = \omega \mathcal{R}\left|\dot{\Phi}\right|^2 \tag{3.56}$$

式(3.52)将电功率与虚拟磁功率联系起来，反映的是实际磁路功率，因此称为磁电功率定律(magnetoelectric power law, MPL)。可见，磁路有功功率与磁抗相关，它们都与磁通的有效值的平方成正比。由式(3.54)可知，磁感上的有功功率与角频率的平方成正比，在铁磁材料中，它反映的是涡流损耗。

磁容元件的损耗 $\mathcal{P}_C$ 对应磁路中由于磁场反复磁化导致的磁滞损耗，也可表示为[22,23]

$$\begin{aligned}\mathcal{P}_C &= fVS_{\mathrm{BH}} = fV\pi H_{\mathrm{m}} B_{\mathrm{m}} \sin\gamma \\ &= \omega \sin\gamma \frac{h}{\mu A}\left(\frac{\Phi_{\mathrm{m}}}{\sqrt{2}}\right)^2 = \omega \sin\gamma \frac{h}{\mu A}\Phi^2\end{aligned} \tag{3.57}$$

式中，V 为磁滞材料的体积；S_{BH} 为磁滞回线的面积；γ 为磁滞角；h 为磁滞材料的长度；A 为磁滞材料的截面积。

联立式(3.55)和式(3.57)，可得磁容的计算公式为

$$C = \frac{\mu}{\omega \sin\gamma}\frac{A}{h} = \kappa \frac{A}{h} \tag{3.58}$$

式中，κ 为磁滞系数，其表达式为

$$\kappa = \frac{\mu}{\omega \sin\gamma} \tag{3.59}$$

由式(3.58)可见，磁容的计算公式与电路中电容的计算公式 $C = \varepsilon \frac{A}{d}$（$\varepsilon$ 为介电常数，A 为电容极板面积，d 为极板间距离)在形式上类似，这也是将其命名为磁容的原因。

当磁路的磁感和磁容已知时，就可以由式(3.53)直接计算出有功功率，这与电路中电阻上的功率计算公式 $P = I^2 R$ 对偶，磁通 Φ 对偶电流 I，磁抗 $\mathcal{X}$ 对偶电阻 R。

由式(3.56)可知，磁路无功功率与磁阻相关，这与磁阻只存储能量的传统认知一致。

3.4.2 实验验证

为了验证所提出的磁电功率定律，利用 3.3.3 节建立的变压器磁路的实验平台进行测试，如图 3.6 和图 3.7 所示。在励磁绕组中输入 50Hz 的正弦交流电，维持磁路磁通在 3.78×10^{-4}Wb，确保测试过程中变压器铁心保持在室温(约为 24℃)。此时，磁电功率定律可由式(3.52)表述。

首先，通过功率分析仪测量在正弦激励下变压器空载时的有功功率与无功功率。根据测得的功率数据，计算出变压器磁路内部的等效磁阻 $\mathcal{R}_{eq}$ 和等效磁抗 $\mathcal{X}_{eq}$。其次，保持磁路磁通幅值恒定，通过加入磁感值分别为 $68.5\Omega^{-1}$、$146\Omega^{-1}$ 和 $223.9\Omega^{-1}$ 的磁感元件，改变磁路的等效磁阻抗。最后，对式(3.52)计算得到的理论功率与通过功率分析仪得到的实测功率进行对比，来判断磁电功率定律的有效性。

理论计算与实验测量的对比结果如图 3.10 所示。对比结果表明，不论是有功功率还是无功功率，理论计算结果与实验测试结果都高度吻合，从而证明了磁电功率定律的有效性和可行性。磁电功率定律实现了直接由磁路变量计算磁路功率，为磁路损耗提供了准确的解析模型。同时，它建立了矢量磁路理论和电路理论之间功率的转换关系，进一步阐明了矢量磁路三元件与实际磁路功率之间的密切联系，突破了长期以来铁心损耗计算仅依赖经验公式的限制，为电磁设备的深入研究奠定了坚实的理论基础。

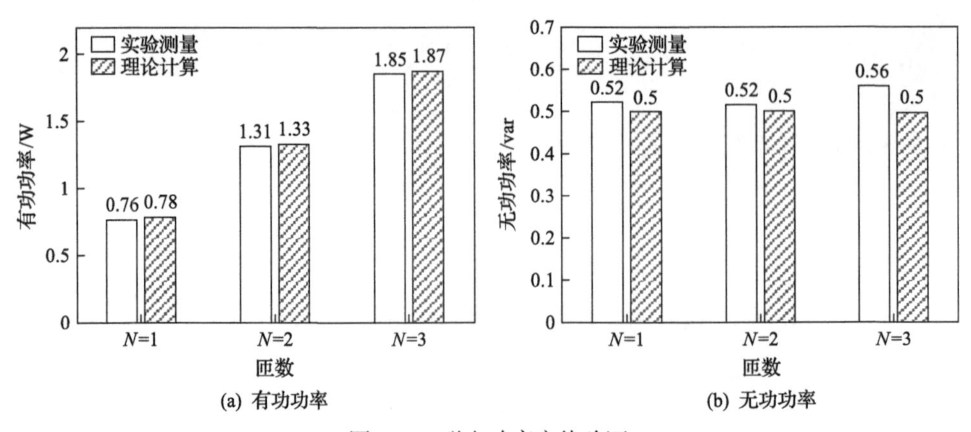

图 3.10 磁电功率定律验证

3.5 矢量磁路的定理

磁路欧姆定律、基尔霍夫磁动势定律、基尔霍夫磁通定律、磁电功率定律构成了矢量磁路分析的理论框架。这些定律在许多情况下可以直接应用，以确定磁路拓扑中所有分支的磁动势、磁通和功率。然而，在处理更为复杂的磁路或磁网络时，仅依靠这些定律不足以进行求解，因此需要借助一些关键的基本磁路定理，包括叠加定理、替代定理、戴维南定理、磁源变换定理和诺顿定理等。对于由理想磁路元件(即磁路元件的磁动势与磁通之间的关系是线性的)组成的矢量磁路，线性电路理论中的定律同样适用[23]。这些磁路定理不仅为磁路的计算分析提供了理论基础，还为工程实践中的磁路设计和优化提供了强大的工具，有助于提高电磁设备的性能和可靠性。本节将对矢量磁路理论中的重要磁路定律进行分析和证明。

3.5.1　叠加定理

在矢量磁路理论中，叠加定理是最为基础且应用广泛的定理，其可以表述为：考虑一个包含多个磁源的拓扑，某处磁动势或磁通都是磁路中各个独立磁源单独作用时，在该处分别产生的磁动势或磁通的叠加。叠加定理来源于基本磁路方程的线性性质，是其可加性的反映[7,9]。直接应用叠加定理分析和计算磁路时，可将磁源分为几组，按组计算以后再叠加，可简化计算。叠加定理在磁路分析中具有关键作用，是分析线性磁路的基础，矢量磁路理论中存在与叠加定理密切相关的许多定理，以下是叠加定理的证明过程。

根据基尔霍夫磁动势定律(3.29)和基尔霍夫磁通定律(3.39)，可将磁路拓扑中的磁源放在等号右侧，将磁路元件上的磁量放在等号左侧，对于任意的磁路拓扑，有

$$\sum_k \Phi_k(t) Z_k = -\sum_k \mathcal{F}_{sk}(t) \tag{3.60}$$

$$\sum_k \Phi_k(t) = -\sum_k \Phi_{sk}(t) \tag{3.61}$$

式中，$\mathcal{F}_{sk}(t)$ 为磁路拓扑中第 k 条支路的磁动势源；$\Phi_{sk}(t)$ 为磁路拓扑中第 k 条支路的磁通源；Z_k 为磁路拓扑中第 k 条支路的磁阻抗；$\Phi_k(t)$ 为磁路拓扑中第 k 条支路的磁通。

基于线性磁路的齐次性与可加性，如果式(3.60)和式(3.61)等号右侧磁量分别表示为若干组磁量的代数和，那么式(3.60)和式(3.61)的解等于为求解这若干组磁量获得的解的线性代数和。由于式(3.60)和式(3.61)的等号右侧仅包含磁源，将它们的磁源分为若干组磁源相当于将式(3.60)和式(3.61)分别分成若干组，上述数学事实等同于叠加定理[8]。

在磁路分析中，应用叠加定理有四个关键注意事项。首先，叠加定理仅适用于线性磁路，因此在处理非线性磁路时，需要事先对磁路进行线性化处理。其次，叠加定理适用于任何磁源的划分方式，适用于两个及以上磁源同时作用的情况。在各分磁路中，未起作用的磁动势源应置零，用短路代替，如图 3.11(a)所示；未起作用的磁通源应置零，用开路代替，如图 3.11(b)所示。磁路中所有无源磁路元件不予更动。再次，叠加时，各分磁路中的磁动势和磁通的参考方向可以取为与原磁路中相同。在进行代数和计算时，应注意各分量前的参考方向。最后，需要注意原磁路的功率并不等于按各分磁路计算所得功率的叠加，因为磁路功率与磁源之间并不构成线性关系。

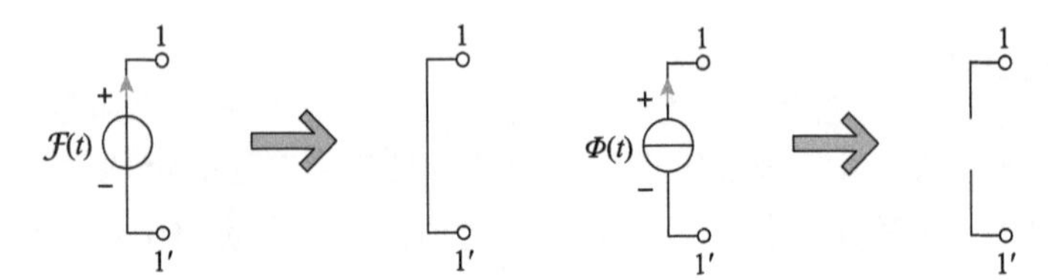

(a) 未起作用的磁动势源等效为短路　　(b) 未起作用的磁通源等效为开路

图 3.11　矢量磁路理论的叠加定理

3.5.2　替代定理

替代定理具有比叠加定理更广泛的应用范围，其适用性不仅涵盖线性磁路，还包括非线性磁路[7]。替代定理可以表述为：若替代支路的磁通和磁动势与原支路相同，则磁路中的任何支路都可以被等效支路(磁动势源或磁通源等)替代。

替代定理证明过程如下：如图 3.12(a)所示，两个磁路拓扑 N_A 和 N_B 之间由磁路连接，它们之间的磁动势为 $\mathcal{F}(t)$，磁通为 $\Phi(t)$。若在端口 B 和 D 之间串联两个幅值相等、极性相反的磁动势源 $\mathcal{F}_s(t)$，根据基尔霍夫磁动势定律可知，这种操作不会影响磁路拓扑 N_A 和 N_B 内部的磁动势和磁通分布，如图 3.12(b)所示。定义

$$\mathcal{F}_s(t) = \mathcal{F}(t) \tag{3.62}$$

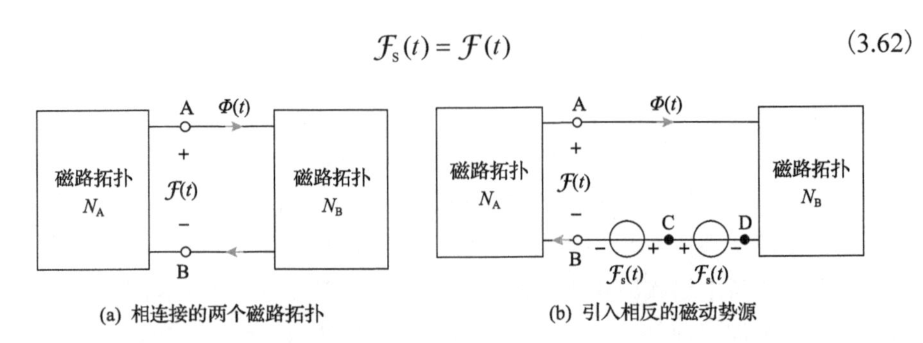

(a) 相连接的两个磁路拓扑　　(b) 引入相反的磁动势源

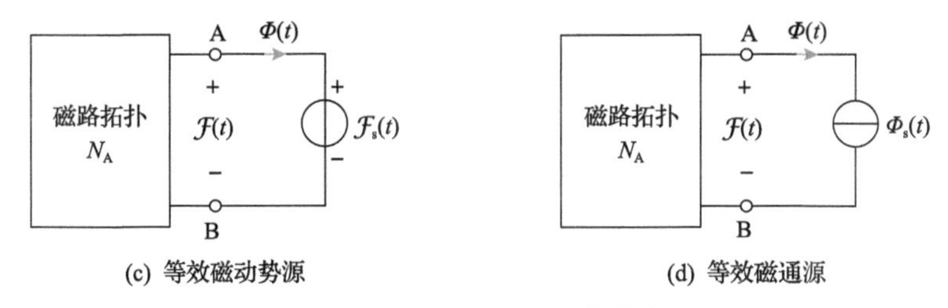

(c) 等效磁动势源　　(d) 等效磁通源

图 3.12　矢量磁路理论的替代定理

在图 3.12(b)中，根据基尔霍夫磁动势定律，节点 A、C 之间的磁动势为

$$\mathcal{F}_{AC}(t)=\mathcal{F}(t)-\mathcal{F}_s(t)=0 \tag{3.63}$$

因此，可以将节点 A、C 之间用短路代替，得到等效磁路如图 3.12(c)所示。对比图 3.12(a)和(c)可知，磁路拓扑 N_B 可以用一个磁动势源表示。类似地，通过在 B、D 两个节点之间串联两个方向相反但幅值相同的磁通源，根据基尔霍夫磁通定律，可将磁路拓扑 N_B 表示为一个磁通源，其等效磁路如图 3.12(d)所示。至此，矢量磁路理论中的替代定理证明完毕。

3.5.3　戴维南定理

戴维南定理是矢量磁路理论的核心定理，因此深刻理解这一定理，熟悉其证明方法以及在解决实际问题中的灵活应用是重要的。戴维南定理可以表述为：一个包含独立磁源和线性磁阻抗的磁路拓扑，对外部磁路而言，可以用一个磁动势源 $\mathcal{F}_s(t)$ 和磁阻抗 Z_s 串联支路等效替代，如图 3.13 所示[8,9]。

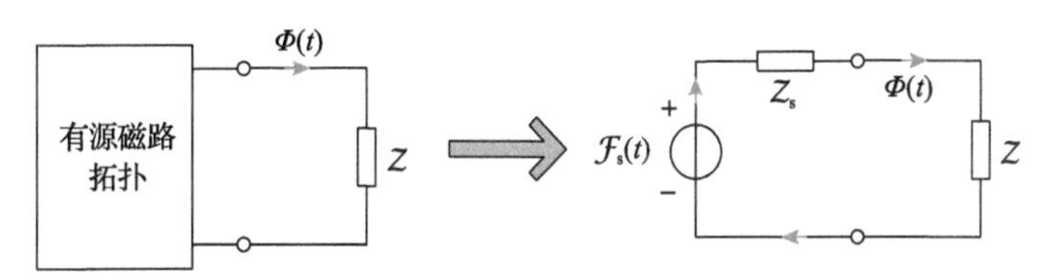

图 3.13　矢量磁路理论的戴维南定理

下面将给出矢量磁路理论中戴维南定理的证明，整个推导过程分为三个步骤：

(1)在如图 3.14(a)所示的磁路中，引入两个极性相反、幅值相等的磁动势源

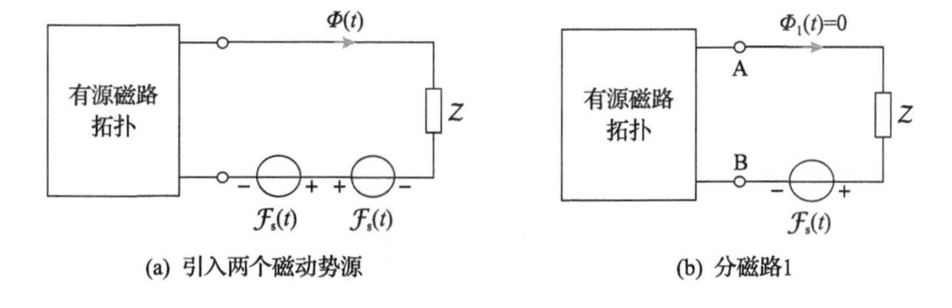

(a) 引入两个磁动势源　　(b) 分磁路1

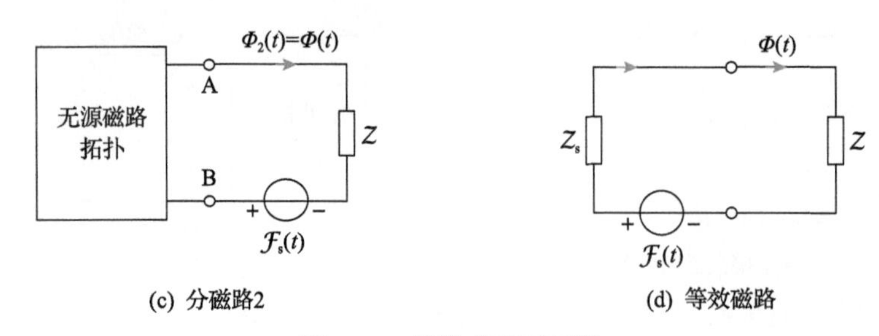

(c) 分磁路2　　(d) 等效磁路

图 3.14　戴维南定理证明

$\mathcal{F}_s(t)$。由基尔霍夫磁动势定律可知，这两个磁动势源对有源磁路拓扑以及磁阻抗 Z 的影响相互抵消，因此不会对通过磁阻抗 Z 的磁通 $\Phi(t)$ 产生影响。

(2)将如图 3.14(a)中的磁源分为两组，应用叠加定理。第一组磁源包括有源磁网络中的所有磁源和左侧引入的磁动势源，组成分磁路 1，如图 3.14(b)所示。第二组仅包含右侧引入的磁动势源，组成分磁路 2，如图 3.14(c)所示。应用叠加定理可得

$$\Phi(t)=\Phi_1(t)+\Phi_2(t) \tag{3.64}$$

(3)对于如图 3.14(b)所示的分磁路 1，调整引入的磁动势 $\mathcal{F}_s(t)$，使得

$$\mathcal{F}_{AB}(t)+\mathcal{F}_s(t)=0 \tag{3.65}$$

由基尔霍夫磁动势定律可知：

$$\Phi_1(t)=0 \tag{3.66}$$

将式(3.66)代入式(3.64)，可得

$$\Phi(t)=\Phi_2(t) \tag{3.67}$$

对于如图 3.14(c)所示的分磁路 2，由于无源磁拓扑中不包含磁源，可以用端子 A 和 B 的等效输入阻抗 Z_s 来代替。如式(3.67)所示，$\mathcal{F}_s(t)$ 与 Z_s 的串联组合所产生的磁通 $\Phi_2(t)$ 与图 3.14(a)中的 $\Phi(t)$ 相同。至此，矢量磁路理论中的戴维南定理证明完毕。由于叠加定理仅适用于线性磁路，所以戴维南定理也仅适用于线性磁路。

3.5.4　磁源变换定理

磁源变换定理可以表述为：非理想磁动势源与非理想磁通源之间可以相互转换，如图 3.15 所示[8]。实践表明，该定理在磁路节点和磁路回路分析技术中具有重要性，对电磁设备的磁网络分析与计算发挥着关键作用。

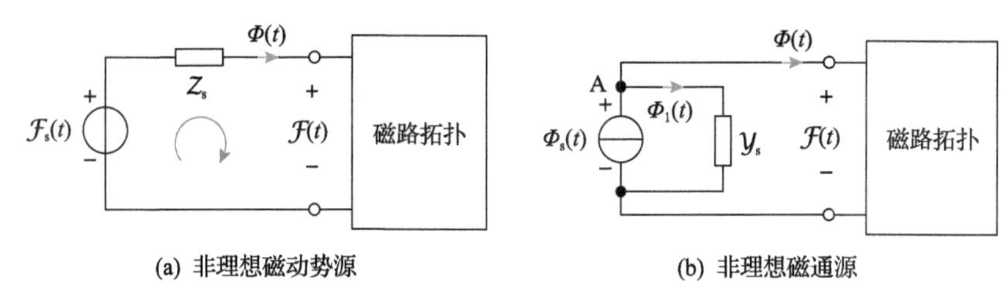

图 3.15　矢量磁路理论的磁源变换定理

磁源变换定理的证明过程如下：

如图 3.15(a)所示，由基尔霍夫磁动势定律可得

$$\mathcal{F}(t)=\mathcal{F}_{\mathrm{s}}(t)-\mathcal{Z}_{\mathrm{s}}\Phi(t) \tag{3.68}$$

对于图 3.15(b)中的磁路节点 A，由基尔霍夫磁通定律可得

$$\Phi(t)=\Phi_{\mathrm{s}}(t)-\Phi_{1}(t) \tag{3.69}$$

根据基尔霍夫磁动势定律，式(3.69)可以进一步表示为

$$\mathcal{F}(t)=\frac{\Phi_{\mathrm{s}}(t)}{\mathcal{Y}_{\mathrm{s}}}-\frac{\Phi(t)}{\mathcal{Y}_{\mathrm{s}}} \tag{3.70}$$

对比式(3.68)和式(3.70)可得

$$\mathcal{Z}_{\mathrm{s}}=\frac{1}{\mathcal{Y}_{\mathrm{s}}} \tag{3.71}$$

$$\mathcal{F}_{\mathrm{s}}(t)=\frac{\Phi_{\mathrm{s}}(t)}{\mathcal{Y}_{\mathrm{s}}}=\mathcal{Z}_{\mathrm{s}}\Phi_{\mathrm{s}}(t) \tag{3.72}$$

式(3.71)和式(3.72)构成了磁源等效变换的规则。至此，磁源变换定理证明完毕。在进行非理想磁源的等效变换时，务必注意变换前后的极性变化，如图 3.15 所示。例如，用非理想磁通源替换非理想磁动势源时，磁通源流入磁通的一端对应于磁动势源的负极，正确处理极性变化对建立准确的等效模型和进行系统分析至关重要。

3.5.5　诺顿定理

诺顿定理与戴维南定理非常相似，该定理可以表述为：一个包含独立磁源和线性磁阻抗的磁路拓扑，对外部磁路而言，可以用一个磁通源 $\Phi_{\mathrm{s}}(t)$ 和磁导纳 $\mathcal{Y}_{\mathrm{s}}$ 并联支路等效替代，如图 3.16 所示[8]。

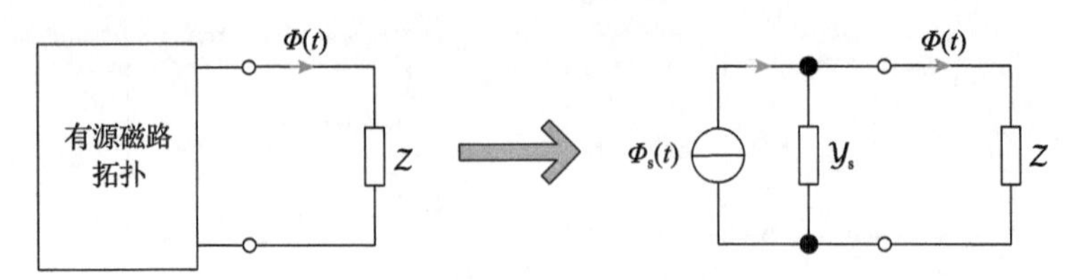

图 3.16　矢量磁路理论的诺顿定理

诺顿定理的证明过程如下：

根据戴维南定理，图 3.14(d) 中的有源磁路拓扑可等效替换为磁动势源 $\mathcal{F}_s(t)$ 与磁阻抗 Z_s 串联的支路。进一步应用磁源变换定理，它可以等效转换为磁通源 $\Phi_s(t)$ 与磁导纳 Y_s 的并联支路，如图 3.15 所示。

至此，矢量磁路理论的诺顿定理证明完毕。除了上述证明方法，还可以通过引入极性相反、幅值相反的磁通源，并借助叠加定理进行证明，证明方法与 3.5.3 节中的证明方法类似，这里不再赘述。

参 考 文 献

[1] Lambert M, Mahseredjian J, Martínez-Duro M, et al. Magnetic circuits within electric circuits: Critical review of existing methods and new mutator implementations[J]. IEEE Transactions on Power Delivery, 2015, 30(6): 2427-2434.

[2] Mork B A. Five-legged wound-core transformer model: Derivation, parameters, implementation and evaluation[J]. IEEE Transactions on Power Delivery, 1999, 14(4): 1519-1526.

[3] Kazimierczuk M K. High-frequency Magnetic Components[M]. 2nd ed. New York: Wiley, 2013.

[4] Miller J D. Rowland's magnetic analogy to Ohm's law[J]. Isis, 1975, 66(2): 230-241.

[5] Hopkinson J. Magnetisation of iron[J]. Philosophical Transactions of the Royal Society of London, 1885, 176: 455-469.

[6] Hopkinson J, Hopkinson E. Dynamo-electric machinery[J]. Philosophical Transactions of the Royal Society of London, 1886, 177: 331-358.

[7] 邱关源, 罗先觉. 电路[M]. 6 版. 北京: 高等教育出版社, 2022.

[8] Mayergoyz I D, Lawson W. Basic Electric Circuit Theory: A One-Semester Text[M]. Cambridge: Academic Press, 1996.

[9] Suresh Kumar K S. Electric Circuit Analysis[M]. New Delhi: Dorling Kindersley (India), 2013.

[10] 冯慈璋, 马西奎. 工程电磁场导论[M]. 北京: 高等教育出版社, 2000.

[11] 赵凯华, 陈熙谋. 电磁学[M]. 4 版. 北京: 高等教育出版社, 2018.

[12] William H H, Buck J A. Engineering Electromagnetics[M]. 8th ed. New York: McGraw-Hill, 2012.

[13] Kraus J D, Carver K R. Electromagnetics[M]. 2nd ed. New York: McGraw-Hill, 1973.

[14] 倪光正. 工程电磁场原理[M]. 北京: 高等教育出版社, 2002.

[15] 丁君, 郭陈江. 工程电磁场与电磁波[M]. 2 版. 北京: 高等教育出版社, 2019.

[16] Jassal A, Polinder H, Ferreira J A. Literature survey of eddy current loss analysis in rotating electrical machines[J]. IET Electric Power Applications, 2012, 6(9): 743-752.

[17] Zhu Z Q, Xue S S, Chu W Q, et al. Evaluation of iron loss models in electrical machines[J]. IEEE Transactions on Industry Applications, 2019, 55(2): 1461-1472.

[18] Steinmetz C P. On the law of hysteresis[J]. AIEE Transactions, 1892, 9: 3-64.

[19] Bertotti G. General properties of power losses in soft ferromagnetic materials[J]. IEEE Transactions on Magnetics, 1988, 24(1): 621-630.

[20] Cheng M, Qin W, Zhu X K, et al. Magnetic-inductance: Concept, definition, and applications[J]. IEEE Transactions on Power Electronics, 2022, 37(10): 12406-12414.

[21] 秦伟, 程明, 王政, 等. 矢量磁路及应用初探[J]. 中国电机工程学报, 2024, 44(18): 7381-7394.

[22] 拉里奥洛夫 A H, 马斯加也夫 H Э, 奥尔洛夫 H H. 磁滞电动机[M]. 一机部电器科学研究院五室, 清华大学自动控制系, 译. 北京: 国防工业出版社, 1965.

[23] Qin W, Cheng M, Wang Z, et al. Vector magnetic circuit analysis of silicon steel sheet parameters under different frequencies for electrical machines[J]. IET Electric Power Applications, 2024, 18(9): 981-994.

第 4 章　磁通集肤效应

4.1　概　　述

前面的章节定义了磁感、磁容元件，分析了它们的端口特性，提出了构造方法，在此基础上进一步提出了矢量磁路的定律和定理等，奠定了矢量磁路的理论基础。

在铁磁材料中，涡流效应普遍存在，对电磁设备的性能具有重要影响。由于涡流可以用闭合线圈进行等效，所以可以用磁感进行定量表征，为定量分析涡流对铁磁材料特性的影响提供了可能。为此，本章基于磁感及矢量磁路理论，构建圆形截面磁芯的分布式磁路模型，揭示磁通集肤效应及其产生机理，并根据高频下的磁粉分布证实磁通集肤效应现象的存在。此外，基于矢量磁路理论，得到高频激励下铁磁材料的等效磁感参数分布规律，进而提出“可呼吸式结构”的空心磁芯设计方法，有效抑制磁通的集肤效应，降低磁芯的材料用量、损耗及温升。

4.2　磁通集肤效应现象

众所周知，在交流电路中存在电流集肤效应，又称趋肤效应(skin effect，SE)，是指当导体中存在交流电或者交变电磁场时导体内部的电流分布不均匀的现象[1]，随着与导体表面距离的增加，导体内的电流密度呈指数衰减，即导体内电流主要集中在导体表面。该现象最早由英国应用数学家 Lamb[2]于 1883 年提出，当时研究仅限于球壳状导体[2]。随后，英国物理学家 Heaviside 于 1885 年将其推广到任何形状的导体[3]。电流集肤效应引起了导体内的电流不均匀分布，导致导体的电阻随着交流电频率的升高而增加，进而使得导线传输电流的能力降低，损耗增加。

由于磁路中磁感参数对磁通的影响，对于励磁频率较高的磁路，可能存在一种与电流集肤效应相似的现象，即磁通集肤效应现象。具体而言，随着离开磁路表面的距离增加，磁通的幅值和相位发生变化，使得磁路内磁通主要集中在磁路表面。磁通的集肤效应可能会影响磁通流动的有效横截面积，从而改变电磁设备的工作特性，导致磁芯承载交变磁通的能力降低，进而降低磁芯的利用率。因此，抑制磁通的集肤效应以提高电磁设备性能，清晰地揭示磁通集肤效应的物理机制显得至关重要。

由于长期以来对磁通集肤效应机理缺乏科学解释[4-6]，相对于电流的集肤效应，磁通的集肤效应通常被忽视。目前，对电流集肤效应的分析和计算主要采用两种方法：第一种，基于电磁场理论求解得到导体的等效电阻和等效电感的解析表达式，来预测和分析电流集肤效应对电路的影响[6-9]；第二种，利用电路理论对高频激励下的导体进行建模、推导和计算，这一过程更为简单、直观且易于理解。举例来说，当研究电力传输线上的电流集肤效应时，可以采用具有电阻和电感的电路模型，如 Cauer 电路和 Foster 电路，来模拟导体在高频激励下的电流分布[10]。

然而，由于电路理论与磁路理论所描述的对象不同，电路理论中的电阻参数和电感参数并不能直接用于描述磁路中磁通的集肤效应[11,12]。此外，相较于包含电阻、电感和电容元件的电路理论，仅包含磁阻元件的传统标量磁路理论难以模拟磁芯内磁通的分布[6,13]。也有学者尝试使用复数磁导率代替实数磁导率[14,15]，基于电磁场理论来解释磁路中的磁通集肤效应，这种处理方法虽然能解决工程上的一些计算问题，但缺少实际物理意义[7]，未能揭示磁通集肤效应的物理本质及作用机理。

因此，本节将应用矢量磁路理论对磁通集肤效应现象进行分析，通过建立高频交变磁通下磁芯的等效磁路模型，阐明导致磁通集肤效应的根本原因[16]。

4.2.1　磁通集肤效应机理分析

本节以圆形截面的实心磁路为例，结合矢量磁路理论分析磁通集肤效应产生的原因。选取一段长直、横截面为圆形的磁路，截面半径为 r_0，长度为 l_w，其几何结构如图 4.1(a)所示。在不考虑漏磁和磁路饱和的前提下，且忽略磁路中磁滞损耗的影响，高频激励下圆形截面磁路中的磁量分布如图 4.1(b)所示。在图 4.1(b)所示的磁路中，承载着随时间变化的交变磁通 $\Phi(t)$。根据法拉第电磁感应定律，交变磁通 $\Phi(t)$ 会在其路径周围引发涡流现象[7,8]。根据安培环路定律[6]，这些涡流在磁路中可等效为一个感应磁动势 $\mathcal{F}_e(t)$，并在磁路中产生对向磁通 $\Phi_e(t)$。在磁路中心，对向磁通 $\Phi_e(t)$ 与磁路磁通 $\Phi(t)$ 的方向相反，相互抵消；而在靠近表面的地方，则与磁路磁通 $\Phi(t)$ 方向相同，相互增强。因此，导致磁路中的磁通向磁路表面附近集中，出现磁通的集肤效应。

为了分析磁路中磁通 $\Phi(t)$ 的分布，按照图 4.2(a)中的虚线对磁路截面进行划分，建立其所对应的分布参数磁路模型。

为简化分析，将磁路截面从外到内划分为三个面积相等的同心圆环，即 $S_1=S_2=S_3$，如图 4.2(a)所示。由磁阻的计算公式(2.4)可知：

$$\mathcal{R}_n = \frac{l_w}{\mu S_n} \tag{4.1}$$

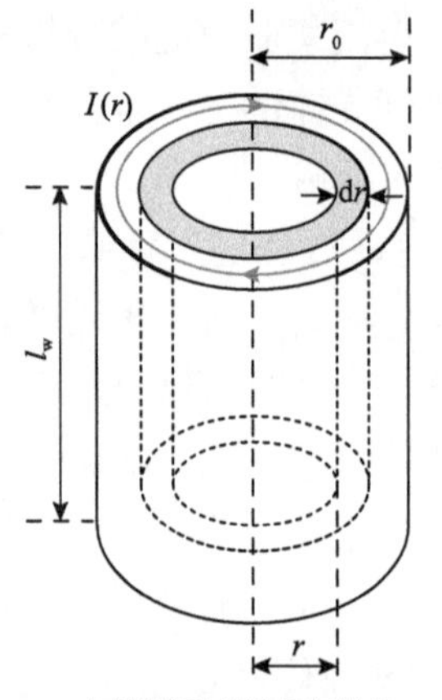

(a) 圆形截面磁路几何结构

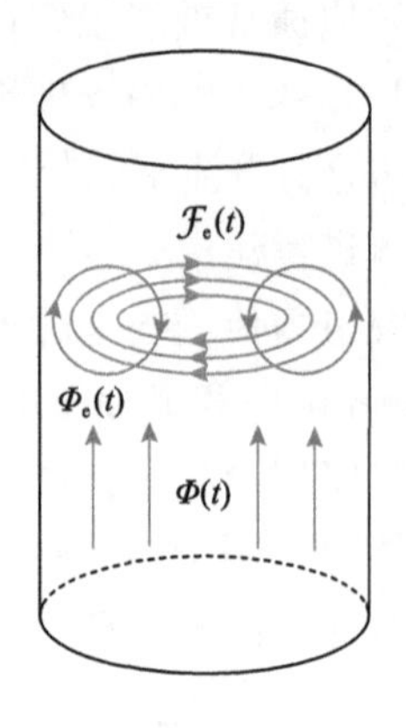

(b) 圆形截面磁路内的磁量分布

图 4.1　圆形截面磁路的几何参数及其高频激励下的磁量分布

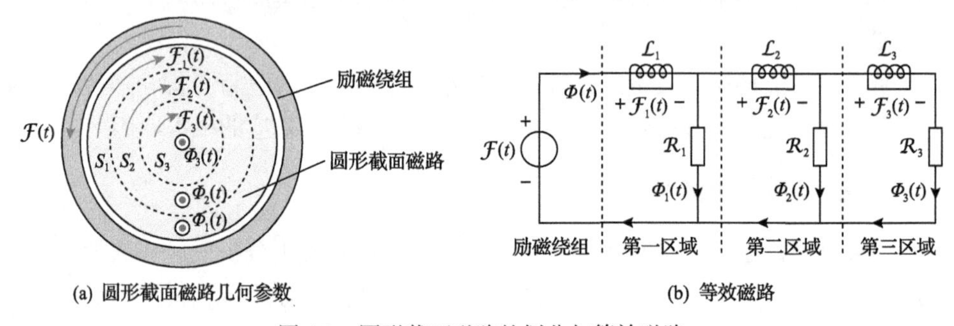

(a) 圆形截面磁路几何参数　　(b) 等效磁路

图 4.2　圆形截面磁路的划分与等效磁路

式中，n 可取 1、2、3，表示磁路中的三个圆环。考虑到

$$S_1 = S_2 = S_3 \tag{4.2}$$

有

$$\mathcal{R}_1 = \mathcal{R}_2 = \mathcal{R}_3 \tag{4.3}$$

依据传统标量磁路理论，磁路中只存在磁阻，因三个圆环的磁阻相等，磁通在圆形截面磁路上均匀分布，其大小分别为 $\Phi_1(t)$、$\Phi_2(t)$ 和 $\Phi_3(t)$。

当考虑涡流效应时，每个圆环可以等效为一个闭合线圈，圆环 S_1、S_2 和 S_3 内部依次产生感应磁动势 $\mathcal{F}_1(t)$、$\mathcal{F}_2(t)$、$\mathcal{F}_3(t)$。

根据安培环路定律[6]，三个同心圆环对应的磁动势方程为

$$\begin{cases} \mathcal{F}(t) = \mathcal{F}_1(t) + \mathcal{R}_1\Phi_1(t) \\ \mathcal{F}(t) - \mathcal{F}_1(t) = \mathcal{F}_2(t) + \mathcal{R}_2\Phi_2(t) \\ \mathcal{F}(t) - \mathcal{F}_1(t) - \mathcal{F}_2(t) = \mathcal{F}_3(t) + \mathcal{R}_3\Phi_3(t) \end{cases} \tag{4.4}$$

设磁路激励为正弦波，其角频率为 ω，根据磁感的端口特性(2.16)可知，感应磁动势 $\mathcal{F}_1(t)$、$\mathcal{F}_2(t)$、$\mathcal{F}_3(t)$的大小取决于三个圆环的等效磁感 $\mathcal{L}_1$、$\mathcal{L}_2$和 $\mathcal{L}_3$，以及流经其中的磁通 $\Phi_1(t)$、$\Phi_2(t)$和 $\Phi_3(t)$，即

$$\begin{cases}\mathcal{F}_1(t)=\omega\mathcal{L}_1\left(\Phi_1(t)+\Phi_2(t)+\Phi_3(t)\right)\\ \mathcal{F}_2(t)=\omega\mathcal{L}_2\left(\Phi_2(t)+\Phi_3(t)\right)\\ \mathcal{F}_3(t)=\omega\mathcal{L}_3\Phi_3(t)\end{cases}\tag{4.5}$$

将式(4.5)代入式(4.4)，可得

$$\begin{cases}\mathcal{F}(t)=\omega\mathcal{L}_1\left(\Phi_1(t)+\Phi_2(t)+\Phi_3(t)\right)+\mathcal{R}_1\Phi_1(t)\\ \mathcal{R}_1\Phi_1(t)=\omega\mathcal{L}_2\left(\Phi_2(t)+\Phi_3(t)\right)+\mathcal{R}_2\Phi_2(t)\\ \mathcal{R}_2\Phi_2(t)=\omega\mathcal{L}_3\Phi_3(t)+\mathcal{R}_3\Phi_3(t)\end{cases}\tag{4.6}$$

根据式(4.6)绘制出其等效磁路即梯形等效磁路，如图 4.2(b)所示，并绘出磁感与磁密分布示意图如图 4.3 所示。

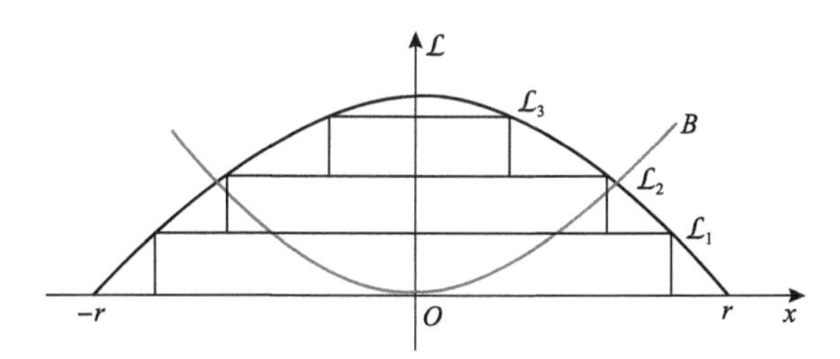

图 4.3　圆形截面磁路的磁感与磁密分布示意图

不难发现，在圆形磁芯的中心，合成磁感最大，而在磁芯表面磁感最小，因此有

$$\Phi_3(t)<\Phi_2(t)<\Phi_1(t)\tag{4.7}$$

由式(4.7)可知，磁通在磁路表面的数值较大，而在靠近磁芯中心的位置则较小，磁密分布呈 U 字形，如图 4.3 中的磁密 B 曲线所示，存在明显的磁通集肤效应现象。

考虑一种特殊情况，当磁路中磁通的角频率接近零($\omega\approx 0$)或非常低时，磁感抗基本为零，磁感对磁通几乎没有阻碍作用，此时，由式(4.5)可知：

$$\mathcal{F}_1(t)=\mathcal{F}_2(t)=\mathcal{F}_3(t)=0\tag{4.8}$$

代入式(4.4)，可得

$$\mathcal{F}(t)=\mathcal{R}_1\Phi_1(t)=\mathcal{R}_2\Phi_2(t)=\mathcal{R}_3\Phi_3(t) \tag{4.9}$$

将式(4.3)代入式(4.9)，可得

$$\Phi_1(t)=\Phi_2(t)=\Phi_3(t) \tag{4.10}$$

圆形截面磁芯三个部分的磁动势相同，三个部分等效的磁阻大小相等且并联连接，流过圆形截面磁芯的磁通分布均匀，此时不存在磁通的集肤效应现象。可以看出，磁通集肤效应的根本原因就在于涡流的等效磁感。

4.2.2 磁通集肤效应实验验证

为了验证磁通集肤效应现象，采用实心电工钢 DT4C 构成一个闭合磁路，其参数如表 4.1 所示，在闭合磁路中引入了一个气隙，通过培养皿在气隙中均匀铺设了一层薄薄的 Fe_3O_4 磁粉，如图 4.4(a)所示。根据矢量磁路理论，忽略磁路的磁滞效应，得到相应的等效磁路，如图 4.4(b)所示。其中，$\mathcal{F}(t)$ 为磁路的磁动势，$\Phi(t)$ 为磁路的交变磁通，$\mathcal{R}_{air}$ 为气隙的磁阻，$\mathcal{R}_{eq}$ 和 $\mathcal{L}_{eq}$ 分别为实心电工钢磁路的等效磁阻和等效磁感。

表 4.1 实心电工钢磁路的参数

结构/部分	参数	数值/类型
磁路	电工钢型号	DT4C
	绝缘纸	DMD 0.2mm
	高温胶带	聚酰亚胺薄膜 0.05mm
励磁绕组	运行频率	10～400Hz
	绕组线型	ZR-BVR4.0^2
	绕组匝数	150
	绕组电阻	0.29Ω
探测绕组	绕组线型	铜漆包线 0.47mm
	绕组匝数	50
	绕组电阻	1.33Ω
磁粉单元	磁粉名称	Fe_3O_4
	磁粉粗细	400 目
	筛子尺寸	325 目，100mm×45mm
	培养皿	聚苯乙烯，90mm×15mm

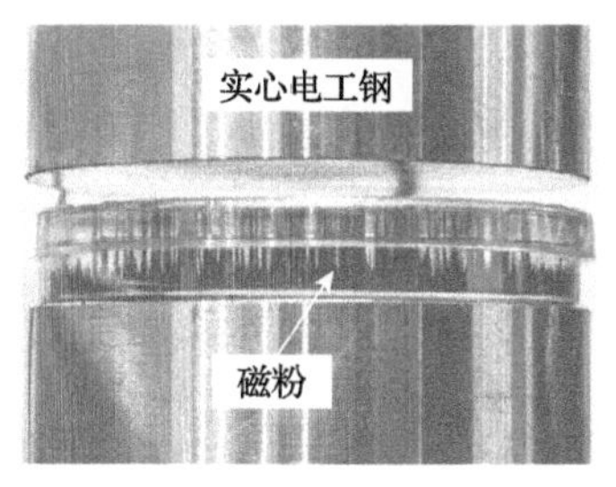

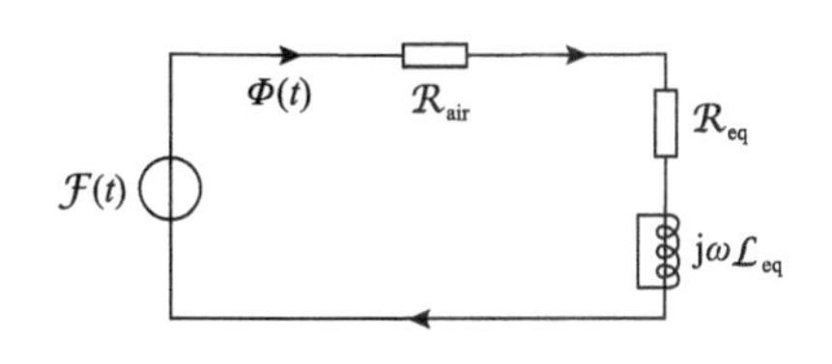

(a) 引入气隙铺设 Fe_3O_4 磁粉　　(b) 实心电工钢的等效磁路

图 4.4　磁通集肤效应实验设计与分析

磁通集肤效应实验的步骤如图 4.5 所示。

(a) 磁粉过筛

(b) 检验均匀度

(c) 上电测试

图 4.5　磁通集肤效应实验步骤示意图

(1)使用筛子将磁粉均匀地铺在培养皿上，形成薄而均匀的一层，如图 4.5(a)所示。

(2)在平板灯下检查磁粉的分布是否均匀，如图 4.5(b)所示。若磁粉未均匀分散，则重新使用筛子铺设磁粉以确保均匀。

(3)为了在不同测试频率下保持恒定的磁动势，通过调整可编程交流电源的输出电压，直至励磁绕组电流的有效值达到 30A 后，关闭电源。

(4)将已检查无误的培养皿放入电工钢磁路的气隙中，并确保培养皿位于中心位置。

(5)启动电源，保持励磁绕组的电流维持有效值 30A 约 20s，如图 4.5(c)所示。随后关闭电源并取出培养皿进行拍照记录。

按照上述步骤操作，即完成了一个测试频率下的集肤效应实验。通过逐步调整测试频率从 10Hz 到 400Hz，同时借助功率分析仪记录励磁绕组电流和探测绕组感应电压的实验数据，即可完成磁通集肤效应实验的测试。

由于实心电工钢具有较大的涡流损耗，其温升速度较快，可能对实心电工钢磁路的特性产生影响。为确保每次测试的准确性，在开始测试之前需要保持实心电工钢的温度在 30℃以下。根据励磁绕组的电流以及探测绕组的感应电压，结合表 4.1 所示实心电工钢的磁路参数，利用励磁绕组电流和安培环路定律可以求解磁路的磁动势，以及利用探测绕组感应电压和法拉第电磁感应定律可以求解磁路的磁通幅值，可得磁动势和磁通随频率的变化关系，如图 4.6 所示。

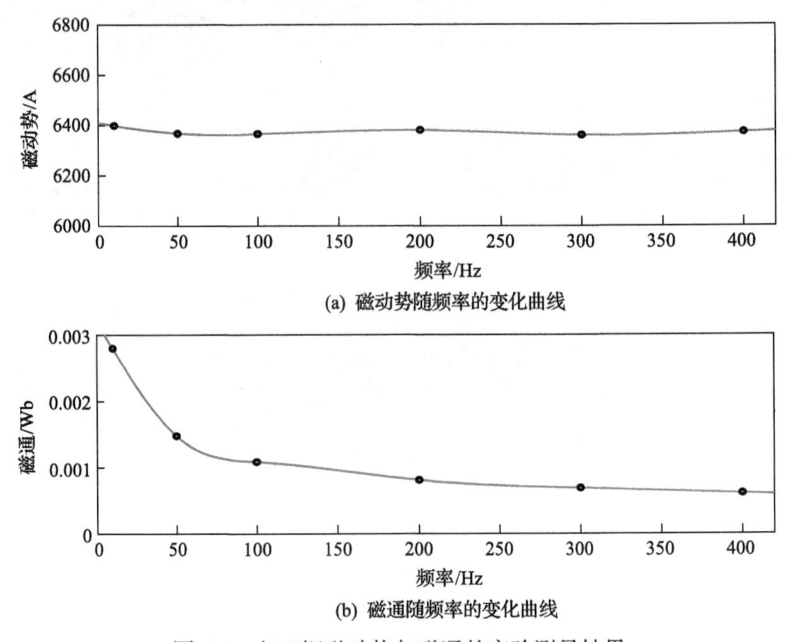

(a) 磁动势随频率的变化曲线

(b) 磁通随频率的变化曲线

图 4.6　电工钢磁动势与磁通的实验测量结果

由图 4.6 可见，在磁动势幅值保持不变的条件下，随着频率的增加，磁通的幅值减小，证明了磁路中存在等效磁感参数，同时验证了图 4.4(b)中等效磁路的正确性。

此外，图 4.7 呈现了在不同频率下对应的磁粉分布，证明了磁通集肤效应的存在。若磁路中不存在磁通，则磁粉分布呈均匀状态，如图 4.7(a)所示。由图 4.7(b)～(f)明显可见，随着磁动势频率的逐渐提升，磁粉柱的长度缩短并逐渐变细，表明磁通的幅值随频率增加而减小，这与图 4.6(b)中的实验结果一致。同时，在不同频率下通过磁粉分布观察到了磁通集肤效应现象。在低频时，靠近容器中心的磁粉呈均匀分散状态。然而，随着频率的升高，容器中心的磁粉逐渐向边缘移动，导致中心区域的磁粉减少，呈现出磁通集肤效应的特征。图 4.7 的实验结果证实了磁通集肤效应现象的存在，同时进一步验证了矢量磁路理论的可行性和有效性。

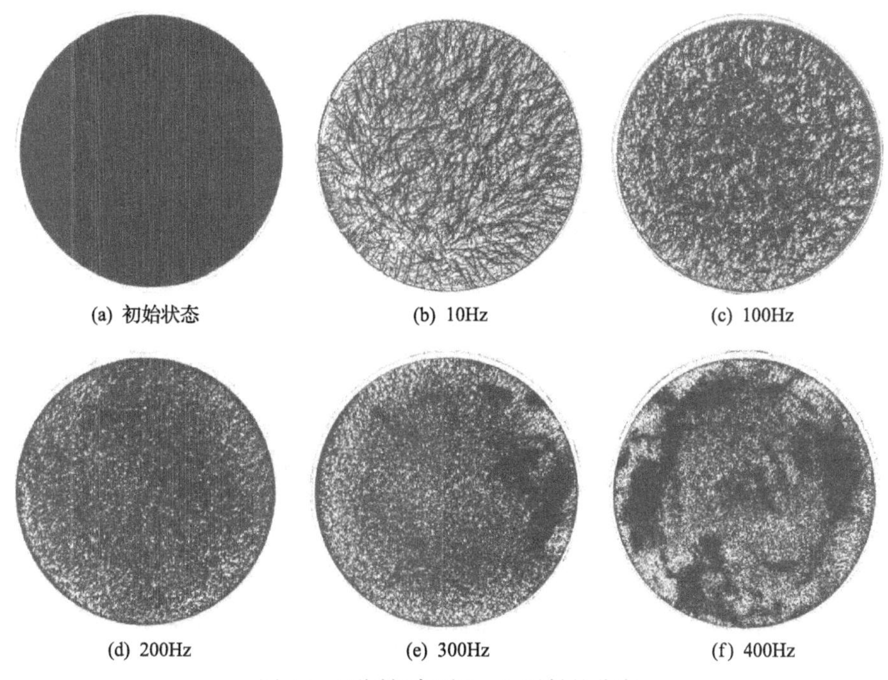

图 4.7　不同频率下 Fe_3O_4 磁粉的分布

4.3　考虑磁通集肤效应的高频磁芯设计

磁性元件，如电感器和变压器等，在电力电子系统中扮演着不可或缺的角色[16]。随着碳化硅(SiC)等宽禁带半导体器件的迅猛发展，电力电子系统的工作频率也在快速提升。而磁芯是电感器、变压器等磁性元件的核心部件。然而，由于磁芯通常采用实心结构[6]，如图 4.8 所示，高频磁通引发了磁通集肤效应现象[16]，导致磁芯的磁阻抗增大，利用率降低，有功损耗加剧，并产生难以消散的热量，加大了电力电子系统的热损害风险。虽然使用电导率较低的磁性材料或许能降低损耗和温升，但也会增加磁性元件体积、重量和成本。

矢量磁路理论不仅能够预测磁路运行特性和分析磁路参数变化，还可以指导磁路的设计与优化。本节基于磁芯中磁感参数的分布曲线，提出一种“可呼吸式

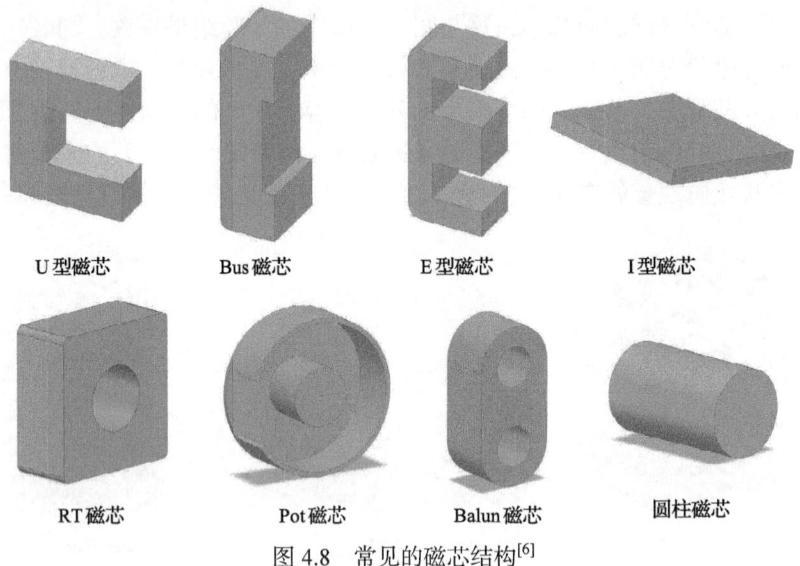

图 4.8 常见的磁芯结构[6]

结构”的空心磁芯设计与优化方法，以改善高频电磁元件的性能。经过实验证明，这种空心磁芯在不影响磁路特性的前提下，既能节省磁性材料的用量，提升磁芯的利用率，减小体积和重量，又能降低损耗，提高散热能力，有效抑制了磁通集肤效应对磁芯的不良影响。

4.3.1 圆形截面磁路的贝塞尔方程

由 4.2 节可知，随着磁路频率的增加，磁通集肤效应逐渐明显，从而导致磁路中磁通的分布变得不均匀。此时，考虑一个半径为 r_0、长度为 l_w 的单根长直孤立的实心圆柱形磁路，如图 4.1(a)所示，假设流过其中的磁通具有以下表达式：

$$\Phi(t)=\Phi\cos(\omega t) \tag{4.11}$$

在不考虑磁路饱和与漏磁的情况下，圆形截面磁路内的磁感应强度 $B(r)$ 和电场强度 $E(r)$ 可由相量形式的修正贝塞尔二阶常微分方程描述，并且可通过关于磁路半径 r 的函数描述圆形截面磁路中的一维磁通分布。

对于一个半径为 r_0、磁感应强度为 $B(r)$ 和磁场强度为 $H(r)$，仅具有轴向分量的圆形截面的磁路，如图 4.1(a)所示，考虑半径为 r、厚度为 $\mathrm{d}r$ 的面积微元，根据磁通的定义，可以得到面积微元所承载的磁通 $\Phi(r)$ 为

$$\Phi(r)=\int_0^r B(r)\mathrm{d}S=\int_0^r B(r)2\pi r\mathrm{d}r \tag{4.12}$$

由麦克斯韦方程(3.8)可知，电场强度 $E(r)$ 满足：

$$\oint E(r)\cdot \mathrm{d}l = E(r)2\pi r = \frac{\mathrm{d}\Phi(r)}{\mathrm{d}t} = \frac{\mathrm{d}\left(\int_0^r B(r)2\pi r \mathrm{d}r\right)}{\mathrm{d}t} \tag{4.13}$$

式中，$E(r)$为磁路中心直线距离 r 位置处的电场强度。

在式(4.13)方程两端对空间变量 r 求微分可得

$$\frac{\mathrm{d}E(r)}{\mathrm{d}r} + \frac{E(r)}{r} - \frac{\mathrm{d}B(r)}{\mathrm{d}t} = 0 \tag{4.14}$$

另外，取面积微元的长度为 l，可以得到微元中的感应电流 $I(r)$的表达式为

$$I(r) = J(r)l\mathrm{d}r = \sigma E(r)l\mathrm{d}r \tag{4.15}$$

式中，$J(r)$为微元中的感应电流密度。

取微元的匝数 $n=1$，由安培环路定律[6]可知：

$$I(r) = H(r)l \tag{4.16}$$

将式(4.15)代入式(4.16)，可得

$$H(r) = \sigma E(r)\mathrm{d}r \tag{4.17}$$

对于微元，内层半径与外层半径之间相差 $\mathrm{d}r$，因此微元外表面的磁感应强度 $B_1(r)$与微元内表面的磁感应强度 $B_0(r)$的关系为

$$B_0(r) = B_1(r) + \frac{\partial B(r)}{\partial r}\mathrm{d}r \tag{4.18}$$

根据媒介公式(3.9)，微元内表面的磁场强度 $H_0(r)$为

$$\begin{aligned} H_0(r) &= \frac{1}{\mu}\left(B_1(r) + \frac{\partial B(r)}{\partial r}\mathrm{d}r\right) \\ &= H_1(r) - \frac{1}{\mu}\frac{\partial B(r)}{\partial r}\mathrm{d}r \end{aligned} \tag{4.19}$$

因此，可以得到微元上的磁场强度 $H(r)$为

$$H(r) = \frac{1}{\mu}\frac{\partial B(r)}{\partial r}\mathrm{d}r \tag{4.20}$$

联立式(4.17)和式(4.20)，可得

$$E(r)\sigma\mu = \frac{\mathrm{d}B(r)}{\mathrm{d}r} \tag{4.21}$$

在式(4.21)方程两端对空间变量 r 求微分，可得

$$\frac{\mathrm{d}E(r)}{\mathrm{d}r}\sigma\mu = \frac{\mathrm{d}^2 B(r)}{\mathrm{d}r^2} \tag{4.22}$$

将式(4.21)和式(4.22)代入式(4.14)，可得

$$\frac{\mathrm{d}^2 B(r)}{\mathrm{d}r^2} + \frac{1}{r}\frac{\mathrm{d}B(r)}{\mathrm{d}r} - \sigma\mu\frac{\mathrm{d}B(r)}{\mathrm{d}t} = 0 \tag{4.23}$$

此外，在式(4.14)方程两端对空间变量 r 求微分，可得

$$\frac{\mathrm{d}^2 E(r)}{\mathrm{d}r^2} + \frac{1}{r}\frac{\mathrm{d}E(r)}{\mathrm{d}r} - \frac{E(r)}{r^2} - \frac{\mathrm{d}^2 B(r)}{\mathrm{d}t\mathrm{d}r} = 0 \tag{4.24}$$

在式(4.21)方程两端对时间变量 t 求微分，可得

$$\sigma\mu\frac{\mathrm{d}E(r)}{\mathrm{d}t} = \frac{\mathrm{d}^2 B(r)}{\mathrm{d}r\mathrm{d}t} \tag{4.25}$$

将式(4.25)代入式(4.24)，可得

$$\frac{\mathrm{d}^2 E(r)}{\mathrm{d}r^2} + \frac{1}{r}\frac{\mathrm{d}E(r)}{\mathrm{d}r} - \frac{E(r)}{r^2} - \sigma\mu\frac{\mathrm{d}E(r)}{\mathrm{d}t} = 0 \tag{4.26}$$

一般而言，式(4.23)和式(4.26)被归纳为圆形截面磁路的修正贝塞尔二阶常微分方程。根据相量法，式(4.23)和式(4.26)可以表示为相量形式：

$$\frac{\mathrm{d}^2 B(r)}{\mathrm{d}r^2} + \frac{1}{r}\frac{\mathrm{d}B(r)}{\mathrm{d}r} - \mathrm{j}\omega\sigma\mu B(r) = 0 \tag{4.27}$$

$$\frac{\mathrm{d}^2 E(r)}{\mathrm{d}r^2} + \frac{1}{r}\frac{\mathrm{d}E(r)}{\mathrm{d}r} - \frac{E(r)}{r^2} - \mathrm{j}\omega\sigma\mu E(r) = 0 \tag{4.28}$$

4.3.2 圆形截面磁路的磁感参数分布

求解式(4.27)，可以得到磁感应强度 $B(r)$ 的表达式为

$$B(r) = A\mathrm{I}_0(kr) = A\sum_{k=0}^{\infty}\left(\frac{1}{k!}\right)^2\left(\frac{kr}{2}\right)^{2k} \tag{4.29}$$

式中，$I_0(\cdot)$为第一类零阶修正贝塞尔函数，下标 0 为其阶数；A 为一个常数，它由磁路中心点的初始磁感应强度决定；k 为复传播常数，它的表达式为

$$k^2 = \mathrm{j}\omega\sigma\mu = \mathrm{j}\frac{2}{\delta^2} \tag{4.30}$$

式中，δ 为磁通的集肤深度，其表达式为

$$\delta = \sqrt{\frac{2}{\omega\mu\sigma}} \tag{4.31}$$

一般而言，贝塞尔函数(4.29)可以用开尔文(Kelvin)函数 ber 和 bei 表示[6,7]，即

$$B(r) = A(\mathrm{ber}(\alpha) + \mathrm{jbei}(\alpha)) \tag{4.32}$$

式中，变量 α 为

$$\alpha = r\sqrt{\omega\sigma\mu} = \frac{\sqrt{2}}{\delta}r \tag{4.33}$$

开尔文函数 $\mathrm{ber}(\alpha)$的表达式为

$$\mathrm{ber}(\alpha) = \mathrm{Re}\{I_0(kr)\} = \sum_{n=0}^{\infty}\frac{(-1)^n\alpha^{4n}}{2^{4n}((2n)!)^2} = \frac{1}{2}\left(I_0\left(\alpha e^{\mathrm{j}\frac{\pi}{4}}\right) + I_0\left(\alpha e^{-\mathrm{j}\frac{\pi}{4}}\right)\right) \tag{4.34}$$

开尔文函数 $\mathrm{bei}(\alpha)$的表达式为

$$\mathrm{bei}(\alpha) = \mathrm{Im}\{I_0(kr)\} = \sum_{n=0}^{\infty}\frac{(-1)^n\alpha^{2(2n+1)}}{2^{2(2n+1)}((2n+1)!)^2} = \frac{1}{2\mathrm{j}}\left(I_0\left(\alpha e^{\mathrm{j}\frac{\pi}{4}}\right) - I_0\left(\alpha e^{-\mathrm{j}\frac{\pi}{4}}\right)\right) \tag{4.35}$$

设与磁路中心直线距离 r_0 位置为参考点，根据式(4.29)可以计算出磁路截面任意一点的磁感应强度 $B(r)$相较于参考点磁感应强度 $B(r_0)$的幅值及相位，即

$$\frac{B(r)}{B(r_0)} = \frac{I_0(kr)}{I_0(kr_0)} = \left|\frac{B(r)}{B(r_0)}\right|e^{\mathrm{j}\theta_B} = \frac{\mathrm{ber}(\alpha) + \mathrm{jbei}(\alpha)}{\mathrm{ber}(\alpha_0) + \mathrm{jbei}(\alpha_0)} \tag{4.36}$$

基于式(4.36)，可以绘制相对于参考点的圆形截面磁路中磁感应强度的幅值分布和相位分布，如图 4.9 所示。观察图 4.9(a)发现，随着频率的升高，磁路半径与集肤深度的比值 r_0/δ 逐渐增大，磁感应强度的幅值分布变得越来越不均匀。

具体而言，磁路中心附近的磁感应强度的幅值较小，而磁路边缘附近的磁感应强度的幅值较大。此外，随着频率的增加，磁感应强度的相位分布也表现出不均匀的现象，如图 4.9(b)所示，在磁路中，由于对向磁通的叠加效应，磁路中间位置的合成磁通相位可能超过 180°，而磁路边缘位置并未受到同等影响。根据式(4.36)，通过数学方法成功描述了磁通集肤效应现象，同时通过绘制的磁感应强度分布，验证了图 4.3 的正确性，从理论上分析了磁感对磁感应强度的影响。

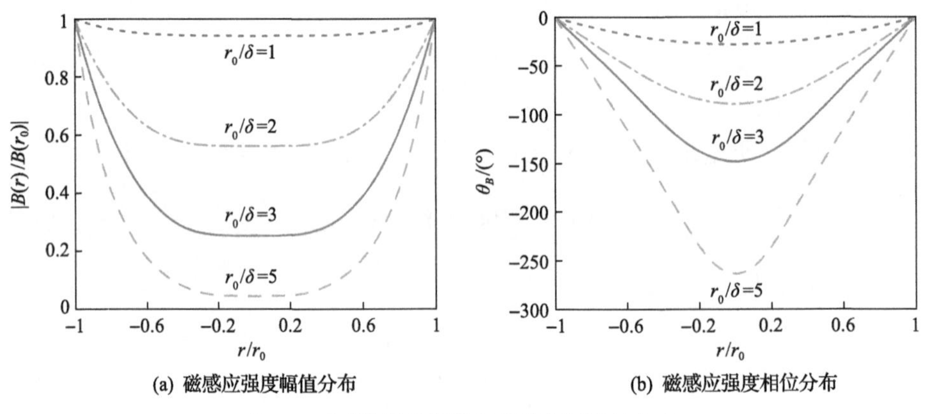

(a) 磁感应强度幅值分布 (b) 磁感应强度相位分布

图 4.9 圆形截面磁路中磁感应强度的分布

接下来，求解式(4.28)，可以得到圆形截面磁路电场强度 $E(r)$ 的表达式为

$$E(r)=\frac{\mathrm{j}\omega\Phi(t)}{2\pi r_0}\frac{\mathrm{I}_1(kr)}{\mathrm{I}_1(kr_0)} \tag{4.37}$$

式中，$\mathrm{I}_1(\cdot)$ 为第一类一阶修正贝塞尔函数。

特别地，对于磁路边缘，其电场强度的表达式为

$$E(r_0)=\frac{\mathrm{j}\omega\Phi(t)}{2\pi r_0}\frac{\mathrm{I}_1(kr_0)}{\mathrm{I}_1(kr_0)}=\frac{\mathrm{j}\omega\Phi(t)}{2\pi r_0} \tag{4.38}$$

因此，以 $E(r_0)$ 为参考点，可以得到标幺化的电场强度的表达式：

$$\frac{E(r)}{E(r_0)}=\frac{\mathrm{I}_1(kr)}{\mathrm{I}_1(kr_0)}=\left|\frac{E(r)}{E(r_0)}\right|\mathrm{e}^{\mathrm{j}\theta_E}=\frac{\mathrm{ber}'(\alpha)-\mathrm{jbei}'(\alpha)}{\mathrm{ber}'(\alpha_0)-\mathrm{jbei}'(\alpha_0)} \tag{4.39}$$

式中，ber′和 bei′分别为开尔文函数 ber 和 bei 的一阶导数。

基于式(4.39)，绘制了相对于参考点的圆形截面磁路中电场强度的幅值分布和相位分布，如图 4.10 所示。观察图 4.10(a)发现，随着磁路频率的增加，磁路半径与集肤深度的比值 r_0/δ 逐渐增大，电场强度的幅值分布呈现出不均匀的特点，

磁路的边缘区域电场强度幅值较大，磁路中心电场强度幅值较小，即出现了感应电流的集肤效应现象。与此同时，随着频率变化，电场强度的相位分布也从频率较小时的均匀分布变成频率较高时的不均匀分布，如图 4.10(b)所示。这说明现实中磁通的集肤效应与感应电流的集肤效应是相互交织、相互影响的，这两种效应之间的耦合关系在理解磁通集肤效应现象时不容忽视。

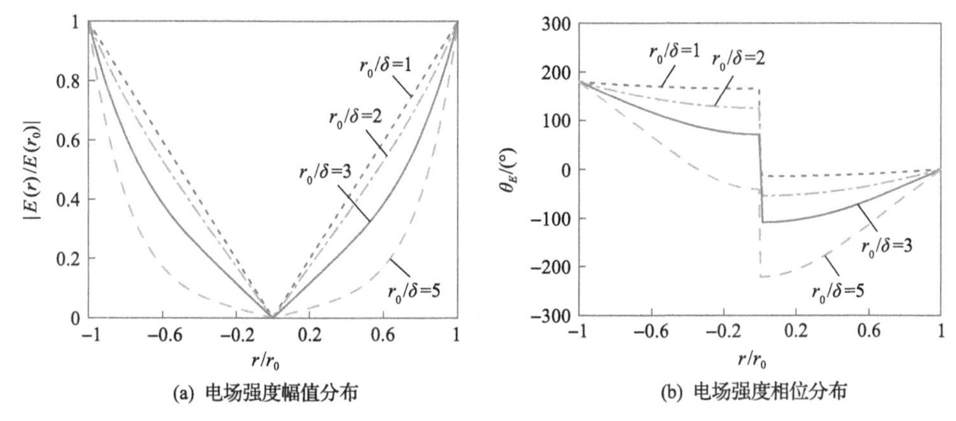

(a) 电场强度幅值分布　(b) 电场强度相位分布

图 4.10　圆形截面磁路中电场强度的分布

由贝塞尔函数的性质可知[6,8]

$$\int x\mathrm{I}_0(x)\mathrm{d}x = x\mathrm{I}_0'(x) = x\mathrm{I}_1(x) \tag{4.40}$$

根据磁通的定义式(3.5)，结合式(4.29)和式(4.40)，可得到半径为 r 的圆柱体通过的磁通 $\Phi(r)$ 的表达式：

$$\Phi(r) = \int_0^r B(r)2\pi r\mathrm{d}r = \frac{\Phi(t)\mathrm{I}_1(kr)}{\mathrm{I}_1(kr_0)}\frac{r}{r_0} \tag{4.41}$$

在式(4.41)两端对变量 r 取微分，可得

$$\frac{\mathrm{d}\Phi(r)}{\mathrm{d}r} = k\Phi(t)\frac{\mathrm{I}_1(kr)}{\mathrm{I}_1(kr_0)}\frac{r}{r_0} \tag{4.42}$$

进一步，调整式(4.42)为

$$\frac{\mathrm{d}\Phi(r)}{\Phi(t)} = k\frac{\mathrm{I}_1(kr)}{\mathrm{I}_1(kr_0)}\frac{r}{r_0}\mathrm{d}r \tag{4.43}$$

由楞次定律可知，在半径为 r 的圆柱体与半径为 r_0 的磁芯之间的区域，产生了感应电流 $I(r)$，根据式(4.37)，可以得到 $I(r)$ 表达式为

$$I(r)=\iint_S J(r)\mathrm{d}r=\int_0^{l_\mathrm{w}}\int_r^{r_0}\sigma E(r)\mathrm{d}r\mathrm{d}z=\frac{\mathrm{j}\omega\Phi(t)}{2\pi kr_0}\frac{l_\mathrm{w}\sigma}{\mathrm{I}_1(kr_0)}\int_r^{r_0}\mathrm{I}_1(kr)\mathrm{d}(kr) \quad (4.44)$$

根据式(4.40)、式(4.43)和式(4.44)，可以得到磁芯的电流链 $\Theta(t)$ 的表达式为

$$\begin{aligned}\Theta(t)&=\int_0^r I(r)\frac{\mathrm{d}\Phi(r)}{\Phi(t)}=\frac{\mathrm{j}\omega\Phi(t)l_\mathrm{w}\sigma}{2\pi(kr_0)^2\mathrm{I}_1^2(kr_0)}\int_0^{kr}\left(\mathrm{I}_0(kr_0)-\mathrm{I}_0(kr)\right)\mathrm{I}_0(kr)(kr)\mathrm{d}(kr)\\&=\frac{\mathrm{j}\omega\Phi(t)l_\mathrm{w}\sigma(kr)}{2\pi(kr_0)^2\mathrm{I}_1^2(kr_0)}\left[\mathrm{I}_0(kr_0)\mathrm{I}_1(kr)-\frac{kr}{2}\left(\mathrm{I}_0^2(kr)-\mathrm{I}_1^2(kr)\right)\right]\end{aligned} \quad (4.45)$$

电流链 $\Theta(t)$ 为感应电流乘以与感应电流相关的线圈的匝数，电荷链 $\Gamma(t)$ 为感应电流的运动电荷乘以与运动电荷相关的线圈的匝数。根据磁芯的电流链 $\Theta(t)$ 与电荷链 $\Gamma(t)$ 之间的关系可知[17]：

$$\Gamma(t)=\int\Theta(t)\mathrm{d}t \quad (4.46)$$

将式(4.45)代入式(4.46)，得到磁芯的电荷链 $\Gamma(t)$ 表达式为

$$\Gamma(t)=\int\Theta(r)\mathrm{d}t=\frac{\Phi(t)l_\mathrm{w}\sigma(kr)}{2\pi(kr_0)^2\mathrm{I}_1^2(kr_0)}\left[\mathrm{I}_0(kr_0)\mathrm{I}_1(kr)-\frac{kr}{2}\left(\mathrm{I}_0^2(kr)-\mathrm{I}_1^2(kr)\right)\right] \quad (4.47)$$

根据磁感的定义式(2.10)[16,18]，可以得到磁芯中磁感的分布函数 $\mathcal{L}(r)$ 为

$$\begin{aligned}\mathcal{L}(r)&=\frac{\Gamma(t)}{\Phi(t)}=\frac{l_\mathrm{w}\sigma}{2\pi(kr_0)\mathrm{I}_1(kr_0)\mathrm{I}_1(kr)}\left[\mathrm{I}_0(kr_0)\mathrm{I}_1(kr)-\frac{kr}{2}\left(\mathrm{I}_0^2(kr)-\mathrm{I}_1^2(kr)\right)\right]\\&=\frac{l_\mathrm{w}\sigma}{2\pi}\left[\frac{1}{kr_0}\frac{\mathrm{I}_0(kr_0)}{\mathrm{I}_1(kr_0)}-\frac{1}{2}\frac{r}{r_0}\left(\frac{\mathrm{I}_0^2(kr)}{\mathrm{I}_1(kr_0)\mathrm{I}_1(kr)}-\frac{\mathrm{I}_1(kr)}{\mathrm{I}_1(kr_0)}\right)\right]\end{aligned} \quad (4.48)$$

在式(4.48)中，磁路的电荷链 $\Gamma(t)$ 与磁通 $\Phi(t)$ 的参考方向遵循右手定则。以 $\mathcal{L}(r_0)$ 作为基准值,可以绘制出 $|\mathcal{L}(r)/\mathcal{L}(r_0)|$ 的归一化磁感分布曲线,如图 4.11 所示。

观察图 4.11 可知，随着与圆形截面中心的距离 r 减小，相应的磁感参数受频率影响变得显著。而随着 r 增大，磁感参数受频率影响越趋减小，在磁路表面，即 $r=r_0$ 的位置，影响最小，与图 4.3 的分析一致。根据矢量磁路理论，磁动势一定时，磁通与磁阻抗成反比，即磁感的分布曲线与磁通幅值分布曲线呈相反趋势，在磁感参数较大的位置，磁通幅值较小；在磁感参数较小的位置，磁通幅值较大。再次证明了磁感参数是导致磁通集肤效应现象出现的主要原因，只有改变磁路的磁感参数才能有效改善磁通集肤效应现象。

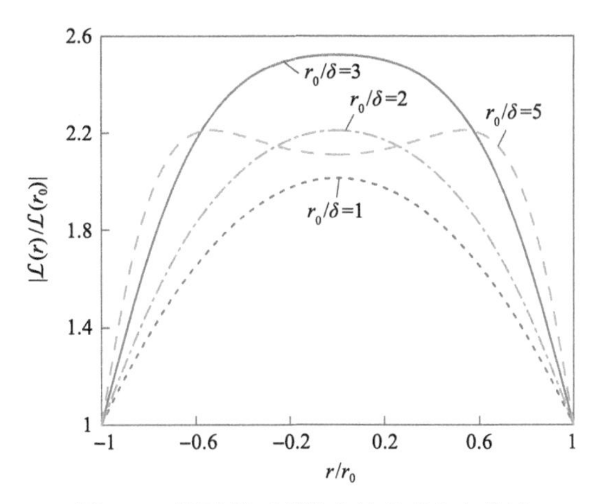

图 4.11　圆形截面磁路内的磁感分布曲线

4.3.3　可呼吸式磁芯设计

磁通集肤效应不仅会影响磁路中磁通的分布，导致磁芯的利用率降低，同时还加剧了磁路的饱和效应。通过降低磁路中等效磁感的幅值或者改变等效磁感的分布，可以减轻磁路中的磁通集肤效应。在当前的工业应用中，主要采用两种不同的方法来减小磁路中的涡流等效磁感[19,20]。第一种方法是通过改变磁性材料的电磁特性，如低电导率材料等，以减小涡流及等效磁感。但电导率低的磁性材料通常饱和磁密低，成本高。另一种方法是通过分割磁路，如沿磁通方向用硅钢片叠制形成磁路，有效地缩短了磁路中感应涡流路径的长度，从而减小了磁路中的涡流及等效磁感。但这种方法多用于电机、电力变压器等频率较低的电磁设备，在几十到几百千赫兹等高频场合并不常见。

由图 4.9 的磁感应强度和图 4.11 的等效磁感的分布曲线，可以观察到在高频激励下，磁芯中心的磁通幅值最小，而磁感值最大。因此，基于磁感参数的分布规律，提出了一种空心磁芯设计方法。具体而言，根据磁通流动路径，在磁芯截面中心做挖空处理，使其形成管道结构，从而形成了一个空心磁芯，如图 4.12 所示。考虑到这种并联气隙的结构能够使得磁芯内部的空气与外部空气充分流通，类似于人的呼吸过程，将这种具有管道结构的磁芯称为“可呼吸式磁芯”。这种设计方法不仅有助于降低磁芯的重量，节省磁芯材料，提高磁芯的利用率，而且为磁芯的通风散热提供了通道。

下面以型号为 EC90 的磁芯为例，给出计算磁芯截面中心开孔尺寸的方法，其流程如图 4.13 所示，具体步骤如下：

(1) 确定磁芯的几何尺寸和电磁参数。对于 EC90 磁芯，其几何尺寸和电磁参数如表 4.2 所示。磁芯的电导率 σ 为 52S/m，磁导率 μ 为 $4\pi\times10^{-3}$H/m。

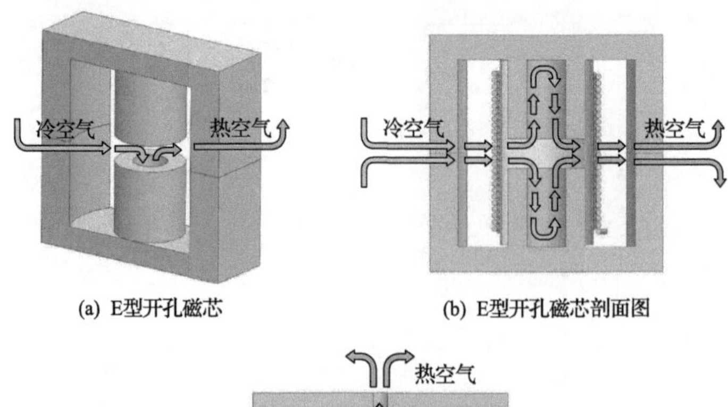

(a) E型开孔磁芯　　(b) E型开孔磁芯剖面图

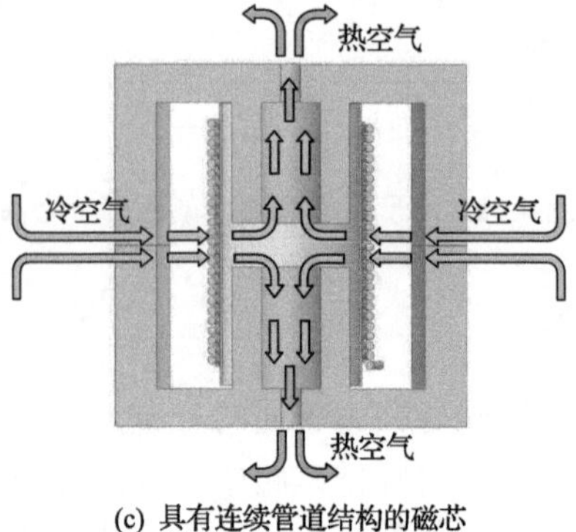

(c) 具有连续管道结构的磁芯

图 4.12　可呼吸式空心磁芯的结构

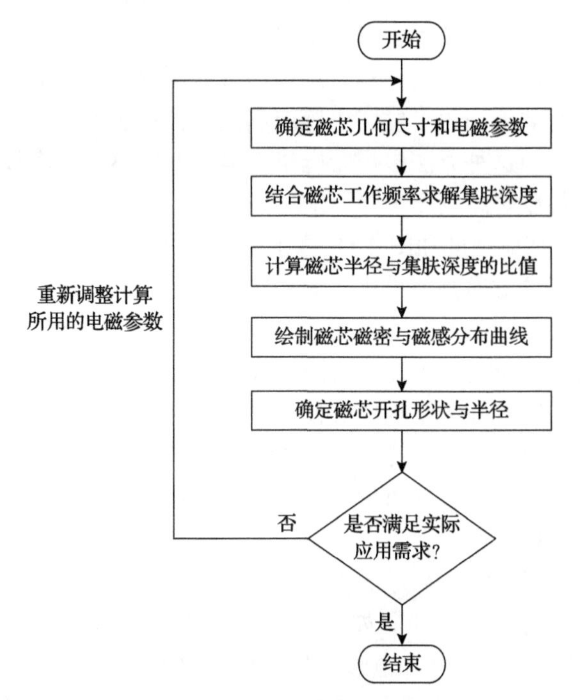

图 4.13　可呼吸式磁芯设计流程图

表 4.2　高频磁芯的电磁参数

结构/部分	参数	数值/类型
磁芯	磁芯型号	EC90
	磁芯材料	NCD HP3
	磁芯电导率	52S/m
	磁芯磁导率	$4\pi\times10^{-3}$H/m
	等效磁路长度	0.32m
	中心圆柱直径	30mm
	饱和磁密	400mT
	测试磁通幅值	0.00018Wb
	测试频率	200Hz～20kHz
一次侧绕组	绕组型号	利兹线 0.1mm/100
	绕组匝数	25
	绕组电阻	0.0717Ω
	高温胶带	聚酰亚胺薄膜 0.05mm
二次侧绕组	绕组型号	漆包铜线 0.47mm
	绕组匝数	25
	绕组电阻	0.275Ω

(2)结合磁芯工作频率求解集肤深度。当磁芯的工作频率为 20kHz 时，根据表 4.2 和式(4.31)，计算得到磁芯的集肤深度 δ 为 4.94mm。

(3)计算磁芯半径与集肤深度的比值。根据表 4.2，磁芯的直径为 30mm，其半径 r_0 与集肤深度 δ 的比值为 $r_0/\delta=3.036$。

(4)绘制磁芯磁密与磁感分布曲线，如图 4.9 和图 4.11 所示。根据磁芯半径 r_0 与集肤深度 δ 的比值，它与图 4.11 中的粗实线曲线 $r_0/\delta=3$ 较为接近。

(5)确定磁芯开孔的形状与半径。考虑到 EC90 磁芯的中心柱为圆形截面，为了较好地验证效果，选择圆形孔作为管道结构的截面。注意图 4.11 中粗实线曲线在 $r/r_0=0.5$ 处其梯度急剧变化，这表明该点对应着磁感参数分布函数的极值点，故选取该点确定开孔尺寸。

4.3.4　可呼吸式磁芯实验验证

为验证可呼吸式磁芯的有效性，制备了三套由 NCD HP3 材料构成的磁芯，即实心磁芯、直径 5mm 孔空心磁芯和直径 15mm 孔空心磁芯，型号为 EC90。这三组磁芯在外形尺寸和电磁参数上完全一致，如图 4.14 所示。

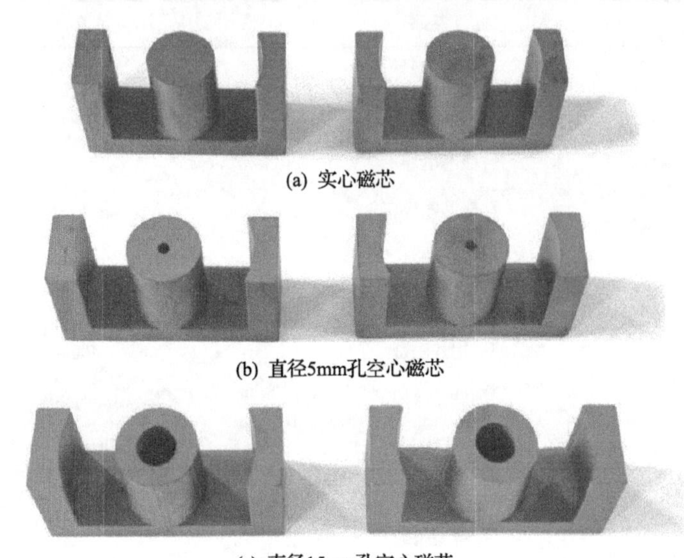

(a) 实心磁芯

(b) 直径5mm孔空心磁芯

(c) 直径15mm孔空心磁芯

图 4.14　三组磁芯实物

一次侧绕组和二次侧绕组均绕制在中柱上，并通过高温绝缘胶布固定。此外，在闭合磁路上设置了三个测温点，用于监测实验中的磁芯温度，以确保每次测试过程中磁芯温度基本恒定，降低误差。闭合磁路的电磁参数和测试工况详见表 4.2。在图 4.14 中，两个相同的磁芯通过相互对接，构成一个闭合的磁路，如图 4.15(a)所示。为了确保在测试中不同磁芯的一次侧绕组和二次侧绕组参数相同，在更换磁芯的过程中保持绕组的布线不变，并按照如图 4.15(b)所示的方法更换被测磁芯，以尽可能减小由实验操作引起的误差。

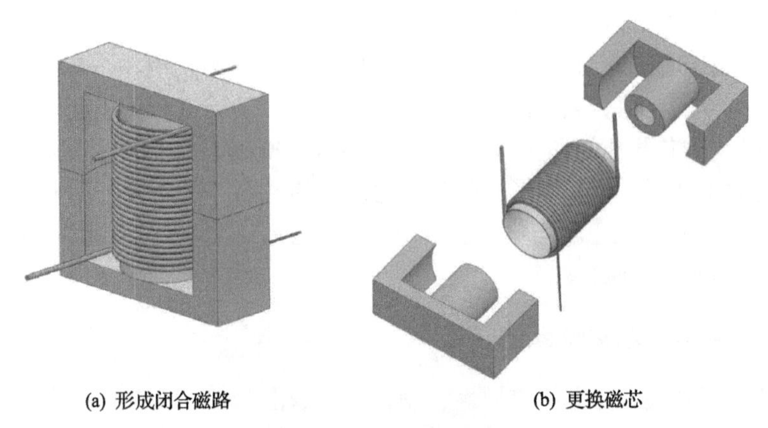

(a) 形成闭合磁路　　(b) 更换磁芯

图 4.15　磁芯替换过程

此外，为了对三组磁芯进行全面测试，围绕图 4.15 中的闭合磁路搭建了一个实验平台，如图 4.16 所示。信号发生器产生频率可调的正弦波，通过功率放大器进行放大，并作用于磁芯的一次侧绕组上，从而在闭合磁路中产生正弦交变磁通。功率分析仪用于实时观察和记录一次侧绕组电压值、电流值，二次侧绕组电压值，磁路的有功功率和无功功率。录波仪搭配电流探头和电压探头分别记录一次侧绕组电压和电流的波形以及二次侧绕组电压的波形。在温度监测仪的监测下，所有实验操作均在室温(约 25℃)下进行。实验过程简要描述如下：在确保磁芯中的三个测试点温度与室温相同的条件下，在一次侧绕组上施加激励，维持磁路中磁通大小约为 0.00018Wb。通过调节信号发生器，逐步将磁路的频率从 200Hz 调至 20kHz。在每一步频率调整的过程中，监测磁芯温度和记录实验所需的各项测试指标。

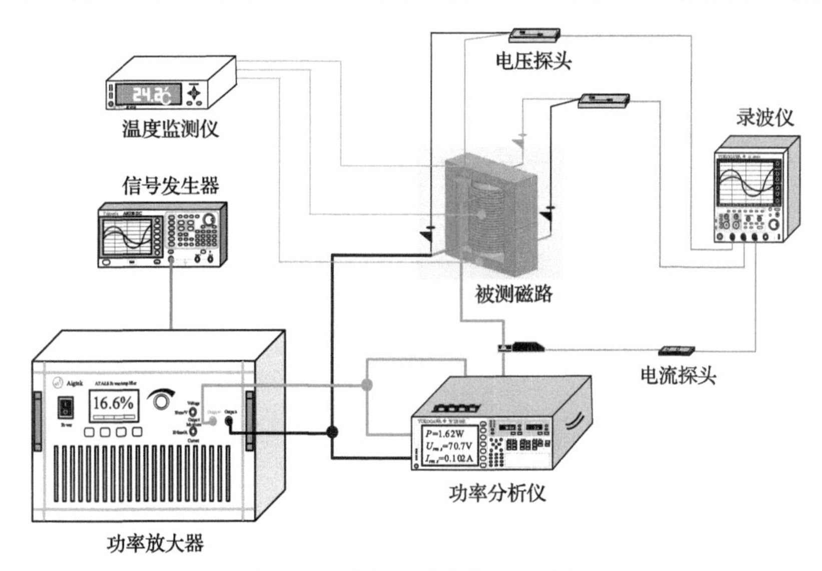

图 4.16　高频磁路参数测量平台

实验结果如图 4.17(a)可见，在较低的频率下，磁通分布较为均匀。然而，由于开孔的磁芯中心存在孔洞，磁芯的有效截面积减小，从而使磁路的等效磁阻增加。因此，在 10kHz 以下的频率范围内，孔径为 15mm 的空心磁芯需要更多的磁动势才能产生与实心磁芯相同大小的磁通。然而，由于磁通集肤效应对磁路参数的影响，实心磁芯的等效磁阻随着磁通频率的增加而上升，磁阻抗也随之增加。与之相比，具有空心结构的磁芯具有一定程度的抑制磁通集肤效应的作用，其磁阻在频率变化时的波动较小。因此，当频率大于 10kHz 时，孔径为 15mm 的空心磁芯在产生相同磁通时所需的磁动势低于实心磁芯所需的磁动势。此外，通过磁感参数的分布曲线可知，相对于实心磁芯，空心磁芯的孔径区域不具备磁感参数，其等效磁感值低于实心磁芯。图 4.17(b)为磁芯有功功率与频率的关系曲线，当磁路频率增大时，空心磁芯的有功功率较实心磁芯显著减小，这说明空心磁芯具有较低的功率损耗。因此，空心磁芯的温升相较于实心磁芯更低。

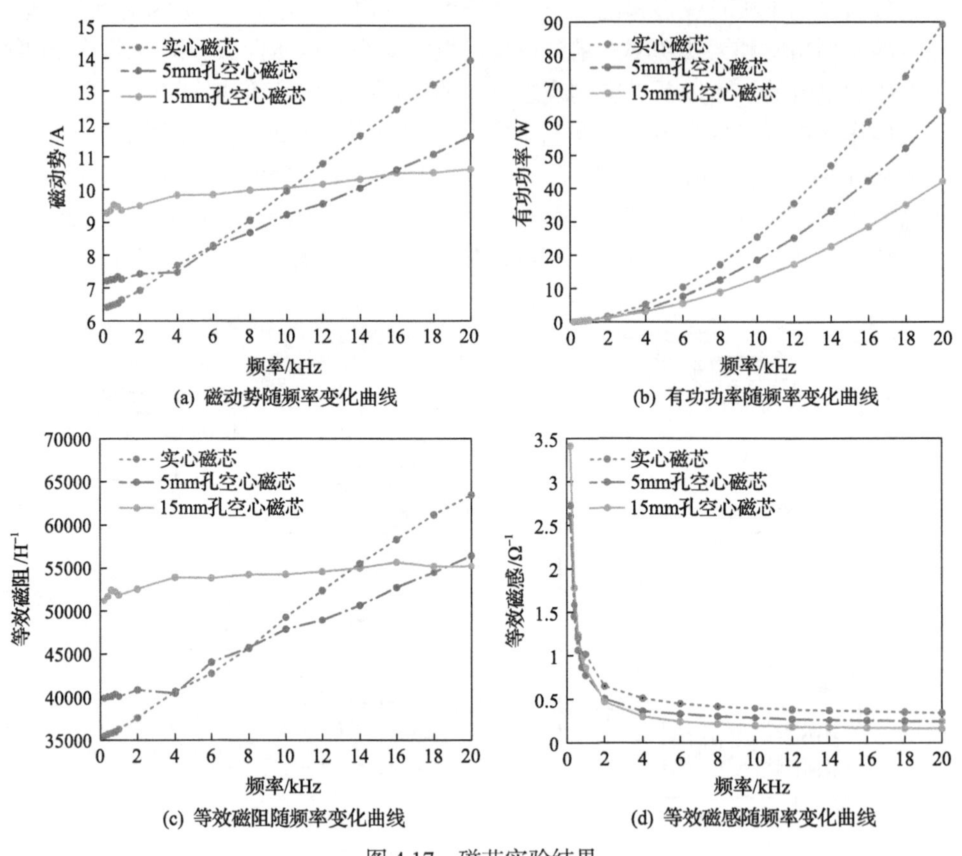

图 4.17　磁芯实验结果

根据基尔霍夫磁路定律和磁电功率定律，可以得到磁芯在不同频率下的等效磁阻和等效磁感随频率变化的曲线，如图 4.17(c) 和 (d) 所示。由图 4.17(c) 可观察到，空心磁芯的等效磁阻曲线较平坦，对频率变化敏感度较低。相反，由于磁通集肤效应的影响，实心磁芯的等效磁阻值随频率增加而快速上升。在图 4.17(d) 中，所有磁芯的等效磁感随着频率的升高而下降。这一现象是由于磁芯中感应电流的集肤效应导致等效磁感值的减小。然而，与实心磁芯相比，空心磁芯的等效磁感值相对较低，说明磁芯开孔可以有效降低磁芯的等效磁感参数。

在测试过程中，通过热电偶实时监测了三组磁芯中柱的最高温度，如图 4.18(a) 所示。结果表明，实心磁芯的温度最高，其次是 5mm 孔空心磁芯，而 15mm 孔空心磁芯所记录的温度最低。这一观察结果与图 4.17(b) 的有功功率一致，进一步验证了理论计算结果的准确性。磁芯质量的测量结果如图 4.18(b)所示，实心磁芯、5mm 孔和 15mm 孔的空心磁芯的质量分别为 740g、723g 和 679.5g，15mm 孔的空心磁芯节省了最多 8.18%的质量，为磁性元件的轻量化提供了有力的支持。这些实验数据为磁芯设计和性能优化提供了有益的参考，为未来磁性元件研究奠定了基础。

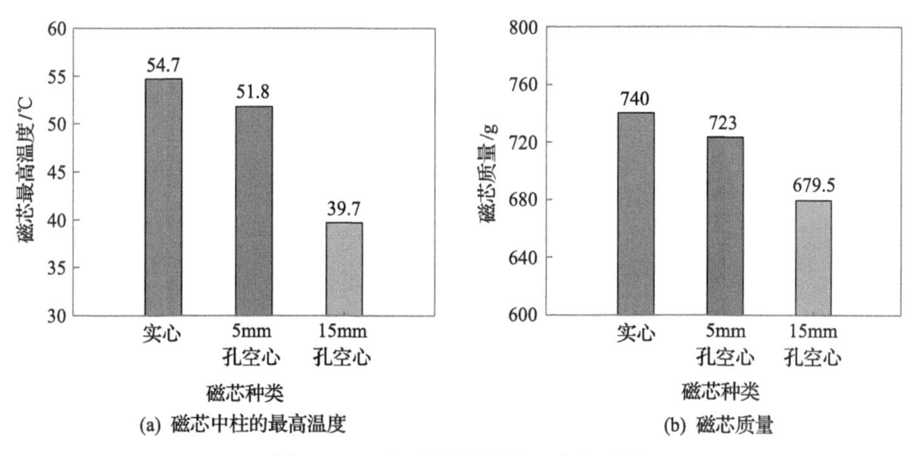

图 4.18　三组磁芯的最高温度与质量

随着电力电子学的快速发展，尤其是宽禁带功率电子器件的普及和应用，磁芯的磁通频率呈不断增加的趋势[21]，磁通集肤效应将会变得更加显著。理论上来说，本节提出的高频磁芯设计方法适用于各种形状的实心磁芯。但需要强调的是，磁芯的开孔尺寸必须结合实际工作频率和磁芯自身特性参数进行仔细计算，合理选择。过大的开孔可能会导致磁芯饱和加剧，进而对整个电力电子系统产生负面影响。

参 考 文 献

[1] Wheeler H A. Formulas for the skin effect[J]. Proceedings of the IRE, 1942, 30(9): 412-424.

[2] Lamb H. On electrical motions in a spherical conductor[J]. Philosophical Transactions of the Royal Society of London, 1883, 174: 519-549.

[3] Donaghy-Spargo C. On Heaviside's contributions to transmission line theory: Waves, diffusion and energy flux[J]. Philosophical Transactions of the Royal Society A: Mathematical, Physical and Engineering Sciences, 2018, 376(2134): 20170457.

[4] 冯慈璋, 马西奎. 工程电磁场导论[M]. 北京: 高等教育出版社, 2000.

[5] 倪光正. 工程电磁场原理[M]. 北京: 高等教育出版社, 2002.

[6] Kazimierczuk M. High-frequency Magnetic Components[M]. 2nd ed. New York: Wiley, 2013.

[7] Stoll R L. The Analysis of Eddy Currents[M]. Oxford: Oxford University Press, 1974.

[8] Lammeraner J, Stafl M, Toombs G A. Eddy Currents[M]. London: Iliffe Books Ltd., 1966.

[9] Monteiro J H A, Costa E C M, Pinto A J G, et al. Simplified skin-effect formulation for power transmission lines[J]. IET Science, Measurement & Technology, 2014, 8(2): 47-53.

[10] 倪筹帷. 多导体段的电感参数计算方法[D]. 北京: 华北电力大学, 2019.

[11] Hui S Y R, Zhu J G, Ramsden V S. A generalized dynamic circuit model of magnetic cores for low- and high-frequency applications. II. Circuit model formulation and implementation[J]. IEEE Transactions on Power Electronics, 1996, 11(2): 251-259.

[12] Grandi G, Massarini A, Reggiani U, et al. Laminated iron-core inductor model for time-domain analysis[C]. IEEE International Conference on Power Electronics and Drive Systems, Denpasar, 2001: 680-686.

[13] Qin W, Cheng M, Wang Z, et al. Vector magnetic circuit analysis of silicon steel sheet parameters under different frequencies for electrical machines[J]. IET Electric Power Applications, 2024, 18(9): 981-994.

[14] 廖绍彬. 铁磁学: 下册[M]. 北京: 科学出版社, 1988.

[15] Liu X K, Grassi F, Spadacini G, et al. Behavioral modeling of complex magnetic permeability with high-order debye model and equivalent circuits[J]. IEEE Transactions on Electromagnetic Compatibility, 2021, 63(3): 730-738.

[16] Cheng M, Qin W, Zhu X K, et al. High-performance breathable magnetic core for high-frequency power electronic systems[J]. Fundmental Research, 2024, DOI: 10.1016/j.fmre.2024.08.008.

[17] Ulaby F T, Ravaioli U. Fundamentals of Applied Electromagnetics[M]. 7th ed. Hoboken: Pearson Education, 2014.

[18] Qin W, Cheng M, Zhu X K, et al. Electromagnetic induction with time-varying magductance under constant magnetic field[J]. AIP Advances, 2024, 14(2): 025115.

[19] Beckley P. Electrical Steels for Rotating Machines[M]. London: Institution of Electrical Engineers, 2002.

[20] Tumański S. Handbook of Magnetic Measurements[M]. Boca Raton: CRC Press, 2011.

[21] Holmes D G, Lipo T A. Pulse Width Modulation for Power Converters[M]. New York: Wiley, 2023.

第 5 章　矢量磁路参数的计算方法

5.1　概　　述

磁路的主要目的是容纳磁通并创建可预测、轮廓分明的磁通路径[1]。目前，构成磁路的基本材料主要有三类[2]：金属散件(片、带)、粉末材料、铁氧体。通常，金属散件采用硅钢片材料，通过冲压成叠片，然后切成长条，按照磁通方向叠制成磁芯。粉末磁芯，如钼坡莫合金粉末磁芯、铁粉末磁芯，被模压成各式各样的磁芯。铁氧体一般是指铁族和其他一种或多种适当的金属的复合氧化物，通常基于磁芯所需的磁导率来选择和配制。铁氧体几乎可以被加工成任何形状，以满足不同应用的需要。

根据矢量磁路理论，一般磁路都可以通过磁阻、磁感和磁容三个基本参数进行建模。然而，由于磁通集肤效应的存在，随着磁路交变频率的增加，这些磁路参数不仅影响磁量的幅值，还影响磁量的相位，甚至影响磁路的功率。因此，对于已知几何尺寸的磁路，如硅钢片磁路、圆形截面磁路、矩形截面磁路等，如何计算磁路的磁阻、磁感和磁容参数，则是本章需要解决的问题。

5.2　硅钢片磁路参数的计算

硅钢片具有百余年的发展历史，是电机、变压器和各种电磁设备制造中最为关键的金属材料之一[3]。由于其磁导率比空气高出几千到几万倍，硅钢片常被用于构建电磁设备中的闭合磁路，以将磁场能量集中在磁路中。

在早期，由于便利性和易得性，磁路主要采用实心的铸铁和热轧铁。然而，实心磁路具有较大的涡流效应，在电磁设备中会产生严重的涡流损耗，导致大量热量产生，极大地影响了电磁设备的运行特性。为提高电磁设备中磁路的性能，采用了一系列改进技术，最终演变成目前主流的硅钢片形式，被广泛应用于各种电磁设备中，如图 5.1 所示。

在不考虑磁路中漏磁和磁滞效应的前提下，对于多个硅钢片沿磁通方向叠制的磁芯，相当于多个磁路的并联，可以得到图 5.1(a)的等效磁路如图 5.1(b)所示。其中，$\Phi_1(t),\Phi_2(t),\cdots,\Phi_n(t)$ 为流经每个硅钢片的磁通，$\mathcal{R}_1,\mathcal{R}_2,\cdots,\mathcal{R}_n$ 为每个硅钢片的等效磁阻，$\mathcal{L}_1,\mathcal{L}_2,\cdots,\mathcal{L}_n$ 为每个硅钢片的等效磁感，n 为层叠磁芯中硅钢片的数目。

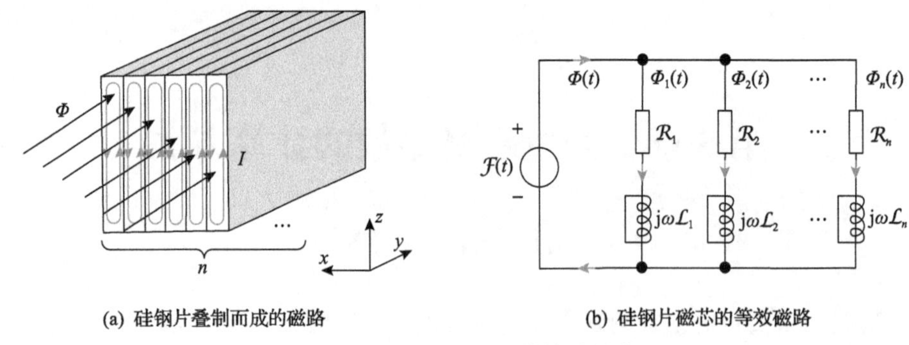

(a) 硅钢片叠制而成的磁路　　(b) 硅钢片磁芯的等效磁路

图 5.1　硅钢片磁芯及其等效磁路

根据第 4 章的磁通集肤效应，随着磁路交变频率的增加，硅钢片内部的磁通幅值和相位在空间上呈现出不均匀分布的趋势，这种变化会导致其等效磁路参数发生变化。在正弦激励条件下，本节将结合电磁场理论和电路理论，推导硅钢片磁路参数的表达式，并探究其变化规律。

硅钢片的三维模型如图 5.2 所示，以硅钢片截面的中心为原点 O 建立三维坐标系[1]。图 5.2 中，硅钢片的厚度、长度和宽度分别为 a、b 和 h；硅钢片的电导率为 σ，磁导率为 μ。在不考虑磁路漏磁与磁滞效应的前提下，对于理想的硅钢片磁路，由集肤深度 δ 的表达式(4.31)可得[4]

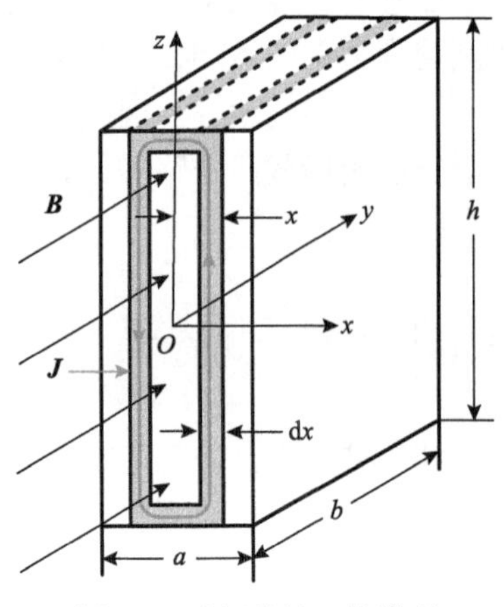

图 5.2　硅钢片的三维模型

$$\delta = \sqrt{\frac{2}{\omega\mu\sigma}} = \sqrt{\frac{1}{\pi f\mu\sigma}} \tag{5.1}$$

式中，ω 为磁源的角频率；f 为磁源的频率。根据式(5.1)，硅钢片磁路中磁通有两种可能的分布情况：磁通均匀分布(低频情况，$\delta \geqslant a/2$)或磁通不均匀分布(高频情况，$\delta < a/2$)。因此，本节将基于矢量磁路理论，结合电路理论和电磁场理论，分别推导磁路中磁通均匀分布和磁通不均匀分布情况下的磁路参数。

5.2.1　磁通均匀分布时的磁路参数

假设施加在硅钢片磁路上的磁动势源 $\mathcal{F}(t)$ 的表达式为

$$\mathcal{F}(t) = \mathcal{F}_{\mathrm{m}} \sin(\omega t) \tag{5.2}$$

式中，$\mathcal{F}_{\mathrm{m}}$ 为磁动势源的幅值。

根据基尔霍夫磁动势定律(3.35)，磁通 $\Phi(t)$ 的表达式为

$$\Phi(t)=\Phi_{\mathrm{m}}\sin(\omega t-\theta)=haB_{\mathrm{m}}\sin(\omega t-\theta) \tag{5.3}$$

式中，Φ_{m} 为磁通的幅值；B_{m} 为磁感应强度的幅值；θ 为磁路的磁阻抗角。

当磁源的角频率较低时，$\delta \geqslant a/2$，硅钢片中的磁通均匀分布，由磁阻参数 $\mathcal{R}$ 的计算公式(2.4)可知

$$\mathcal{R}=\frac{b}{\mu ah} \tag{5.4}$$

求解磁感参数的方法主要有两种：其一是基于磁感的定义式(2.10)来计算磁感的分布参数；其二是基于磁电功率定律(3.54)来求解磁感的等效集总参数。这里，选择采用磁电功率定律来求解磁感的等效集总参数。

沿着硅钢片厚度的方向，即 x 轴正方向，取微分单元 $\mathrm{d}x$，形成环形回路，如图 5.2 所示。根据法拉第电磁感应定律[5]，环形回路上的感应电压 $e(t)$ 可表示为

$$e(t)=-\frac{\mathrm{d}\Phi(t)}{\mathrm{d}t}=-\frac{\mathrm{d}(2hxB)}{\mathrm{d}t}=-2hx\omega B_{\mathrm{m}}\cos(\omega t-\theta)=-E_{\mathrm{m}}\cos(\omega t-\theta) \tag{5.5}$$

式中，E_{m} 为感应电压的幅值，其表达式为

$$E_{\mathrm{m}}=2hx\omega B_{\mathrm{m}} \tag{5.6}$$

由于硅钢片的厚度 a 远远小于其宽度 h，可以忽略图 5.2 中环形回路沿 x 轴的电阻，只考虑沿 z 轴方向的电阻。假设环形回路中感应电流分布均匀，根据电阻的定义[6]，环形回路的电阻 $\mathrm{d}r$ 可以近似表示为

$$\mathrm{d}r\approx\frac{2h}{\sigma b\mathrm{d}x} \tag{5.7}$$

根据焦耳定律[1]，环形回路的有功功率 $\mathrm{d}P$ 可以表示为

$$\mathrm{d}P=\frac{E_{\mathrm{m}}^2}{2\mathrm{d}r}=\omega^2B_{\mathrm{m}}^2\sigma bhx^2\mathrm{d}x \tag{5.8}$$

对式(5.8)积分，可得整个硅钢片上的有功损耗 P 为

$$P=\int_0^{\frac{a}{2}}\mathrm{d}P=\int_0^{\frac{a}{2}}\omega^2B_{\mathrm{m}}^2\sigma bhx^2\mathrm{d}x=\frac{\omega^2B_{\mathrm{m}}^2\sigma bha^3}{24} \tag{5.9}$$

考虑磁路中仅有涡流损耗，由磁电功率定律(3.54)可知：

$$P = \frac{\omega(\omega\mathcal{L})\Phi_{\mathrm{m}}^2}{2} \tag{5.10}$$

联立式(5.9)和式(5.10)，即可得到硅钢片磁感参数 $\mathcal{L}$ 的表达式为

$$\mathcal{L} = \frac{\sigma ab}{12h} \tag{5.11}$$

根据楞次定律，每个硅钢片中都会产生感应电流(涡流)，以抵制交变磁通的变化。假设施加在每个硅钢片的磁动势 $\mathcal{F}(t)$ 相同，则每个硅钢片中的磁通大小由其磁阻和磁感共同决定。如图 5.1 所示，假设层叠磁芯中每个硅钢片的磁路参数完全相同，可以得到

$$\mathcal{R}_1 = \mathcal{R}_2 = \cdots = \mathcal{R}_n \tag{5.12}$$

$$\mathcal{L}_1 = \mathcal{L}_2 = \cdots = \mathcal{L}_n \tag{5.13}$$

假设硅钢片之间相互绝缘且不相互影响，利用矢量磁路理论的戴维南定理和诺顿定理，可将其等效为戴维南等效磁路或诺顿等效磁路，如图 5.3 所示。其中，$\mathcal{R}_{\mathrm{eq}}$ 为层叠磁芯的等效磁阻，$\mathcal{L}_{\mathrm{eq}}$ 为层叠磁芯的等效磁感。

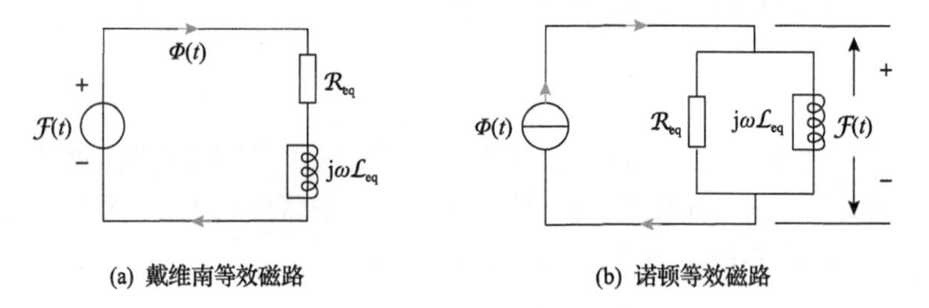

图 5.3　层叠磁芯的等效磁路

在图 5.3(a)中，由基尔霍夫磁动势定律可知

$$\frac{\mathcal{F}(t)}{\mathcal{R}_{\mathrm{eq}} + \mathrm{j}\omega\mathcal{L}_{\mathrm{eq}}} = \frac{\mathcal{F}(t)}{\mathcal{R}_1 + \mathrm{j}\omega\mathcal{L}_1} + \cdots + \frac{\mathcal{F}(t)}{\mathcal{R}_n + \mathrm{j}\omega\mathcal{L}_n} = \frac{n\mathcal{F}(t)}{\mathcal{R}_n + \mathrm{j}\omega\mathcal{L}_n} \tag{5.14}$$

将式(5.12)和式(5.13)代入式(5.14)，可得

$$\mathcal{R}_{\mathrm{eq}} = \frac{\mathcal{R}_n}{n} \tag{5.15}$$

$$\mathcal{L}_{\mathrm{eq}} = \frac{\mathcal{L}_n}{n} \tag{5.16}$$

将式(5.4)代入式(5.15)，可得磁通分布均匀时层叠磁芯的等效磁阻表达式为

$$\mathcal{R}_{\text{eq}} = \frac{b}{\mu nah} \tag{5.17}$$

将式(5.11)代入式(5.16)，可得磁通分布均匀时层叠磁芯的等效磁感表达式为

$$\mathcal{L}_{\text{eq}} = \frac{\sigma ab}{12nh} \tag{5.18}$$

5.2.2　磁通不均匀分布时的磁路参数

随着硅钢片中磁通频率 f 的增加，磁感对磁通的阻碍作用逐渐增强，磁抗值越来越大。当频率达到一定程度时，可能导致

$$\delta = \sqrt{\frac{2}{\omega\mu\sigma}} < \frac{a}{2} \tag{5.19}$$

即硅钢片内磁通出现分布不均匀的现象。在这种情况下，将采用电磁场理论和矢量磁路理论相结合的方法，共同对磁路的参数进行推导。

在工程应用中，电磁设备的分析与计算通常属于准静态电磁场的范畴。在这种情况下，电磁设备中的位移电流密度 $\boldsymbol{D}$ 明显小于传导电流密度 $\boldsymbol{J}$[4]，因此可以忽略位移电流所带来的影响，即$\partial\boldsymbol{D}/\partial t = 0$。此时，硅钢片的磁场强度 $\boldsymbol{H}$ 可以通过准静态电场下的麦克斯韦方程来描述[7]，即

$$\nabla \times \boldsymbol{H} = \boldsymbol{J} \tag{5.20}$$

式中，$\boldsymbol{H}$ 为硅钢片的磁场强度；$\boldsymbol{J}$ 为硅钢片中的传导电流密度。对式(5.20)两端取旋度，可得

$$\nabla \times \nabla \times \boldsymbol{H} = \nabla(\nabla \cdot \boldsymbol{H}) - \nabla^2 \boldsymbol{H} = \nabla \times \boldsymbol{J} \tag{5.21}$$

由媒介构成方程(3.9)可知：

$$\begin{cases} \boldsymbol{J} = \sigma \boldsymbol{E} \\ \boldsymbol{B} = \mu \boldsymbol{H} \end{cases} \tag{5.22}$$

将式(5.22)代入式(5.21)，可得 Helmholtz 方程如下：

$$\nabla^2 \boldsymbol{H} - \mu\sigma \frac{\partial \boldsymbol{H}}{\partial t} = 0 \tag{5.23}$$

如图 5.2 所示，硅钢片磁场强度 $\boldsymbol{H}$ 仅包含 y 轴的分量，其被描述为关于 x 轴的单一变量空间函数，并随时间呈正弦变化。由于硅钢片的厚度 a 远小于其宽度 h，感应电流密度 $\boldsymbol{J}$ 仅有 z 轴分量[8]。对于随时间正弦变化的场量，可以用 $\mathrm{j}\omega$ 代替$\partial/\partial t$[9]。因此，式(5.23)可以变换为

$$\frac{\mathrm{d}^2 H_y(x)}{\mathrm{d}x^2}=\mathrm{j}\omega\mu\sigma H_y(x)=\alpha^2 H_y(x) \tag{5.24}$$

式中，变量α的表达式为

$$\alpha=\sqrt{\mathrm{j}\omega\mu\sigma}=\frac{1+\mathrm{j}}{\delta} \tag{5.25}$$

可以得出式(5.24)的通解为

$$H_y(x)=H_1\mathrm{e}^{\alpha x}+H_2\mathrm{e}^{-\alpha x} \tag{5.26}$$

由磁场强度分布 $H_y(x)$ 的对称性可知：

$$H_y\left(\frac{a}{2}\right)=H_y\left(-\frac{a}{2}\right) \tag{5.27}$$

将式(5.27)代入式(5.26)，可得

$$H_1=H_2 \tag{5.28}$$

将式(5.28)代入式(5.26)，可得

$$H_y(x)=2H_1\frac{\mathrm{e}^{\alpha x}+\mathrm{e}^{-\alpha x}}{2}=2H_1\cosh(\alpha x) \tag{5.29}$$

由于磁场强度在硅钢片边缘处取得最大值，即 $x=a/2$，有

$$H_y\left(\frac{a}{2}\right)=H_\mathrm{m}=2H_1\cosh\left(\alpha\frac{a}{2}\right) \tag{5.30}$$

式中，H_m 为磁场强度的最大值。将式(5.30)代入式(5.29)，可得

$$H_y(x)=H_\mathrm{m}\frac{\cosh(\alpha x)}{\cosh\left(\alpha\frac{a}{2}\right)}=H_\mathrm{m}\frac{\cosh\left(\frac{x}{\delta}+\mathrm{j}\frac{x}{\delta}\right)}{\cosh\left(\frac{a}{2\delta}+\mathrm{j}\frac{a}{2\delta}\right)} \tag{5.31}$$

进一步，可以得到磁感应强度幅值$\left|H_y(x)\right|$的表达式为

$$\left|H_y(x)\right| = H_{\mathrm{m}}\sqrt{\frac{\cosh\left(\dfrac{2x}{\delta}\right)+\cos\left(\dfrac{2x}{\delta}\right)}{\cosh\left(\dfrac{a}{\delta}\right)+\cos\left(\dfrac{a}{\delta}\right)}} \tag{5.32}$$

将式(5.31)代入式(5.20)，可以得到硅钢片中感应电流密度$J_z(x)$的表达式为

$$J_z(x) = -\frac{\mathrm{d}H_y(x)}{\mathrm{d}x} = -\alpha H_{\mathrm{m}}\frac{\sinh(\alpha x)}{\cosh\left(\alpha\dfrac{a}{2}\right)} = -H_{\mathrm{m}}\left(\frac{1+\mathrm{j}}{\delta}\right)\frac{\sinh\left((1+\mathrm{j})\dfrac{x}{\delta}\right)}{\cosh\left((1+\mathrm{j})\dfrac{a}{2\delta}\right)} \tag{5.33}$$

进一步，可以得到感应电流密度幅值$\left|J_z(x)\right|$的表达式为

$$\left|J_z(x)\right| = \frac{H_{\mathrm{m}}}{\delta}\sqrt{\frac{2\left(\cosh\left(\dfrac{2x}{\delta}\right)-\cos\left(\dfrac{2x}{\delta}\right)\right)}{\cosh\left(\dfrac{a}{\delta}\right)+\cos\left(\dfrac{a}{\delta}\right)}} \tag{5.34}$$

设硅钢片边缘处的磁动势为参考点，根据式(5.31)和式(5.32)，在不同的a/δ值下，可以绘制出$\left|H_y(x)/H_{\mathrm{m}}\right|$关于$x/a$在硅钢片中的幅值分布及相位分布，如图 5.4 所示。在图 5.4(a)中，随着频率的逐渐增加，硅钢片中的磁场强度分布变得越来越不均匀。具体表现为中间磁场强度较小，而边缘磁场强度较大，即出现了磁通的集肤效应现象。相应地，在图 5.4(b)中，相较于参考点，中间的相位角偏移较大，而边缘的相位角趋近于零。磁场强度的相位角也随着频率增加呈现出越来越

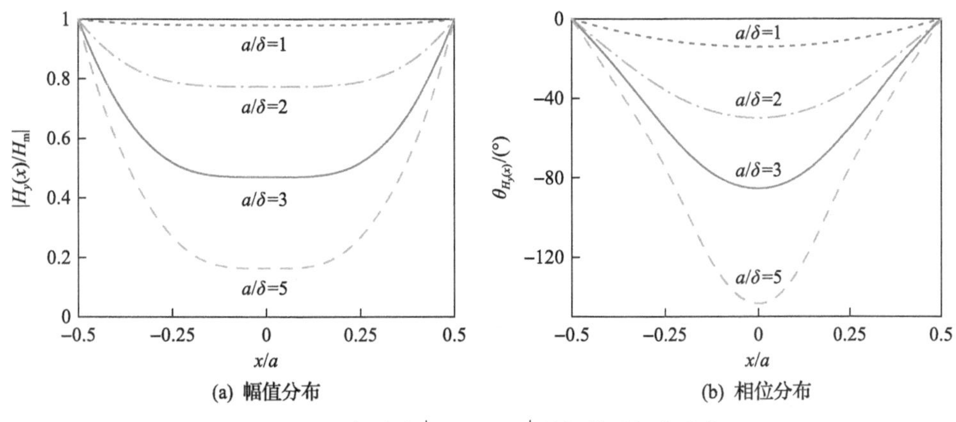

图 5.4　硅钢片中$\left|H_y(x)/H_{\mathrm{m}}\right|$的幅值及相位分布

不均匀的趋势，这表明磁通集肤效应不仅影响磁场强度的幅值分布，还影响其相位分布。

考虑到磁路频率固定时集肤深度 δ 为一个常数，根据式(5.33)和式(5.34)，在不同的 a/δ 值下，可以绘制出 $\left|\delta J_z(x)/H_{\mathrm{m}}\right|$ 关于 x/a 在硅钢片中的幅值分布及相位分布，如图 5.5 所示。随着频率的增加，感应电流密度表现出逐渐趋向非线性的趋势，出现了中间感应电流密度较小、边缘感应电流密度较大的情况，即感应电流的集肤效应，如图 5.5(a)所示。同时，感应电流密度的相位随频率增加而变得越来越非线性。例如，在硅钢片中间区域，随着频率的增加，相角从 0°变化到了−240°，如图 5.5(b)所示。

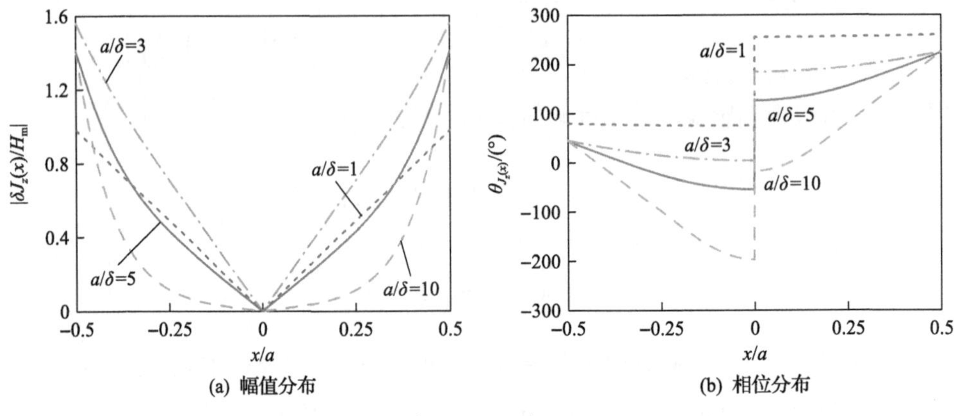

(a) 幅值分布 (b) 相位分布

图 5.5 硅钢片中 $\left|\delta J_z(x)/H_{\mathrm{m}}\right|$ 的幅值及相位分布

通过对比图 5.4 和图 5.5 可知，硅钢片中磁通集肤效应与感应电流集肤效应相互依存、相互耦合、相互影响。需要说明的是，由于矢量磁路理论主要关注各个磁路变量的变化，所以在考虑磁通的集肤效应时，会忽略感应电流的集肤效应对电路参数带来的影响。

根据安培环路定律[1]和式(5.30)，可得施加在硅钢片上的磁动势的表达式为

$$\mathcal{F} = H_{\mathrm{m}} b = 2bH_1 \cosh\left(\alpha \frac{a}{2}\right) \tag{5.35}$$

根据磁通的定义，通过硅钢片磁通的表达式为

$$\Phi_y = \iint_S B_y(x)\mathrm{d}S = \int_0^h \mathrm{d}z \int_{-\frac{a}{2}}^{\frac{a}{2}} \mu H_y(x)\mathrm{d}x = \frac{2\mu h H_{\mathrm{m}}}{\alpha} \tanh\left(\alpha \frac{a}{2}\right) \tag{5.36}$$

由双曲正切函数的特性可知：

$$\tanh((1+\mathrm{j})x)=\frac{\sinh(2x)-\mathrm{j}\sin(2x)}{\cosh(2x)+\cos(2x)} \tag{5.37}$$

将式(5.37)代入式(5.36)，可得

$$\varPhi_y=\frac{2\mu hH_{\mathrm{m}}\delta}{1+\mathrm{j}}\frac{\sinh\left(\dfrac{a}{\delta}\right)-\mathrm{j}\sin\left(\dfrac{a}{\delta}\right)}{\cosh\left(\dfrac{a}{\delta}\right)+\cos\left(\dfrac{a}{\delta}\right)} \tag{5.38}$$

结合式(5.35)和式(5.38)，利用基尔霍夫磁动势定律，可得

$$\begin{aligned}\mathcal{Z}&=\frac{\mathcal{F}}{\varPhi_y}=\frac{H_{\mathrm{m}}b}{\dfrac{2\mu hH_{\mathrm{m}}}{\alpha}\tanh\left(\alpha\dfrac{a}{2}\right)}\\&=\frac{b}{2\mu h\delta}\left(\frac{\sinh\left(\dfrac{a}{\delta}\right)+\sin\left(\dfrac{a}{\delta}\right)}{\cosh\left(\dfrac{a}{\delta}\right)-\cos\left(\dfrac{a}{\delta}\right)}+\mathrm{j}\frac{\sinh\left(\dfrac{a}{\delta}\right)-\sin\left(\dfrac{a}{\delta}\right)}{\cosh\left(\dfrac{a}{\delta}\right)-\cos\left(\dfrac{a}{\delta}\right)}\right)\end{aligned} \tag{5.39}$$

根据式(5.39)，硅钢片磁阻 $\mathcal{R}$ 的表达式为

$$\mathcal{R}=\frac{b}{2\mu h\delta}\frac{\sinh\left(\dfrac{a}{\delta}\right)+\sin\left(\dfrac{a}{\delta}\right)}{\cosh\left(\dfrac{a}{\delta}\right)-\cos\left(\dfrac{a}{\delta}\right)} \tag{5.40}$$

硅钢片磁感抗 $\mathcal{X}_{\mathcal{L}}$ 的表达式为

$$\mathcal{X}_{\mathcal{L}}=\frac{b}{2\mu h\delta}\frac{\sinh\left(\dfrac{a}{\delta}\right)-\sin\left(\dfrac{a}{\delta}\right)}{\cosh\left(\dfrac{a}{\delta}\right)-\cos\left(\dfrac{a}{\delta}\right)} \tag{5.41}$$

进而，硅钢片磁感 $\mathcal{L}$ 的表达式为

$$\mathcal{L}=\frac{\mathcal{X}_{\mathcal{L}}}{\omega}=\frac{\sigma b\delta}{4h}\frac{\sinh\left(\dfrac{a}{\delta}\right)-\sin\left(\dfrac{a}{\delta}\right)}{\cosh\left(\dfrac{a}{\delta}\right)-\cos\left(\dfrac{a}{\delta}\right)} \tag{5.42}$$

将式(5.40)代入式(5.15)，可以得到层叠磁芯等效磁阻 $\mathcal{R}_{\mathrm{eq}}$ 的表达式为

$$\mathcal{R}_{\text{eq}} = \frac{b}{2\mu nh\delta} \frac{\sinh\left(\dfrac{a}{\delta}\right) + \sin\left(\dfrac{a}{\delta}\right)}{\cosh\left(\dfrac{a}{\delta}\right) - \cos\left(\dfrac{a}{\delta}\right)} \tag{5.43}$$

将式(5.42)代入式(5.16)，可以得到层叠磁芯等效磁感 $\mathcal{L}_{\text{eq}}$ 的表达式为

$$\mathcal{L}_{\text{eq}} = \frac{\sigma b\delta}{4nh} \frac{\sinh\left(\dfrac{a}{\delta}\right) - \sin\left(\dfrac{a}{\delta}\right)}{\cosh\left(\dfrac{a}{\delta}\right) - \cos\left(\dfrac{a}{\delta}\right)} \tag{5.44}$$

根据式(5.39)～式(5.41)，可绘制出硅钢片磁路参数随 a/δ 的变化曲线，如图 5.6 所示。需要说明的是，为了凸显曲线的变化趋势，使用低频磁通下的磁阻 $\mathcal{R}$(式(5.4))对磁阻、磁感抗和磁阻抗的曲线进行了归一化处理，如图 5.6 中纵坐标所示。当硅钢片的厚度 a 固定时，随着磁路频率 f 的提高，集肤深度 δ 逐渐减小，因此 a/δ 的比值逐渐增大。

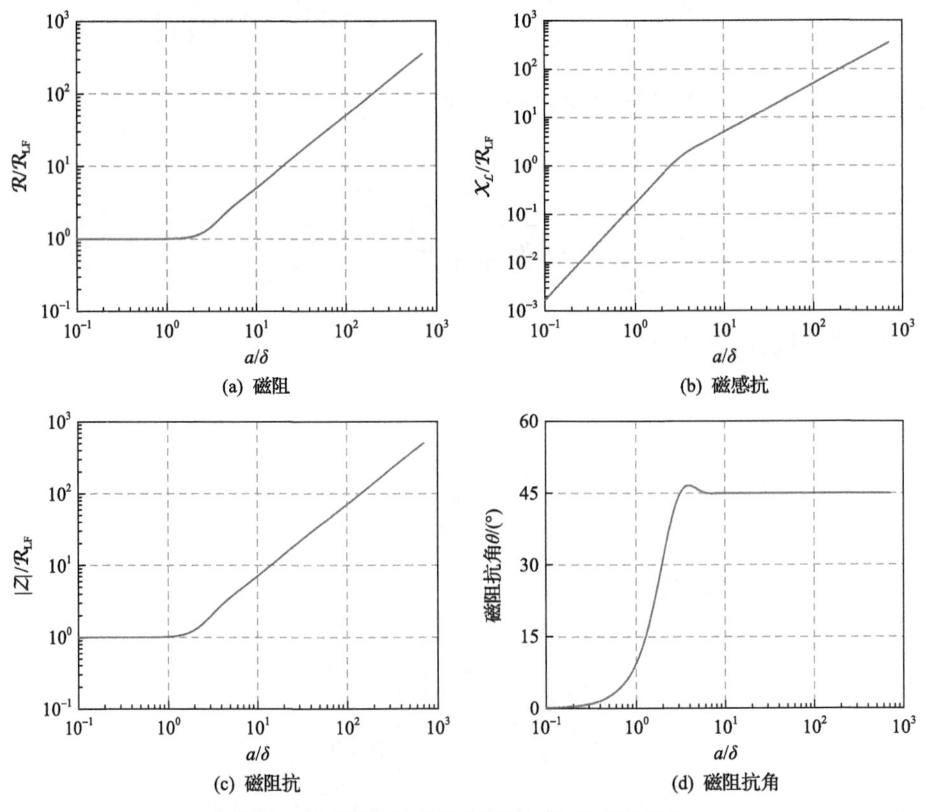

图 5.6　硅钢片的磁路参数随 a/δ 的变化趋势

(1) 在 $10^{-1} \leqslant a/\delta < 10^{0}$ 的范围内，磁通的集肤效应相对较弱，在这种情况下，硅钢片内的磁通分布趋于均匀。在磁路中，磁阻主要起到阻碍的作用，由于磁通分布均匀，硅钢片的磁阻值基本保持不变，如图 5.6(a) 所示。磁感抗值随着频率的增加而上升，但远远小于磁阻值，如图 5.6(b) 所示。根据磁阻抗的定义，可知：

$$\mathcal{Z} = \sqrt{\mathcal{R}^2 + \mathcal{X}_{\mathcal{L}}^2} \tag{5.45}$$

考虑到磁感抗值相对较小，硅钢片的磁阻抗主要受磁阻的影响。由于磁阻值基本保持不变，磁阻抗值也基本保持不变，如图 5.6(c) 所示。根据磁阻抗角的定义，可知：

$$\theta = \arctan\left(\frac{\mathcal{X}_{\mathcal{L}}}{\mathcal{R}}\right) \tag{5.46}$$

在这个范围内，磁感抗值相对较小，而磁阻值相对较大。因此，磁阻抗角在这个范围内由 0°逐渐变化到 10°，如图 5.6(d) 所示，这说明磁阻抗角受到磁通集肤效应的影响相对较小。

(2) 在 $10^{0} \leqslant a/\delta < 10^{1}$ 范围内，磁通集肤效应现象明显，导致磁通通过硅钢片的有效截面减小，进而引起磁阻随频率快速上升，如图 5.6(a) 所示。此时，磁感产生的磁感抗与磁阻相当，如图 5.6(b) 所示，硅钢片中的磁通幅值和相位由磁阻参数和磁感参数共同决定。由于磁阻和磁抗均增加，由式 (5.45) 可知，硅钢片的磁阻抗在 $10^{0} \leqslant a/\delta < 10^{1}$ 范围内迅速增加，如图 5.6(c) 所示。相应地，随着频率的增加，由于磁抗值逐渐接近磁阻值，根据磁阻抗角的定义式 (5.46)，磁阻抗角随频率的增加逐渐接近 45°，如图 5.6(d) 所示。

(3) 在 $10^{1} \leqslant a/\delta < 10^{2}$ 范围内，磁通集肤效应显著增强，导致感应电流的集肤效应也进一步加强。在这个频率范围内，磁阻参数和磁感抗参数几乎以相同的速率随着频率增加，如图 5.6(a) 和 (b) 所示。硅钢片中的磁通幅值和相位受磁阻参数和磁感抗参数共同决定。随着磁阻参数和磁感抗参数逐渐增大，根据式 (5.45)，硅钢片的磁阻抗持续增加，如图 5.6(c) 所示。由于磁阻值与磁感抗值相差不大且增加速率一致，根据磁阻抗角的定义式 (5.46)，磁阻抗角保持在 45°左右，如图 5.6(d) 所示。

5.2.3　理论校验

为了验证 5.2.1 节和 5.2.2 节中推导的硅钢片磁路参数表达式，本节采用数学方法进行理论校验，并根据推导出的表达式对电磁场理论、电路理论和矢量磁路理论的兼容性进行分析，从理论上证明磁路参数表达式的正确性。

1. 磁电功率定律

根据焦耳定律[1]，结合式(5.34)，可以得到硅钢片中有功功率的表达式为

$$P=\iiint_V \frac{1}{\sigma}\left(\frac{\left|J_z(x)\right|}{\sqrt{2}}\right)^2 \mathrm{d}V=\frac{1}{2}\int_0^h \mathrm{d}z\int_0^b \mathrm{d}y\int_{-\frac{a}{2}}^{\frac{a}{2}}\frac{1}{\sigma}\left|J_z(x)\right|^2 \mathrm{d}x=\frac{H_{\mathrm{m}}^2 hb}{\sigma\delta}\frac{\sinh\left(\frac{a}{\delta}\right)-\sin\left(\frac{a}{\delta}\right)}{\cosh\left(\frac{a}{\delta}\right)+\cos\left(\frac{a}{\delta}\right)} \tag{5.47}$$

根据式(5.38)，可以得到硅钢片磁通的幅值为

$$\left|\varPhi_y\right|=\mu hH_{\mathrm{m}}\delta\sqrt{\frac{2\left(\cosh\left(\frac{a}{\delta}\right)-\cos\left(\frac{a}{\delta}\right)\right)}{\cosh\left(\frac{a}{\delta}\right)+\cos\left(\frac{a}{\delta}\right)}} \tag{5.48}$$

根据磁电功率定律，可以得到磁感参数 $\mathcal{L}$ 的表达式为

$$\mathcal{L}=\frac{2P}{\omega^2\left|\varPhi_y\right|^2}=\frac{\sigma b\delta}{4h}\frac{\sinh\left(\frac{a}{\delta}\right)-\sin\left(\frac{a}{\delta}\right)}{\cosh\left(\frac{a}{\delta}\right)-\cos\left(\frac{a}{\delta}\right)} \tag{5.49}$$

进一步可以得到磁感抗 $\mathcal{X}_{\mathcal{L}}$ 的表达式为

$$\mathcal{X}_{\mathcal{L}}=\omega\mathcal{L}=\frac{b}{2\mu h\delta}\frac{\sinh\left(\frac{a}{\delta}\right)-\sin\left(\frac{a}{\delta}\right)}{\cosh\left(\frac{a}{\delta}\right)-\cos\left(\frac{a}{\delta}\right)} \tag{5.50}$$

根据电磁场理论[4]，结合式(5.32)，可以得到硅钢片中磁场能量的表达式为

$$\begin{aligned}W_{\mathrm{m}}&=\frac{1}{2}\iiint_V \mu\left(\frac{\left|H_y(x)\right|}{\sqrt{2}}\right)^2 \mathrm{d}V=\frac{1}{4}\int_0^h \mathrm{d}z\int_0^b \mathrm{d}y\int_{-\frac{a}{2}}^{\frac{a}{2}}\mu\left|H_y(x)\right|^2 \mathrm{d}x\\&=\frac{\mu H_{\mathrm{m}}^2 hb\delta}{4}\frac{\sinh\left(\frac{a}{\delta}\right)+\sin\left(\frac{a}{\delta}\right)}{\cosh\left(\frac{a}{\delta}\right)+\cos\left(\frac{a}{\delta}\right)}\end{aligned} \tag{5.51}$$

根据电路理论，硅钢片中的磁场能量还可以表达为[10]

$$W_{\mathrm{m}}=\frac{1}{2}LI^{2}=\frac{1}{2}\frac{(NI)^{2}}{\mathcal{R}}=\frac{1}{2}\frac{\mathcal{F}^{2}}{\mathcal{R}}=\frac{1}{2}\mathcal{R}\Phi^{2} \tag{5.52}$$

联立式(5.48)、式(5.51)和式(5.52)，可以得到硅钢片磁阻参数的表达式为

$$\mathcal{R}=\frac{2W_{\mathrm{m}}}{\left(\frac{\left|\Phi_{y}\right|}{\sqrt{2}}\right)^{2}}=\frac{b}{2\mu h\delta}\frac{\sinh\left(\frac{a}{\delta}\right)+\sin\left(\frac{a}{\delta}\right)}{\cosh\left(\frac{a}{\delta}\right)-\cos\left(\frac{a}{\delta}\right)} \tag{5.53}$$

对比式(5.40)与式(5.53)、式(5.41)与式(5.50)、式(5.42)与式(5.49)，容易发现，通过这两种不同的推导思路得到的硅钢片磁路参数表达式是完全一致的，从理论上证明了这些磁路参数表达式的正确性[11]。

2. 磁通均匀化处理

考虑到所涉及的三角函数和双曲函数在$-\infty<x<\infty$范围内的 Maclaurin 级数展开通常表现为以下形式[1]：

$$\begin{cases}\sin(x)=x-\dfrac{x^{3}}{3!}+\dfrac{x^{5}}{5!}-\dfrac{x^{7}}{7!}+\cdots\\ \cos(x)=1-\dfrac{x^{2}}{2!}+\dfrac{x^{4}}{4!}-\dfrac{x^{6}}{6!}+\cdots\\ \sinh(x)=x+\dfrac{x^{3}}{3!}+\dfrac{x^{5}}{5!}+\dfrac{x^{7}}{7!}+\cdots\\ \cosh(x)=1+\dfrac{x^{2}}{2!}+\dfrac{x^{4}}{4!}+\dfrac{x^{6}}{6!}+\cdots\end{cases},\quad -\infty<x<\infty \tag{5.54}$$

当硅钢片磁路的频率较低时，磁通均匀地分布在硅钢片中，由集肤深度的定义式(5.1)可知，$\delta\gg a/2$，因此有

$$x=\frac{a}{\delta}\to 0 \tag{5.55}$$

仅考虑式(5.54)的前两项，而忽略高阶项，将其分别代入式(5.43)和式(5.44)，可以得到均匀磁通下层叠磁芯的磁阻表达式为

$$\mathcal{R}=\frac{1}{2}\frac{b}{\mu nah}\frac{a}{\delta}\frac{\left(\frac{a}{\delta}\right)+\frac{1}{3!}\left(\frac{a}{\delta}\right)^3+\left(\frac{a}{\delta}\right)-\frac{1}{3!}\left(\frac{a}{\delta}\right)^3}{1+\frac{1}{2!}\left(\frac{a}{\delta}\right)^2-1+\frac{1}{2!}\left(\frac{a}{\delta}\right)^2}=\frac{b}{\mu nah} \tag{5.56}$$

此外，可以得到均匀磁通下层叠磁芯的磁感表达式为

$$\mathcal{L}=\frac{\sigma ab}{4nh}\frac{\delta}{a}\frac{\left(\frac{a}{\delta}\right)+\frac{1}{3!}\left(\frac{a}{\delta}\right)^3-\left(\frac{a}{\delta}\right)+\frac{1}{3!}\left(\frac{a}{\delta}\right)^3}{1+\frac{1}{2!}\left(\frac{a}{\delta}\right)^2-1+\frac{1}{2!}\left(\frac{a}{\delta}\right)^2}=\frac{\sigma ab}{12nh} \tag{5.57}$$

通过对比式(5.17)与式(5.56)、式(5.18)与式(5.57)，可以明显看出，两者的表达式完全一致，从理论层面证明了所推导的磁路参数表达式的正确性和有效性。与电路理论一样，矢量磁路理论也是电磁场理论的一种简化。矢量磁路理论所选取的变量、参数等均遵循传统电磁理论的惯例，各物理量的数学物理关系可以与电磁场理论、电路理论之间相互推演与验证[12]。

5.2.4　实验验证

在磁路研究领域，爱泼斯坦线圈因其重复性强、设计简便、操作容易等特点，被广泛应用于磁路参数的研究[3,13]。因此，为验证所推导的硅钢片磁路参数，选择爱泼斯坦线圈作为实验研究对象。爱泼斯坦线圈的几何参数和实物照片如图 5.7 所示，它由 35 片 0.5mm 厚的硅钢片叠制而成，各块硅钢片之间相互绝缘。爱泼斯坦线圈的电磁参数见表 5.1。

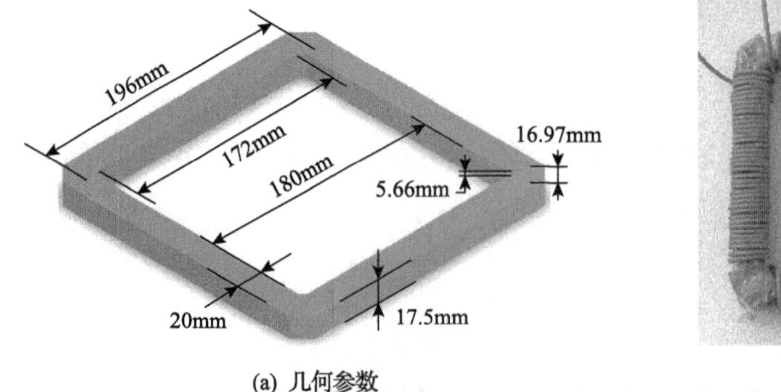

(a) 几何参数

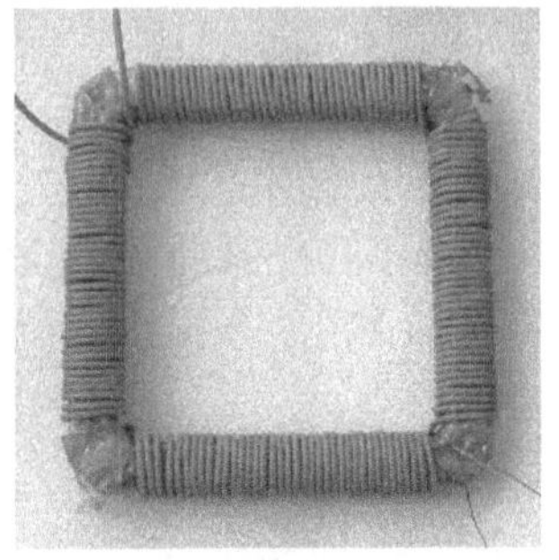

(b) 实物图

图 5.7　爱泼斯坦线圈几何参数及实物图

表 5.1　爱泼斯坦线圈的电磁参数

结构/部分	参数	数值/类型
铁心	硅钢片型号	B50A470
	硅钢片片数	35
	测试频率范围	10～5000Hz
	测试磁密范围	0.1～1.2T
一次侧绕组	绕组型号	ZR-BVR-2.5
	绕组匝数	152
	绕组截面积	2.5mm^2
	绕组电阻	0.1044Ω
二次侧绕组	绕组型号	QZY-2/180
	绕组匝数	152
	绕组直径	0.88mm
	绕组电阻	0.484Ω

此外，搭建了一个用于研究爱泼斯坦线圈相关磁路参数的实验平台，如图 5.8 所示。用可编程交流电源生成作用于爱泼斯坦线圈磁路的磁动势，并在硅钢片组成的磁路中产生交变磁通。用功率分析仪实时监测和获取各种测量参数，包括磁路的有功功率与无功功率、一次侧绕组电压与电流、二次侧绕组电压以及其他相关变量。通过这些测量参数，可以运用磁电功率定律或基尔霍夫磁动势定律进一步计算确定爱泼斯坦线圈的磁路参数。此外，电压探头用于捕捉一次侧绕组和二次侧绕组电压的波形，而电流探头则用于捕捉一次侧绕组电流波形，实验过程中产生的波形由录波仪记录。为确保每次测试开始前爱泼斯坦线圈的温度保持在 17℃左右，使用了温度监测仪实时监测爱泼斯坦线圈的铁心温度，如图 5.9 所示。

由于爱泼斯坦线圈一次侧绕组采用多股铜绞线，其电阻值在测量频率内基本不受电源频率的影响。通过功率分析仪测量得到爱泼斯坦线圈一次侧绕组的有功功率和无功功率，扣除一次侧绕组损耗后，可得到爱泼斯坦线圈的实际有功功率和无功功率。根据磁电功率定律，可以推导出爱泼斯坦线圈的有功功率 $\mathcal{P}$ 和无功功率 $\mathcal{Q}$ 的表达式如下：

$$\mathcal{P} = \omega \mathcal{X}_{\text{eq}} \Phi^2 = \omega(\omega \mathcal{L}_{\text{total}})\Phi^2 \tag{5.58}$$

$$\mathcal{Q} = \omega \mathcal{R}_{\text{eq}} \Phi^2 \tag{5.59}$$

式中，$\mathcal{X}_{\text{eq}}$ 为爱泼斯坦线圈磁路的等效磁感抗；$\mathcal{L}_{\text{total}}$ 为爱泼斯坦线圈磁路的总磁感，它反映的是涡流损耗和磁滞损耗共同作用时的等效参数；$\mathcal{R}_{eq}$ 为爱泼斯坦线圈磁路的等效磁阻。

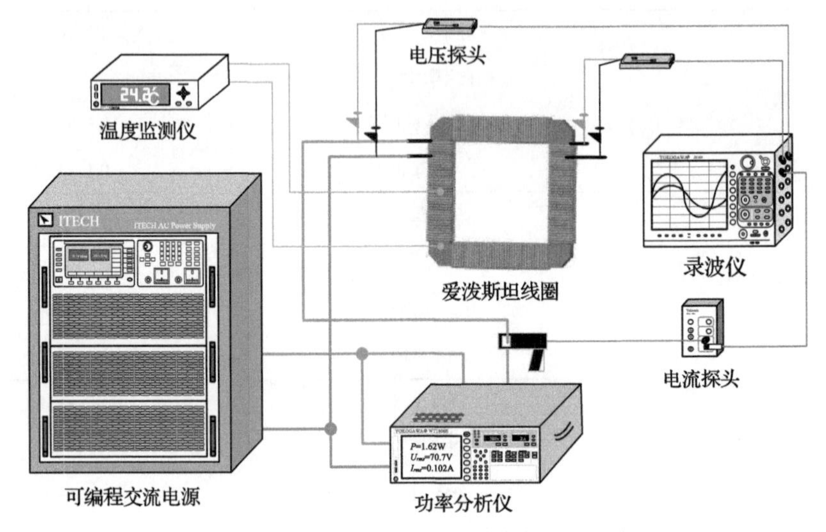

图 5.8　爱泼斯坦线圈的磁路参数测量平台

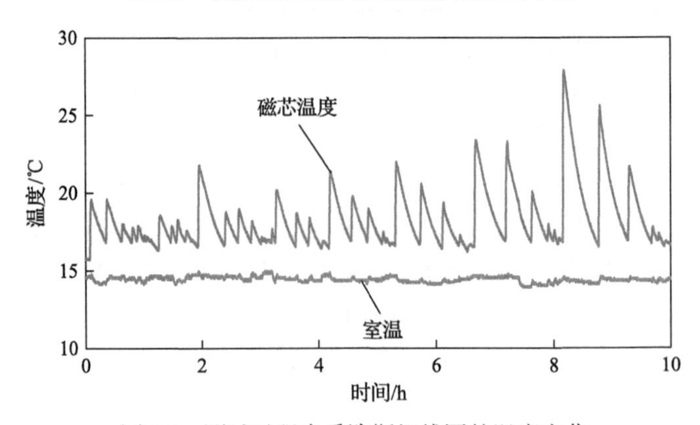

图 5.9　测试过程中爱泼斯坦线圈的温度变化

不同磁密条件下，实验测量得到的爱泼斯坦线圈的等效磁阻 $\mathcal{R}_{eq}$、等效磁抗 $\mathcal{X}_{eq}$ 和总磁感 $\mathcal{L}_{total}$ 随频率的变化曲线如图 5.10 所示。图 5.10(a)中，受磁路饱和效应的影响，不同磁密下的等效磁阻 $\mathcal{R}_{eq}$ 随频率变化而变化。当磁密处于 0.4～1.2T 范围内时，其磁路参数曲线相互重叠，随频率变化趋势一致，表明磁路处于线性区，磁导率受磁密影响变化较小。此外，在磁通集肤效应的影响下，随着频率的增加，等效磁阻值逐渐增大，与之前图 5.6(a)的分析结果一致。

图 5.10(b)呈现了在不同磁密下通过实验测量得到的爱泼斯坦线圈磁路的等效磁抗 $\mathcal{X}_{eq}$。从图中观察可以发现，磁密对等效磁抗 $\mathcal{X}_{eq}$ 的影响相对较小，不同磁

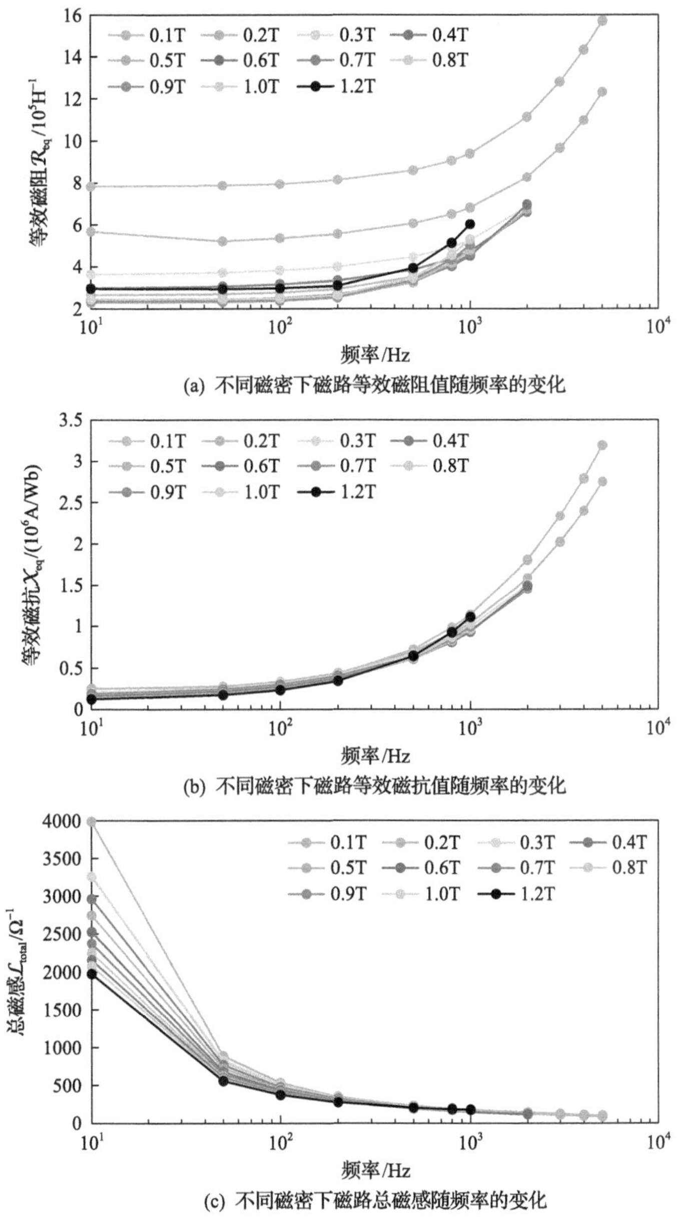

(a) 不同磁密下磁路等效磁阻值随频率的变化

(b) 不同磁密下磁路等效磁抗值随频率的变化

(c) 不同磁密下磁路总磁感随频率的变化

图 5.10　爱泼斯坦线圈的磁路参数测试结果

密下的 $\mathcal{X}_{eq}$ 曲线之间的差异微小。另外，磁路的等效磁抗 $\mathcal{X}_{eq}$ 也受到磁通集肤效应的影响，随着频率的升高而逐渐增大，这与图 5.6(b)的分析结果一致。

图 5.10(c)展示了在不同磁密下通过实验测量得到的爱泼斯坦线圈磁路的总磁感 $\mathcal{L}_{total}$ 随频率的变化。观察可发现，在低频段(频率小于 100Hz)，总磁感受磁

密的影响显著，主要由于磁路中的磁滞损耗占主导地位。磁滞损耗与磁路磁密密切相关，因此在低频段时，不同磁密下的总磁感存在显著差异。

然而，当频率超过 100Hz 时，不同磁密下的总磁感 $\mathcal{L}_{\text{total}}$ 曲线趋于一致。这是因为在这个频率范围内，磁路中的涡流损耗占主导地位，而且不受饱和效应的影响。此外，磁通的集肤效应导致感应电流的集肤效应，减小了感应电流流通的等效截面。由式(5.11)可知，磁感随着频率的增加而减小，理论分析与实验测试结果相符。

因此，为了在矢量磁路理论中准确计算爱泼斯坦线圈的总磁感 $\mathcal{L}_{\text{total}}$ 大小，必须充分考虑磁路中磁滞损耗对总磁感 $\mathcal{L}_{\text{total}}$ 的影响。根据 3.4.1 节的分析可知，磁滞损耗对应着磁路中的磁容参数。根据磁容的计算公式(3.58)与磁阻的计算公式(3.6)可知，磁容参数与磁阻参数之间存在着紧密的联系，具体表达如下：

$$C = \frac{1}{\omega \mathcal{R} \sin\gamma} \tag{5.60}$$

将式(5.43)代入式(5.60)，可以得到层叠磁芯等效磁容的表达式为

$$C_{\text{eq}} = \frac{2\mu nh\delta}{b\omega\sin\gamma} \frac{\cosh\left(\dfrac{a}{\delta}\right) - \cos\left(\dfrac{a}{\delta}\right)}{\sinh\left(\dfrac{a}{\delta}\right) + \sin\left(\dfrac{a}{\delta}\right)} \tag{5.61}$$

因此，由磁电功率定律(3.53)可得

$$\omega(\omega\mathcal{L}_{\text{total}})\Phi^2 = \omega\left(\omega\mathcal{L}_{\text{eq}} + \frac{1}{\omega C_{\text{eq}}}\right)\Phi^2 \tag{5.62}$$

进而，可以得到总磁感 $\mathcal{L}_{\text{total}}$ 的表达式为

$$\begin{aligned} \mathcal{L}_{\text{total}} &= \mathcal{L}_{\text{eq}} + \frac{1}{\omega^2 C_{\text{eq}}} \\ &= \frac{\sigma b\delta}{4nh} \frac{\sinh\left(\dfrac{a}{\delta}\right) - \sin\left(\dfrac{a}{\delta}\right)}{\cosh\left(\dfrac{a}{\delta}\right) - \cos\left(\dfrac{a}{\delta}\right)} + \frac{b\sin\gamma}{2\omega\mu nh\delta} \frac{\sinh\left(\dfrac{a}{\delta}\right) + \sin\left(\dfrac{a}{\delta}\right)}{\cosh\left(\dfrac{a}{\delta}\right) - \cos\left(\dfrac{a}{\delta}\right)} \end{aligned} \tag{5.63}$$

为验证式(5.43)和式(5.63)的正确性，选取图 5.10 中磁密为 0.6T 的曲线，此时磁路处于线性区，易于与理论计算结果拟合。根据硅钢片的电磁特性，将电导率 $\sigma = 2.1\times10^6$S/m、磁导率 $\mu = 0.0093$H/m、磁滞角的正弦值 $\sin\gamma = 0.66$、叠片数取

$n = 35$ 代入式(5.43)和式(5.63)，绘制了磁路磁密为 0.6T 时磁路等效磁阻 $\mathcal{R}_{eq}$ 与总磁感 $\mathcal{L}_{total}$ 随频率变化的曲线，如图 5.11 所示。

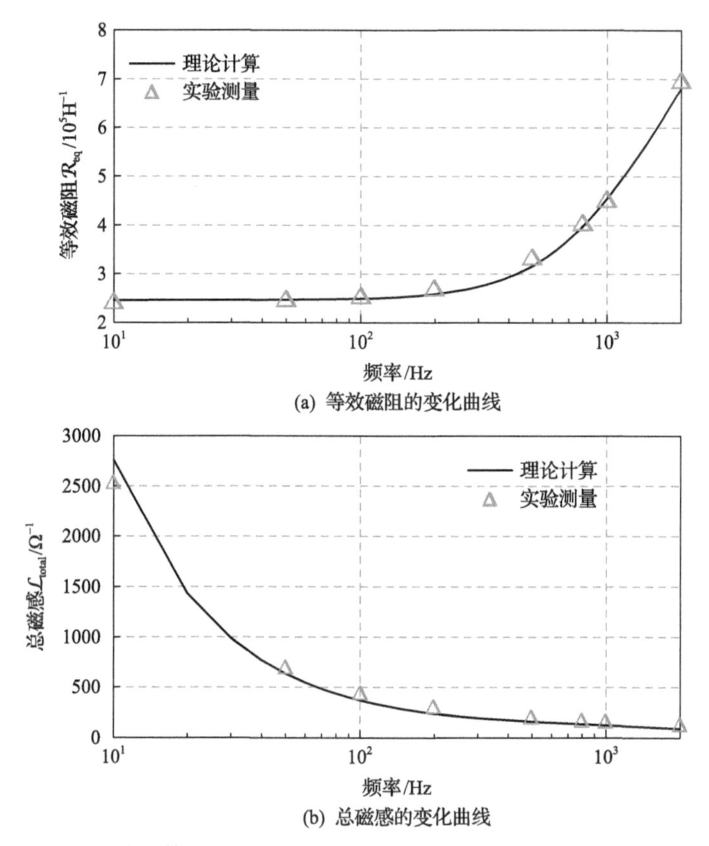

图 5.11　爱泼斯坦线圈等效磁阻和总磁感的理论计算结果与实验测量结果对比(0.6T)

在低频和高频条件下，理论计算值和实验测量值都表现出较好的一致性，实验验证了硅钢片磁路参数表达式的有效性和可行性，通过这些磁路参数表达式定量描述了磁通集肤效应对磁路的影响。

5.3　圆形截面磁路参数的计算

在电气工程领域，磁路的组成不仅包括常见的硅钢片构成的磁芯，还包括由铁氧体材料制造的实心磁芯，这类磁芯的截面通常为圆形或方形，如图 4.8 所示[1]。因此，本节将圆形截面的实心磁路作为研究对象，分析并推导圆形截面磁路参数的解析求解方法。

如图 4.1(b)所示，在低频情况下，磁路中感应电流所产生的对向磁通 $\Phi_e(t)$

对磁路磁通 $\Phi(t)$ 的影响较小，不对磁路磁通 $\Phi(t)$ 的分布产生显著影响，可认为是均匀分布。然而，在高频情况下，对向磁通 $\Phi_e(t)$ 对磁路磁通 $\Phi(t)$ 的影响变得不可忽视，可能导致磁路磁通 $\Phi(t)$ 分布不均匀，从而对磁路参数产生影响。因此，本节根据磁通分布均匀和磁通分布不均匀两种情况分析和讨论圆形截面磁路参数。

5.3.1 磁通均匀分布时的磁路参数

首先，本节中将运用磁电功率定律来推导磁通均匀分布情况下圆形截面磁路参数的表达式。假设磁源为正弦激励且磁路的磁导率 μ 恒定，在不考虑磁路的漏磁和磁滞损耗的前提下，以圆形截面中心为原点建立坐标系，如图 4.1(a)所示。在低频情况下，可以认为磁路中的磁通均匀分布，因此根据磁通的定义，磁路表面 r_0 的磁感应强度 $B(r_0)$ 的表达式为

$$B(r_0) = \frac{\Phi(t)}{\pi r_0^2} \tag{5.64}$$

在半径为 r 的部分磁路中，可以得到在 r 处的磁感应强度 $B(r)$ 的表达式为

$$B(r) = \frac{\Phi_{\text{enc}}(r)}{\pi r^2} \tag{5.65}$$

式中，$\Phi_{\text{enc}}(r)$ 为通过半径为 r 磁路部分的磁通。由于磁路中各个位置的磁通分布均匀，有

$$B(r_0) = B(r) \tag{5.66}$$

将式(5.64)和式(5.65)代入式(5.66)，可得

$$\Phi_{\text{enc}}(r) = \Phi(t)\left(\frac{r}{r_0}\right)^2 \tag{5.67}$$

根据法拉第电磁感应定律[7]，在 r 处的电场强度 $E(r)$ 为

$$E(r) = \frac{-\dfrac{\mathrm{d}\Phi_{\text{enc}}(r)}{\mathrm{d}t}}{2\pi r} = -\frac{\mathrm{j}\omega r\Phi(t)}{2\pi r_0^2} \tag{5.68}$$

沿轴向方向取微元 $\mathrm{d}r$，可以得到所对应的圆筒体积 $\mathrm{d}V$ 的表达式为

$$\mathrm{d}V = 2\pi r l_{\mathrm{w}} \mathrm{d}r \tag{5.69}$$

根据焦耳定律[1]，整个磁路的有功功率 $\mathcal{P}$ 的表达式为

$$\mathcal{P} = \iiint_V \sigma E^2(r)\mathrm{d}V = \sigma l_\mathrm{w} \frac{\omega^2 \Phi^2(t)}{2\pi r_0^4}\int_0^{r_0} r^3 \mathrm{d}r = \sigma l_\mathrm{w} \frac{\omega^2 \Phi^2(t)}{8\pi} \tag{5.70}$$

由于磁源为正弦激励，根据磁电功率定律，可知：

$$\mathcal{P} = \omega(\omega\mathcal{L})\Phi^2(t) \tag{5.71}$$

联立式(5.70)与式(5.71)，可以得到低频情况下磁感参数的表达式 $\mathcal{L}_\mathrm{LF}$，即

$$\mathcal{L}_\mathrm{LF} = \frac{\sigma l_\mathrm{w}}{8\pi} \tag{5.72}$$

式中，下标“LF”为“low frequency”的缩写，表示低频情况。

此外，根据电磁场理论[4]，可以得到磁场能量 W_m 的表达式为

$$W_\mathrm{m} = \frac{1}{2}\iiint_V \frac{B^2(r)}{\mu}\mathrm{d}V = \frac{l_\mathrm{w}\Phi^2(t)}{\mu\pi r_0^4}\int_0^{r_0} r\mathrm{d}r = \frac{l_\mathrm{w}\Phi^2(t)}{2\mu\pi r_0^2} \tag{5.73}$$

根据电路理论[10]，磁场能量 W_m 还可以表示为

$$W_\mathrm{m} = \frac{1}{2}LI^2(t) = \frac{1}{2}\frac{(NI(t))^2}{\mathcal{R}} = \frac{1}{2}\frac{\mathcal{F}^2(t)}{\mathcal{R}} = \frac{1}{2}\mathcal{R}\Phi^2(t) \tag{5.74}$$

联立式(5.73)和式(5.74)，可以得到低频情况下的磁阻参数表达式，即

$$\mathcal{R}_\mathrm{LF} = \frac{l_\mathrm{w}}{\mu\pi r_0^2} \tag{5.75}$$

容易看出，所推导出的磁阻表达式(5.75)与常规的磁阻参数计算公式一致，从理论上验证了推导的正确性。

5.3.2　磁通不均匀分布时的磁路参数

随着磁路频率的增加，集肤深度 δ 逐渐减小，从而导致磁路中磁通的分布变得不均匀。此时，考虑一个半径为 r_0、长度为 l_w 的单根长直孤立的实心圆柱形磁路，如图 4.1(a)所示。根据 4.3.2 节的推导，可以得到圆形截面磁路的磁感应强度 $B(r)$ 的表达式为

$$B(r) = A\mathrm{I}_0(kr) = A\sum_{k=0}^{\infty}\left(\frac{1}{k!}\right)^2\left(\frac{kr}{2}\right)^{2k} \tag{5.76}$$

式中，$\mathrm{I}_0(\cdot)$为第一类零阶修正贝塞尔函数，下标 0 表示其阶数；k 为复传播常数；A 为一个常数，它的表达式为

$$A=\frac{k}{2\pi r_0}\frac{\Phi(t)}{\mathrm{I}_1(kr_0)} \tag{5.77}$$

根据式(5.76)和贝塞尔函数的性质(4.40)，可以得到圆形截面磁路的磁通表达式为

$$\begin{aligned}\Phi(t)&=\int_0^{r_0}B(r)2\pi r\mathrm{d}r=\frac{2\pi r_0 A}{k}\mathrm{I}_1(kr_0)\\&=A\pi\sqrt{2}\delta r_0\left(\mathrm{bei}'(\alpha_0)-\mathrm{j}\,\mathrm{ber}'(\alpha_0)\right)\end{aligned} \tag{5.78}$$

此外，根据安培环路定律[1]、式(5.76)和式(5.77)，可以得到圆形截面磁路的磁动势 $\mathcal{F}(t)$ 表达式为

$$\mathcal{F}(t)=H(r_0)l_\mathrm{w}=\frac{l_\mathrm{w}}{\mu}B(r_0)=\frac{l_\mathrm{w}}{\mu}\frac{k\Phi(t)}{2\pi r_0}\frac{\mathrm{I}_0(kr_0)}{\mathrm{I}_1(kr_0)} \tag{5.79}$$

根据磁路的基尔霍夫磁动势定律，联立式(5.78)和式(5.79)，可以得到圆形截面磁路磁阻抗 $\mathcal{Z}$ 的表达式为

$$\begin{aligned}\mathcal{Z}&=\frac{\mathcal{F}(t)}{\Phi(t)}=\frac{kl_\mathrm{w}}{2\pi\mu r_0}\frac{\mathrm{I}_0(kr_0)}{\mathrm{I}_1(kr_0)}=\frac{l_\mathrm{w}}{\sqrt{2}\pi\mu\delta r_0}\frac{\mathrm{ber}(\alpha_0)+\mathrm{j}\,\mathrm{bei}(\alpha_0)}{\mathrm{bei}'(\alpha_0)-\mathrm{j}\,\mathrm{ber}'(\alpha_0)}\\&=\frac{l}{\sqrt{2}\pi\mu\delta r_0}\frac{\mathrm{ber}(\alpha_0)\mathrm{bei}'(\alpha_0)-\mathrm{bei}(\alpha_0)\mathrm{ber}'(\alpha_0)}{\left(\mathrm{bei}'(\alpha_0)\right)^2+\left(\mathrm{ber}'(\alpha_0)\right)^2}\\&\quad+\mathrm{j}\frac{l}{\sqrt{2}\pi\mu\delta r_0}\frac{\mathrm{ber}(\alpha_0)\mathrm{ber}'(\alpha_0)+\mathrm{bei}(\alpha_0)\mathrm{bei}'(\alpha_0)}{\left(\mathrm{bei}'(\alpha_0)\right)^2+\left(\mathrm{ber}'(\alpha_0)\right)^2}\end{aligned} \tag{5.80}$$

进一步，可以得到圆形截面磁路磁阻 $\mathcal{R}$ 的表达式为

$$\mathcal{R}=\frac{l_\mathrm{w}}{\sqrt{2}\pi\mu\delta r_0}\frac{\mathrm{ber}(\alpha_0)\mathrm{bei}'(\alpha_0)-\mathrm{bei}(\alpha_0)\mathrm{ber}'(\alpha_0)}{\left(\mathrm{bei}'(\alpha_0)\right)^2+\left(\mathrm{ber}'(\alpha_0)\right)^2} \tag{5.81}$$

圆形截面磁路磁感抗 $\mathcal{X}_\mathcal{L}$ 的表达式为

$$\mathcal{X}_\mathcal{L}=\frac{l_\mathrm{w}}{\sqrt{2}\pi\mu\delta r_0}\frac{\mathrm{ber}(\alpha_0)\mathrm{ber}'(\alpha_0)+\mathrm{bei}(\alpha_0)\mathrm{bei}'(\alpha_0)}{\left(\mathrm{bei}'(\alpha_0)\right)^2+\left(\mathrm{ber}'(\alpha_0)\right)^2} \tag{5.82}$$

圆形截面磁路磁感 $\mathcal{L}$ 的表达式为

$$\mathcal{L}=\frac{X_{\mathcal{L}}}{\omega}=\frac{l_{\mathrm{w}}}{\sqrt{2}\pi\omega\mu\delta r_0}\frac{\mathrm{ber}(\alpha_0)\mathrm{ber}'(\alpha_0)+\mathrm{bei}(\alpha_0)\mathrm{bei}'(\alpha_0)}{\left(\mathrm{bei}'(\alpha_0)\right)^2+\left(\mathrm{ber}'(\alpha_0)\right)^2} \tag{5.83}$$

圆形截面磁路的磁阻抗角 θ 的表达式为

$$\theta=\arctan\frac{\omega\mathcal{L}}{\mathcal{R}}=\arctan\left(\frac{\mathrm{ber}(\alpha_0)\mathrm{ber}'(\alpha_0)+\mathrm{bei}(\alpha_0)\mathrm{bei}'(\alpha_0)}{\mathrm{ber}(\alpha_0)\mathrm{bei}'(\alpha_0)-\mathrm{bei}(\alpha_0)\mathrm{ber}'(\alpha_0)}\right) \tag{5.84}$$

需要说明的是，关于圆形截面磁路的磁路参数，还有一种推导思路。首先通过电磁场理论求解磁路功率和磁场能量，随后应用磁电功率定律计算得到磁路参数的表达式。这种思路所得推导结果与这里通过基尔霍夫磁动势定律求解得到的表达式一致，详细推导过程参见 5.2.3 节。

结合式(5.75)与式(5.80)、式(5.75)与式(5.81)、式(5.72)与式(5.83)，可得

$$\begin{aligned}\frac{Z}{\mathcal{R}_{\mathrm{LF}}}=&\frac{\alpha_0}{2}\frac{\mathrm{ber}(\alpha_0)\mathrm{bei}'(\alpha_0)-\mathrm{bei}(\alpha_0)\mathrm{ber}'(\alpha_0)}{\left(\mathrm{bei}'(\alpha_0)\right)^2+\left(\mathrm{ber}'(\alpha_0)\right)^2}\\&+\mathrm{j}\frac{\alpha_0}{2}\frac{\mathrm{j}\left(\mathrm{ber}(\alpha_0)\mathrm{ber}'(\alpha_0)+\mathrm{bei}(\alpha_0)\mathrm{bei}'(\alpha_0)\right)}{\left(\mathrm{bei}'(\alpha_0)\right)^2+\left(\mathrm{ber}'(\alpha_0)\right)^2}\end{aligned} \tag{5.85}$$

$$\frac{\mathcal{R}}{\mathcal{R}_{\mathrm{LF}}}=\frac{\alpha_0}{2}\frac{\mathrm{ber}(\alpha_0)\mathrm{bei}'(\alpha_0)-\mathrm{bei}(\alpha_0)\mathrm{ber}'(\alpha_0)}{\left(\mathrm{bei}'(\alpha_0)\right)^2+\left(\mathrm{ber}'(\alpha_0)\right)^2} \tag{5.86}$$

$$\frac{\mathcal{L}}{\mathcal{L}_{\mathrm{LF}}}=\frac{4}{\alpha_0}\frac{\mathrm{ber}(\alpha_0)\mathrm{ber}'(\alpha_0)+\mathrm{bei}(\alpha_0)\mathrm{bei}'(\alpha_0)}{\left(\mathrm{bei}'(\alpha_0)\right)^2+\left(\mathrm{ber}'(\alpha_0)\right)^2} \tag{5.87}$$

根据式(5.84)～式(5.87)，可绘制圆形截面磁路参数随 r_0/δ 的变化曲线，如图 5.12 所示。需要指出的是，对于图中的横坐标 r_0/δ，磁路截面的半径 r_0 是一个恒定值，随着磁路频率的升高，集肤深度 δ 逐渐减小，从而 r_0 与 δ 的比值会随着频率增加而逐渐增大，因此也可将横坐标 r_0/δ 的增加视为频率的增加。对于图中的纵坐标，所采用的是磁通不均匀情况下的磁路参数与磁通均匀情况下的磁路参数的比值。通过对比，可以明确地观察到磁通集肤效应和感应电流集肤效应对磁路参数的影响显著，由此可以分析评估磁路参数随频率变化的规律。

(1) 在 $10^{-1}\leqslant r_0/\delta<10^{0}$ 范围内，磁通的集肤效应相对较弱，磁路中的磁通分布较为均匀。因此，可以观察到磁路的磁阻与磁感基本保持在一个恒定值，如图 5.12(a) 和 (b) 所示。根据磁阻抗的计算公式(5.45)，磁阻抗也维持在一个稳定

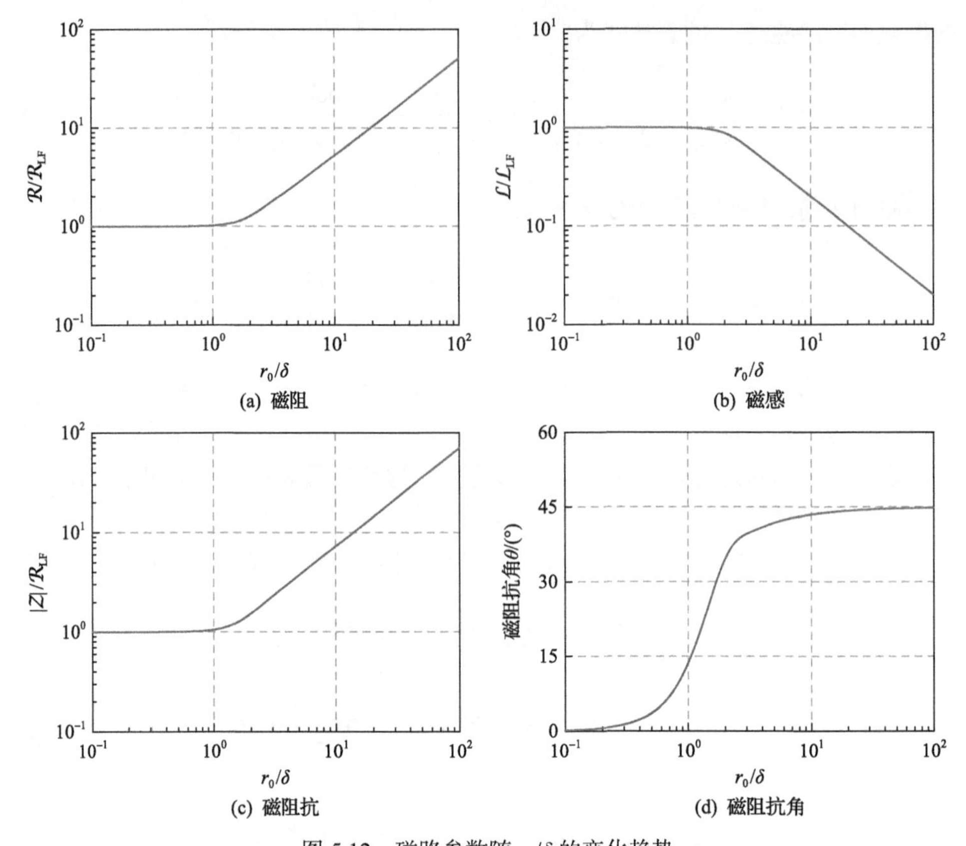

图 5.12　磁路参数随 r_0/δ 的变化趋势

的数值，如图 5.12(c)所示。然而，根据磁感抗的定义式(5.50)可知，随着磁路频率的逐渐增加，磁感抗随频率逐渐增加。进一步根据磁阻抗角的定义式(5.46)，磁阻抗角随频率增加而逐渐上升，如图 5.12(d)所示。

(2)在 $10^0 \leqslant r_0/\delta < 10^1$ 范围内，磁通集肤效应逐渐显现。由于磁通的集肤效应，磁通通过的有效截面减小，导致磁阻随频率增加而增加，如图 5.12(a)所示。同时，伴随磁通的集肤效应而来的感应电流的集肤效应导致感应电流的流通等效截面减小，导致磁感随频率增加而减小，如图 5.12(b)所示。尽管磁感随着频率的增加而减小，但磁感抗却随着频率的增加而增加，因此磁阻抗也随频率的增加而增加，如图 5.12(c)所示。随着磁路频率的升高，磁感抗逐渐增加，趋向于与磁阻数量级相当的数值。根据磁阻抗角的定义式(5.46)，磁阻抗角在这个过程中逐渐接近 45°，如图 5.12(d)所示。

(3)在 $10^1 \leqslant r_0/\delta \leqslant 10^2$ 范围内，磁通集肤效应和感应电流集肤效应显著增强，导致磁阻进一步增加，磁感进一步减小，如图 5.12(a)和(b)所示。在这个范围内，磁阻和磁感抗均随频率增加而增加，根据磁阻抗的计算公式(5.45)，磁阻抗也随频率的增加而增加，如图 5.12(c)所示。然而，由于磁阻和磁感抗在数量级和增加速率上相似，根据磁阻抗角的定义式(5.46)，磁阻抗角保持在 45°左右，如图 5.12(d)所示。

5.3.3　实验验证

为验证所得到磁路参数的表达式，制备了一套由 HP3 NCD 材料构成的铁氧体磁芯，型号为 EC90，其中心柱为 30mm 直径的圆形截面，如图 5.13(a)所示。两个磁芯通过装配形成闭合磁路，通过扎带牢固固定，确保中柱截面紧密贴合，以最小化气隙的影响，如图 5.13(b)所示。一次侧绕组和二次侧绕组均绕制在中柱上，并通过高温绝缘胶布固定。此外，在闭合磁路上设置了三个测温点，用于监测实验中的磁芯温度，以确保每次测试过程中磁芯温度保持恒定，降低误差。

(a) EC90型磁芯

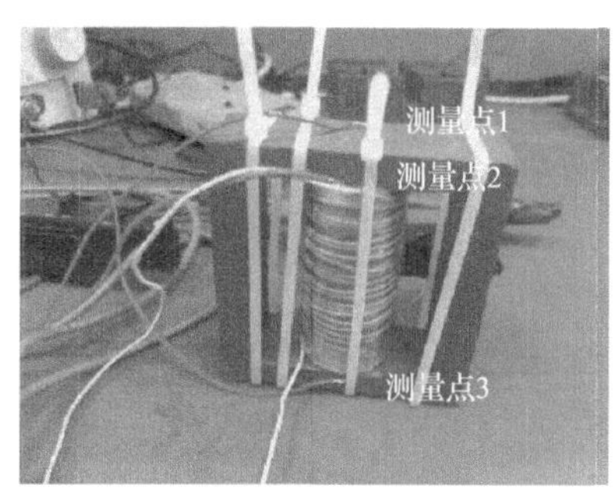

(b) 闭合磁路及热电偶分布

图 5.13　具有圆形截面的铁氧体磁芯

在实验验证中，采用了 4.3.4 节中的实验平台，实验所使用的仪器和相关实验参数如图 4.16 和表 4.2 所示。实验的操作过程和实验数据处理步骤与 4.3.4 节的描述一致。

根据磁电功率定律(3.52)，通过实验测量数据可计算出铁氧体磁芯的等效磁阻 $\mathcal{R}_{\mathrm{eq}}$ 和总磁感 $\mathcal{L}_{\mathrm{total}}$。由式(5.81)可知，铁氧体磁芯的等效磁阻 $\mathcal{R}_{\mathrm{eq}}$ 的表达式为

$$\mathcal{R}=\frac{l_{\mathrm{w}}}{\sqrt{2}\pi\mu\delta r_0}\frac{\mathrm{ber}(\alpha_0)\mathrm{bei}'(\alpha_0)-\mathrm{bei}(\alpha_0)\mathrm{ber}'(\alpha_0)}{\left(\mathrm{bei}'(\alpha_0)\right)^2+\left(\mathrm{ber}'(\alpha_0)\right)^2} \tag{5.88}$$

对于总磁感 $\mathcal{L}_{\mathrm{total}}$，还需要考虑磁滞损耗所带来的影响，即需要求解磁路中等效磁容的表达式。由式(5.60)可知，铁氧体磁芯的等效磁容 C_{eq} 表达式为

$$C_{\mathrm{eq}}=\frac{\sqrt{2}\pi\mu\delta r_0}{l_{\mathrm{w}}\omega\sin\gamma}\frac{\left(\mathrm{bei}'(\alpha_0)\right)^2+\left(\mathrm{ber}'(\alpha_0)\right)^2}{\mathrm{ber}(\alpha_0)\mathrm{bei}'(\alpha_0)-\mathrm{bei}(\alpha_0)\mathrm{ber}'(\alpha_0)} \tag{5.89}$$

根据式(5.62)，可以得到铁氧体磁芯总磁感 $\mathcal{L}_{\text{total}}$ 的表达式为

$$\begin{aligned}\mathcal{L}_{\text{total}} &= \mathcal{L}_{\text{eq}} + \frac{1}{\omega^2 C_{\text{eq}}} \\ &= \frac{l_{\text{w}}}{\sqrt{2}\pi\omega\mu\delta r_0} \frac{\text{ber}(\alpha_0)\text{ber}'(\alpha_0)\left(1+\sin\gamma\right)+\text{bei}(\alpha_0)\text{bei}'(\alpha_0)(1-\sin\gamma)}{\left(\text{bei}'(\alpha_0)\right)^2+\left(\text{ber}'(\alpha_0)\right)^2}\end{aligned} \tag{5.90}$$

将表 4.2 中的电磁参数分别代入式(5.88)和式(5.90)，可以得到磁路在恒定磁通下铁氧体磁芯的等效磁阻 $\mathcal{R}_{\text{eq}}$ 和总磁感 $\mathcal{L}_{\text{total}}$ 随频率变化的曲线，如图 5.14 所示。此外，将通过磁电感应定律得到的实际测量结果加入图 5.14 中，并与理论计算曲线进行比对。

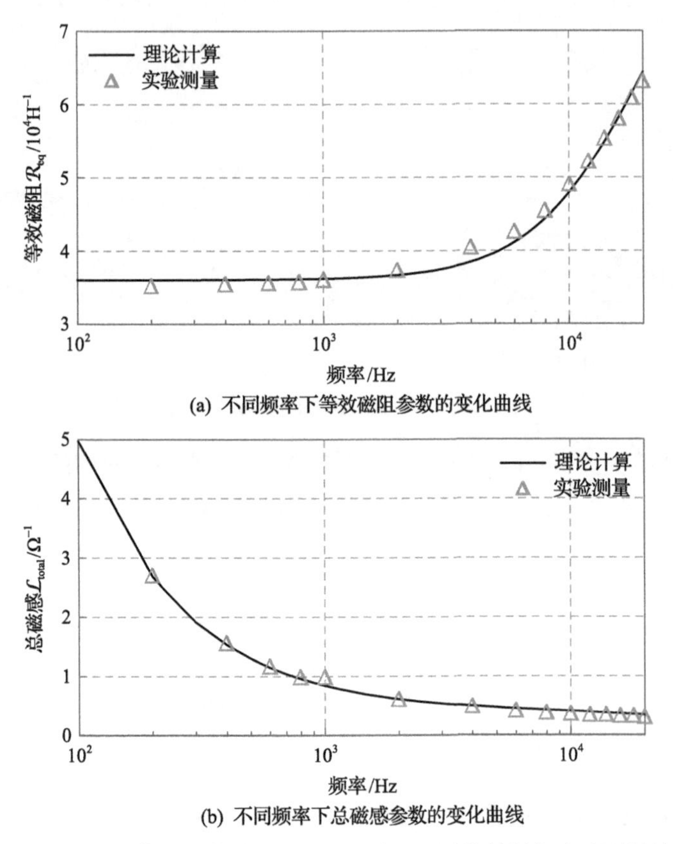

图 5.14　EC90 铁氧体磁芯等效磁阻和总磁感理论计算结果与实验测量结果对比

观察图 5.14(a)可知，随着磁路频率的增加，由于磁通集肤效应逐渐显现，等效磁阻 $\mathcal{R}_{\text{eq}}$ 在约 2000Hz 开始受到明显影响，并迅速增加，这与图 5.12(a)中所呈现的趋势一致。通过比对可以发现，对于等效磁阻 $\mathcal{R}_{\text{eq}}$，无论磁路处于测试范围

内的哪个频率，实验测试结果所代表的三角形均落在理论计算曲线的附近，实验测试结果与理论计算结果高度吻合。

总磁感 $\mathcal{L}_{\text{total}}$ 随频率变化的曲线呈现在图 5.14(b)中，该参数受到磁滞损耗和涡流损耗的共同影响，其中在磁路频率较低时，磁滞损耗占主导地位，而在磁路频率较高时，则主要受到涡流损耗的影响。由于伴随磁通集肤效应而来的感应电流集肤效应的影响，感应电流所流经的等效截面减小，因此总磁感 $\mathcal{L}_{\text{total}}$ 随着频率的增加而减小。通过实验测试结果与理论计算曲线的比对容易发现，在磁路测试范围内实验测试结果与理论计算曲线的变化趋势及计算结果均一致，从而证明了所推导的磁路参数表达式的有效性与可行性。

5.4 矩形截面磁路参数的计算

除了硅钢片磁路和圆形截面磁路，矩形截面磁路也是一种常见的磁路，如图 4.8 所示。因此，本节将结合电磁场理论和电路理论推导矩形截面磁路参数的表达式。与硅钢片和圆形截面磁路不同，矩形截面磁路是一个二维磁路，其截面具有长和宽两个变量。这意味着，在较高的磁路频率下，磁通的集肤效应将从截面的两个维度，即长和宽，影响磁通流过的等效面积。与前面一致，本节将通过磁通均匀分布和磁通不均匀分布两种情况，分析和探讨矩形截面磁路的磁路参数。

5.4.1 磁通均匀分布时的磁路参数

当磁路频率较低时，矩形截面磁路中的磁通分布是均匀的。在不考虑磁路漏磁和磁路饱和的前提下，不计磁路中的磁滞损耗，默认磁导率 μ 为恒定值，可以建立矩形截面磁路模型，如图 5.15 所示。

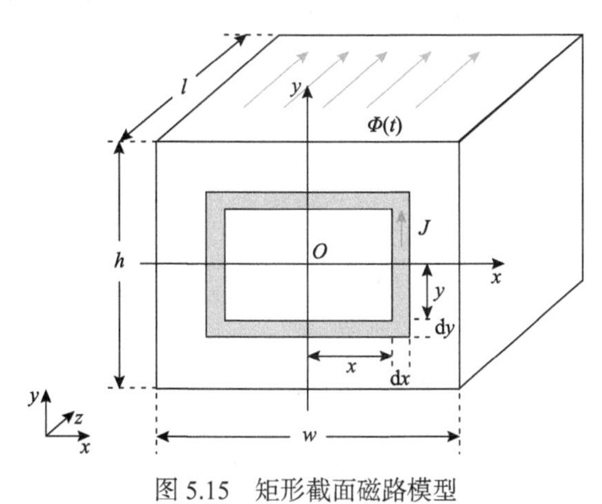

图 5.15 矩形截面磁路模型

在图 5.15 中，h、w、l 分别为矩形截面磁路的长、宽、高；$\Phi(t)$ 为磁路中的交变磁通，它沿着 l 方向流入纸内。以矩形截面中心 O 建立三维坐标系，沿着矩形截面的 x 方向取微元 $\mathrm{d}x$，沿着矩形截面的 y 方向取微元 $\mathrm{d}y$，定义矩形截面磁路的长宽比为

$$K=\frac{h}{w}=\frac{y}{x}=\frac{\mathrm{d}y}{\mathrm{d}x} \tag{5.91}$$

由式(5.91)可知，矩形截面的面积 S 为

$$S=hw=Kw^2=\frac{h^2}{K} \tag{5.92}$$

进一步，矩形截面磁路的体积 V 为

$$V=Sl=lhw=lKw^2 \tag{5.93}$$

由磁阻参数的计算公式(2.4)可知，矩形截面磁路的磁阻参数表达式为

$$\mathcal{R}=\frac{l}{\mu hw}=\frac{l}{\mu Kw^2}=\frac{lh^2}{\mu K} \tag{5.94}$$

对于图 5.15 中环形回路所形成的空心四棱柱，根据电阻的计算公式[6]，可得

$$\mathrm{d}R=\frac{1}{\sigma}\left(\frac{4x}{l\mathrm{d}y}+\frac{4y}{l\mathrm{d}x}\right)=\frac{4}{\sigma l}\left(\frac{1}{K}+K\right)\frac{x}{\mathrm{d}x} \tag{5.95}$$

由于矩形截面磁路中的磁通 $\Phi(t)$ 和磁感应强度 $B(t)$ 均匀分布，通过环形回路的磁通 $\Phi_1(t)$ 为

$$\Phi_1(t)=4xyB(t)=4Kx^2B(t) \tag{5.96}$$

根据法拉第电磁感应定律[5]，空心四棱柱上的感应电势 $e(t)$ 的表达式为

$$e(t)=-\frac{\mathrm{d}\Phi_1(t)}{\mathrm{d}t}=-4Kx^2\frac{\mathrm{d}B(t)}{\mathrm{d}t} \tag{5.97}$$

根据电路理论[6]，空心四棱柱所对应的瞬时有功功率为

$$\mathrm{d}P=\frac{e^2(t)}{\mathrm{d}R}=\frac{4\sigma lK^2}{\dfrac{1}{K}+K}\left(\frac{\mathrm{d}B(t)}{\mathrm{d}t}\right)^2x^3\mathrm{d}x \tag{5.98}$$

进一步，可以得到整个矩形截面磁路的瞬时有功功率 P_{s} 为

$$P_{\mathrm{s}}=\int_{0}^{\frac{w}{2}}\mathrm{d}P=\frac{\sigma lK^{2}w^{4}}{16\left(\dfrac{1}{K}+K\right)}\left(\frac{\mathrm{d}B(t)}{\mathrm{d}t}\right)^{2} \tag{5.99}$$

一个周期内矩形截面磁路的平均有功功率 P 为

$$P=\frac{1}{T}\int_{0}^{T}P_{\mathrm{s}}\mathrm{d}t=\frac{\sigma lK^{2}w^{4}}{16\left(\dfrac{1}{K}+K\right)}\frac{1}{T}\int_{0}^{T}\left(\frac{\mathrm{d}B(t)}{\mathrm{d}t}\right)^{2}\mathrm{d}t \tag{5.100}$$

考虑到磁通波形为正弦波，假设磁感应强度 B 的表达式为

$$B(t)=B_{\mathrm{m}}\sin(\omega t) \tag{5.101}$$

根据相量法，可知

$$\left(\frac{\mathrm{d}B(t)}{\mathrm{d}t}\right)^{2}=\omega^{2}B_{\mathrm{m}}^{2}\cos^{2}(\omega t) \tag{5.102}$$

将式(5.102)代入式(5.100)，可得

$$P=\frac{l\sigma K^{2}w^{4}\omega^{2}B_{\mathrm{m}}^{2}}{16\left(\dfrac{1}{K}+K\right)}\frac{1}{T}\int_{0}^{T}\cos^{2}(\omega t)\mathrm{d}t=\frac{\pi^{2}}{8}\frac{\sigma lK^{2}w^{4}f^{2}B_{\mathrm{m}}^{2}}{\dfrac{1}{K}+K} \tag{5.103}$$

根据磁电功率定律，可知

$$P=\omega(\omega\mathcal{L})\left(\frac{\Phi_{\mathrm{m}}}{\sqrt{2}}\right)^{2}=\omega(\omega\mathcal{L})\left(\frac{B_{\mathrm{m}}Kw^{2}}{\sqrt{2}}\right)^{2} \tag{5.104}$$

联立式(5.103)和式(5.104)，可得磁感的表达式为

$$\mathcal{L}=\frac{\sigma l}{16\left(\dfrac{1}{K}+K\right)}=\frac{\sigma l}{16\left(\dfrac{w}{h}+\dfrac{h}{w}\right)} \tag{5.105}$$

特别地，对于截面为正方形的磁路，即 $h=w$，式(5.94)和式(5.105)可简化为

$$\mathcal{R}=\frac{l}{\mu w^{2}} \tag{5.106}$$

$$\mathcal{L} = \frac{\sigma l}{32} \tag{5.107}$$

5.4.2 磁通不均匀分布时的磁路参数

5.2 节和 5.3 节分别从一维的角度分析了磁通集肤效应对磁路参数的影响。然而，实际问题中通常需要考虑磁通集肤效应在至少两个空间维度上的影响，即磁路中磁场强度 $\boldsymbol{H}$ 和感应电流密度 $\boldsymbol{J}$ 的非零分量与所定义坐标系的三个坐标之一无关。例如，在矩形截面磁路的坐标系中，磁场强度 $\boldsymbol{H}$ 仅在 z 轴方向上有一个分量，即 H_z。磁路中的感应电流密度在 x 和 y 两个方向上分别具有 J_x 和 J_y 的分量，无 z 轴分量，如图 5.15 所示。因此，磁通集肤效应将从 x 和 y 两个方向对磁路参数产生影响。在这种情况下，当磁路的电导率 σ 和磁导率 μ 保持恒定不变时，根据 Helmholtz 方程(5.23)，可以得到矩形截面磁路内磁场强度 H_z 的微分方程为

$$\frac{\partial^2 H_z}{\partial x^2} + \frac{\partial^2 H_z}{\partial y^2} = \mu\sigma\frac{\partial H_z}{\partial t} \tag{5.108}$$

特别地，对于具有正弦波形的磁源，有[9]

$$\frac{\mathrm{d}H_z}{\mathrm{d}t} = \mathrm{j}\omega H_z \tag{5.109}$$

将式(5.109)代入式(5.108)，可得

$$\frac{\partial^2 H_z}{\partial x^2} + \mathrm{j}\omega H_z\frac{\partial^2 H_z}{\partial y^2} = \mathrm{j}\omega\mu\sigma H_z = \alpha^2 H_z \tag{5.110}$$

式中，α 为一个常数，其表达式为

$$\alpha = \sqrt{\mathrm{j}\omega\mu\sigma} \tag{5.111}$$

矩形截面磁路的磁路参数求解的方法如下：首先，通过求解式(5.110)获得矩形截面磁路内磁场强度 H_z 的表达式；其次，利用麦克斯韦方程得到感应电流密度 J_x 和 J_y 的表达式；再次，计算矩形截面磁路的磁动势与磁通；最后，运用矢量磁路理论的基尔霍夫定律或磁电功率定律求解其磁路参数。

变量分离法是将两个或多个独立变量的偏微分方程简化为一组常微分方程，使每个独立变量有一个常微分方程。它可应用于在各种正交坐标系中求解矢量 Helmholtz 方程时产生的偏微分方程组(5.110)，适合用于求解矩形和圆柱形坐标系中的工程问题[8]。应用分离变量法时，必须确保问题的物理边界与坐标面相符，

以便将边界条件有效地应用于分离后的常微分方程。

对于解决类似式(5.110)的偏微分方程，最直接的方法是采用变量分离法。假设 H_z 是 x 的函数与 y 的函数的乘积，从而得到解的形式，即

$$H_z = X(x)Y(y) \tag{5.112}$$

将式(5.112)代入式(5.110)，可得

$$\frac{1}{X(x)}\frac{\mathrm{d}^2 X(x)}{\mathrm{d}x^2} + \frac{1}{Y(y)}\frac{\mathrm{d}^2 Y(y)}{\mathrm{d}y^2} = \alpha^2 \tag{5.113}$$

由于 x 和 y 是相互独立的变量，对于任意的 x 和 y 值，式中的两项之和始终等于常数α^2，为了满足这一条件，式中的每一项都必须是常数。令

$$\frac{1}{X(x)}\frac{\mathrm{d}^2 X(x)}{\mathrm{d}x^2} = -p_m^2 \tag{5.114}$$

式中，p_m 为一个常数。求解可得 $X(x)$ 的表达式为

$$X(x) = C_1 \sin(p_m x) + C_2 \cos(p_m x) \tag{5.115}$$

式中，C_1 和 C_2 为未知系数。

将式(5.114)代入式(5.113)，可得

$$\frac{1}{Y(y)}\frac{\mathrm{d}^2 Y(y)}{\mathrm{d}y^2} = \alpha^2 + p_m^2 \tag{5.116}$$

求解可得 $Y(y)$ 的表达式为

$$Y = C_3 \sinh\left(\sqrt{\alpha^2 + p_m^2}\, y\right) + C_4 \cosh\left(\sqrt{\alpha^2 + p_m^2}\, y\right) \tag{5.117}$$

式中，C_3 和 C_4 为未知系数。需要说明的是，常微分方程(5.114)和(5.116)是线性方程，因此不同分离常数 p_m $(m=0,1,2,\cdots)$ 值的解之和也构成一个解。

此外，式(5.115)和式(5.117)中三角函数和双曲函数的参数可以反转，可令

$$\frac{1}{Y(y)}\frac{\mathrm{d}^2 Y(y)}{\mathrm{d}y^2} = -q_n^2 \tag{5.118}$$

求解可得

$$Y(y) = C_5 \sin(q_n y) + C_6 \cos(q_n y) \tag{5.119}$$

式中，C_5和C_6为未知系数；$n=1,3,\cdots$。

将式(5.118)代入式(5.113)，可得

$$\frac{1}{X(x)}\frac{\mathrm{d}^2 X(x)}{\mathrm{d}x^2}=\alpha^2+q_n^2 \tag{5.120}$$

求解可得

$$X(x)=C_7\sinh\left(\sqrt{\alpha^2+q_n^2}x\right)+C_8\cosh\left(\sqrt{\alpha^2+q_n^2}x\right) \tag{5.121}$$

式中，C_7和C_8为未知系数。

将式(5.115)、式(5.117)、式(5.119)、式(5.121)代入式(5.111)，可以得到H_z的通解的表达式为

$$\begin{aligned}H_z=&\sum_{m=0}^{\infty}\left(K_m\sin(p_m x)+L_m\cos(p_m x)\right)\times\left(M_m\sinh\left(\sqrt{\alpha^2+p_m^2}y\right)+N_m\cosh\left(\sqrt{\alpha^2+p_m^2}y\right)\right)\\&+\sum_{n=0}^{\infty}\left(P_n\sin(q_n y)+Q_n\cos(q_n y)\right)\times\left(R_n\sinh\left(\sqrt{\alpha^2+q_n^2}x\right)+S_n\cosh\left(\sqrt{\alpha^2+q_n^2}x\right)\right)\end{aligned} \tag{5.122}$$

式中，p_m、q_n为分离常数；K_m、L_m、M_m、N_m和P_n、Q_n、R_n、S_n为未知系数，它们可通过应用边界条件得到确定。

对于图5.15，矩形截面磁路的磁场强度H_z随时间正弦变化，其边界条件为：当满足$x=\pm w/2$或者$y=\pm h/2$时，磁场强度$H_z=H_{\mathrm{m}}$，H_{m}为磁场强度的幅值。根据其边界条件，可知磁场强度函数H_z关于x轴和y轴均具有对偶性，因此其表达式中仅包含带有cos和cosh的项，式(5.122)可简化为

$$H_z=\sum_{m=0}^{\infty}L_m\cos(p_m x)\cosh\left(\sqrt{\alpha^2+p_m^2}y\right)+\sum_{n=0}^{\infty}Q_n\cos(q_n y)\cosh\left(\sqrt{\alpha^2+q_n^2}x\right) \tag{5.123}$$

将边界条件代入式(5.123)，可以得到磁场强度H_z的表达式为[8]

$$H_z=\frac{H_{\mathrm{m}}\cosh(\alpha y)}{\cosh\left(\dfrac{\alpha h}{2}\right)}+\sum_{n=0}^{2k+1}\frac{H_{\mathrm{m}}\dfrac{4\alpha^2}{n\pi}\sin\left(\dfrac{n\pi}{2}\right)}{\alpha^2+\dfrac{n^2\pi^2}{h^2}}\frac{\cos\left(\dfrac{n\pi}{h}y\right)\cosh\left(\sqrt{\alpha^2+\left(\dfrac{n\pi}{h}\right)^2}x\right)}{\cosh\left(\sqrt{\alpha^2+\left(\dfrac{n\pi}{h}\right)^2}\dfrac{w}{2}\right)} \tag{5.124}$$

式中，k=1,2,…。

对比式(5.124)与式(5.31)可知，第一项完全相同，式(5.124)的第二项所对应的级数项是二维截面所特有的矩形截面磁路的“端部效应”。

根据麦克斯韦方程，矩形截面磁路在 x 方向上所产生的感应电流密度 J_x 的表达式为

$$J_x=\frac{\partial H_z}{\partial y}=\frac{\alpha H_{\mathrm{m}}\sinh(\alpha y)}{\cosh\left(\frac{\alpha h}{2}\right)}-\sum_{n=0}^{2k+1}\frac{H_{\mathrm{m}}\frac{4\alpha^2}{h}\sin\left(\frac{n\pi}{2}\right)}{\alpha^2+\frac{n^2\pi^2}{h^2}}\frac{\sin\left(\frac{n\pi}{h}y\right)\cosh\left(\sqrt{\alpha^2+\left(\frac{n\pi}{h}\right)^2}x\right)}{\cosh\left(\sqrt{\alpha^2+\left(\frac{n\pi}{h}\right)^2}\frac{w}{2}\right)} \tag{5.125}$$

矩形截面磁路在 y 方向上所产生的感应电流密度 J_y 的表达式为

$$J_y=-\frac{\partial H_z}{\partial x}=-\sum_{n=0}^{2k+1}\frac{H_{\mathrm{m}}\frac{4\alpha^2}{n\pi}\sin\left(\frac{n\pi}{2}\right)}{\left(\sqrt{\alpha^2+\left(\frac{n\pi}{h}\right)^2}\right)^3}\frac{\cos\left(\frac{n\pi}{h}y\right)\sinh\left(\sqrt{\alpha^2+\left(\frac{n\pi}{h}\right)^2}x\right)}{\cosh\left(\sqrt{\alpha^2+\left(\frac{n\pi}{h}\right)^2}\frac{w}{2}\right)} \tag{5.126}$$

由于式(5.125)和式(5.126)的复杂性，采用磁电功率定律计算较为烦琐。这里选择使用基尔霍夫磁动势定律来求解磁路参数。根据安培环路定律[1]，矩形截面磁路的磁动势 $\mathcal{F}_z$ 为

$$\mathcal{F}_z=H_{\mathrm{m}}l \tag{5.127}$$

根据磁通的定义式，由媒介公式(5.22)和式(5.124)可以得到磁通 Φ_z 的表达式为

$$\begin{aligned}\Phi_z&=\int_{-\frac{w}{2}}^{\frac{w}{2}}\int_{-\frac{h}{2}}^{\frac{h}{2}}\mu H_z\mathrm{d}x\mathrm{d}y\\&=\frac{2w\mu H_{\mathrm{m}}}{\alpha}\frac{\sinh\left(\frac{\alpha h}{2}\right)}{\cosh\left(\frac{\alpha h}{2}\right)}+\sum_{n=0}^{2k+1}\frac{\mu H_{\mathrm{m}}\frac{16\alpha^2h}{n^2\pi^2}\sin^2\left(\frac{n\pi}{2}\right)}{\left(\sqrt{\alpha^2+\left(\frac{n\pi}{h}\right)^2}\right)^3}\frac{\sinh\left(\sqrt{\alpha^2+\left(\frac{n\pi}{h}\right)^2}\frac{w}{2}\right)}{\cosh\left(\sqrt{\alpha^2+\left(\frac{n\pi}{h}\right)^2}\frac{w}{2}\right)}\end{aligned} \tag{5.128}$$

根据基尔霍夫磁动势定律，可以得到矩形截面磁路的磁导纳 $\mathcal{Y}$ 的表达式为

$$\mathcal{Y}=\frac{\Phi_z}{\mathcal{F}_z}==\frac{2\mu w}{\alpha l}\frac{\sinh\left(\frac{\alpha h}{2}\right)}{\cosh\left(\frac{\alpha h}{2}\right)}+\sum_{n=0}^{2k+1}\frac{\mu\frac{16\alpha^2 h}{n^2\pi^2 l}\sin^2\left(\frac{n\pi}{2}\right)}{\left(\sqrt{\alpha^2+\left(\frac{n\pi}{h}\right)^2}\right)^3}\frac{\sinh\left(\sqrt{\alpha^2+\left(\frac{n\pi}{h}\right)^2}\frac{w}{2}\right)}{\cosh\left(\sqrt{\alpha^2+\left(\frac{n\pi}{h}\right)^2}\frac{w}{2}\right)} \tag{5.129}$$

将式(5.111)代入式(5.129)，可得

$$\mathcal{Y}=\frac{\Phi_z}{\mathcal{F}_z}=\frac{2\mu w\delta}{(1+\mathrm{j})l}\frac{\sinh\left((1+\mathrm{j})\frac{h}{2\delta}\right)}{\cosh\left((1+\mathrm{j})\frac{h}{2\delta}\right)}+\sum_{n=0}^{2k+1}\frac{\mathrm{j}\frac{16\omega\mu^2\sigma h}{n^2\pi^2 l}\sin^2\left(\frac{n\pi}{2}\right)}{\left(\sqrt{\mathrm{j}\omega\mu\sigma+\left(\frac{n\pi}{h}\right)^2}\right)^3}\frac{\sinh\left(\sqrt{\mathrm{j}\omega\mu\sigma+\left(\frac{n\pi}{h}\right)^2}\frac{w}{2}\right)}{\cosh\left(\sqrt{\mathrm{j}\omega\mu\sigma+\left(\frac{n\pi}{h}\right)^2}\frac{w}{2}\right)} \tag{5.130}$$

对于矩形截面磁路，理论上采用分离变量法难以有效分离磁导纳的实部与虚部，如式(5.130)所示，因此只能进一步依赖计算机完成磁路参数计算。通过将矩形截面磁路的几何尺寸、电磁参数以及运行工况代入，即可求解其磁路参数。

总体而言，在应用分离变量法时，需要先从通解(5.122)中选择满足边界条件的特殊级数，使每个级数形成一个正交函数的完整集合，从而任何边界函数都可以被这些级数表示为式(5.123)。若在正交边界面上出现非齐次(即非零)边界条件，则解将由在对应方向上振荡的一系列函数的叠加组成，即式(5.124)，这种类型的解包含二维问题的单级数项。尽管分离变量法在分析上较为方便，但其理论计算量较大，难以将磁阻参数与磁抗参数有效地分离出来。

5.4.3 复杂截面磁路的磁路参数

除了 5.2 节讨论的硅钢片截面、5.3 节讨论的圆形截面以及本节讨论的矩形截面所组成的磁路，在实际应用中，还涉及一些磁路截面更为复杂的磁路，如图 5.16 所示。解决这类复杂截面磁路参数问题的思路与本章处理其他磁路所采用的方法一致，根据实际需求选择建立矢量磁网络求解或者结合电磁场理论求解。

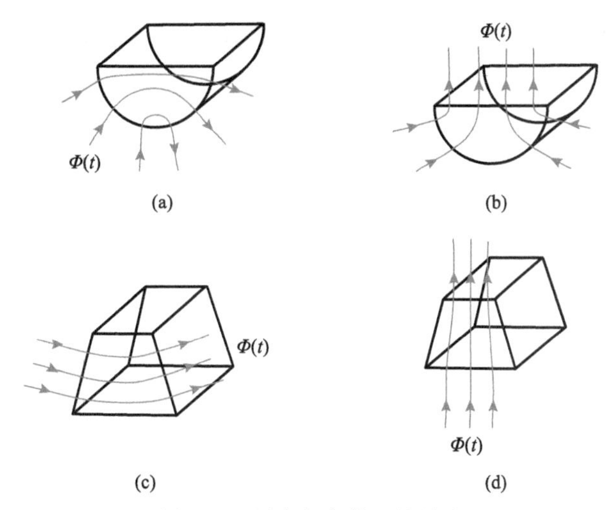

图 5.16　具有复杂截面的磁路

对于结合电磁场理论的求解方法，步骤如下：首先，通过考虑磁路磁通的路径及分布，选择适当的位置建立坐标系；其次，结合电磁场理论或电路理论，通过数学方法求解磁路中磁路变量的集总表达式，如磁动势、磁通、有功功率、无功功率等；最后，根据磁电功率定律与基尔霍夫磁路定律，推导出所需的磁路参数表达式。

对于具有更复杂结构的磁路，可将其按照磁通路径分割为多个简单磁路，对于每一个简单磁路可根据上述磁路参数计算过程进行分别推导，再根据矢量磁路理论中磁路元件的串联与并联的关系进行求解。

参考文献

[1] Kazimierczuk M. High-frequency Magnetic Components[M]. 2nd ed. New York: Wiley, 2013.

[2] 卡罗尼尔·麦克莱曼. 变压器与电感器设计手册[M]. 周京华, 龚绍文, 译. 北京: 中国电力出版社, 2014.

[3] Beckley P. Electrical Steels for Rotating Machines[M]. London: The Institution of Electrical Engineers, 2002.

[4] 冯慈璋, 马西奎. 工程电磁场导论[M]. 北京: 高等教育出版社, 2000.

[5] Ulaby F T, Michielssen E, Ravaioli U. Fundamentals of Applied Electromagnetics[M]. 7th ed. London: Prentice Hall, 2010.

[6] Mayergoyz I D, Lawson W. Basic Electric Circuit Theory: A One-Semester Text[M]. Cambridge: Academic Press, 1996.

[7] 倪光正. 工程电磁场原理[M]. 北京: 高等教育出版社, 2002.

[8] Stoll R L. The Analysis of Eddy Currents[M]. Oxford: Oxford University Press, 1974.

[9] Lammeraner J, Stafl M, Toombs G A. Eddy Currents[M]. London: Iliffe Books Ltd, 1966.

[10] Suresh Kumar K S. Electric Circuit Analysis[M]. New Delhi: Dorling Kindersley (India), 2013.

[11] Qin W, Cheng M, Zhu S, et al. Reluctance and magductance calculation of laminated core under different frequency for electrical machines[C]. The 25th International Conference on Electrical Machines and Systems, Chiang Mai, 2022: 1-6.

[12] Qin W, Cheng M, Wang J X, et al. Compatibility analysis among vector magnetic circuit theory, electrical circuit theory, and electromagnetic field theory[J]. IEEE Access, 2023, 11: 113008-113016.

[13] Tumański S. Handbook of Magnetic Measurements[M]. Boca Raton: CRC Press, 2011.

第 6 章　时变磁感及超导体特性分析

6.1　概　　述

前面各章中，均认为磁感本身的参数不随时间而变化，或者随时间的变化是可以忽略的，即磁感是非时变的。在此条件下，讨论了矢量磁路的定律与定理，建立了常用截面的磁路参数计算方法，并对磁性材料的损耗解析计算、磁通集肤效应等方面进行了分析，揭示了磁电功率定律等新规律，提出了复合磁感元件构成原理及设计方法等，为矢量磁路理论丰富发展和工程应用奠定了坚实的基础。

本章将揭示磁感本身随时间而变化所产生的新现象与新规律，并利用超导体的电阻在临界温度点发生突变的特性，用超导线圈构造磁感元件，实验验证时变磁感所具有的特性，即时变磁感的磁电感应定律[1,2]。在此基础上，进一步利用磁电感应定律尝试从宏观电磁学角度阐释超导体的迈斯纳效应等特殊的电磁物理现象[3]。

6.2　恒定磁通下的电磁感应现象

由磁感元件的定义式(2.10)，可知

$$\Gamma = \mathcal{L}\Phi \tag{6.1}$$

由式(2.15)可得磁感元件上感应产生的磁动势为

$$\mathcal{F} = \frac{\mathrm{d}\Gamma}{\mathrm{d}t} = \frac{\mathrm{d}(\mathcal{L}\Phi)}{\mathrm{d}t} = \mathcal{L}\frac{\mathrm{d}\Phi}{\mathrm{d}t} + \Phi\frac{\mathrm{d}\mathcal{L}}{\mathrm{d}t} = \mathcal{F}_{\Phi} + \mathcal{F}_{\mathcal{L}} \tag{6.2}$$

式中

$$\mathcal{F}_{\Phi} = \mathcal{L}\frac{\mathrm{d}\Phi}{\mathrm{d}t} \tag{6.3}$$

$$\mathcal{F}_{\mathcal{L}} = \Phi\frac{\mathrm{d}\mathcal{L}}{\mathrm{d}t} \tag{6.4}$$

式(6.2)表明，磁感元件上所产生的磁动势 $\mathcal{F}$ 由两项组成，第一项 $\mathcal{F}_{\Phi}$ 为磁通 $\Phi(t)$ 变化感应的电流所产生，对应的感应电流或感应电势遵循法拉第电磁感应定律；第二项 $\mathcal{F}_{\mathcal{L}}$ 为恒定磁通下磁感 $\mathcal{L}(t)$ 变化感应的电流(电动势)所产生，因为此时磁通 Φ 保持恒定，且磁通与线圈之间没有相对运动，它不满足法拉第电磁感应定律。这意味着，除了依据法拉第电磁感应定律，磁场在线圈中可能产生感生电动势或动生电动势外，还存着第三种“磁生电”的方式，它不符合法拉第电磁感应定律，而是由磁感的时变引起的，将 $\mathcal{F}_{\mathcal{L}}$ 对应的感应电流/电动势称为磁感电流/电动势。

为区别于熟知的法拉第电磁感应定律，将式(6.4)称为“磁电感应定律”(magnetoelectric induction law, MIL)，它揭示了一种不同于法拉第电磁感应定律的全新电磁感应原理，即在恒定磁通下磁感时变在线圈中产生感应电流的物理规律。

6.2.1 理论分析

在式(6.2)中，等式右侧的第一项涉及法拉第电磁感应定律，作为电磁学的基础原理，已为人们熟知，无须额外分析证明[4-6]。因此，本节主要分析具有时变磁感元件的第二项，也就是式(6.4)。

根据电导率σ的定义，可知[5]：

$$\sigma = -\rho_e v_e \tag{6.5}$$

式中，ρ_e 为自由电子的电荷密度，它通常为负值；v_e 为自由电子的迁移率，一般为正值。

根据自由电荷的定义式，可知[6]：

$$Q = \int_V -\rho_e \mathrm{d}V = -\rho_e S_{\mathcal{L}} l_{\mathcal{L}} \tag{6.6}$$

式中，$S_{\mathcal{L}}$ 为磁感元件的导体等效截面积；$l_{\mathcal{L}}$ 为磁感元件的导体等效长度。

将式(6.5)和式(6.6)代入磁感的定义式(6.1)，可得

$$\mathcal{L} = \frac{N_2 Q}{\Phi} = \frac{N_2 \sigma S_{\mathcal{L}} l_{\mathcal{L}}}{v_e \Phi} \tag{6.7}$$

式(6.7)表明，当磁感元件的电导率σ发生变化时，磁感元件的磁感参数随之变化，可通过调整磁感元件的电导率来改变其磁感参数。因此，在此将磁感参数随时间发生变化的磁感元件称为时变磁感元件，将磁感参数不随时间变化的磁感元件称为时不变磁感元件。显然，前面各章中讨论的磁感元件均属于时不变磁感元件。特别地，当磁感元件的磁感参数不随时间变化，即 $\mathrm{d}\mathcal{L}(t)/\mathrm{d}t = 0$ 时，式(6.2)转化成式(6.3)，也就是式(2.16)，说明时不变磁感元件是时变磁感元件的一种特殊情况。

为了在实验中验证这一新的电磁感应现象，需选择一种电导率易变的材料。众所周知，当超导材料的冷却温度低于临界温度时，其电阻将消失，这表示超导材料的电导率发生了跃变[7]。由于闭合超导线圈的电导率会随温度的变化而改变，其磁感值也将根据式(6.7)而变动。因此，这里选择超导材料制作闭合线圈，构成时变磁感元件，以进行实验。基于式(6.4)，可以绘制在恒定磁通下时变磁感元件在不同条件下的感应电流(磁动势)变化波形，如图 6.1 所示，它阐明了闭合超导线圈产生的感应电流与磁感值变化之间的关系。

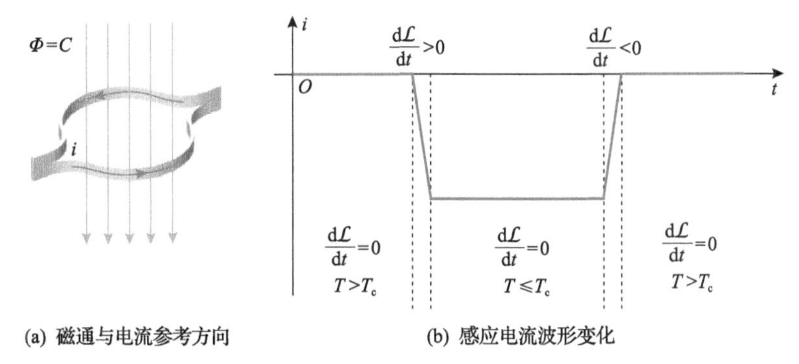

图 6.1　恒定磁通下闭合超导线圈中感应电流(磁动势)的变化规律

图 6.1(a)为闭合超导线圈中匝链的磁通与感应电流的参考方向，并认为磁通保持恒定。图 6.1(b)为超导线圈中的感应电流变化曲线，图中 T_c 为超导材料的临界温度，当温度高于该临界温度时，超导线圈处于常导态；当温度低于或等于该临界温度时，超导线圈进入超导态，即电阻等于零。整个分析过程分为三个阶段。

第一阶段：在恒定磁通下，由于闭合超导线圈的温度高于临界温度，处于常导态，电阻及其磁感值不发生变化，根据式(6.4)，闭合超导线圈内不会产生感应磁动势(感应电流)。

第二阶段：随着闭合超导线圈的温度降至临界温度 T_c 以下，它进入超导态，电阻快速降至零，电导率趋于无穷大，导致其磁感值突然增加，根据式(6.4)和式(6.7)，变化的磁感值在闭合超导线圈中产生了感应磁动势(感应电流)。在闭合超导线圈的温度达到最低值后，由于闭合超导线圈的温度和磁通保持不变，超导线圈的电阻维持为零，根据式(6.4)，闭合超导线圈不再产生感应磁动势，但由于超导体的零电阻特性，闭合超导线圈中的感应电流保持不变。

第三阶段：随着闭合超导线圈温度回升至临界温度 T_c 以上，超导线圈的电导率回复到常值，闭合超导线圈的磁感值迅速下降，导致产生与之前感应磁动势方向相反的感应磁动势(感应电流)，抵消了先前的感应磁动势。当温度回到室温时，由于闭合超导线圈的电阻和反向感应磁动势的作用，闭合超导线圈中的磁动势最终降至零。此外，在磁路的磁通方向相反时，根据右手螺旋定则，闭合超导线圈中的电流表现出与图 6.1 相反的变化趋势，分析过程一致。

6.2.2　闭合超导线圈的实验验证

为验证磁电感应定律和磁感电流现象的存在，选择了闭合超导线圈作为实验对象，并搭建了相应的实验装置，具体如图 6.2(a)所示。为了确保闭合超导线圈中感应电流的产生不受超导导线端点焊接电阻的影响，直接将一定长度的超导导线从中间劈开，但同时保持两端连接，从而构成了无焊点的闭合超导线圈。该闭合超导线圈被置于杜瓦中，使用钳形电流探头夹住超导线圈，并在闭合超导线圈的一端放置了一个永磁体，以提供与闭合超导线圈匝链的恒定磁通，如图 6.2(b)所示，实验装置的器材及其参数见表 6.1。通过电流探头(Tektronix TCP305A)和电流放大器测量闭合超导线圈中的感应电流，并由示波器显示。若无特殊说明，在不同的冷却过程中，永磁体的 S 极一直指向上方，而 N 极指向下方，如图 6.2(a)所示。为了减小误差，在杜瓦上标记了永磁体需要移动的位置，并且在每次实验操作中均将永磁体移动到杜瓦上标记的固定位置。

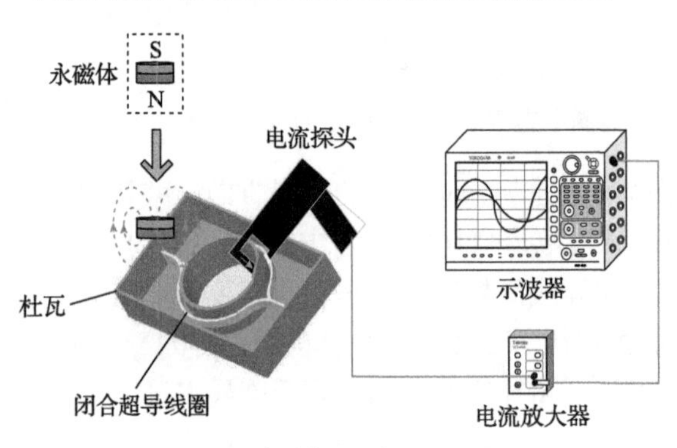

(a) 实验装置示意图

(b) 实验装置实物图

图 6.2　磁电感应定律验证装置

表 6.1　闭合超导线圈实验装置的器材及其参数

器材名称	参数	数值
闭合超导线圈	长	200mm
	宽	45mm
	厚	0.2mm
	匝数	1
	材料型号	YBCO-PA1212
闭合超导线圈	临界温度 T_c	92K
	冷却媒介	液氮

续表

器材名称	参数	数值
杜瓦	长	210mm
	宽	70mm
	高	30mm
	沟槽深	12mm
	材料	白色聚氨酯软泡沫塑料
永磁体（小）	直径	5mm
	高	2mm
	表面最大磁密	0.22T
	材料型号	N35 NdFeB
永磁体（大）	直径	20mm
	高	10mm
	表面最大磁密	0.38T
	材料型号	N35 NdFeB

验证实验分为两个部分：第一部分，无磁场冷却(zero field cooled，ZFC)实验和有磁场冷却(field cooled，FC)实验，旨在逐项验证式(6.2)，实验结果如图 6.3(a)和(b)所示；第二部分，为了进一步验证磁电感应定律的有效性，改变有磁场冷却实验中的磁通方向以及磁路中的磁通大小，重复上述实验，结果如图 6.3(c)和(d)所示。

无磁场冷却的实验结果如图 6.3(a)所示，按照图中的虚线可分为三个阶段。

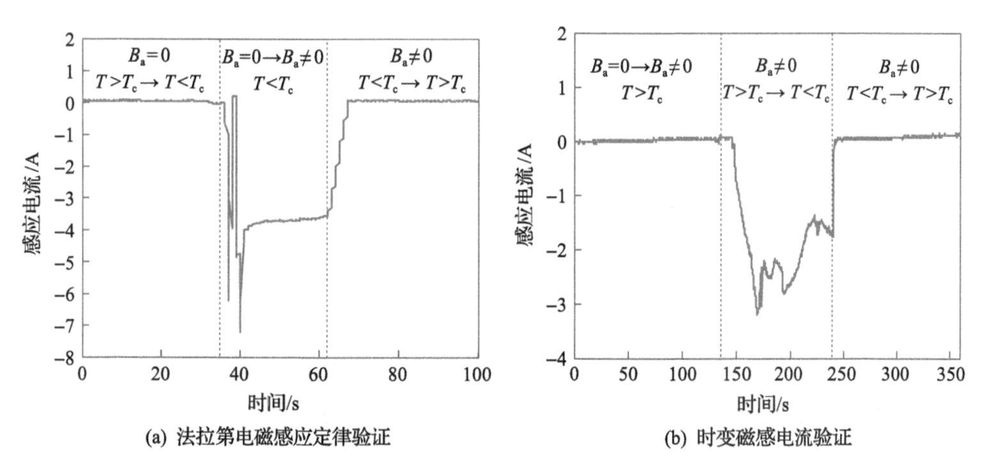

(a) 法拉第电磁感应定律验证　　(b) 时变磁感电流验证

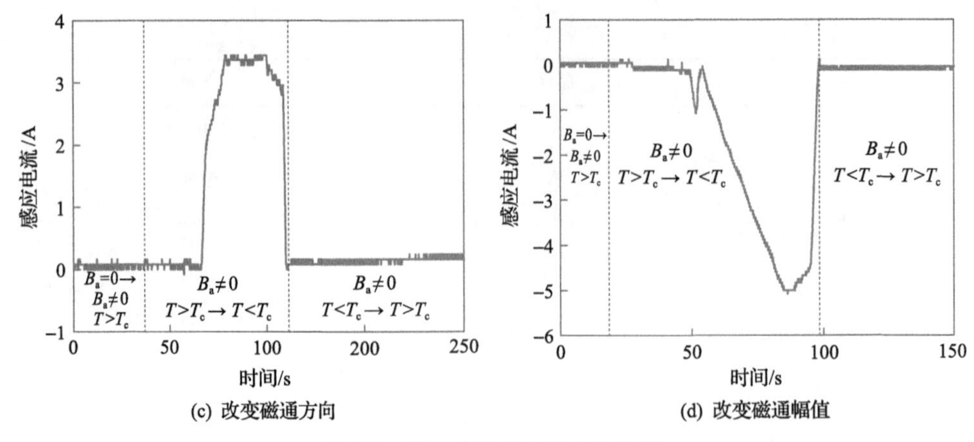

图 6.3　磁电感应定律的实验结果

第一阶段：在不施加外磁场的情况下向杜瓦中注入液氮，将闭合超导线圈冷却至低于超导体的临界温度 T_c，使其进入超导态。在这个阶段，由于磁通为零且不发生变化，根据式(6.2)，闭合超导线圈内没有产生感应电流。

第二阶段：默认闭合超导线圈温度不发生大幅度变化，在 35s 左右将永磁体移动到杜瓦上标定的位置。由于闭合超导线圈所匝链的磁通发生了变化，可以在闭合超导线圈中观察到安培级感应电流，这一现象符合法拉第电磁感应定律。由于闭合超导线圈具有零电阻特性，电流在 40～62s 保持在大约 3.5A。

第三阶段：即在 62～68s，由于杜瓦中的液氮挥发，闭合超导线圈失去超导状态，常温下闭合超导线圈的电阻较大，闭合超导线圈中的感应电流最终降至零。闭合超导线圈中的感应电流方向与电流探头定义的正方向相反，因此在示波器上呈现为负曲线，与楞次定律的描述相一致，验证了式(6.2)第一项的正确性，如图 6.3(a)所示。

有磁场冷却的实验结果如图 6.3(b)所示，尽管磁通保持不变，但明显观察到了由于磁感值变化引起的感应电流(磁动势)。按照图中的虚线，可以将这一过程分为三个阶段。

第一阶段：在室温下将永磁体缓慢移动到杜瓦上标记的位置，使永磁体产生的磁场与闭合超导线圈相互匝链。由于永磁体移动较慢，而且室温下闭合超导线圈的电阻相对较大，此阶段并未观察到明显的感应电流。

第二阶段：从约 140s 开始，将液氮注入杜瓦并保持永磁体在标记位置。在闭合超导线圈进入超导态的过程中，观察到了明显的感应电流。这一发现证明了在恒定磁场的情况下，闭合超导线圈中产生了磁感电流现象。由于温度变化导致闭合超导线圈的磁感值变化，从而产生了磁感电流，这与图 6.1 中的理论分析一致。在接下来的 3min 左右时间内，通过不断向杜瓦注入液氮，保持闭合超导线圈处于超导状态，维持其零电阻特性，感应电流维持在 2A 左右。需要说明的是，在实验中由于反复注入液氮到杜瓦中，闭合超导线圈经历了多次冷却循环。这一系列反复冷却过程导致闭合超导线圈中的磁感电流呈现约 2A 的波动，而非保持在一个恒定值。

第三阶段：由于杜瓦中的液氮挥发，闭合超导线圈失超，磁感值的突然下降引起了与之前相反的感应电流，使得闭合超导线圈中总的感应电流逐渐减小直至消失。磁感值变化引起的感应电流方向与电流探头正方向相反，因此在示波器上的电流呈现为负值曲线，如图 6.3(b)所示。这一实验结果不仅验证了式(6.2)的正确性，而且明确证实了磁感电流现象的存在，证明了磁电感应定律(6.4)的有效性。

此外，在有磁场冷却的实验中，改变永磁体的极性，调整了磁路中恒定磁通的方向，实验结果如图 6.3(c)所示，与式(6.4)的理论分析相一致，改变恒定磁场的磁通方向确实导致了闭合超导线圈中磁动势(感应电流)发生极性相应变化。对比图 6.3(b)和(c)可知，闭合超导线圈中感应电流幅值与变化趋势基本一致，仅方向发生了变化，证明了式(6.4)的有效性。需要说明的是，采用液氮浇灌的冷却方式，导致图 6.3(b)和(c)中感应电流波形以及持续时间产生差异。

最后，通过用大永磁体替换小永磁体，改变了磁路中的磁通幅值，并按照图 6.3(b)的步骤重复进行了有磁场冷却的实验。实验结果如图 6.3(d)所示，大永磁体参数如表 6.1 所示。容易观察到，图 6.3(d)中感应电流的总体趋势基本与图 6.3(b)一致。根据式(6.4)，更大的恒定磁通显然会导致更大的感应电流，与图 6.3(b)所呈现的实验结果一致。

综上所述，通过对比不同冷却方式、不同磁通方向以及不同磁通幅值的实验，实现了对磁电感应定律有效的定性验证。同时，图 6.3(a)第一阶段的无场冷却实验结果表明，当没有外加磁场时，超导体冷却过程中没有产生感应电流，从而排除了温差能等其他因素可能对实验结果的影响。

需要说明的是，由于目前无法获得超导线圈电阻随温度和时间的定量变化曲线，从而无法使用式(6.4)定量求解闭合超导线圈中的感应电流，因此依靠现有的实验平台只能进行定性验证，无法进行定量验证。对闭合超导线圈中感应电流的定量评估与计算有待进一步研究。

6.3　超导体迈斯纳效应机理分析

超导体是指在低于其临界温度 T_c 的条件下表现为零电阻的导体。在超导状态下，超导体呈现出两个主要的特性，即零电阻性(完美的电导性)和迈斯纳效应(完全的抗磁性)[7,8]。这些独特的性质使得超导体在电气工程等领域中具有广泛的应用前景[9]，如超导电缆、超导变压器、超导故障限流器、超导电机、超导存储系统以及其他相关设备，这些电磁装备的成功开发和演示验证了超导体的实用性和重要性[10-12]。超导体不仅在电气工程领域有着显著贡献，还在信息技术、交通运输、科学仪器、医疗、国防、大型科学工程等多个领域都发挥着关键作用[13,14]。超导体的独特性质使其成为学术研究和工程应用中备受关注的材料。

将超导体置于弱磁场中，不论是先将超导体冷却至超导态再加入磁场(无磁场冷却)，还是先加入磁场后再冷却超导体至超导态(有磁场冷却)，超导体均呈现对磁场的排斥现象，这称为迈斯纳效应，也被认为是超导体最基本的性质之一，如图 6.4 所示。

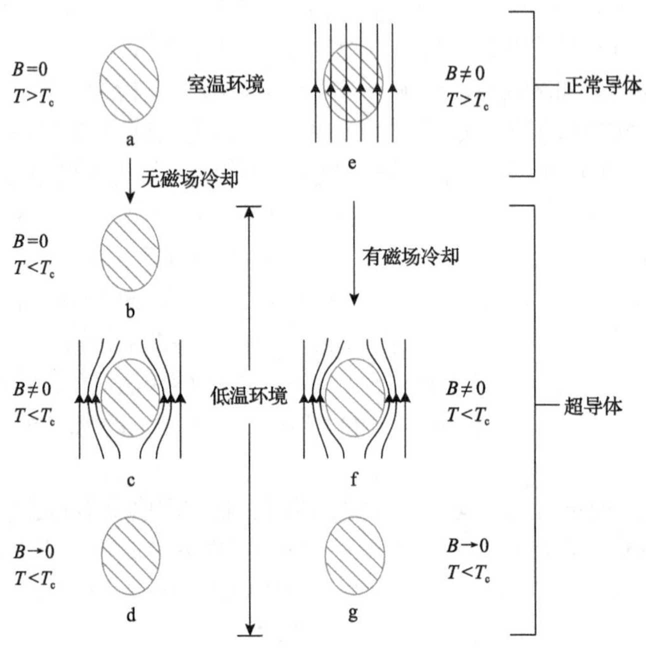

图 6.4　不同冷却过程下超导体的完全抗磁性

尽管迈斯纳效应自 1933 年由 Meissner 和 Ochsenfeld[15]发现以来已有 90 多年历史，但在传统的超导理论中，一直未能从宏观电磁学角度对迈斯纳效应的机理进行清晰的解释[16-20]。1935 年，London 兄弟提出了首个成功描述超导体电流电动力学的 London 理论[21,22]。该理论通过引入两个额外的方程，结合麦克斯韦方程，解析超导体内的电磁场分布。然而，这两个额外的 London 方程是基于对超导体行为的实验观察而设计的。尽管 London 理论成功地描述了迈斯纳效应的实验结果，却未能解释超导体在有磁场冷却实验中屏蔽电流生成的机制，而只是基于对现象的观察提出了相关的假设[9, 16]。正如文献[16]中所指出的那样，London 理论是成功的，但也存在不足。直至 1950 年，Ginzburg 和 Landau 基于对波函数的量子效应考虑，提出了一种将电磁学与热力学相结合的 Ginzburg-Landau 理论[9,23]。尽管

Ginzburg-Landau 理论成功地解释了迈斯纳效应，但其中涉及的复杂代数公式对在工程环境中迅速分析实际工程问题提出了挑战[16]。在实际工程应用中，迫切需要更简化和实用的方法[17]。1957 年，Bardeen、Cooper 和 Schrieffer[24]提出微观 BCS 理论，揭示了迈斯纳效应背后的基本原理及其运行机制，为超导体的迈斯纳效应提供了微观解释。然而，超导体的微观 BCS 理论异常复杂，要求对量子力学有深刻的理解，在宏观的工程应用中仍然具有较大挑战性，并且对于初步理解迈斯纳效应并无太多帮助[16]。近年来，学者尝试利用空穴超导理论[25]或量子力学理论[26]来深入研究迈斯纳效应的起源。然而，由于其理论的复杂性，在实际工程应用中仍然面临难以实时计算和快速分析的挑战[17]。对于工程应用，超导体理论应该能够让相关工程人员快速理解并直观把握主题，而不必深入研究复杂的理论细节。

因此，本节尝试从磁路的角度深入理解和分析超导体的迈斯纳效应。利用矢量磁路理论对超导体的迈斯纳效应进行建模，结合磁电感应定律，从宏观角度探讨超导体迈斯纳效应的基本机理[3]。此外，运用磁电感应定律，从宏观角度分析有磁场冷却和无磁场冷却实验下超导体的屏蔽电流分布，并能够辨别理想导体和超导体，通过建立的实验平台进行实验验证。

6.3.1　超导体的完全抗磁性

为深入研究图 6.4 中超导体的迈斯纳效应，需要建立更为简单直接的磁路模型。因此，将图 6.4 中的超导体简化为基本磁路模型，如图 6.5(a)所示。在该磁路模型中，通过励磁绕组产生超导体所受的外加磁场。为更容易地确定超导体中屏蔽电流的方向，将超导体等效为一个多匝的闭合超导线圈，其物理形式与集中式磁感元件一致。励磁绕组所产生的磁通通过磁路与闭合的超导线圈相互匝链。在图 6.5(a)中，$U_1(t)$为励磁绕组的电压，$I_1(t)$为励磁绕组的电流，R_1为励磁绕组的电阻，N_1 为励磁绕组的匝数，$e_1(t)$为励磁绕组的电动势；此外，$e(t)$为闭合超导线圈的感应电势，$I(t)$为闭合超导线圈的屏蔽电流，R 为闭合超导线圈的电阻，N 为闭合超导线圈的匝数。μ 为磁路的磁导率，σ 为闭合超导线圈的电导率，$\Phi(t)$为磁路的磁通，l 为磁路的等效长度，S 为磁路的等效截面积。

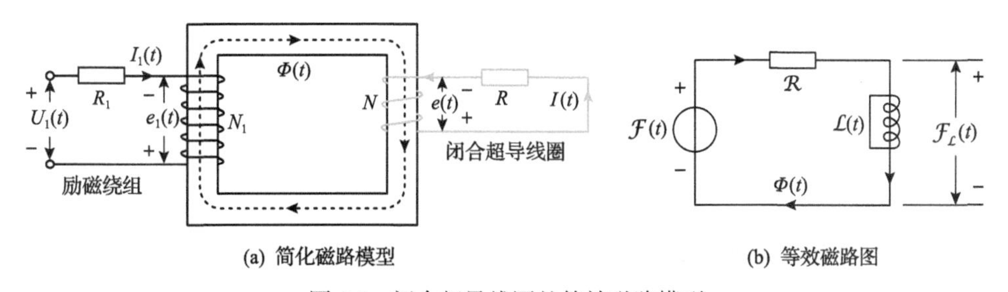

图 6.5　闭合超导线圈的等效磁路模型

对于图 6.5(a)，根据安培环路定律，可知[27]：

$$\oint H(t)\mathrm{d}l = N_1 I_1(t) - NI(t) \tag{6.8}$$

由磁源的定义式(2.63)以及磁阻的定义式(2.1)可知：

$$\mathcal{F}(t) = N_1 I_1(t) \tag{6.9}$$

$$\oint H(t)\mathrm{d}l = \mathcal{R}\Phi(t) \tag{6.10}$$

将式(6.9)和式(6.10)代入式(6.8)，可得

$$\mathcal{F}(t) = \mathcal{R}\Phi(t) + NI(t) = \mathcal{R}\Phi(t) + N\frac{\mathrm{d}Q}{\mathrm{d}t} \tag{6.11}$$

将磁感的定义式(2.10)代入式(6.11)，可得

$$\mathcal{F}(t) = \mathcal{R}\Phi(t) + \mathcal{L}(t)\frac{\mathrm{d}\Phi(t)}{\mathrm{d}t} + \frac{\mathrm{d}\mathcal{L}(t)}{\mathrm{d}t}\Phi(t) \tag{6.12}$$

式(6.12)为包含时变磁感元件的基尔霍夫磁动势定律，根据式(6.7)，可知超导体的电导率会随着温度发生变化，其磁感参数也会随着电导率的变化而变化，因此用 $\mathcal{L}(t)$ 表示时变磁感。根据式(6.12)，可以得到其等效磁路如图 6.5(b)所示。

由磁电感应定律(6.4)可知，在闭合超导线圈中，屏蔽电流 $I(t)$ 可以通过两种不同的方式生成。第一种方式是，在保持磁感 $\mathcal{L}(t)$ 恒定的情况下改变磁通 $\Phi(t)$，从而产生屏蔽电流(法拉第电磁感应定律)。第二种方式是，通过使磁感 $\mathcal{L}(t)$ 随时间变化而保持磁通 $\Phi(t)$ 不变，屏蔽电流 $I(t)$ 直接取决于磁通 $\Phi(t)$ 和磁感变化率 $\mathrm{d}\mathcal{L}/\mathrm{d}t$(磁电感应定律)。下面将利用法拉第电磁感应定律和磁电感应定律探究超导体在无磁场冷却和有磁场冷却条件下屏蔽电流的生成机理，如图 6.4 所示。

对于超导体的无磁场冷却过程(a→b→c→d)，在 a→b 的过程中，无外加磁场的条件下，随着温度从室温降到临界温度 T_c 以下，样品由正常导体转变为超导体。在这个过程中，磁通 $\Phi = 0$ 且 $\mathrm{d}\Phi/\mathrm{d}t = 0$ 成立，由式(6.3)和式(6.4)可知，样品上没有感应磁动势(屏蔽电流)产生。

对于 b→c 的过程，样品为超导态且环境温度保持恒定。由磁感参数的定义可知，磁感 $\mathcal{L}$ 是一个常数，即 $\mathrm{d}\mathcal{L}/\mathrm{d}t = 0$。在施加外磁场到样品的过程中，与样品所匝链的磁通发生变化，$\mathrm{d}\Phi/\mathrm{d}t > 0$。由式(6.3)可知，在样品中产生了感应磁动势(屏蔽电流)。由于超导体电导率趋于无穷，由式(6.7)可知，样品的磁感 $\mathcal{L}$ 趋于无穷大。由式(6.12)可知，磁路的磁通趋于零。因此，样品在无磁场冷却条件下表现出完全抗磁性。

对于 c→d 的过程，样品为超导态且环境温度保持恒定。由式(6.7)可知，磁感 $\mathcal{L}$ 是一个常数，即 $\mathrm{d}\mathcal{L}/\mathrm{d}t=0$。随着施加的外磁场逐渐减小，即 $\mathrm{d}\Phi/\mathrm{d}t<0$。由式(6.3)可知，样品释放其内部存储的电能以抵消磁通的变化，随着施加的外磁场减小到零，在样品中产生一个与原始屏蔽电流抵消的反向电流，导致通过样品的磁通降为零。

对于超导体的有磁场冷却过程(e→f→g)，在 e→f 的过程中，有外加磁场的条件下，随着样品环境温度的降低，样品由正常导体过渡到超导体，表现出零电阻特性，样品的电导率随温度降低而增加($\sigma\to\infty$)。这意味着在相同磁通的条件下，随着样品环境温度的降低，样品中移动的自由电荷数量增加。因此，根据式(6.7)，样品的等效磁感增加，即 $\mathrm{d}\mathcal{L}/\mathrm{d}t>0$。在这个过程中，磁通 $\Phi\neq0$，$\mathrm{d}\Phi/\mathrm{d}t=0$，根据式(6.4)，样品中产生了感应磁动势(屏蔽电流)。由于样品进入超导态时其磁感值急剧增加，即 $\mathcal{L}$ 趋于无穷，根据式(6.12)，磁路中的磁通趋于零。因此，样品在有磁场冷却过程中表现出完全抗磁性。

在 f→g 的过程中，样品为超导体，且环境温度保持恒定。根据式(6.7)，样品的磁感保持恒定，即 $\mathrm{d}\mathcal{L}/\mathrm{d}t=0$。随着外加磁场逐渐减小，即 $\mathrm{d}\Phi/\mathrm{d}t<0$，根据式(6.3)，样品释放其存储的电能以抵消磁通的变化，随着外加磁场减小到零，存储在样品中的能量被完全释放。此时，样品中的磁通为零。

综上所述，通过矢量磁路理论中的磁电感应定律，成功地建立了超导体的零电阻特性与完全抗磁性之间紧密的耦合关系，揭示了超导体迈斯纳效应的根本原因是磁通变化和磁感变化，它简单明了地诠释了迈斯纳效应产生的机制。磁电感应定律在超导理论及其应用中具有重要意义，能够以通俗易懂的方式解释和分析超导应用过程中产生的复杂物理现象。

6.3.2 超导体屏蔽电流的分布

在探究超导体的迈斯纳效应时，除了运用 London 理论对超导体的屏蔽电流分布进行分析，还可应用所提出的磁电感应定律，研究有磁场冷却和无磁场冷却条件下超导体中屏蔽电流的分布情况。

以无磁场冷却的 b→c 过程为例，如图 6.4 所示，此时样品已经从普通导体状态过渡到超导态。在施加外加磁场的过程中，由磁场的作用规律可知，外加磁场所产生的磁通首先与超导体表面相互作用。在这个过程中，$\mathrm{d}\mathcal{L}/\mathrm{d}t=0$ 且 $\mathrm{d}\Phi/\mathrm{d}t>0$。根据电磁感应定律，样品表面的磁感产生了感应磁动势(屏蔽电流)。这种感应磁动势在样品的外表面自由流通，形成了一种三维几何结构。应用磁路的基尔霍夫定律可知，三维屏蔽电流使得磁路中磁通幅值趋于零，从各个方向阻止了磁通流入样品内部。因此，在无磁场冷却中，屏蔽电流主要分布在样品表面。

对于有磁场冷却的 e→f 过程，通过磁电感应定律和基尔霍夫磁动势定律得到的感应磁动势(屏蔽电流)的分布如图 6.6 所示。在样品冷却开始之前，样品在室温下被恒定磁通穿透，如图 6.6(a)所示。随着冷却过程的开始，样品逐渐从表面向内部冷却，这里使用三种色度表示冷却程度，较深的色表示较低的温度。自然地，表面(黑色区域)将在整个冷却过程中首先达到临界温度 T_c，这表明这部分首先进入超导态。由磁电感应定律，样品的表面(黑色区域)产生了三维感应磁动势(屏蔽电流)。同时，由基尔霍夫磁动势定律(6.12)，球形黑色外壳中的感应磁动势阻止了磁通进入样品的内部。因此，当灰色和白色区域低于临界温度 T_c 时，$\Phi=0$ 且 $\mathrm{d}\Phi/\mathrm{d}t=0$，由式(6.3)和式(6.4)可知，在样品灰色和白色区域中没有产生感应磁动势(屏蔽电流)。当样品的冷却过程结束后，所产生感应磁动势(屏蔽电流)仅分布在样品表面的一层，如图 6.6(b)所示，这与文献[16]和[28]中所描述的结果一致。

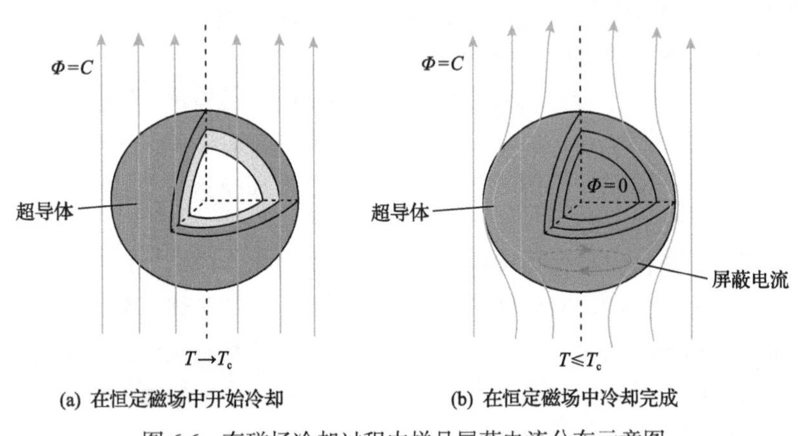

图 6.6　有磁场冷却过程中样品屏蔽电流分布示意图

6.3.3　超导体与理想导体

在 1911 年发现超导现象后的 22 年里，科学家基于电磁学的基本原理认为超导体是一种具有零电阻特性的理想导体[16,29]。直到 1933 年发现超导体的完全抗磁性，即迈斯纳效应[22]，才开始关注超导体与理想导体之间是否存在差异。实际上，实验证明超导体的磁特性并不符合对理想导体的预期[9,16]。超导体与理想导体之间的主要区别在于其在有磁场冷却的过程中所展现的磁特性。下面将运用磁电感应定律详细阐明这两者之间产生差异的原因。

如图 6.7 所示，在将正常导体冷却至临界温度 T_c 以下的过程中，正常导体可转变为理想导体。由理想导体的定义可知[16,29]，其电导率为无穷，即 $\sigma=\infty$。并且，在形成理想导体的过程中，电阻的消失过程未对磁化强度产生影响，同时外加磁场的磁通分布也保持不变[7,9,16]，这意味着无论样品处于无磁场还是有磁场的环境，理想导体的磁感变化不会产生感应磁动势(屏蔽电流)，即任何情况下 $d\mathcal{L}/dt = 0$ 成立。因此，基于磁电感应定律，可推导出理想导体在不同冷却过程中的磁特性。

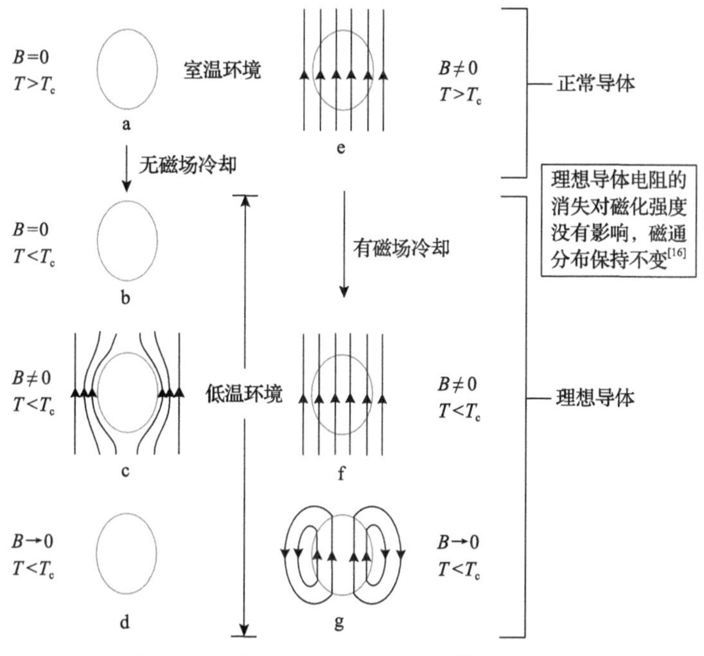

图 6.7　不同冷却过程下理想导体的磁特性

对于理想导体的无磁场冷却过程(a→b→c→d)，在 a→b 的过程中，无外加磁场的条件下，随着温度从室温降到临界温度 T_c 以下，样品由正常导体转变为理想导体。在这个过程中，$d\mathcal{L}/dt = 0$ 和 $d\Phi/dt = 0$ 成立，由式(6.2)可知，样品上没有感应磁动势(屏蔽电流)产生。

对于 b→c 的过程，样品为理想导体且环境温度保持恒定。由式(6.7)可知，磁感 $\mathcal{L}$ 是一个常数，即 $d\mathcal{L}/dt = 0$。在施加外磁场到样品的过程中，与样品所匝链的磁通发生变化，$d\Phi/dt > 0$。由式(6.3)可知，在样品中产生了感应磁动势(屏蔽电流)。由于理想导体的电导率 σ 趋于无穷，由式(6.7)可知，样品的磁感 $\mathcal{L}$ 趋于无穷大。根据式(6.12)，磁路的磁通趋近于零。因此，样品在无磁场冷却条件下表现出完全抗磁性。

对于 c→d 的过程，样品为理想导体且环境温度保持恒定。由式(6.7)可知，磁感 $\mathcal{L}$ 是一个常数，即 $d\mathcal{L}/dt = 0$。随着外加磁场逐渐减小，即 $d\Phi/dt < 0$。由式(6.3)可知，样品释放其内部存储的电能以抵消磁通的变化，随着施加的外磁场减小到零，在样品中产生一个与原始屏蔽电流抵消的反向电流，导致通过样品的磁通降为零。

对于理想导体的有磁场冷却过程(e→f→g)，在 e→f 的过程中，外加磁场保持不变，随着样品环境温度的降低，样品由正常导体过渡到理想导体，在这个过程中，磁通 $\Phi \neq 0$，$\mathrm{d}\Phi/\mathrm{d}t = 0$ 且 $\mathrm{d}\mathcal{L}/\mathrm{d}t = 0$ 成立。由式(6.2)可知，样品上没有感应磁动势(屏蔽电流)产生。

在 f→g 的过程中，样品为理想导体且环境温度保持恒定。由式(6.7)可知，样品的磁感保持恒定，即 $\mathrm{d}\mathcal{L}/\mathrm{d}t=0$。随着外加磁场逐渐减小，即 $\mathrm{d}\Phi/\mathrm{d}t < 0$，根据式(6.3)，在样品中产生了感应磁动势(屏蔽电流)以阻碍磁通的变化。由于理想导体的电阻为零，所形成的感应磁动势(屏蔽电流)不会衰减，从而维持样品中的磁通保持恒定。

基于上述分析，可以明确理想导体与超导体的主要区别在于是否考虑电阻的消失过程引起磁感的变化对外加磁场分布的影响，而磁电感应定律通过对磁感参数的变化进行分析，揭示了电阻消失现象对磁场的内在影响机制，彰显了矢量磁路理论的独特优势。利用矢量磁路理论可以准确评估理想导体和超导体在不同冷却过程中的磁特性，从而在工程应用中更容易清晰明确地区分超导体和理想导体的不同特征。

6.3.4　实验验证

为了验证对超导体迈斯纳效应进行分析的可行性，采用了闭合超导线圈的实验平台，如图 6.2 所示，其具体参数见表 6.1。分别对闭合超导线圈进行无磁场冷却和有磁场冷却实验，实验结果如图 6.8 所示，其中有阴影区域表示样品未冷却，无阴影区域表示样品处于冷却状态。

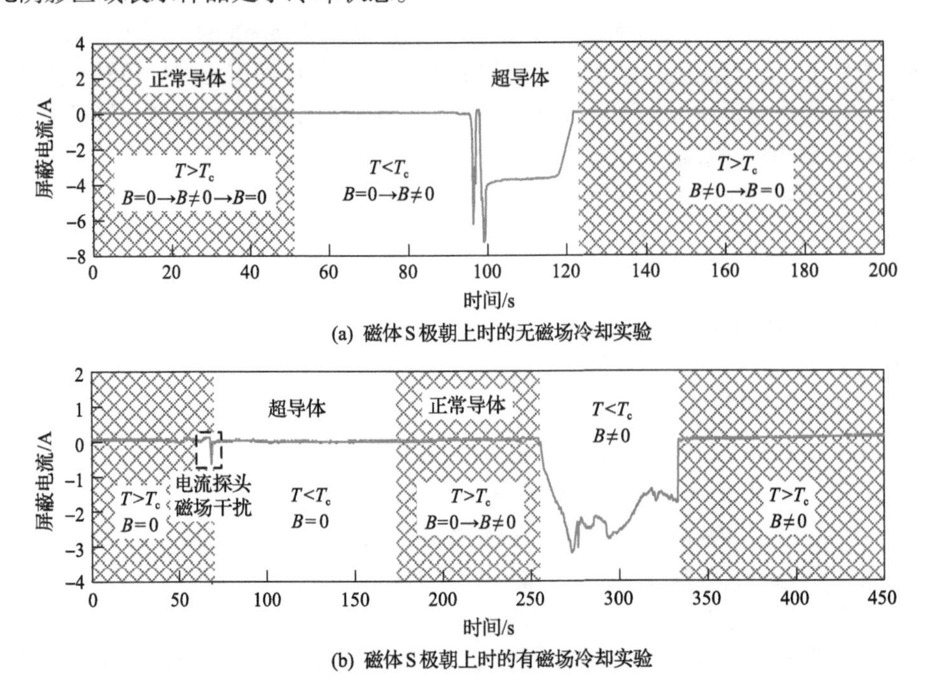

(a) 磁体 S 极朝上时的无磁场冷却实验

(b) 磁体 S 极朝上时的有磁场冷却实验

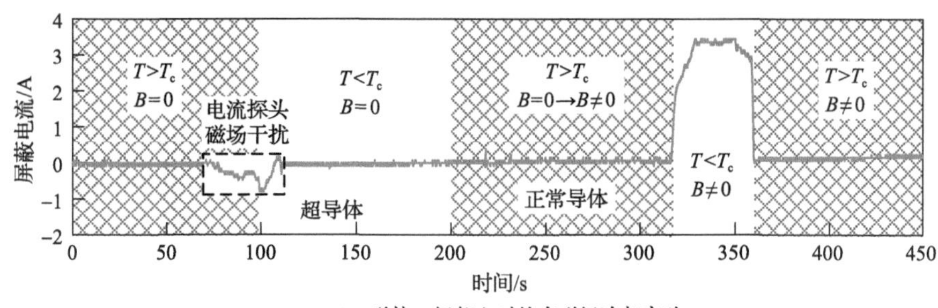

(c) 磁体N极朝上时的有磁场冷却实验

图 6.8　闭合超导线圈中的屏蔽电流

与图 6.3 有所不同，图 6.8 中增加了样品在正常导体与超导体中磁场的变化过程，从而说明应用磁电感应定律分析超导体迈斯纳效应的有效性与可行性。

闭合超导线圈的无磁场冷却实验结果如图 6.8(a)所示。在室温下闭合超导线圈具有较大电阻，因此磁场变化所引起的屏蔽电流会迅速消耗，导致在阴影区域内屏蔽电流曲线无明显变化。然而，当闭合超导线圈进入超导态时，电阻为零，可以观察到在无阴影区域内，相同磁通的变化在闭合超导线圈中引发显著的屏蔽电流，这与 6.3.1 节的分析一致。

闭合超导线圈的有磁场冷却实验结果如图 6.8(b)和(c)所示。为了消除电流探头自身磁场对实验结果的影响，开展了在电流探头作用下闭合超导线圈的冷却实验。从图 6.8(b)的 70s 和图 6.8(c)的 100s 附近的屏蔽电流波形，即由电流探头磁场导致的，可见此时电流幅值非常小，明显小于外加永磁磁场时的电流幅值，说明电流探头磁场对实验结果的影响可以忽略不计。

对比图 6.8(b)和(c)的实验结果可知，在外加磁场中通过环境冷却来改变闭合超导线圈的磁感确实能够产生屏蔽电流，且仅在满足磁电感应定律情况下才能观测到闭合超导线圈中的屏蔽电流，即 $\Phi \neq 0$ 且 $\mathrm{d}\mathcal{L}/\mathrm{d}t \neq 0$ 成立，其屏蔽电流的方向取决于外加磁场的磁通方向。磁电感应定律能够准确描述超导体在无磁场冷却与有磁场冷却过程中不同阶段的磁特性，所测得的实验结果与前面对图 6.4 的理论分析结果完全一致，验证了矢量磁路理论对超导体迈斯纳效应分析的正确性和有效性。

参 考 文 献

[1] Qin W, Cheng M, Zhu X K, et al. Electromagnetic induction with time-varying magductance under constant magnetic field[J]. AIP Advances, 2024, 14(2): 025115.

[2] 秦伟. 基于磁感元件的矢量磁路理论及应用研究[D]. 南京: 东南大学, 2024.

[3] Qin W, Cheng M, Wang Z, et al. Potential interpretation of the Meissner effect in superconductors: Insight from vector magnetic circuit theory[J]. IEEE Transactions on Applied Superconductivity,

2024, 34(9): 8800809.
[4] 倪光正. 工程电磁场原理[M]. 北京: 高等教育出版社, 2002.
[5] Hayt W H, Buck J A. Engineering Electromagnetics[M]. 8th ed. New York: McGraw-Hill, 2012.
[6] Ulaby F T, Michielssen E, Ravaioli U. Fundamentals of Applied Electromagnetics[M]. 7th ed. London: Prentice Hall, 2014.
[7] Rey C. Superconductors in The Power Grid Materials and Applications[M]. Cambridge: Woodhead, 2015.
[8] Hein R A. AC magnetic susceptibility, Meissner effect, and bulk superconductivity[J]. Physical Review B, 1986, 33(11): 7539-7549.
[9] Mangin P, Kahn R, Ziman T. Superconductivity: An Introduction[M]. Cham: Springer, 2017.
[10] Maeda H, Yanagisawa Y. Recent developments in high-temperature superconducting magnet technology (review)[J]. IEEE Transactions on Applied Superconductivity, 2014, 24(3): 4602412.
[11] Cheng M, Zhu X K, Wang Y B, et al. Effect and inhibition method of armature-reaction field on superconducting coil in field-modulation superconducting electrical machine[J]. IEEE Transactions on Energy Conversion, 2020, 35(1): 279-291.
[12] Wang Y S. Fundamental Elements of Applied Superconductivity in Electrical Engineering[M]. Singapore: Wiley, 2013.
[13] Iwasa Y. Case Studies in Superconducting Magnets Design and Operational Issues[M]. 2nd ed. New York: Springer, 2013.
[14] Uglietti D. A review of commercial high temperature superconducting materials for large magnets: From wires and tapes to cables and conductors[J]. Superconductor Science and Technology, 2019, 32(5): 053001.
[15] Meissner W, Ochsenfeld R. Ein neuer effekt bei eintritt der supraleitfähigkeit[J]. Naturwissenschaften, 1933, 21(44): 787-788.
[16] Rose-Innes A C, Rhoderick E H. Introduction to Superconductivity[M]. 2nd ed. Oxford: Pergamon, 1978.
[17] Carr W J. AC Loss and Macroscopic Theory of Superconductors[M]. 2nd ed. London: Taylor & Francis, 2001.
[18] Kozhevnikov V. Meissner effect: History of development and novel aspects[J]. Journal of Superconductivity and Novel Magnetism, 2021, 34(8): 1979-2009.
[19] Prytz K A. Meissner effect in classical physics[J]. Progress in Electromagnetics Research M, 2018, 64: 1-7.
[20] Essén H, Fiolhais M C N. Meissner effect, diamagnetism, and classical physics—A review[J]. American Journal of Physics, 2012, 80(2): 164-169.

[21] London H, London F. The electromagnetic equations of the superconductor[J]. Proceedings of the Royal Society A, 1935, 149: 71-88.

[22] Mei K K, Liang G C. Electromagnetics of superconductors[J]. IEEE Transactions on Microwave Theory and Techniques, 1991, 39(9): 1545-1552.

[23] Ginzburg V L. On the Theory of Superconductivity[M]. Berlin: Springer, 2009.

[24] Bardeen J, Cooper L N, Schrieffer J R. Microscopic theory of superconductivity[J]. Physical Review Journals Archive, 1957, 106(1): 162-164.

[25] Hirsch J E. The origin of the Meissner effect in new and old superconductors[J]. Physica Scripta, 2012, 85(3): 035704.

[26] Nikulov A V. The Meissner effect puzzle and the quantum force in superconductor[J]. Physics Letters A, 2012, 376(45): 3392-3397.

[27] Kazimierczuk M. High-frequency Magnetic Components[M]. 2nd ed. New York: Wiley, 2014.

[28] Wilson M N. Superconducting Magnet[M]. Oxford: Clarendon Press, 1983.

[29] 张裕恒. 超导物理[M]. 3 版. 合肥: 中国科学技术大学出版社, 2009.

第 7 章　矢量磁路理论在电机分析设计中的应用

7.1　概　　述

电机是以磁场为工作媒介的电磁装置，为了减小磁路的磁阻，通常采用铁磁材料如硅钢片等作为电机的铁心，而铁磁材料的涡流和磁滞效应不仅在铁心中产生损耗，而且影响磁通的幅值和相位。但传统的标量磁路理论仅有单一磁阻元件，无法计及涡流和磁滞效应的影响，也无法表征磁路中磁通与磁动势之间的相位差。因此，目前已有的电机分析模型，无论是简单等效磁路模型、等效磁网络模型，还是电磁场有限元模型，均仅考虑磁阻对磁通的影响，在获得磁通后再利用 Steinmetz 铁耗公式或 Bertotti 铁耗分离模型计算铁心损耗；甚至在许多情况下，不得不将磁量先转化为电量，再用电路理论进行求解，导致在电机的分析中更多地采用等效电路而不是等效磁路[1-8]，使问题复杂化。

矢量磁路理论的建立，为电机的分析设计提供了全新的视角和手段。本章介绍如何利用矢量磁路理论来分析变压器和感应电机的特性，如何在电机等效磁网络模型中利用磁感等参数直接考虑涡流效应对磁通幅值、相位和损耗的影响等。

7.2　变压器和感应电机的等效矢量磁路分析

作为实现机电能量转换的重要电磁设备，变压器与感应电机应用广泛，且在分析方法和基本特性上有一定的相似性。为了便于分析二者的工作原理，现有《电机学》中传统电机理论常采用等效电路表示一次侧绕组、二次侧绕组电流之间的流通关系并计算性能，利用根据等效电路绘制的相量图来表示相关物理量之间的相位关系[1-8]。以单相变压器为例，图 7.1 为其等效电路图和空载相量图[1]。其中，$\dot{U}_1$ 为输入电压，R_1 和 $L_{1\sigma}$ 分别为一次侧绕组电阻和漏电感，R_2 和 $L_{2\sigma}$ 分别为二次侧绕组电阻和漏电感，$\dot{I}_1$、$\dot{I}_2$ 分别为一次侧绕组、二次侧绕组电流，$\dot{E}_1$、$\dot{E}_2$ 分别为一次侧绕组、二次侧绕组感应电势，Z_L 为外接负载阻抗，$\dot{\Phi}_m$ 为主磁通。一次侧绕组、二次侧绕组经主磁通耦合，产生的磁动势在磁路上相连，并通过交变磁通实现变压。但对初学者来说，常存在一些不易理解的地方，造成困扰。

图 7.1(b)、(c)所示的等效电路中，有一个励磁支路，用电阻 R_m 来等效铁心损耗，流过该支路的电流 $\dot{I}_m$ 为励磁电流。但实际变压器中，一次侧绕组、二次侧

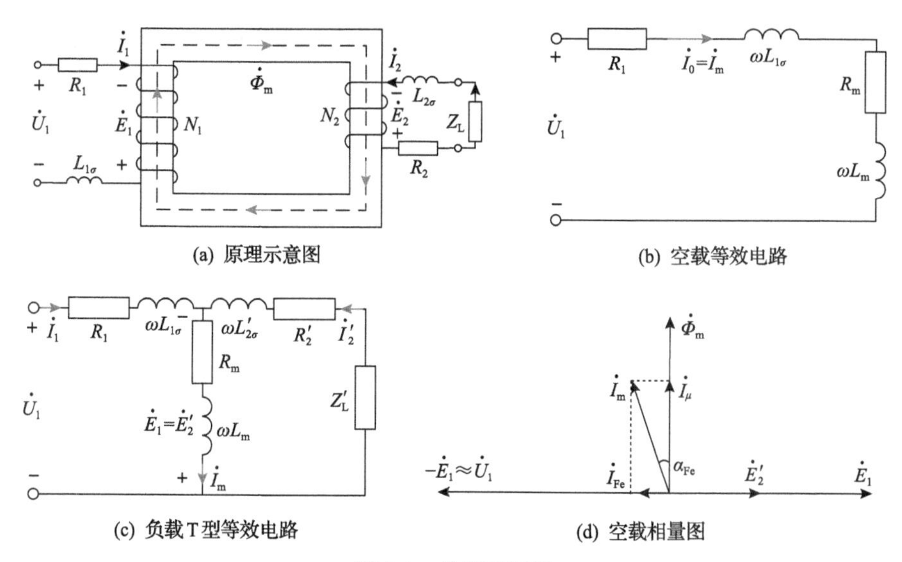

(a) 原理示意图　(b) 空载等效电路

(c) 负载 T 型等效电路　(d) 空载相量图

图 7.1　单相变压器

绕组的电路各自闭合，进而二者中的电流并不会流过 R_m。为了分析计算而直接等效加入该电阻，会让读者理解起来较为抽象，容易产生疑惑。

图 7.1(c)所示的变压器负载 T 型等效电路中，一次侧绕组、二次侧绕组在电路上直接连通，这与其相互绝缘的事实不符，并且还要对二次侧绕组的物理量进行“匝数归算”，让计算复杂化。为了简化计算，在 T 型等效电路基础上又演变出近似等效电路和简化等效电路，进一步增加了初学者的学习难度。

相较于等效电路的分析方法，等效磁路在电磁设备工作原理的理解上更为直观。但是，在图 7.1(d)所示的空载相量图中，空载电流 $\dot{I}_0(\dot{I}_m)$ 与主磁通 $\dot{\Phi}_m$ 之间有一个相位差 α_{Fe}，称为铁耗角[1]。若依据传统的磁路欧姆定律，励磁磁通等于空载磁动势 N_1I_0 除以变压器铁心的磁阻，磁通与磁动势应该同相位，为什么铁心中的损耗会导致磁通与磁动势之间产生相位差？该相位差又与什么电磁量有关？如何进行定量表征计算？

不难发现，造成上述困扰的根源在于：传统的标量磁路理论中仅有单一磁阻元件[9-12]，不仅无法表征磁通与磁动势之间的相位差，更无法表征铁心中的损耗。因而在利用现有标量磁路理论分析计算电机等设备的关键参数时[13-18]，均默认磁通与磁动势同相位。因此，在相关理解与计算中往往不得不将实际磁量用电量来等效表示，使得问题复杂化。从教学层面来看，这一定程度上阻碍了《电机学》教材内容与组织形式的革新尝试[19-23]，使“电机学”难学、难教的局面难以有效改观。

由磁阻和磁感双元件构成的矢量磁路理论，为电机等电磁装备的分析计算提供了全新的视角和手段。本节基于磁感和矢量磁路理论，推导变压器外接负载情况下的等效磁路，并进一步将磁感的概念推广到感应电机中，尝试利用矢量磁路理论来统一分析变压器和感应电机，以期简化计算过程，降低理解难度，达到抛砖引玉之效。

7.2.1　变压器等效矢量磁路分析

1. 变压器空载运行

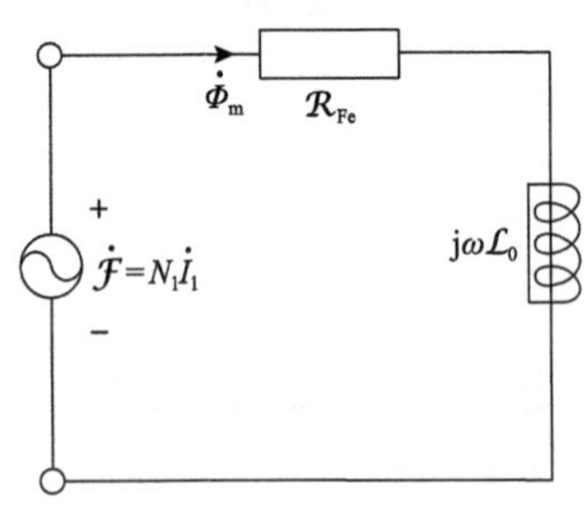

图 7.2　变压器空载等效矢量磁路

变压器空载等效矢量磁路如图 7.2 所示，其中，磁感 $\mathcal{L}_0$ 为铁心等效磁感。忽略铁心磁滞损耗，当已知铁心涡流损耗 $\mathcal{P}_{ed}$ 时，其等效磁感可由磁电功率定律计算得到：

$$\mathcal{L}_0=\frac{\mathcal{P}_{ed}}{\omega^2\Phi^2} \tag{7.1}$$

也可根据硅钢片的参数由 5.2 节的方法计算得到。此时，空载电流的计算公式为

$$\dot{I}_0=\dot{I}_m=\frac{1}{N_1}\dot{\Phi}_m(\mathcal{R}_{Fe}+j\omega\mathcal{L}_0) \tag{7.2}$$

式中，$\mathcal{R}_{Fe}$ 为变压器铁心的等效磁阻。

空载相量图的形式与图 7.1(b)相同，其中，磁通滞后空载电流的相位角(即电机学中提及的铁耗角)为

$$\alpha_{Fe}=\arctan\frac{\omega\mathcal{L}_0}{\mathcal{R}_{Fe}} \tag{7.3}$$

2. 变压器负载运行

实际运行中变压器的二次侧绕组常外接负载，设负载阻抗为 $Z_L=R_L+j\omega L_L$，其中 R_L 为外接负载电阻，L_L 为外接负载电感。此时，二次侧绕组的电压平衡方程为

$$N_2\frac{d\Phi}{dt}+i_2R_2+i_2R_L+L_L\frac{di_2}{dt}=0 \tag{7.4}$$

磁动势平衡方程为

$$N_1\dot{I}_1=\mathcal{R}_{Fe}\dot{\Phi}_m+j\omega\mathcal{L}_0\dot{\Phi}_m+j\omega\mathcal{L}_2\dot{\Phi}_m \tag{7.5}$$

式中，$\mathcal{L}_2$ 为考虑外加负载后的磁感，具体表示为

$$\mathcal{L}_2 = \frac{N_2^2}{(R_2 + R_{\mathrm{L}}) + \mathrm{j}\omega L} = \frac{N_2^2}{R_{\mathrm{sum}} + \mathrm{j}\omega L_{\mathrm{sum}}}$$
$$= \frac{N_2^2}{R_{\mathrm{sum}}^2 + \omega^2 L_{\mathrm{sum}}^2}(R_{\mathrm{sum}} - \mathrm{j}\omega L_{\mathrm{sum}}) = K_2(R_{\mathrm{sum}} - \mathrm{j}\omega L_{\mathrm{sum}}) \tag{7.6}$$

将式(7.6)代入式(7.5)，可进一步得到负载下的磁动势平衡方程为

$$N_1\dot{I}_1 = \mathcal{R}_{\mathrm{Fe}}\dot{\Phi}_{\mathrm{m}} + \mathrm{j}\omega\mathcal{L}_0\dot{\Phi}_{\mathrm{m}} + \mathrm{j}\omega\mathcal{L}_2\dot{\Phi}_{\mathrm{m}}$$
$$= \mathcal{R}_{\mathrm{Fe}}\dot{\Phi}_{\mathrm{m}} + \mathrm{j}\omega\mathcal{L}_0\dot{\Phi}_{\mathrm{m}} + \mathrm{j}\omega K_2(R_{\mathrm{sum}} - \mathrm{j}\omega L_{\mathrm{sum}})\dot{\Phi}_{\mathrm{m}}$$
$$= \mathcal{R}_{\mathrm{Fe}}\dot{\Phi}_{\mathrm{m}} + \mathrm{j}\omega\mathcal{L}_0\dot{\Phi}_{\mathrm{m}} + (\omega^2 K_2 L_{\mathrm{sum}} + \mathrm{j}\omega K_2 R_{\mathrm{sum}})\dot{\Phi}_{\mathrm{m}} \tag{7.7}$$

变压器负载等效矢量磁路如图 7.3 所示。当已知负载阻抗时，可先由式(7.6)求得二次侧绕组的等效磁感，再代入式(7.5)，即可计算一次侧绕组电流 $\dot{I}_1$。此外，若要计算二次侧绕组电流 $\dot{I}_2$，只需根据磁动势表达式 $\mathcal{F}_2 = N_2\dot{I}_2 = \mathrm{j}\omega\mathcal{L}_2\dot{\Phi}_{\mathrm{m}}$，就可以得到。可见，变压器的分析计算被简化为对磁路方程的求解，不仅没有一次侧绕组、二次侧绕组匝数归算，而且各电磁量的关系清晰明了，与实际变压器的电磁关系相一致。

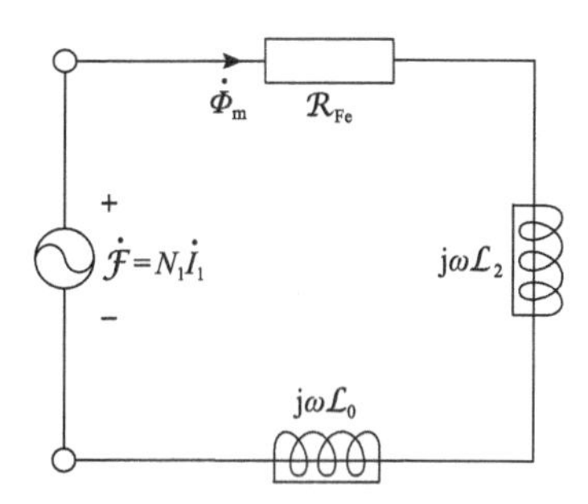

图 7.3　变压器负载等效矢量磁路

图 7.4 给出了基于等效矢量磁路绘制的变压器负载相量图。传统电机学中根据归算后的一次侧绕组、二次侧绕组电压平衡方程组，以 $\dot{E}_1 = \dot{E}_2'$ 为公共参考量，得到变压器相量图。由于一次侧绕组、二次侧绕组和铁心之间的磁场联系未能有效揭示，此时磁动势与磁通之间的相位差仍是困扰初学者或不能被直观解释的难点。

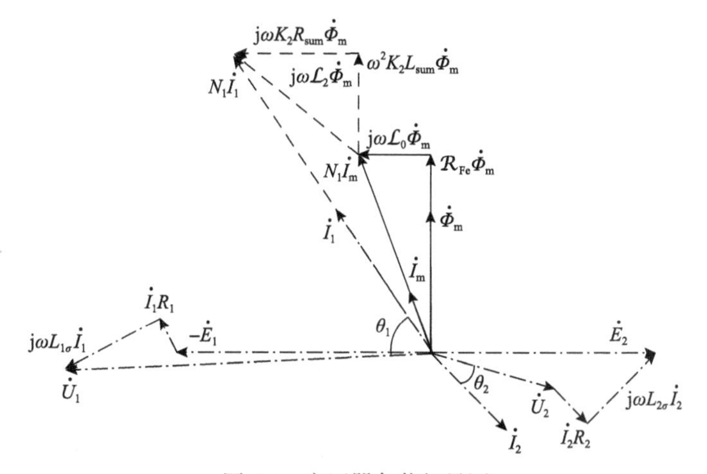

图 7.4　变压器负载相量图

不同于传统电机学中的相量图，基于等效矢量磁路推导得到的变压器负载相量图以主磁通 $\dot{\Phi}_m$ 为一次侧绕组、二次侧绕组的公共参考相量，一次侧绕组、二次侧绕组的感应电势 $\dot{E}_1$ 、$\dot{E}_2$ 相位均滞后主磁通 $\dot{\Phi}_m$ 相位 90°，其大小与各自的绕组匝数成正比。由铁心磁阻磁位降 $\mathcal{R}_{Fe}\dot{\Phi}_m$ 与空载等效磁感磁位降 $j\omega\mathcal{L}_0\dot{\Phi}_m$ 合成得到空载磁动势 $N_1\dot{I}_m$ ，构成空载磁动势三角形(即变压器空载相量图，在图 7.4 中以实线所示)，清晰地表明了空载下磁动势与磁通之间的相位差(即铁耗角)。基于空载磁动势三角形，再叠加上带负载时二次侧绕组等效磁感上的磁位降 $j\omega\mathcal{L}_2\dot{\Phi}_m$ ，就得到负载时的一次侧绕组磁动势 $N_1\dot{I}_1$ ，并由它们构成负载磁动势三角形(在图 7.4 中以虚线表示)。一次侧绕组、二次侧绕组和铁心之间的磁场联系通过磁量直接表示；而一次侧绕组和二次侧绕组的电压、电流相量可根据各自的电压方程独立绘制，不需要进行匝数归算，如图 7.4 中点划线所示。需要说明的是，虽然在一次侧绕组、二次侧绕组的电压、电流计算中用到了等效电路，但它们都是各自电路内部的等效，并没有将磁参量等效为电参量，也没有将二次侧绕组电参量归算到一次侧绕组。

根据上述分析过程，并结合现有电机学中不易理解的知识点，归纳基于磁感的等效矢量磁路特性如下。

等效矢量磁路及其相量图直观地反映了变压器一次侧绕组、二次侧绕组在电路上绝缘、磁路上相连的特点，更加符合实际运行情况，且构成矢量磁路的元件/参数物理意义明晰，原理便于理解。

任意工况下的变压器等效矢量磁路是由磁阻、磁感元件组成的串联回路，空载下的铁耗角 α_{Fe} 由铁耗对应的等效磁感 $\mathcal{L}_0$ 引起，负载后只需在磁路中再串联上二次侧绕组的等效磁感 $\mathcal{L}_2$，从而在磁路上本质地理解了任意工况下磁动势和磁通之间的相位差。

相较于传统等效电路，等效矢量磁路不仅同样能够分析计算变压器的参数变量，而且省去了匝数归算，使计算过程变得更加简洁、清晰。

7.2.2　感应电机等效矢量磁路分析

由于变压器和感应电机在工作原理上相似，在本节中，将基于磁感推导得到感应电机的等效矢量磁路。

1. 转子静止时的感应电机

转子静止时的感应电机相当于二次侧绕组短路的变压器，但在磁路中有两个气隙，其等效磁路与图 7.3 基本相同，只是磁路的磁阻除了铁心磁阻，还需加上两个气隙的磁阻 $\mathcal{R}_g$，转子鼠笼绕组等效为磁感。因此，转子静止时的感应电机分析计算与变压器类似。

2. 转子旋转时的感应电机

转子旋转后又分两种情况。

1)理想空载情况

此时转子以同步速旋转，旋转磁场与转子之间无相对运动，因此转子绕组中不会产生感应电流，相当于处在静态磁场下，此时的感应电机等效为二次侧绕组开路的变压器。其分析计算与空载变压器的分析计算方法相同。

2)非理想空载情况

感应电机处于正常运行情况，转子与旋转磁场之间以转差速度相对运动，转子绕组中的电流频率为转差频率，转子上有机械功率输出。此时感应电机的电磁结构如图 7.5(a)所示，其中，R_L 为转子机械输出功率的模拟负载电阻，由转子电压方程可得 $R_L=R_2(1-s)/s$[1]，其中，s 为转差率；$\mathcal{R}_g$ 为气隙磁阻；其他变量的定义与图 7.1 中变压器相同。等效矢量磁路与变压器负载等效矢量磁路相似，如图 7.5(b)所示。

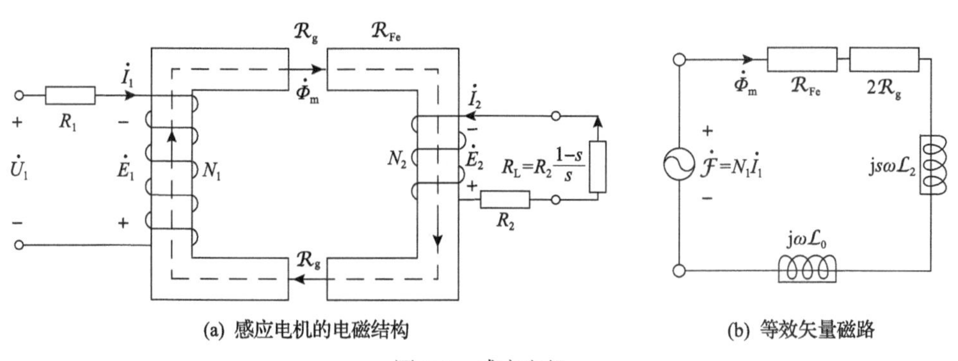

图 7.5　感应电机

可以得到，感应电机的磁动势平衡方程为

$$\dot{\mathcal{F}}=2\mathcal{R}_g\dot{\Phi}_m+\mathcal{R}_{Fe}\dot{\Phi}_m+j\omega\mathcal{L}_0\dot{\Phi}_m+js\omega\mathcal{L}_2\dot{\Phi}_m \tag{7.8}$$

式中，$\mathcal{L}_0$ 为感应电机铁心损耗的等效磁感，由于铁心损耗主要发生在感应电机的定子侧，而转子侧因磁通交变频率为转差频率，所产生的转子铁心损耗很小可忽略不计，故与 $\mathcal{L}_0$ 对应的角频率为 ω；$\mathcal{L}_2$ 为转子侧鼠笼绕组的等效磁感，对应的角频率为转差角频率 $s\omega$。

事实上，图 7.5(b)所示等效矢量磁路适用于感应电机的各种运行工况。当感应电机转子静止时，转差率 $s=1$，则负载电阻 $R_L=R_2(1-s)/s=0$，等效为二次侧绕组短路的变压器；当理想空载时，$s=0$，负载电阻 $R_L=R_2(1-s)/s=\infty$，等效为二次侧绕组开路的变压器。至此，感应电机的分析计算转化为对图 7.5(b)等效矢量磁路的求解，并且同样可以根据该图，画出与图 7.4 类似的基于等效矢量磁路的感应电机相量图。其中，转子鼠笼绕组的磁感 $\mathcal{L}_2$ 的计算详见 8.2.2 节，并忽略漏电感的影响。与变压器的计算过程相似，基于等效矢量磁路的感应电机电磁转矩公式由磁电功率定律计算得到。

由定子侧经气隙传递到转子侧的电磁功率可用磁通在等效磁感 $\mathcal{L}_2$ 上产生的有功功率表示，为

$$P_{\mathrm{M}} = m(s\omega)^2 \mathcal{L}_2 \left(\frac{\Phi_{\mathrm{m}}}{\sqrt{2}}\right)^2 = \frac{m}{2}(s\omega)^2 \mathcal{L}_2 \Phi_{\mathrm{m}}^2 \tag{7.9}$$

式中，m 为电机的相数。总机械功率为

$$P_{\mathrm{i}} = (1-s)P_{\mathrm{M}} \tag{7.10}$$

电磁转矩为

$$T = \frac{P_{\mathrm{i}}}{\Omega} \tag{7.11}$$

式中，Ω 为转子机械角速度。电机轴上输出转矩为

$$T_2 = T - T_{\mathrm{mech}} \tag{7.12}$$

式中，T_{mech} 为机械损耗转矩。

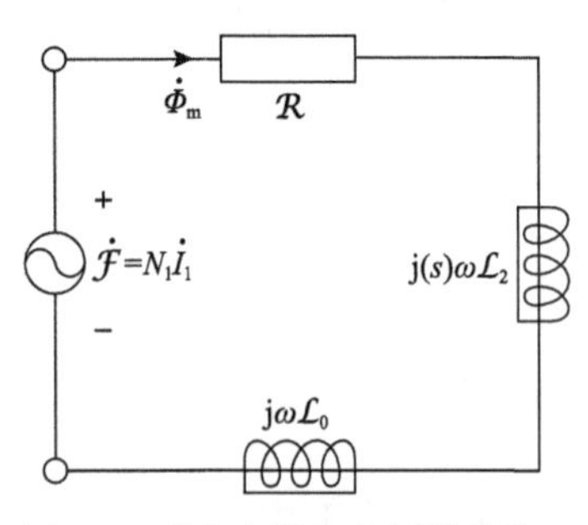

图 7.6　感应电机和变压器的统一等效矢量磁路

至此，可以得到适用于变压器和感应电机分析的统一等效矢量磁路，如图 7.6 所示。变压器和感应电机能够以统一等效磁路表示，但又有所区别，具体可归纳如下：

(1) 变压器和感应电机的等效矢量磁路均由磁阻 $\mathcal{R}$、铁心损耗等效磁感 $\mathcal{L}_0$ 和二次侧绕组(在感应电机中为转子鼠笼绕组)等效磁感 $\mathcal{L}_2$ 组成。

(2) 变压器中没有气隙，因此 $\mathcal{R}=\mathcal{R}_{\mathrm{Fe}}$；而在感应电机中，气隙承担了机电能量转换的媒介，绝大部分的磁动势降落在气隙上，等效磁路中还存在着气隙磁阻 $\mathcal{R}_{\mathrm{g}}$，并有 $\mathcal{R}=\mathcal{R}_{\mathrm{Fe}}+2\mathcal{R}_{\mathrm{g}}$。

(3) 变压器和感应电机外接负载 Z_{L} 可直接考虑在等效磁感 $\mathcal{L}_2$ 中，其中变压器二次侧绕组的等效磁感 $\mathcal{L}_2=N_2^2/(R_{\mathrm{sum}}+\mathrm{j}\omega L_{\mathrm{sum}})$，感应电机的转子鼠笼绕组等效磁感 $\mathcal{L}_2=N_2^2/(R_2+R_{\mathrm{L}})$。

(4) 变压器是静止设备，感应电机是旋转设备，因此磁感元件上的电频率并不相同：在变压器中，电频率 ω 是一次侧绕组的激励电源频率；在感应电机上，电频率 $s\omega$ 是转子相对于旋转磁场的转差频率。

(5) 等效磁感 $\mathcal{L}_2$ 上产生有功损耗 $\mathcal{P}$，对应负载输出功率，在感应电机中经转轴对外输出机械转矩。

7.2.3　实验验证

为验证上述理论分析，对变压器和感应电机进行了实验验证。实验用单相变压器如图 7.7(a) 所示，主要参数如表 7.1 所示。搭建了如图 7.7(b) 所示的变压器实验平台，其中，可控交流电源与变压器的一次侧绕组相连，并用于调节一次侧绕组的输入电压大小和测量输入功率；在负载实验下，变压器的二次侧绕组连接可变负载，并通过示波器测量一次侧绕组的输入电流、二次侧绕组所接负载电压大小；在空载实验下，变压器的二次侧绕组开路。

(a) 变压器实物

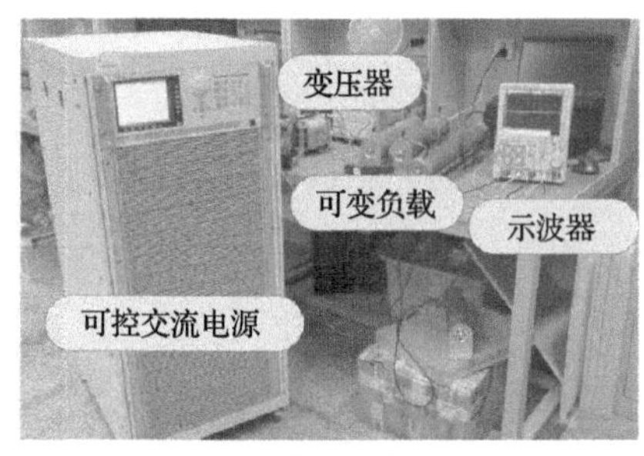

(b) 实验平台

图 7.7　变压器实物及实验平台

表 7.1　变压器的主要参数

参数名称	数值	参数名称	数值
变压器型号	JR/C-3264100	额定容量	1kV·A
一次侧绕组额定电压	220V	二次侧绕组额定电压	110V
一次侧绕组绕制匝数	340	二次侧绕组绕制匝数	172

1. 变压器空载特性

为验证铁心损耗的等效磁感对磁通幅值和相位的影响，在不同一次侧绕组电压下进行了变压器空载实验，如图 7.8 所示。测得一次侧绕组电压、电流和功率，通过二次侧绕组感应电势 $\dot{E}_2$ 来测量和确定铁心中的磁通 $\dot{\Phi}_{\mathrm{m}}$。其中，$\dot{\Phi}_{\mathrm{m}}$ 相位超前 $\dot{E}_2$ 相位 90°，并满足 $\dot{E}_2 = 4.44fN_2\dot{\Phi}_{\mathrm{m}}$。一次侧绕组输入功率扣除一次侧绕组的电阻铜耗，得到空载变压器铁心损耗，由式(7.1)计算得到空载铁耗对应的等效磁感$\mathcal{L}_0$。再根据式(7.2)和式(7.3)，可得到空载励磁电流$\dot{I}_0$和铁耗角α_{Fe}。也可利用快速傅里叶变换，分解得到$\dot{I}_0$和$\dot{E}_2$基波的幅值和相位，并进一步根据磁通超前感应电势90°的相位，得到磁通与励磁磁动势间的相位差α_{Fe}。表7.2列出了不同一次侧绕组电压下，空载主要参数的实验测量值和理论计算值的对比。可以看到，随着一次侧绕组电压的上升，空载铁耗和空载电流也跟着变大，影响了变压器铁心的工作状态，导致铁耗角在逐渐变小。但是总体上，实验测量值和理论计算值的大小吻合，验证了理论分析的正确性。

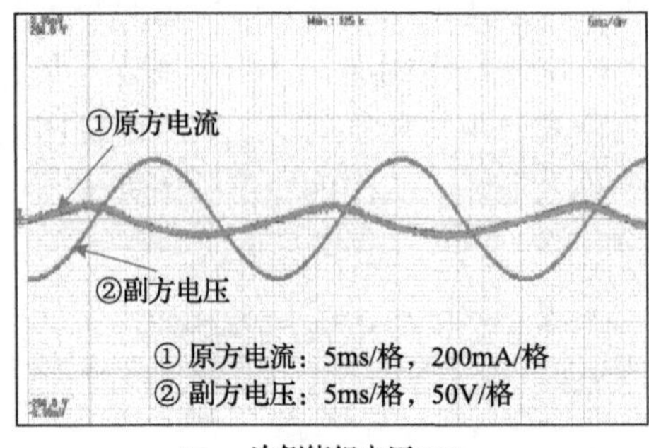

(a) 一次侧绕组电压80V

(b) 一次侧绕组电压150V

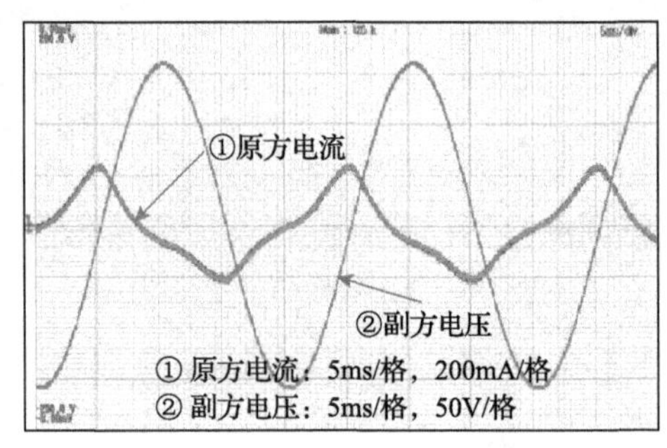

(c) 一次侧绕组电压220V

图7.8　变压器空载电流与二次侧绕组感应电势波形

表7.2　空载变压器主要参数对比

一次侧绕组电压	空载参数	理论计算值	实验测量值
80V	空载铁耗 P_{Fe}	1.4W	
	空载电流 I_0	79.7mA	76mA
	铁耗角 α_{Fe}	18.01°	17.64°
150V	空载铁耗 P_{Fe}	4.2W	
	空载电流 I_0	133mA	128mA
	铁耗角 α_{Fe}	17.62°	17.34°

续表

一次侧绕组电压	空载参数	理论计算值	实验测量值
220V	空载铁耗 P_{Fe}	8.5W	
	空载电流 I_0	245mA	236mA
	铁耗角 α_{Fe}	12.7°	12.11°

2. 变压器负载特性

当二次侧绕组连接负载后，根据式(7.5)，在变压器磁路里多出了一项磁感元件，其等效矢量磁路如图 7.3 所示，考虑了外接负载后的磁感计算公式见式(7.6)。根据变压器原理，如忽略变压器一次侧绕组的漏阻抗压降，则有 $\dot{U}_1 = 4.44fN_1\dot{\Phi}_m$。在保持一次侧绕组外加电压大小不变时，变压器铁心中的磁通为一常数，并与空载时的磁通相同。

此外，经测量得到的二次侧绕组电阻 R_2 的大小为 0.2Ω，在外加负载电阻较大时，可忽略二次侧绕组的漏阻抗，近似认为二次侧绕组外加负载两侧的端电压 $\dot{U}_2$ 等于二次侧绕组的感应电势 $\dot{E}_2$，从而通过测量 $\dot{U}_2$ 来得到 $\dot{E}_2$。与空载时类似，通过快速傅里叶变换分解得到 $\dot{I}_1$ 和 $\dot{U}_2$（$\dot{E}_2$）基波的幅值和相位，铁心中磁通的大小通过 $\dot{U}_2$（$\dot{E}_2$）来确定，并且磁通超前感应电势 90°。如此，将相关参数代入式(7.7)，即可求出 I_1，并进一步求得输入有功功率。

表 7.3 给出了一次侧绕组电压 U_1 分别为 80V、150V 和 220V，外接不同负载电阻 R_L 时，变压器一次侧绕组电流 I_1、磁通与磁动势相位差 θ 和一次侧绕组输入功率 P_1 的实验测量结果与理论计算结果的对比。

表 7.3　负载变压器参数对比

一次侧绕组电压	负载电阻	类型	I_1/mA	θ/(°)	P_1/W
80V	300Ω	理论计算	125	71	5.6
		实验测量	120	73.3	5.4
150V	200Ω	理论计算	318	84	31
		实验测量	320	81.8	32.4
220V	300Ω	理论计算	356	67.44	51.3
		实验测量	352	70	50.3
220V	200Ω	理论计算	463.7	74.5	70.2
		实验测量	460	77.56	69.4
220V	100Ω	理论计算	867	86.67	131
		实验测量	870	87.41	133.1

可以发现：

(1)当 R_L 大小不变时，改变一次侧绕组电压($R_L=300\Omega$、$U_1=80V$ 和 220V，$R_L=200\Omega$、U_1=150V 和 220V)会改变 I_1、θ 和 P_1 的大小。由前面分析可知，这是因为不同一次侧绕组电压下，变压器铁心的工况有所不同，从而影响了负载下的实验结果。

(2)当 U_1 大小不变时，改变外接负载($U_1=220V$，$R_L=100\Omega$、200Ω 和 300Ω)同样会影响实验结果。由式(7.6)和式(7.7)可知，这是由于磁感元件对磁路的作用。

总体而言，在变电压和变负载情况下，基于磁感的等效矢量磁路计算结果与实验结果吻合较好，其有效性得到了验证。

为进一步说明磁感元件对磁路的调节作用，图 7.9 给出了一次侧绕组电压为 80V、变化 R_L 时的 I_1 和 E_2 的实验波形图，并且在图中标注了 I_1 和 E_2 的相位差。其中，θ_1、θ_2、θ_3 分别为外接负载电阻 R_L 从 100Ω 变化到 300Ω 时，对应的磁动势和磁通之间的相位差，其值与理论分析结果吻合。

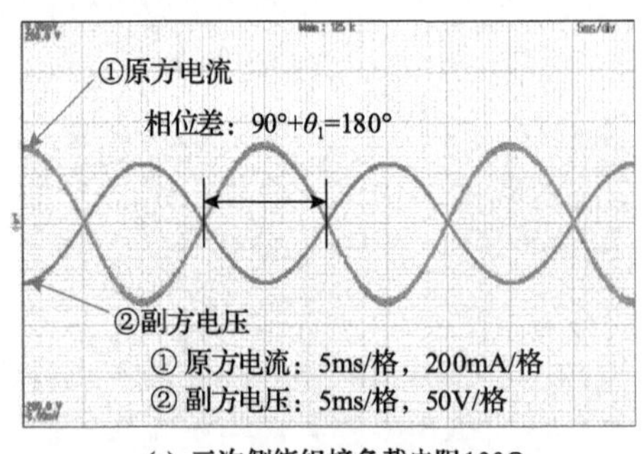

(a) 二次侧绕组接负载电阻100Ω

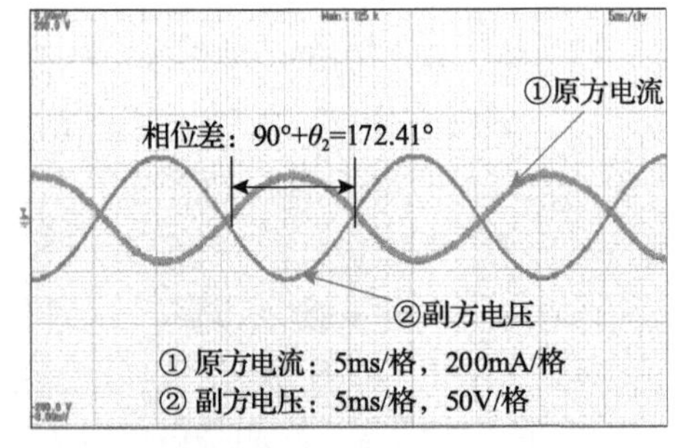

(b) 二次侧绕组接负载电阻200Ω

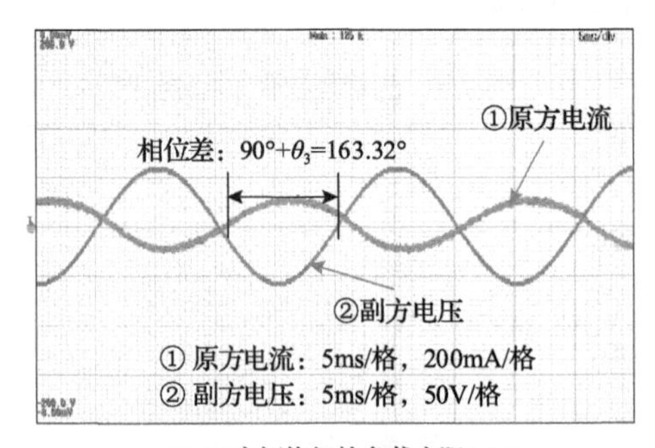

(c) 二次侧绕组接负载电阻300Ω

图 7.9　一次侧绕组电压为 80V 下变化外接电阻得到的变压器一次侧绕组输入电流、二次侧绕组感应电势波形

根据式(7.6)和式(7.7)，当变压器铁心磁通 $\dot{\Phi}_m$ 固定不变时，负载电阻越小，二次侧绕组的等效磁感越大，所需要的 $\dot{I}_1$ 越大，磁通 $\dot{\Phi}_m$ 滞后电流 $\dot{I}_1$ 的相位也越

大；反之，负载电阻越大，二次侧绕组的等效磁感越小，所需要的 $\dot{I}_1$ 就越小，磁通 $\dot{\Phi}_m$ 滞后 $\dot{I}_1$ 的相位也越小；特别地，所接负载电阻足够大时，可认为是变压器空载情况，此时 $\dot{\Phi}_m$ 滞后 $\dot{I}_1$ 的相位只由铁心中的损耗对应的等效磁感 $\mathcal{L}_0$ 引起。由图 7.9(a)～(c)可知，在保持 $\dot{E}_2$ 不变，即 $\dot{\Phi}_m$ 不变时，随着二次侧绕组所接负载电阻从 100Ω 增大到 300Ω，$\dot{I}_1$ 越来越小，$\dot{\Phi}_m$ 滞后 $\dot{I}_1$ 的相位也越来越小。这与理论分析的结果一致，再次表明了基于磁感的等效矢量磁路方法的有效性。

3. 感应电机实验

为了验证感应电机的等效矢量磁路，对一台 7.5kW 的标准 Y2 系列铸铝转子鼠笼式感应电机进行了实验研究，主要参数见表 7.4，实验平台如图 7.10 所示。电机以电动模式运行，定子绕组由电压源供电。转矩传感器用于在电机运行时测量转矩的大小。磁粉制动器用作电机负载。

表 7.4　感应电机的主要参数

参数名称	数值	参数名称	数值
电机型号	Y132S2-2	额定功率	7.5kW
额定电压	380V	额定电流	15A
额定转速	2900r/min	效率	86.2%

图 7.10　感应电机实验平台

转矩-转差率曲线(*T-s* 图)是感应电机最基本的特性之一。为此，测量电机在 0～3000r/min 下的转矩大小，并与根据式(7.9)～式(7.12)计算得到的理论转矩结果对比，其中，机械损耗转矩 T_{mech} 的计算经验公式见文献[24]，可以得到输出机械转矩如图 7.11 所示。

在整个转差率区间内，理论计算结果和实验测量结果能够较好地吻合。随着转差率的上升，受饱和、漏磁等因素的影响，理论计算得到的电机输出机械转矩值略大于实验测量的机械转矩值，但误差在可接受范围内，验证了等效磁路计算感应电机性能的有效性。

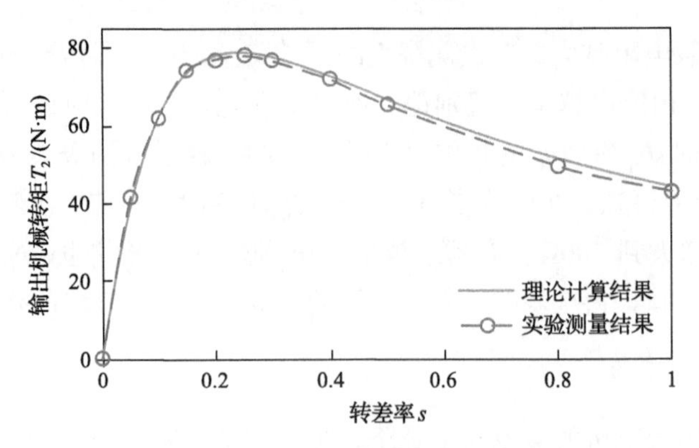

图 7.11　感应电机的转矩-转差率曲线

7.2.4　与传统等效电路分析方法对比

与传统的等效电路分析方法相比，本节所提出的等效矢量磁路方法省去了原有分析中必不可少的匝数归算、频率归算等工作，物理概念清楚，计算过程简洁。它既可以清晰地定性、定量表征变压器和感应电机中铁心涡流损耗等效磁感对磁通幅值及相位的影响，也可以直接计算它们的参数变量，还能够预估感应电机的转矩-转差率曲线等工作特性，从而为电机等电磁装备的分析、设计和控制提供了全新且直观的视角及方法。

此外，如果在电机学课程和教材中引入等效矢量磁路分析，有望降低相关内容的理解和学习难度，可为电机学教材的改革提供参考。

7.3　磁通切换永磁电机的矢量磁网络模型

作为定子永磁电机的典型代表，磁通切换永磁(flux-switching permanent magnet, FSPM)电机具有高转矩密度、高效率、热管理便捷、结构简单坚固等突出优势，在电动汽车用电机领域具有广阔的应用前景[25-27]。然而，在 FSPM 电机的设计阶段，需要反复调整电机结构参数，有限元法虽然可以准确计算电机静态特性，但是这种方法较为复杂，计算成本昂贵，且任一结构参数变化都可能需要重新进行网格划分，使用十分不便。因此，等效磁网络模型受到设计者的青睐。但是，已有的等效磁网络模型只考虑了铁心磁阻对磁通的影响[27-32]，均忽略了铁心中的涡流对磁通的反作用，仅基于磁阻网络求得电机各部分铁心中的磁通，再利用铁心损耗公式计算电机的铁心损耗，这种方法对铁心损耗的求解精度较低。为此，本节基于矢量磁路理论，利用磁感等效表征铁心中的涡流效应，提出并建立由磁阻、磁感构成的矢量磁网络模型，通过求解节点磁动势方程组，得到矢量磁网络中各支路的磁通分布，进而求得 FSPM 电机的电磁性能。随着磁感元件的引入，该方法直接将涡流效应纳入考量，从而更加准确地评估电磁性能，并为 FSPM 电机的初始设计阶段提供有效的方法支撑。

7.3.1　矢量磁网络模型的建立过程

图 7.12 是一台 12/10 极 FSPM 电机的结构示意图，其定子由 12 个 U 型铁心单元和 12 块永磁体组成，并绕制有电枢绕组，转子仅由硅钢片叠压而成。其中，永磁体为切向充磁，且相邻永磁体的充磁方向相反。

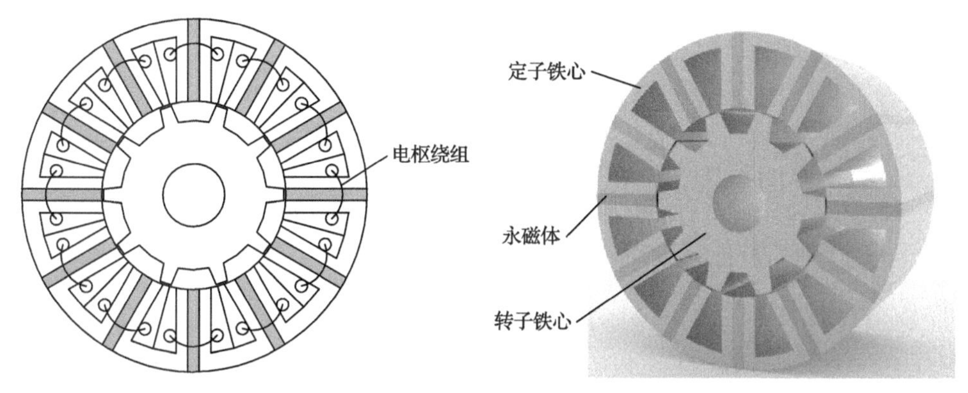

图 7.12　12/10 极 FSPM 电机结构示意图

FSPM 电机的矢量磁网络模型可以分为四部分，即定转子铁心支路、气隙支路、磁动势源支路和漏磁支路。其中，定转子铁心支路由磁阻和磁感两种磁路元件组成，气隙支路和漏磁支路均仅由磁阻元件构成，磁动势源支路包括永磁体和电枢绕组两类，永磁体由磁动势源和磁阻元件组成，而电枢绕组仅包括磁动势源。

1. 定转子铁心支路建模方法

如图 7.12 所示，根据铁心中的磁通流向，组成 FSPM 电机铁心的硅钢片可以归纳为如图 7.13 所示的三种典型形状，分别对应定子齿部、转子齿部和定转子轭部，其磁阻计算方法如下：

$$\mathcal{R}_{\mathrm{st}}=\frac{l}{\mu w \varDelta_{\mathrm{Fe}}} \tag{7.13}$$

$$\mathcal{R}_{\mathrm{rt}}=\frac{l}{\mu\left(w_1+w_2\right)\varDelta_{\mathrm{Fe}}} \tag{7.14}$$

$$\mathcal{R}_{\mathrm{sty}}=\frac{\theta}{\mu \varDelta_{\mathrm{Fe}} \ln\left(\dfrac{R_2}{R_1}\right)} \tag{7.15}$$

式中，Δ_{Fe}为硅钢片的厚度；μ为硅钢片的磁导率，其余参数见图 7.13 中尺寸标注。

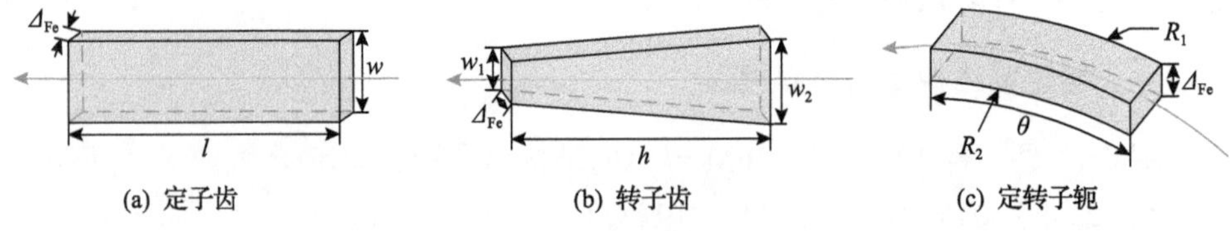

图 7.13　三种典型形状硅钢片

相应地，结合式(2.48)，可以得出图 7.13 中三种形状硅钢片的磁感为

$$\mathcal{L}_{st} = \frac{\Delta_{Fe} l}{12\rho w} \tag{7.16}$$

$$\mathcal{L}_{rt} = \frac{\Delta_{Fe} h}{6\rho(w_1 + w_2)} \tag{7.17}$$

$$\mathcal{L}_{sty} = \frac{\Delta_{Fe}\theta(R_2 + R_1)}{24\rho(R_2 - R_1)} \tag{7.18}$$

式中，ρ为硅钢片的电阻率，其余参数见图 7.13 中尺寸标注。

由此，图 7.13 中所示的硅钢片磁阻抗可以表达为

$$\mathcal{Z}_x = \mathcal{R}_x + \mathrm{j}\mathcal{X}_x \tag{7.19}$$

$$\mathcal{X}_x = \mathrm{j}\omega\mathcal{L}_x \tag{7.20}$$

式中，下标 x 表示铁心叠压过程中的第 x 片硅钢片；$\omega = 2\pi f$ 为铁心中磁通的交变角频率。

对于 FSPM 电机，由于定转子齿部的凸极调制作用，定转子铁心中磁通的角频率并不相同，可分别由下面公式计算：

$$\omega_s = 2\pi\frac{n_r P_r}{60} \tag{7.21}$$

$$\omega_r = 2\pi\frac{n_r P_{PM}}{60} \tag{7.22}$$

式中，n_r为转子转速；P_r和 P_{PM}分别为转子齿数和永磁体极对数，对于本节所研究的 FSPM 电机，$P_r = 10$，$P_{PM} = 6$。

基于矢量磁路理论，电机铁心中硅钢片的叠压过程可以视为式(7.19)中磁阻抗元件的并联，即一段铁心的磁阻和磁感参数可由式(7.23)和式(7.24)计算：

$$\mathcal{R} = \frac{\mathcal{R}_x}{n} \tag{7.23}$$

$$\mathcal{X} = \frac{\omega \mathcal{L}_x}{n} \tag{7.24}$$

式中，n 为 FSPM 电机铁心所叠压的硅钢片片数。

为了方便列写节点磁动势方程组，需进一步计算铁心支路的磁导纳：

$$\mathcal{Y} = \frac{1}{\mathcal{Z}} = \frac{1}{\mathcal{R} + \mathrm{j}\omega\mathcal{L}} = \frac{1}{\mathcal{R} + \mathrm{j}\mathcal{X}} = \mathcal{G} + \mathrm{j}\mathcal{B} \tag{7.25}$$

式中，参数 $\mathcal{Z}$、$\mathcal{R}$、$\mathcal{L}$ 和 $\mathcal{Y}$、$\mathcal{G}$、$\mathcal{B}$ 分别为对应铁心支路的磁阻抗、磁阻、磁感值，以及由此计算得到的磁导纳、磁导、磁纳值。

2. 气隙支路建模方法

FSPM 电机的气隙支路作为连接定转子铁心支路的关键，对于矢量磁网络模型的计算精度有很大影响。由于定子齿和转子齿之间的气隙磁导随两者之间相对位置的改变而不断变化，方便起见，对定子齿和转子齿之间的相对位置进行区间划分，然后推导每个区间的气隙磁导表达式。在某一转子位置，计算任意一个定子齿和一个转子齿之间的相对位置，根据预设区间生成气隙支路连接方式并计算磁导。在更新转子位置后，再次检测定转子齿之间的相对位置，重新生成气隙支路，以此完成变磁网络的计算过程[27-29]。需要说明的是，为了提高矢量磁网络模型的精度，沿气隙中点将其人为划分为两层，并沿圆周引入切向磁导支路[30]。

下面给出四类典型形状的气隙磁导计算方式，如图 7.14 所示。在建模过程中，仅需对四类磁通管进行组合即可，具体区间划分和组合方式可参考文献[27]～[29]，此处不再赘述。

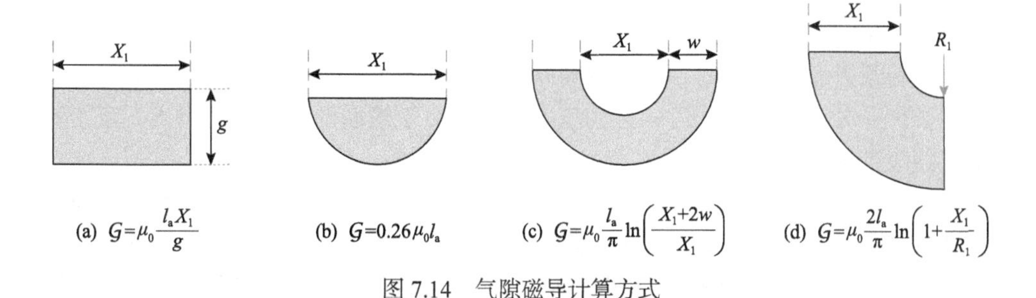

图 7.14　气隙磁导计算方式

3. 磁动势源支路建模方法

FSPM 电机的磁动势源包括永磁体和电枢绕组，对应建模方法如下。永磁体的磁导和产生的磁动势计算公式分别如下：

$$\mathcal{G}_{\mathrm{PM}} = \mu_0 \frac{l_{\mathrm{PM}} l_{\mathrm{a}}}{w_{\mathrm{PM}}} \tag{7.26}$$

$$F_{\mathrm{PM}} = H_{\mathrm{c}} h_{\mathrm{PM}} \tag{7.27}$$

式中，μ_0 为永磁体磁导率；l_{a} 为轴向长度；l_{PM} 为永磁体沿电机径向的长度；w_{PM} 为永磁体的宽度；H_{c} 为矫顽磁力。

电枢磁动势的计算公式如下：

$$F_{\mathrm{aw}} = J_{\mathrm{a}} S_{\mathrm{a}} k_{\mathrm{pf}} \tag{7.28}$$

式中，J_{a} 为电枢电流密度；k_{pf} 为槽满率；S_{a} 为槽面积，可由式(7.29)计算：

$$S_{\mathrm{a}} = \frac{\pi}{96}\left[\left(R_{\mathrm{so}} - h_{\mathrm{sy}}\right)^2 - R_{\mathrm{si}}^2\right] \tag{7.29}$$

式中，R_{so} 和 R_{si} 分别为定子外径和内径；h_{sy} 为定子轭部宽度。

计算 FSPM 电机空载性能时，无须设置电枢磁动势源；计算加载性能时，仅需在定子轭部支路添加电枢磁动势源即可。

4. 矢量磁网络建模说明

为了提高计算精度，矢量磁网络模型共考虑四种形式的漏磁支路，它们分别为：永磁体端部经由机壳的漏磁支路、永磁体端部经由气隙在同一定子极内的漏磁支路、相邻定子极间的漏磁支路，以及由局部过饱和引起的定子槽漏磁支路。综合对定转子铁心支路、气隙支路、磁动势源支路和漏磁支路的讨论，图 7.15(a) 给出了 FSPM 电机矢量磁网络建模示意图。为了提高气隙支路的建模精度，将定子齿和转子齿靠近气隙的一半进行剖分，采用并联支路对铁心精细化建模。其中，将定子齿一分为二，转子齿一分为三。此外，由于槽漏磁通支路的引入，定子轭部支路改进为两条串联支路。

在此基础上，矢量磁网络的完整模型如图 7.15(b) 所示。除气隙支路，该模型共计有节点 158 个，支路 218 条。其中，电机定子侧共有 168 条支路，96 条为定子铁心的磁阻抗(磁阻-磁感)支路，其余 72 条为永磁体和漏磁磁阻支路；转子铁心中共有支路 50 条，且全部为磁阻抗支路。

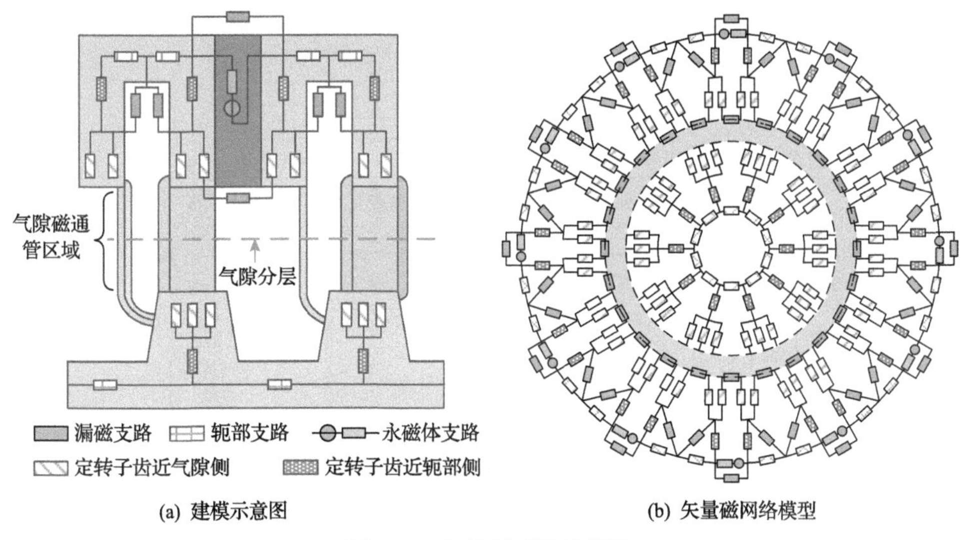

(a) 建模示意图　　(b) 矢量磁网络模型

图 7.15　矢量磁网络示意图

7.3.2　矢量磁网络模型的方程组和求解

矢量磁网络计算流程如图 7.16 所示。在给定 FSPM 电机尺寸参数后，确定电磁性能计算的初始转子位置角，然后分别计算定转子铁心支路的磁阻抗参数，并根据当前转子位置，生成气隙磁导支路。完成上述步骤后，列写节点磁动势方程组，其形式为

$$\mathcal{Y}(i)\dot{F}_{\mathrm{m}}(i)=\dot{\Phi}(i) \tag{7.30}$$

式中，$\mathcal{Y}(i)$ 为稀疏对称的节点磁导纳矩阵，对应由图 7.15(b)所建立的 158 维方阵；$\dot{F}_{\mathrm{m}}(i)$ 和 $\dot{\Phi}(i)$ 分别为节点磁动势相量和节点磁通相量，均为 158 维列相量。由式(7.25)可知，矢量磁网络中磁导纳支路为复数，故式(7.30)为复数方程组，直接求解时计算量较大。为提高求解效率，可以采用象限连接分解法将复系数方程组转化为实系数方程组，通过逐次超松弛迭代法对分解后的每个实系数方程组进行数值求解，再反推出式(7.30)的复数解。

由于铁心支路存在非线性，需要基于铁心材料的 B-H 曲线对支路磁阻参数进行修正，并基于铁心支路中流过的磁通大小对支路磁感参数进行修正，以此进一步逼近铁心中磁通分布的真实情况，提高计算精度。其中，对支路磁阻参数采用广义阻尼法进行迭代，具体流程可以参考文献[28]，此处不再赘述。

对于支路磁感参数的迭代可以按照如下流程进行：

(1) 计算铁心磁感参数的初值，记为 $\mathcal{L}_0$，具体方法见 7.3.1 节。

(2) 列写并求解节点磁动势方程组，获得各铁心支路的磁通 $\Phi(i)$，并计算其有

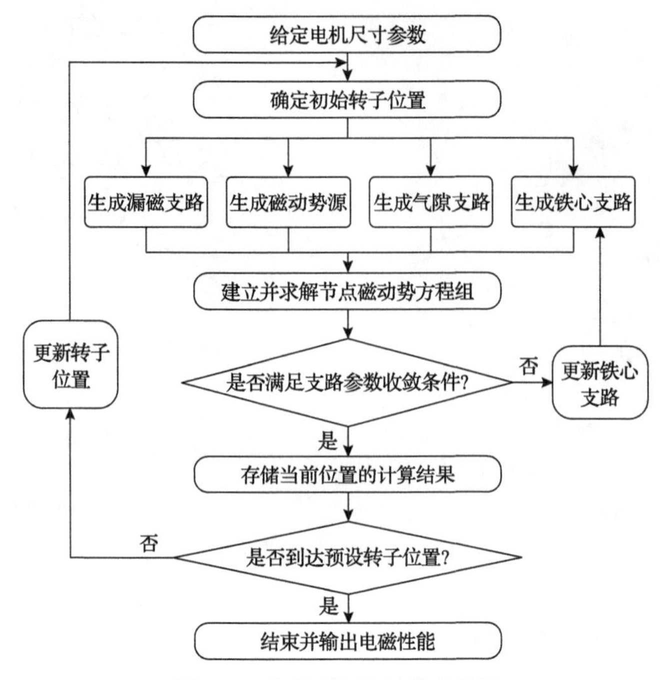

图 7.16　矢量磁网络计算流程图

效值 Φ_{rms}，以及硅钢片中产生的感应电压 $\mathrm{d}\Phi/\mathrm{d}t$。

(3) 基于上述计算结果，推导磁感的计算值 $\mathcal{L}_k$(此处下标 k 表示迭代次数)，其计算方法为

$$\mathcal{L}_k(i)=\frac{\Delta_{\text{Fe}}^3 lw(\mathrm{d}\Phi/\mathrm{d}t)^2}{24\rho\omega^2\Phi_{\text{rms}}^2} \tag{7.31}$$

(4) 由阻尼迭代法重新推导下一次计算所用的磁感参数，方法为[32]

$$\mathcal{L}_{k+1}(i)=\mathcal{L}_k^d(i)\times\mathcal{L}_{k-1}^{1-d}(i) \tag{7.32}$$

式中，d 为阻尼系数，此处取值为 0.9。以第一次迭代求解为例，在求解式(7.30)后，获得磁感计算值为 $\mathcal{L}_1$，则第二次迭代求解所用的磁感参数 $\mathcal{L}_2$ 由磁感初值 $\mathcal{L}_0$ 和 $\mathcal{L}_1$ 确定。重复上述过程，直到满足收敛性条件：

$$\left|\mathcal{L}_{k+1}(i)-\mathcal{L}_k(i)\right|<\varepsilon \tag{7.33}$$

式中，ε 为支路磁感参数的求解精度，此处取为 10^{-2}。

在支路磁阻和磁感参数都迭代收敛后，存储当前转子位置的最后一次迭代结果。然后按照预设的转子旋转步长，更新转子位置，再次生成气隙支路并完成迭

代，存储每一个转子位置的计算结果，直至完成全部计算周期。

7.3.3　FSPM 电机电磁特性的求解和验证

1. 模型说明

求解式(7.30)后，可以进一步推导 FSPM 电机的电磁性能。随着磁感元件的引入，矢量磁网络模型的建立和求解过程也更为复杂。因此，本节将由传统磁阻网络模型、矢量磁网络模型和有限元法的计算结果，与实验测量结果展开横向对比，验证矢量磁网络模型的优越性。

矢量磁网络模型的建立依照 7.3.1 节中所给出的流程。磁阻网络模型沿用文献[27]中所提方法，与矢量磁网络模型类似，除气隙支路，其也包含有 158 个节点和 218 条支路，但所有支路均由磁阻元件构成。此外，如 7.3.1 节所述，矢量磁网络模型采用双层气隙建模，而磁阻网络模型的气隙为单层。有限元法依托电磁场分析软件 JMAG- Designer 21.0 进行。图 7.17 是 12/10 极 FSPM 电机样机以及实验测试平台。

(a) FSPM电机样机

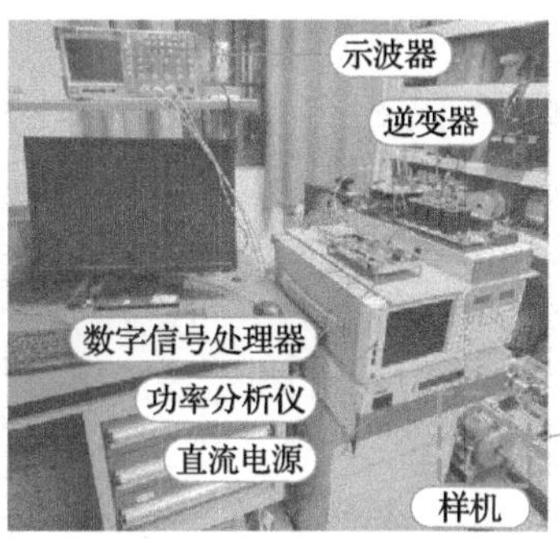

(b) 实验测试平台

图 7.17　12/10 极 FSPM 电机样机及实验测试平台

2. 空载性能计算

基于式(7.30)的计算结果，可以得出空载气隙磁密波形如图 7.18 所示。可见，矢量磁网络模型和有限元法所得结果保持了较好的一致性，能够真实地反映饱和与涡流现象。此外，由于没有考虑涡流效应，磁阻网络模型计算的磁密幅值更大。

FSPM 电机的电枢线圈绕制在定子极上，每个定子极包括两个定子齿和一块永磁体。结合图 7.15(b)中的矢量磁网络模型来看，一个电枢线圈的包围区域中对应有 4 条定子齿支路。在求解矢量磁网络模型后，将这 4 条支路中的磁链求和即可得到 FSPM 电机每个线圈中的磁链。对应计算方法为

$$\dot{\Psi}_{\text{coil}} = N\sum_{i=1}^{n} \mathcal{Y}_i\left(\dot{F}_{\text{m1}}(i) - \dot{F}_{\text{m2}}(i) + F_{\text{m0}}(i)\right) \tag{7.34}$$

式中，N 为线圈匝数；n 为线圈所包围的支路数量，此处为 4 条；$\dot{F}_{\text{m1}}(i)$ 和 $\dot{F}_{\text{m2}}(i)$ 为该线圈所包围的第 i 条支路两端的磁动势相量；$F_{\text{m0}}(i)$ 为支路的初始磁动势。

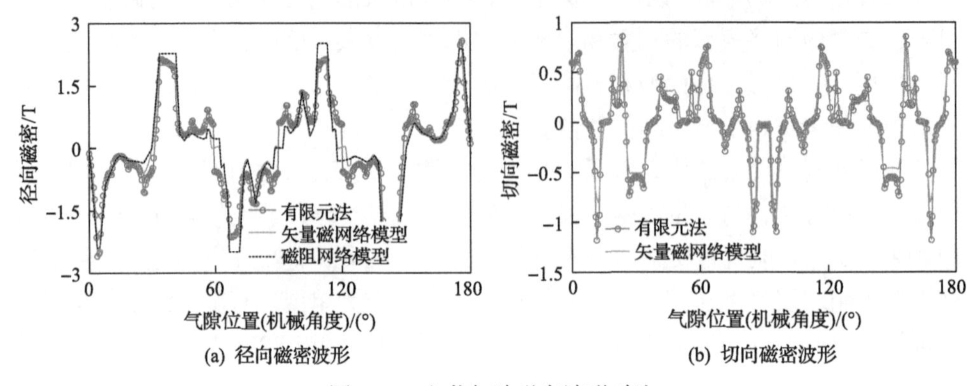

(a) 径向磁密波形　　(b) 切向磁密波形

图 7.18　空载气隙磁密波形对比

由各方法计算所得的磁链波形如图 7.19(a)所示。由于对定转子铁心的饱和现象以及涡流效应予以充分考虑，由矢量磁网络模型计算所得的磁链波形与有限元法计算结果吻合较好。另外，从 240°～300°的波形局部放大图可以看出，矢量磁网络模型计算结果可以反映 FSPM 电机的电枢绕组互补性，进一步说明矢量磁网络模型具有较高的计算精度，可以在分析的过程中代替有限元法。随着转子转速提高，FSPM 电机铁心中的涡流效应也更为明显。图 7.19(b)展示了在不同转速下 d 轴磁链幅值的变化，在铁心支路中引入了磁感元件后，矢量磁网络模型与有限元法所得结果的变化趋势一致。然而，由于在建模时仅设置了磁阻元件，传统磁阻网络模型计算的 d 轴磁链幅值不会跟随转速变化。

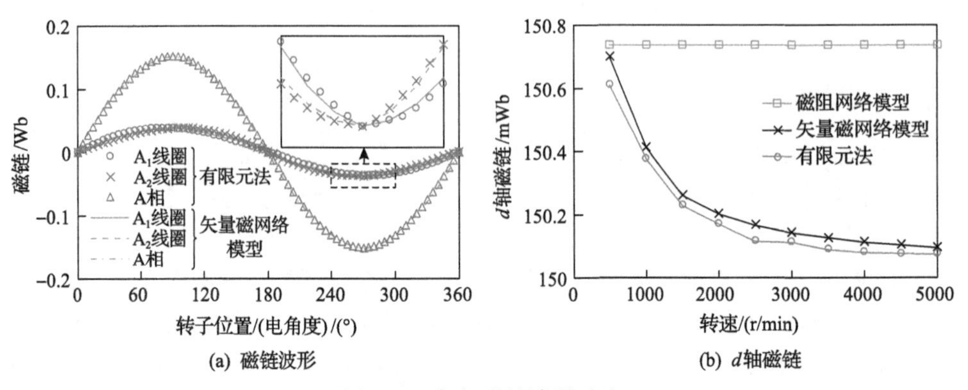

(a) 磁链波形　　(b) d轴磁链

图 7.19　每相磁链波形对比

在每相磁链的基础上，可由式(7.35)计算 FSPM 电机的空载感应电势：

$$E_a = -\frac{\mathrm{d}\Psi_a}{\mathrm{d}t} \tag{7.35}$$

式中，Ψ_a为 A 相磁链。

图 7.20 对比了当转速为 1000r/min 时计算所得和实验测量的感应电势波形以及谐波含量，括号标记的是感应电势中的波形畸变率。相较于有限元法计算结果(164.3V)，矢量磁网络模型计算出的感应电势基波幅值为 165.4V，两者误差几乎可以忽略。实验测量得到的感应电势基波幅值为 162.6V，比有限元法和矢量磁网络模型的计算结果低，该误差主要由矢量磁网络模型和二维有限元模型忽略了电机端部效应引起[33,34]。

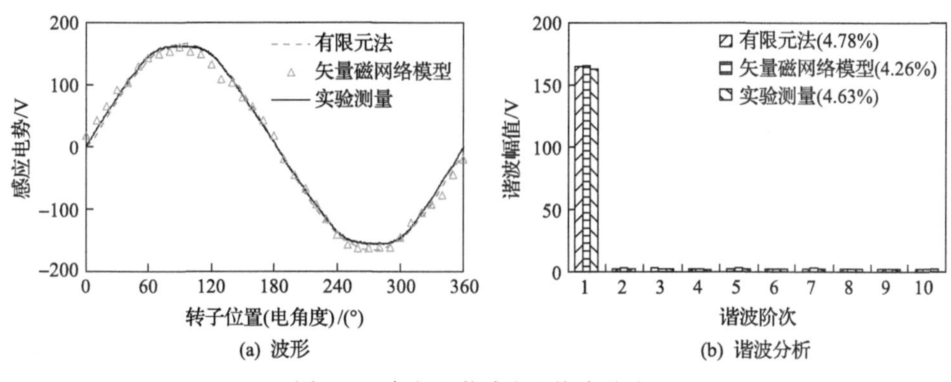

图 7.20　每相空载感应电势波形对比

3. 负载性能计算

FSPM 电机的输出转矩可以由感应电势和注入绕组的电枢电流计算。图 7.21 绘制了输出转矩随电枢槽电流密度变化的曲线。可以看出，由于没有考虑涡流效应，磁阻网络的输出转矩计算结果较大，与有限元法和实验测量结果之间的误差更大。在额定工作点($5A/mm^2$)处，由磁阻网络模型计算的输出转矩为 9.17N·m，矢量磁网络模型的计算结果为 9.06N·m，有限元法计算结果为 8.87N·m。然而，受端部效应和加工误差的影响，实验测量输出转矩为 8.46N·m，误差仍然在可接受的范围之内。

4. 铁耗计算

在额定转速下，图 7.22(a)比较了用三种方法计算的涡流损耗，相较于磁阻网络模型，矢量磁网络模型的涡流损耗计算精度提高了 8W。其中，根据式(3.54)，矢量磁网络模型的涡流损耗计算公式为

$$\mathcal{P}_{\mathrm{e}}=\sum_{i}\omega(\omega\mathcal{L}_{i})\Phi_{\mathrm{rms}}^{2}(i) \tag{7.36}$$

式中，$\mathcal{L}_i$为迭代收敛后第 i 条支路的磁感参数；$\Phi_{\mathrm{rms}}(i)$为铁心支路磁通的有效值。

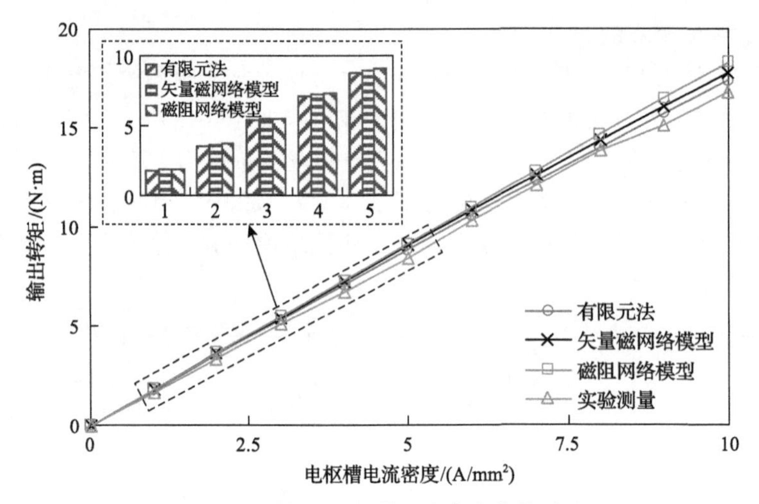

图 7.21　转矩-电枢槽电流密度曲线对比

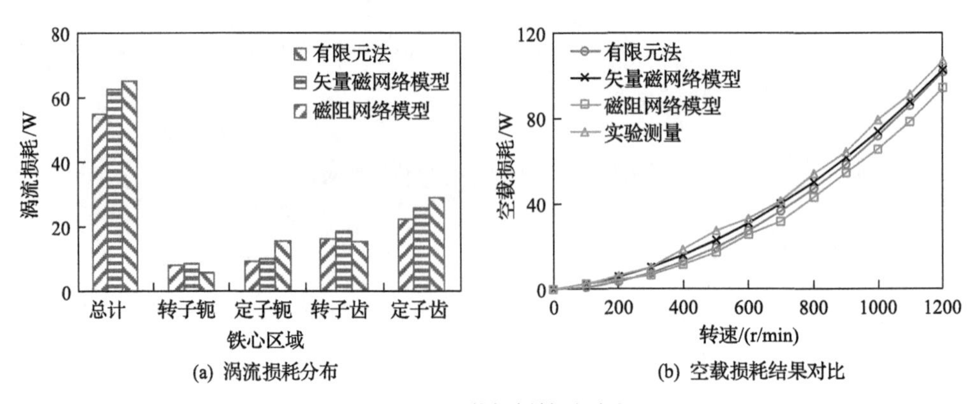

图 7.22　空载损耗结果对比

磁阻网络模型的涡流损耗计算方法为

$$\mathcal{P}_{\mathrm{e}}=\sum_{t}\sum_{k}\left[K_{\mathrm{e}}(kf)^{2}B_{kt}^{2}\right]V_{t} \tag{7.37}$$

式中，K_{e}为涡流损耗系数；V_t为第 t 条支路对应的铁心区域体积；B_{kt}为第 t 条支路中第 k 次磁密谐波幅值；f 为式(7.21)和式(7.22)对应的铁心磁通频率。

此外，两种磁网络模型的磁滞损耗可以由式(7.38)和式(7.39)计算：

$$\mathcal{P}_{\mathrm{h}} = \sum_{t}\sum_{k}\left[\varepsilon(\Delta B)K_{\mathrm{h}}(kf)B_{kt}^{2}\right]V_{t} \tag{7.38}$$

$$\varepsilon(\Delta B) = 1 + k_{\mathrm{dc}}\Delta B^{\beta} + k_{1}\Delta B^{2} \tag{7.39}$$

式中，K_{h} 为磁滞损耗系数；ΔB 为直流偏置磁密；$\varepsilon(\Delta B)$ 为直流偏磁现象的修正系数；k_{dc}、k_{1} 和 β 仅为系数。FSPM 电机的空载损耗主要由铁耗组成，如图 7.22(b) 所示，矢量磁网络模型计算的空载损耗误差比磁阻网络模型低 9%。与实验测量结果相比，矢量磁网络模型的最大误差为 5.4%，该误差主要由机械损耗和永磁体涡流损耗引起。

7.4　转子永磁型电机矢量磁网络模型

7.3 节介绍了 FSPM 电机的矢量磁网络模型。由于 FSPM 电机等具有双凸极结构，其磁通路径比较规则，相对比较容易进行磁通管的划分。因此，早期的等效磁网络模型多针对凸极类电机，如双凸极永磁电机[28]、磁通切换永磁电机[29, 34, 35]，较好地解决了此类电机优化设计阶段对电机电磁性能的快速分析计算问题。随着电动汽车、航空航天等新兴产业的快速发展，对电机性能需求不断细化，计算精度高、求解速度快的磁网络建模方法也被用于传统电机，并成为近年的研究热点之一[36-40]。但已有的等效磁网络仅将电机磁路等效为磁阻元件之间的连接，均未考虑铁心涡流效应和磁滞效应对磁路中磁通的影响。因此，如果将磁感引入等效磁网络模型，可以弥补单一磁阻元件的不足，实现铁心磁密和铁耗的同时计算。

本节以一台 12 槽 22 极的双三相游标永磁电机(dual three-phase permanent magnet vernier electrical machine, DTPPMVM)为研究对象，提出一种基于磁通源-磁阻-磁感三元件的电机等效磁网络模型[41]，具体是：在气隙中布置磁通源替代传统等效磁网络模型中的磁动势源，磁通源的大小可由解析法快速求取，通过磁通源数值的矢量变化实现转子的虚拟旋转，解决了动态分析时等效磁网络气隙网格节点动态连接复杂的难题；在等效磁网络中引入磁感元件，通过基于磁感的铁耗计算方法及硅钢片的 B-$\mathcal{P}$ 曲线建立铁耗与磁感间的映射关系，用磁感元件表征铁磁材料的涡流与磁滞效应对磁场的反作用，构建出磁通源-磁阻-磁感等效磁网络模型，实现磁密和铁耗同时计算；为考虑磁路的饱和效应，提出一种有效磁阻抗饱和系数计算方法，进一步提升模型计算精度，并通过制造 DTPPMVM 样机和实验研究验证所提模型的正确性。

7.4.1 气隙磁场分析

DTPPMVM 为径向充磁表贴式永磁转子电机，电枢绕组环绕在定子轭部，通过外部连接构成双三相绕组，如图 7.23 所示。表 7.5 列出了 DTPPMVM 的主要参数。

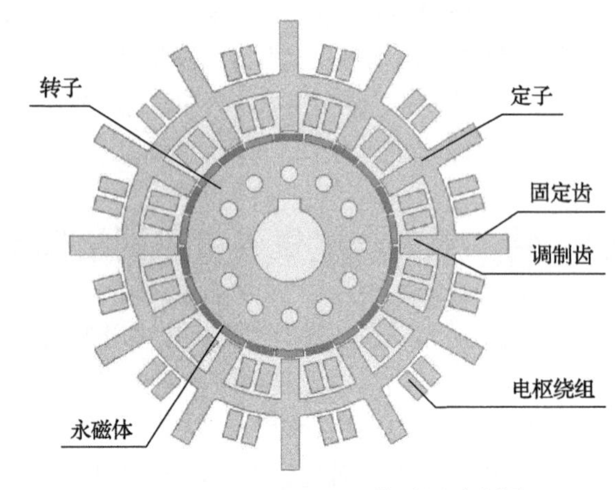

图 7.23 DTPPMVM 二维平面示意图

表 7.5 DTPPMVM 的主要参数

参数名称	数值	参数名称	数值
定子外径	120mm	永磁体厚度	2.4mm
定子内径	80mm	永磁体牌号	N38UH
转子外径	73.6mm	硅钢片型号	35JN250
转子内径	26mm	相数	6
定子槽数	12	绕组连接形式	双 Y
永磁体极对数	11	每相绕组串联匝数	20
电枢绕组极对数	1	额定转速	1500r/min
气隙长度	0.8mm	额定电流	12A
电机轴向长度	80mm	额定功率因数	0.78

为了分析 DTPPMVM 的工作磁场，定义其在极坐标系下的尺寸和方向，如图 7.24 所示。其中，θ 为定子圆周某一位置的机械角度，ω_r 为转子的机械角速度，定子圆周上初始角度 $\theta = 0°$ 的位置定义在定子齿中心线上。

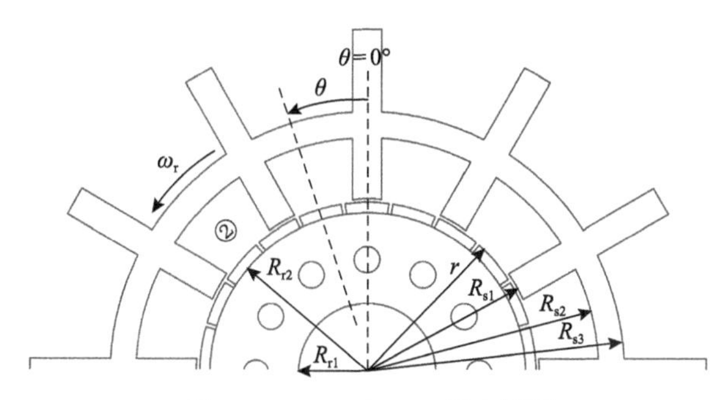

图 7.24　DTPPMVM 极坐标系

1. 永磁体磁动势

空载工况下，电枢绕组中的电流为零，气隙中的磁动势全部由永磁体提供。假设在初始时刻($t=0$)，永磁体 N 极的中心线与$\theta=0°$重合，则此时永磁体在气隙中产生的理想磁动势 F_{pm} 的波形可等效为如图 7.25 所示的矩形波，图中 F_{max} 为永磁体磁动势幅值，p_r 为转子永磁体的极对数。

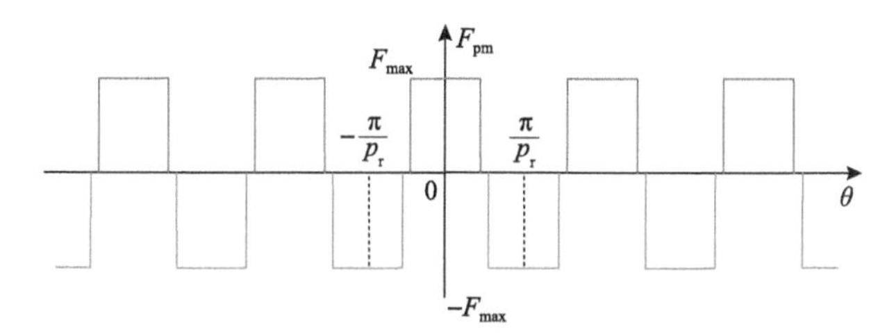

图 7.25　永磁体在气隙中产生的理想磁动势波形

F_{max} 的计算公式为

$$F_{max}=\frac{B_r h_m}{\mu_m} \tag{7.40}$$

式中，B_r 为永磁体剩磁；h_m 为永磁体充磁方向的厚度；μ_m 为永磁体的相对磁导率。考虑转子旋转，根据离散傅里叶变换，可以得到永磁体磁动势 $F_{pm}(\theta,t)$ 随圆周位置 θ 与时间 t 变化的表达式为

$$F_{pm}(\theta,t)=\sum_{j=1,3,5}^{+\infty} F_{pm\,j}\cos\left(jp_r\left(\theta-\omega_r t\right)\right) \tag{7.41}$$

式中，$F_{pm\,j}$ 为 j 次谐波分量幅值，表示为

$$F_{pm\,j}=\frac{p_r}{\pi}\int_{-\pi/p_r}^{\pi/p_r} F_{pm}(\theta)\cos\left(jp_r\theta\right)\mathrm{d}\theta \tag{7.42}$$

2. 电枢磁动势

负载工况下，定子电枢绕组中通入对称的三相电流，此时气隙中产生的磁动势是由永磁体磁动势和电枢磁动势叠加而成的，接下来分析电枢绕组产生的磁动势。

DTPPMVM 两套对称三相绕组的空间分布如图 7.26 所示，绕组函数波形分别如图 7.27(a)和(b)所示，其随圆周位置θ变化的函数$N(\theta)$可以由绕组函数法求出[42]，其表达式为

$$\begin{cases} N_{\mathrm{A1}}(\theta)=\sum\limits_{j=1}^{\infty}N_j\cos(j\theta) \\ N_{\mathrm{B1}}(\theta)=\sum\limits_{j=1}^{\infty}N_j\cos\left(j\left(\theta-\dfrac{2}{3}\pi\right)\right) \\ N_{\mathrm{C1}}(\theta)=\sum\limits_{j=1}^{\infty}N_j\cos\left(j\left(\theta+\dfrac{2}{3}\pi\right)\right) \\ N_{\mathrm{A2}}(\theta)=\sum\limits_{j=1}^{\infty}N_j\cos\left(j\left(\theta+\dfrac{\pi}{6}\right)\right) \\ N_{\mathrm{B2}}(\theta)=\sum\limits_{j=1}^{\infty}N_j\cos\left(j\left(\theta-\dfrac{2}{3}\pi+\dfrac{\pi}{6}\right)\right) \\ N_{\mathrm{C2}}(\theta)=\sum\limits_{j=1}^{\infty}N_j\cos\left(j\left(\theta+\dfrac{2}{3}\pi+\dfrac{\pi}{6}\right)\right) \\ N_j=\dfrac{N_{\mathrm{ph}}}{j\pi}\left(\sin\left(j\dfrac{5}{12}\pi\right)+\sin\left(j\dfrac{7}{12}\pi\right)\right) \end{cases} \tag{7.43}$$

式中，N_j为绕组函数j次分量的幅值；N_{ph}为每相绕组串联匝数。

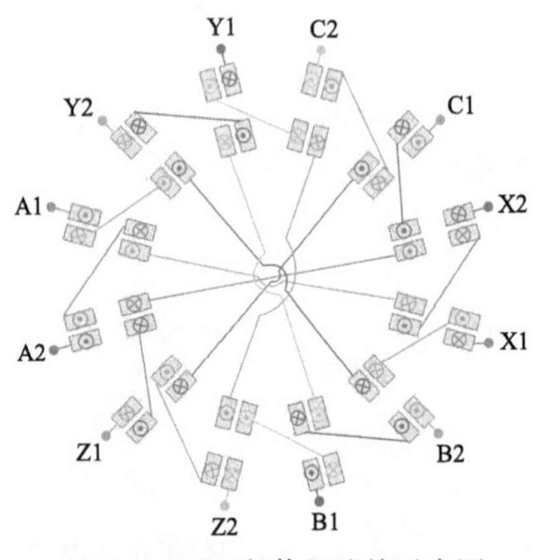

图 7.26　双三相绕组连接示意图

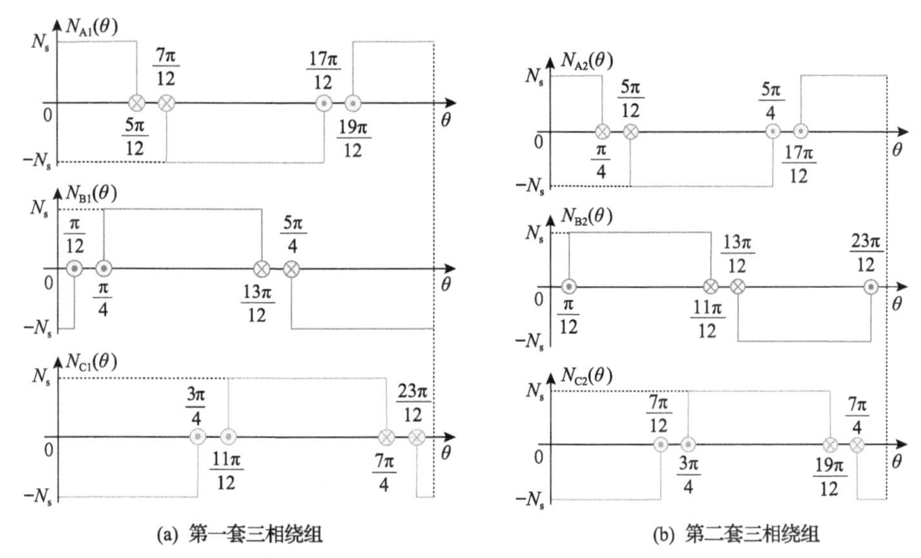

图 7.27　双三相绕组函数波形

两套三相绕组中通入的电枢电流 $I(t)$ 随时间 t 变化的表达式为

$$\begin{cases} I_{A1}=I_m\sin\left(\omega_e t\right) \\ I_{B1}=I_m\sin\left(\omega_e t-\dfrac{2\pi}{3}\right) \\ I_{C1}=I_m\sin\left(\omega_e t+\dfrac{2\pi}{3}\right) \\ I_{A2}=I_m\sin\left(\omega_e t+\dfrac{\pi}{6}\right) \\ I_{B2}=I_m\sin\left(\omega_e t-\dfrac{2\pi}{3}+\dfrac{\pi}{6}\right) \\ I_{C2}=I_m\sin\left(\omega_e t+\dfrac{2\pi}{3}+\dfrac{\pi}{6}\right) \end{cases} \tag{7.44}$$

式中，I_m 为相电流幅值；ω_e 为电角频率。

结合式(7.43)和式(7.44)可以得到电枢磁动势 $F_a(\theta,t)$ 随圆周位置 θ 与时间 t 变化的表达式为

$$\begin{aligned} F_a(\theta,t)=&N_{A1}(\theta)I_{A1}+N_{B1}(\theta)I_{B1}+N_{C1}(\theta)I_{C1} \\ &+N_{A2}(\theta)I_{A2}+N_{B2}(\theta)I_{B2}+N_{C2}(\theta)I_{C2} \end{aligned} \tag{7.45}$$

3. 等效气隙磁导

DTPPMVM 的转子表面光滑，因此气隙磁导的变化主要是定子开槽导致的，定子开槽使得槽口处的磁导率下降。在忽略定子铁心饱和时，可以认为等效后的气隙磁导 $\mathcal{G}$ 波形如图 7.28 所示，图中，$\mathcal{G}_{max}$ 为磁导的最大值，$\mathcal{G}_{min}$ 为磁导的最小值，这些数值可使用保角变换方法求得[43,44]。

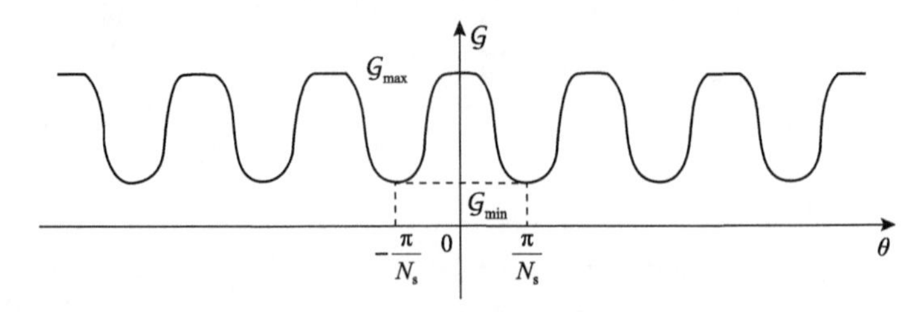

图 7.28 理想等效气隙磁导波形

根据离散傅里叶变换，可以得到气隙磁导 $\mathcal{G}(\theta)$ 随圆周位置 θ 变化的表达式：

$$\mathcal{G}(\theta) = \mathcal{G}_0 + \sum_{k=1}^{+\infty} \mathcal{G}_k \cos\left(kN_s\theta\right) \tag{7.46}$$

式中，N_s 为定子槽数；$\mathcal{G}_0$ 为直流分量；$\mathcal{G}_k$ 为 k 次分量幅值，其计算公式为

$$\mathcal{G}_k = \frac{N_s}{\pi}\int_{-\pi/N_s}^{\pi/N_s} \mathcal{G}(\theta)\cos\left(kN_s\theta\right)\mathrm{d}\theta \tag{7.47}$$

4. 气隙磁密

结合式(7.41)和式(7.46)，可以得到空载气隙磁密 $B_{nl}(\theta,t)$ 随圆周位置 θ 与时间 t 变化的表达式为

$$B_{nl}(\theta,t) = F_{pm}(\theta,t)\cdot\mathcal{G}(\theta) \tag{7.48}$$

结合式(7.41)、式(7.45)和式(7.46)，可得负载气隙磁密 $B_l(\theta,t)$ 随圆周位置 θ 与时间 t 变化的表达式为

$$B_l(\theta,t) = \left(F_{pm}(\theta,t) + F_a(\theta,t)\right)\cdot\mathcal{G}(\theta) \tag{7.49}$$

若考虑电机铁心饱和对气隙磁密的影响，则需引入饱和系数 ξ，这一未知量将在后面提出的磁通源-磁阻-磁感三元件等效磁网络(three element equivalent magnetic network, TEEMN)的模型中求解。考虑定子铁心饱和后的气隙磁密 $B_{ls}(\theta,t)$

随圆周位置θ与时间t变化的表达式为

$$B_{\text{ls}}(\theta,t)=B_{\text{l}}(\theta,t)/\xi \tag{7.50}$$

7.4.2　矢量磁网络模型建立

本节将阐述 TEEMN 模型的建模过程。图 7.29 展示了 DTPPMVM 局部磁力线分布，可见气隙与定子齿顶部相接触处磁力线分布复杂，而定子轭、定子齿中间及上部、永磁体、转子轭磁力线分布较规则。因此，根据磁力线分布特点，将 DTPPMVM 划分为四个区域，分别进行等效磁网络建模。

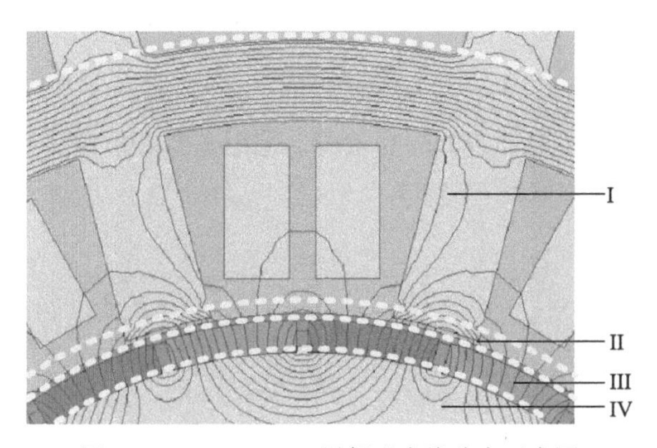

图 7.29　DTPPMVM 局部磁力线分布示意图

1. 磁阻-磁感混合磁阻抗网格

为求解电机各部位的磁密，传统等效磁网络模型将电机磁路等效为由磁阻元件$\mathcal{R}$连接的磁路，但单一的磁阻元件无法表征铁磁材料涡流和磁滞效应对磁路磁通的阻碍作用。本书前面几章中已经证明了铁心中的磁感现象，并揭示了铁心损耗$\mathcal{P}$与磁感$\mathcal{L}$间的映射关系：

$$\mathcal{P}=\omega^2\mathcal{L}\Phi^2 \tag{7.51}$$

式中，ω为磁通的交变角频率；Φ为磁通有效值。如图 7.30 所示，当知道某磁网格i的铁耗密度$\mathcal{P}_i(\text{W/m}^3)$时即可反推出该磁网格对应的磁感$\mathcal{L}_i$：

$$\mathcal{L}_i=\frac{\mathcal{P}}{\omega^2\Phi^2}=\frac{V_i\mathcal{P}_i}{\omega^2(B_i\cdot S_i)^2}=\frac{S_il_i\cdot\mathcal{P}_i}{\omega^2(B_i\cdot S_i)^2}=\frac{l_i\mathcal{P}_i}{\omega^2B_i^{\ 2}\cdot S_i} \tag{7.52}$$

反之，由磁感及磁通也可求出该部分的铁耗。因此，可将传统等效磁网络中磁网格内含的磁阻$\mathcal{R}$转化为磁阻$\mathcal{R}$与磁感$\mathcal{L}$的串联，即混合磁阻抗网格，如

图 7.31 所示。

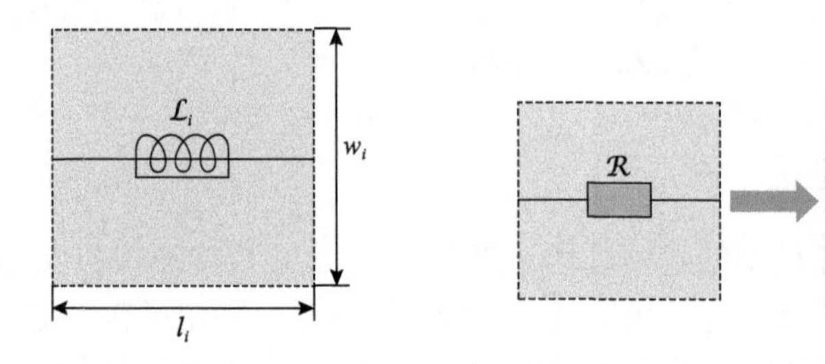

图 7.30 磁网格中的磁感　　图 7.31 磁阻与磁感串联磁网格

由此可得，转换后的混合磁阻抗网格的等效磁阻抗为

$$\mathcal{Z} = \mathcal{R} + \mathrm{j}\omega\mathcal{L} \tag{7.53}$$

为简化磁网络模型矩阵的求解复杂度，采用等效磁阻抗 $\mathcal{Z}$ 的模进行后续的计算，则转换后磁网格的磁导纳 $\mathcal{Y}$ 为

$$\mathcal{Y} = \frac{1}{|\mathcal{Z}|} = \frac{1}{|\mathcal{R} + \mathrm{j}\omega\mathcal{L}|} = \frac{1}{\sqrt{\mathcal{R}^2 + (\omega\mathcal{L})^2}} \tag{7.54}$$

2. 区域 I 定子侧等效磁网络模型

区域 I 包括定子轭、定子齿和定子槽，由图 7.29 中 DTPPMVM 的磁力线分布可知，定子轭和定子齿中部以上的磁力线分布较为均匀，因此定子轭和定子齿中部以上可以采用一个矩形磁阻与一个磁感的串联进行等效。而定子齿顶与定子槽内磁力线路径复杂，分布极其不均匀。因此，在定子齿顶与定子槽口处采用 3 层十字形磁阻网格加 1 层 T 型磁阻网格铺满整个定子内圆周，每个齿顶包含 4 层 5 排磁阻网格，每个槽内包含 4 层 10 排磁阻网格，如图 7.32 和图 7.33 所示。虽然定子齿顶划分的网格较多，但仅建模了齿顶这一小部分区域，其实际产生的铁损占电机总铁损的比例非常小，因此为简化建模，不再为定子齿顶处的磁阻网格添加磁感元件。图 7.32 和图 7.33 中磁阻网格的计算公式如下：

$$\mathcal{R}_{\mathrm{y}} = \frac{l_{\mathrm{y}}}{\mu_0\mu_{\mathrm{r}}(B)w_{\mathrm{y}}L_{\mathrm{stk}}} \tag{7.55}$$

$$\mathcal{R}_{\mathrm{t}} = \frac{l_{\mathrm{t}}}{\mu_0\mu_{\mathrm{r}}(B)w_{\mathrm{t}}L_{\mathrm{stk}}} \tag{7.56}$$

$$\mathcal{R}_{\mathrm{s}} = \frac{l_{\mathrm{t}}}{\mu_0\mu_{\mathrm{r}}(B)w_{\mathrm{s}}L_{\mathrm{stk}}} \tag{7.57}$$

$$\mathcal{R}_{tr} = \frac{w_{tt}}{2\mu_0\mu_r(B)w_{tr}L_{stk}} \tag{7.58}$$

$$\mathcal{R}_{tt} = \frac{w_{tr}}{2\mu_0\mu_r(B)w_{tt}L_{stk}} \tag{7.59}$$

$$\mathcal{R}_{sr} = \frac{w_{st}}{2\mu_0 w_{sr}L_{stk}} \tag{7.60}$$

$$\mathcal{R}_{st} = \frac{w_{sr}}{2\mu_0 w_{st}L_{stk}} \tag{7.61}$$

式中，μ_0为真空磁导率；$\mu_r(B)$为该磁阻网格的磁密为 B 时的相对磁导率；L_{stk}为电机的轴向长度。

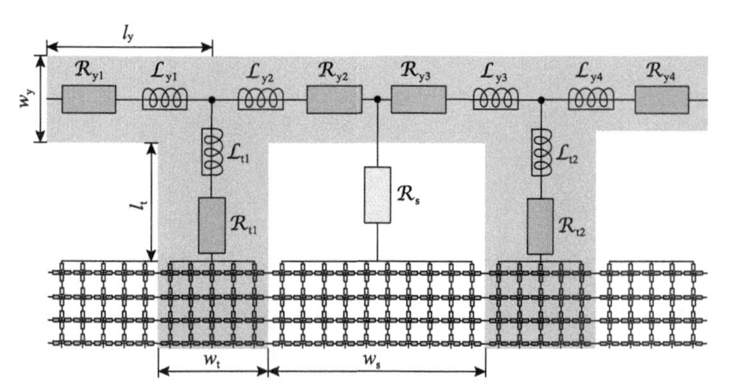

图 7.32　定子侧等效磁网络模型

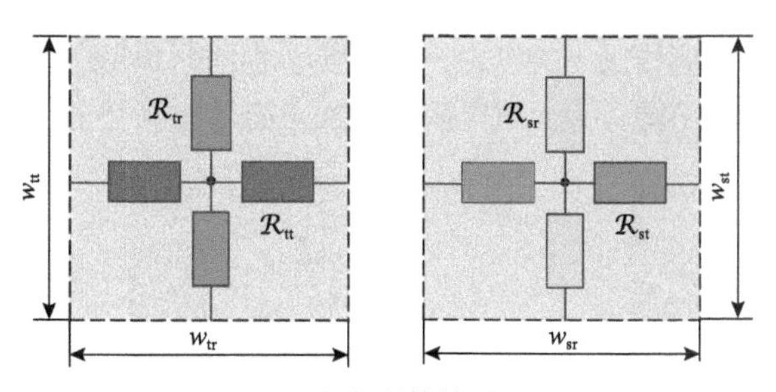

图 7.33　十字形等效磁阻网格

与磁阻相连的磁感 $\mathcal{L}$，由该磁阻代表的磁网格部分产生的铁耗 $\mathcal{P}$ 经式(7.52)求得，铁损 $\mathcal{P}$ 可以通过查阅硅钢片的 B-$\mathcal{P}$ 曲线获得，等效磁阻抗的修正磁导纳 $\mathcal{Y}$ 由式(7.54)得到。

3. 区域 II 气隙等效磁网络模型

区域 II 为气隙，气隙由多个理想等效磁通源 Φ 并排组成。前面已建立定子侧的等效磁网络模型，且定子内圆与气隙接触面共包含 180 个节点。因此，气隙中共包含 180 个磁通源，如图 7.34 所示。式(7.50)已经给出了气隙磁密，因此在考虑铁心饱和后，每个磁通源 Φ 的大小可表示为

$$\Phi_n(\theta,t)=B_n(\theta,t)S_{\text{air}}/\xi=B_n(\theta,t)w_{\text{air}}L_{\text{stk}}/\xi \tag{7.62}$$

式中，S_{air} 为每个磁通源的横截面积；w_{air} 为电机气隙中磁网络的长度；$B_n(\theta,t)$ 为 t 时刻 θ 位置处的气隙磁密，可由式(7.48)～式(7.50)确定。

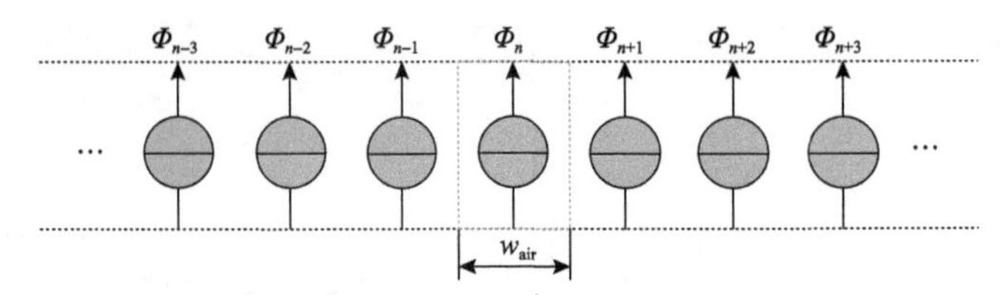

图 7.34　气隙中的理想等效磁通源

4. 区域 III 永磁体等效磁网络模型

区域 III 为永磁体，采用的钕铁硼永磁体牌号为 N38UH，由于永磁体的磁导率与真空磁导率相近，所以将永磁体与相邻永磁体间的气隙视为一个整体，同时为了与气隙中磁通源的节点相互连接，采用 180 个 T 型等效磁阻网格铺满整个永磁体圆周，如图 7.35 和图 7.36 所示。图 7.37 为 DTPPMVM 的 1/12 磁网络模型，展示了定子齿槽、气隙与永磁体间磁网格的连接方式。由于等效磁通源是永磁体磁动势和电枢磁动势共同作用下的结果，其替代了磁网络模型中的磁动势，因此只需要考虑永磁体的内磁阻即可，无须再额外添加永磁体磁动势源，其磁阻计算公式为

$$\mathcal{R}_{\text{mr}}=\frac{w_{\text{mt}}}{\mu_0 w_{\text{mr}} L_{\text{stk}}} \tag{7.63}$$

$$\mathcal{R}_{\text{mt}}=\frac{w_{\text{mr}}}{2\mu_0 w_{\text{mt}} L_{\text{stk}}} \tag{7.64}$$

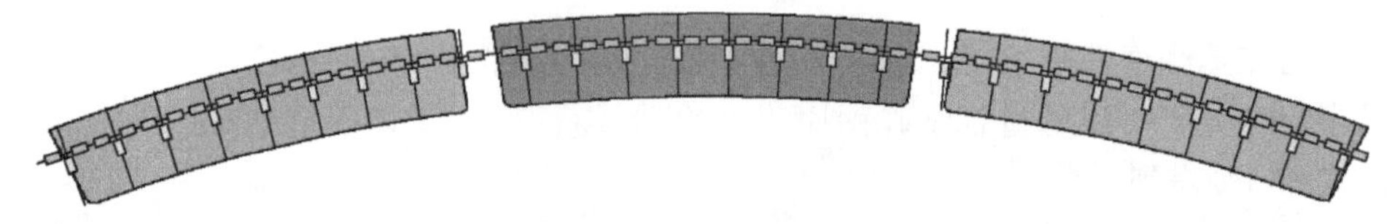

图 7.35　永磁体等效磁网络模型

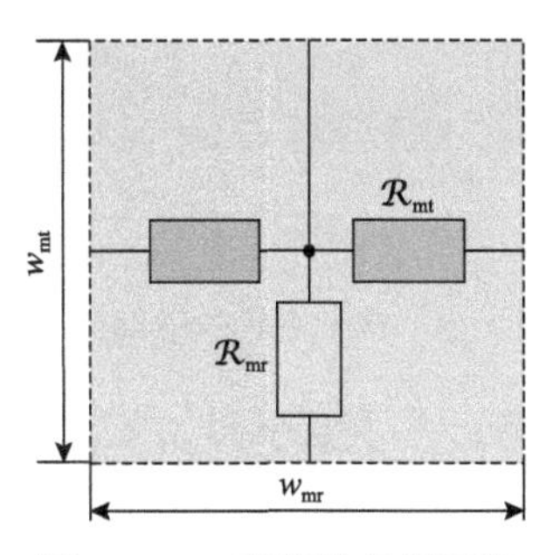

图 7.36　T 型等效磁阻网格

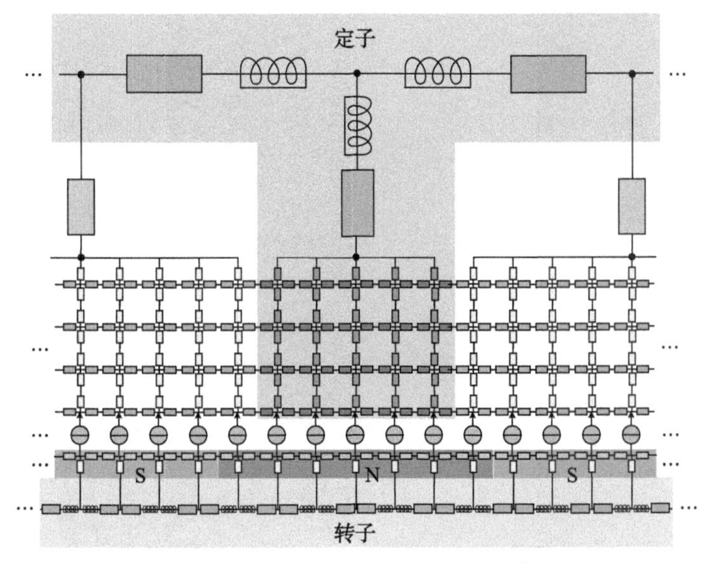

图 7.37　DTPPMVM 的 1/12 磁网络模型

5. 区域 IV 转子侧等效磁网络模型

由图 7.24 和图 7.29 可以看出，DTPPMVM 转子轭部较宽，且磁路较为简单，铁心最大磁密在 1T 左右，远小于铁心的磁饱和点。因此，对转子铁心的等效磁阻单元做简化处理，将转子铁心划分为 180 个矩形混合磁阻抗网格，每个磁阻抗网格均由一个磁阻和一个磁感构成，如图 7.38 所示。转子磁阻的计算公式为

$$\mathcal{R}_{\mathrm{r}}=\frac{l_{\mathrm{r}}}{\mu_0\mu_{\mathrm{r}}(B)w_{\mathrm{r}}L_{\mathrm{stk}}} \tag{7.65}$$

需要注意的是，转子侧磁感 $\mathcal{L}_{\mathrm{r}}$ 及其修正磁导纳 $\mathcal{Y}$ 的计算方法与定子侧一致。

6. 等效磁网络模型计算

由于铁心饱和会使磁导率发生变化，气隙磁密的大小也会受到影响，所以必

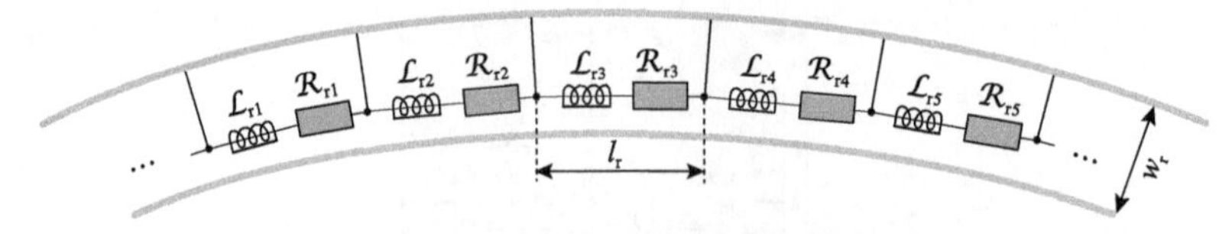

图 7.38 转子侧等效磁网络模型

须对磁网络模型进行迭代求解，其主要步骤如下。

首先给定电机铁心初始相对磁导率 μ_r，可以得到磁网络模型的磁导矩阵 $\mathcal{G}$(磁导纳矩阵 $\mathcal{Y}$)，这里以磁导为例，其表达式为

$$\mathcal{G}=\begin{bmatrix} \mathcal{G}_{1,1} & \mathcal{G}_{1,2} & \cdots & \mathcal{G}_{1,m-1} \\ \mathcal{G}_{2,1} & \mathcal{G}_{2,2} & \cdots & \mathcal{G}_{2,m-1} \\ \vdots & \vdots & & \vdots \\ \mathcal{G}_{m-1,1} & \mathcal{G}_{m-1,2} & \cdots & \mathcal{G}_{m-1,m-1} \end{bmatrix} \tag{7.66}$$

其次，假设电机初始饱和系数 ξ，通过解析法求得气隙磁密 B，进而求得磁网络模型的空载或负载磁通矩阵 $\boldsymbol{\Phi}$：

$$\boldsymbol{\Phi}=\begin{bmatrix}\Phi_1 & \Phi_2 & \cdots & \Phi_n\end{bmatrix}^{\mathrm{T}} \tag{7.67}$$

根据节点磁位法，即可求得磁网络模型的节点磁动势矩阵 $\boldsymbol{F}$：

$$\boldsymbol{F}=\boldsymbol{G}^{-1}\boldsymbol{\Phi} \tag{7.68}$$

由此，等效磁网络模型中节点 m 与节点 n 间的磁导支路的磁密 B_{mn} 可表示为

$$B_{mn}=\frac{(F_m-F_n)\cdot\mathcal{G}_{mn}}{S_{mn}} \tag{7.69}$$

式中，S_{mn} 为磁导支路的截面积。

为考虑铁心的饱和效应，提出了“有效磁阻抗”饱和系数计算方法，即定子齿所对应区域的气隙磁阻加上定转子铁心各磁网格的总磁阻抗之和与定子齿所对应区域的气隙磁阻之和的比值，具体计算方法为

$$\mathcal{R}_{a1}=\mathcal{R}_{a2}=\mathcal{R}_{a3}=\mathcal{R}_{a4}=\frac{g}{\mu_0 w_t L_{stk}} \tag{7.70}$$

$$\mathcal{R}_{t\_a}=N_s\mathcal{R}_{a1} \tag{7.71}$$

$$\mathcal{Z}_{t\_s}=\sum_{i=1,2,\cdots}\left(\left|\mathcal{Z}_{yi}\right|+\left|\mathcal{Z}_{ti}\right|+\mathcal{R}_{tri}+\mathcal{R}_{tti}\right) \tag{7.72}$$

$$\mathcal{Z}_{\mathrm{t\_r}} = \sum_{i=1,2,\cdots} \left|\mathcal{Z}_{\mathrm{r}i}\right| \tag{7.73}$$

$$\xi_{\mathrm{new}} = \frac{\mathcal{R}_{\mathrm{t\_a}} + \mathcal{Z}_{\mathrm{t\_s}} + \mathcal{Z}_{\mathrm{t\_r}}}{\mathcal{R}_{\mathrm{t\_a}}} \tag{7.74}$$

式中，$\mathcal{R}_{\mathrm{a1}}$、$\mathcal{R}_{\mathrm{a2}}$、$\mathcal{R}_{\mathrm{a3}}$和$\mathcal{R}_{\mathrm{a4}}$为定子齿所对应区域的气隙磁阻，如图 7.39 所示；g 为气隙长度；$\mathcal{R}_{\mathrm{t\_a}}$ 为所有定子齿所对应区域的气隙磁阻之和；$\mathcal{Z}_{\mathrm{t\_s}}$ 为定子铁心上所有磁网格的磁阻抗之和；$\mathcal{Z}_{\mathrm{t\_r}}$ 为转子铁心上所有磁网格的磁阻抗之和。

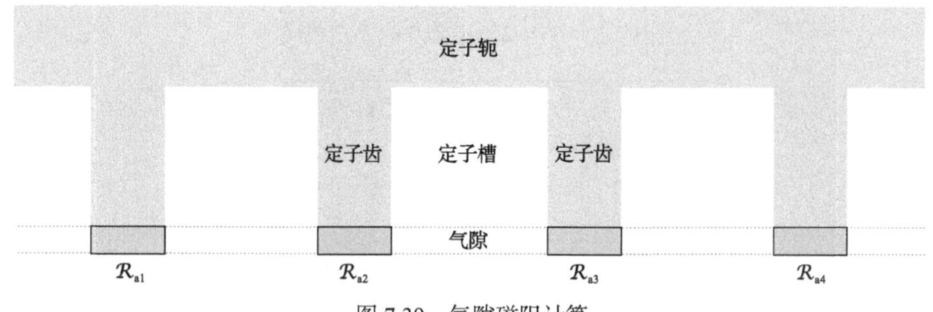

图 7.39　气隙磁阻计算

将铁心各磁网格的磁密数据 B_{mn} 代入硅钢片 B-H 曲线与 B-$\mathcal{P}$ 曲线得出该磁网格新的相对磁导率 μ_{new} 和磁感值 $\mathcal{L}_{\mathrm{new}}$，经重新计算可以得到新的磁导矩阵(7.66)，通过式(7.74)计算新的饱和系数 ξ_{new}。

由此可得迭代前后饱和系数的误差 ε 为

$$\varepsilon = \left|\xi_{\mathrm{new}} - \xi\right| / \xi \times 100\% \tag{7.75}$$

图 7.40 为 35JN250 硅钢片的 B-H 曲线。理论上讲，式(7.69)求得的磁密 B_{mn} 应介于硅钢片 B-H 曲线的最大值 $B_{\max}$ 与最小值 $B_{\min}$ 之间，但在实际求解过程中，B_{mn} 偶尔会不在 B-H 曲线的这个范围内，为了解决这一问题，将 B_{mn} 按式(7.76)进行修正[43]：

$$B_{\mathrm{correct}} = \begin{cases} B_{\min}, & B < B_{\min} \\ \alpha_1 B^{\lambda-2} + \alpha_2 B^{\lambda-1} + (1-\alpha_1-\alpha_2)B^{\lambda}, & B_{\min} \leqslant B \leqslant B_{\max} \\ B_{\max}, & B > B_{\max} \end{cases} \tag{7.76}$$

式中，λ 为程序的迭代次数。在本节建立的磁网络中，α_1=0.18，α_2=0.48。

图 7.41 展示了 TEEMN 模型在不同饱和系数下的收敛情况，额定工况下，当饱和系数 ξ =1.04 时，程序迭代 5 次即可获得稳定的结果，最终的误差约为 0.23%。

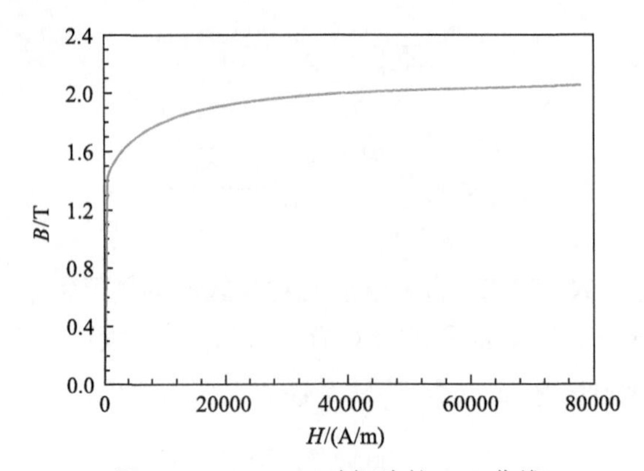

图 7.40　35JN250 硅钢片的 B-H 曲线

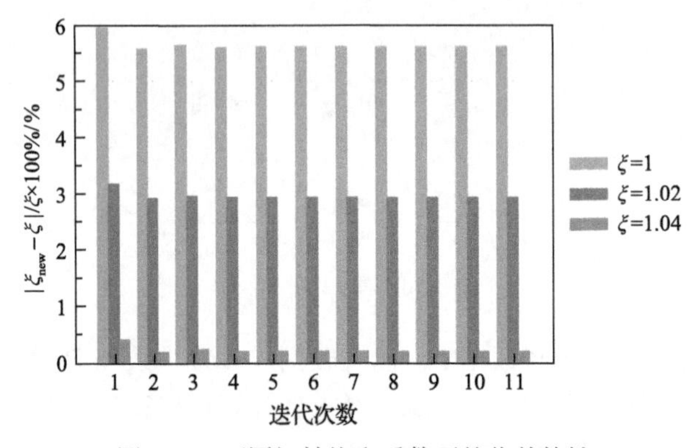

图 7.41　不同初始饱和系数下的收敛特性

当误差 ε 小于终止误差 ε_0 时，迭代程序终止，输出最终计算结果；否则，当误差 ε 大于 ε_0，且迭代次数 λ 已超过终止次数 λ_0 时，跳出循环，返回第一步，重新假设电机饱和系数 ξ，程序进入下一次循环。具体实施流程如图 7.42 所示。

7.4.3　实验验证

为验证所提等效磁网络模型的正确性，制作了一台样机，其装配过程如图 7.43 所示，永磁体牌号为 N38UH，定转子铁心采用 35JN250 型号的硅钢片叠压制成，实验测试平台如图 7.44 所示。

1. *磁密分布*

图 7.45 比较了采用 TEEMN 模型和有限元法求得的径向气隙磁密，可以看出，TEEMN 模型的计算结果与有限元法较为吻合，但在波形峰值位置，TEEMN 模型的计算结果略小于有限元法。

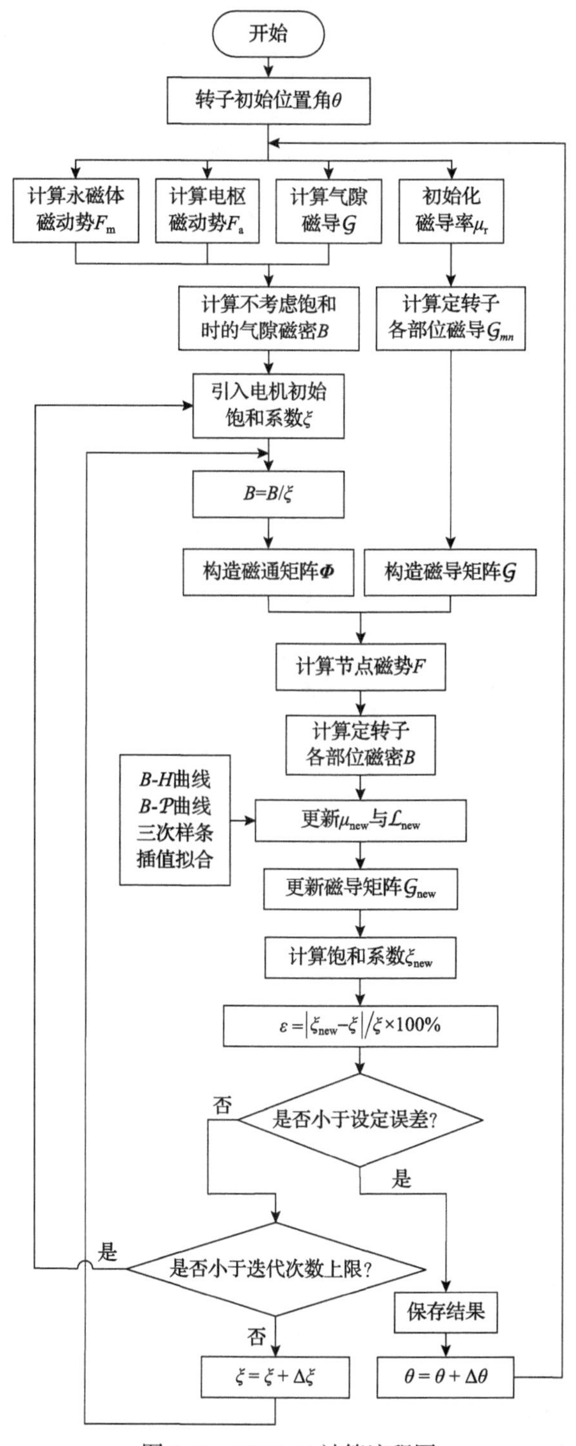

图 7.42　TEEMN 计算流程图

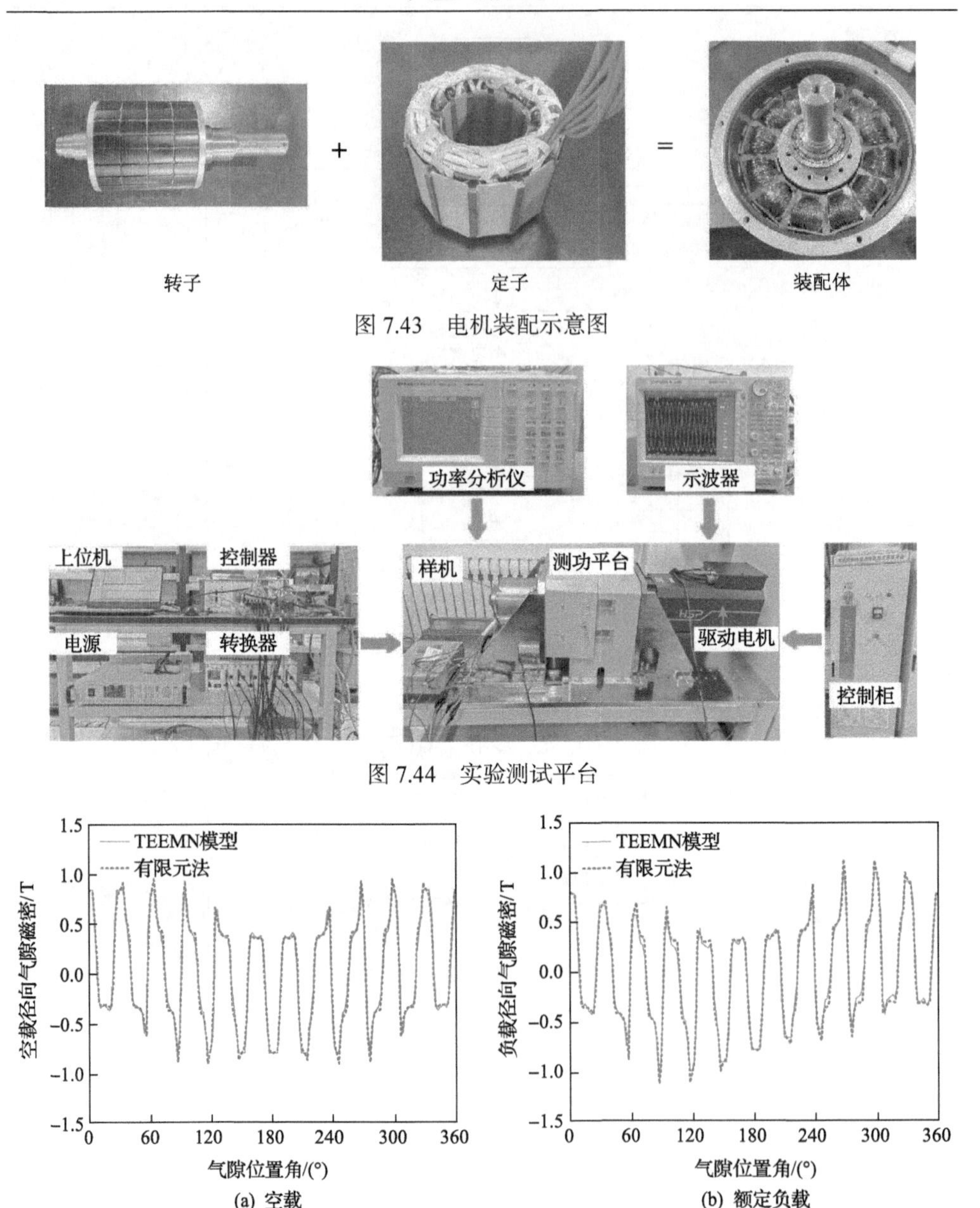

图 7.43　电机装配示意图

图 7.44　实验测试平台

图 7.45　气隙磁密波形

为了验证 TEEMN 模型计算的槽内磁场分布，以图 7.24 中的②号槽为例，分别取槽内磁网格的第一层和第三层(从槽口至槽底方向)的各 8 个采样点，与有限元结果进行对比。采样点位置如图 7.46 所示，由 TEEMN 模型和有限元法得到的采样点磁密结果如图 7.47 和图 7.48 所示。可以看出，随着转子旋转至不同的位置，TEEMN 模型计算的槽内径向磁密与有限元结果非常接近，第一层平均误差在 5%

左右，第三层平均误差在 15%以内，且其波形趋势一致。因为定子开口槽的宽度越靠近槽底部等效宽度越长，而所建立的 TEEMN 模型各层的磁网格数量一致，所以导致靠近槽底的磁密误差较大。

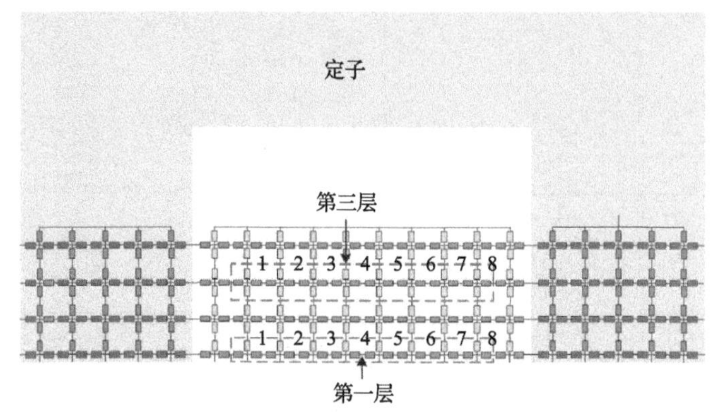

图 7.46　槽内磁密采样点位置

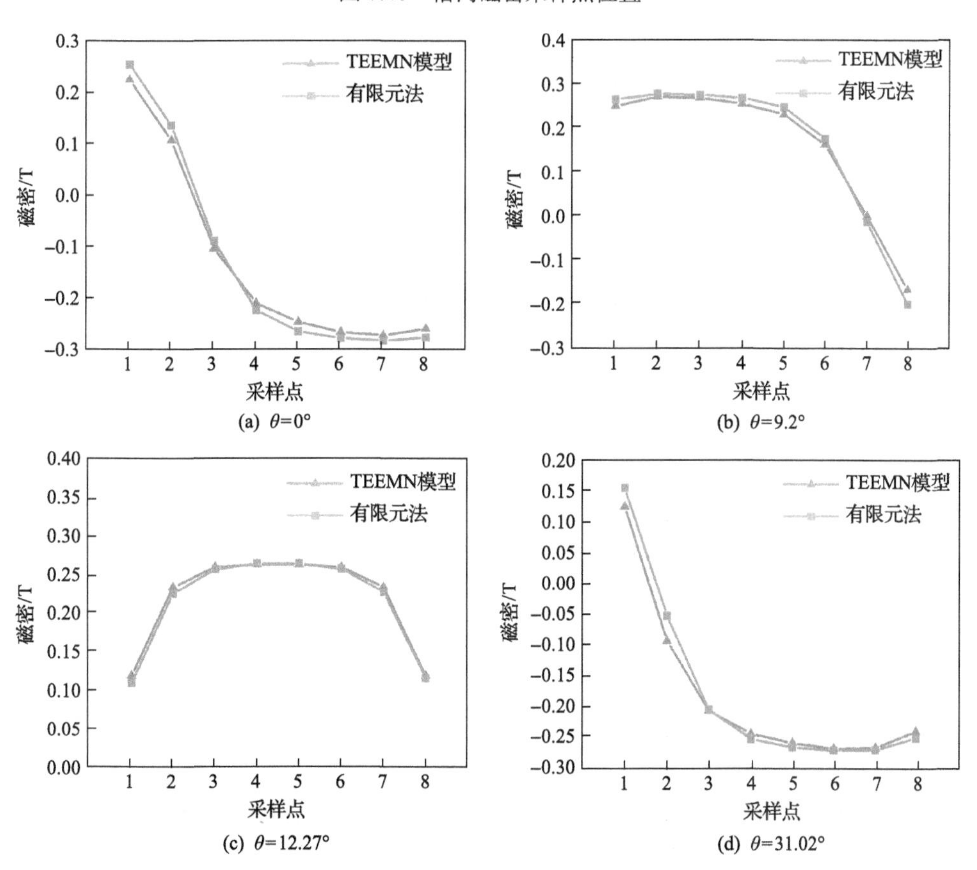

图 7.47　空载工况下不同转子位置槽内第一层磁网格径向磁密波形

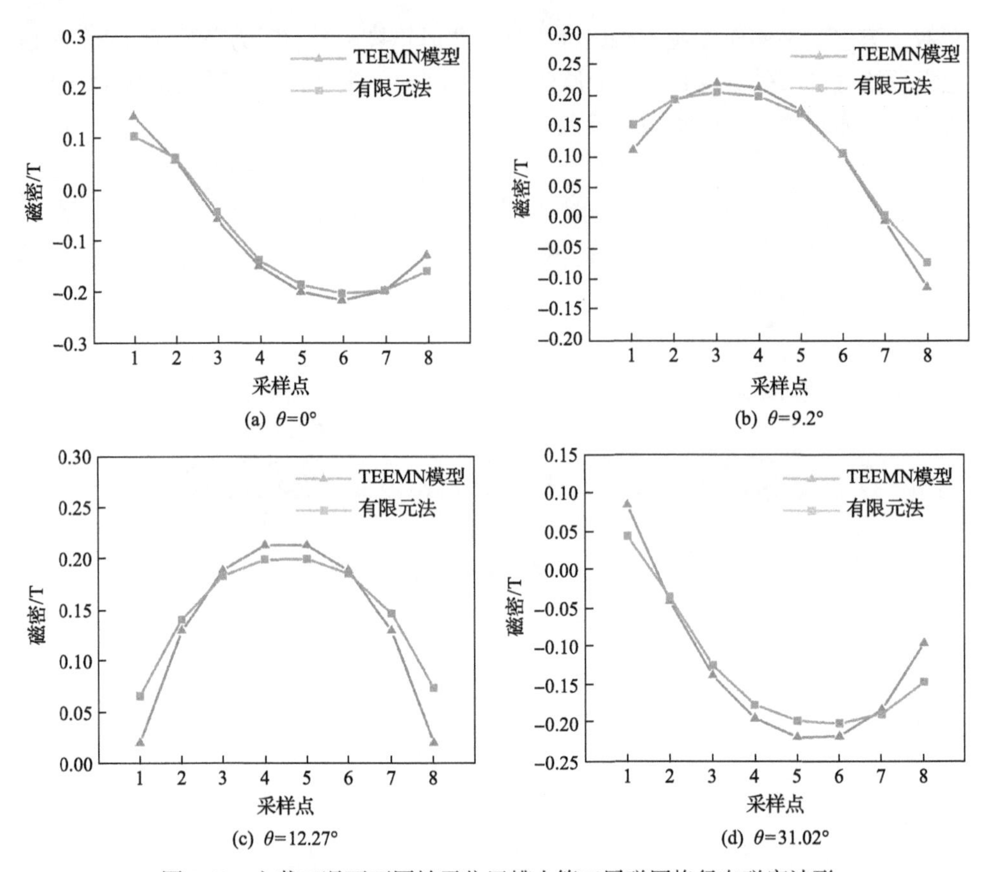

图 7.48　空载工况下不同转子位置槽内第三层磁网格径向磁密波形

2. 磁链与感应电势

DTPPMVM 的电枢绕组环绕在定子轭部，其任意一相的磁链都可以通过流经定子轭部的磁通求得。以 A_1 相绕组为例，其磁链 ψ_{A_1} 可表示为

$$\psi_{A_1} = N_{ph} w_y L_{stk} B_{y1} + N_{ph} w_y L_{stk} B_{y2} \tag{7.77}$$

式中，B_{y1} 和 B_{y2} 表示 A_1 相绕组中两个线圈的定子轭的磁密。

据此，A_1 相绕组的感应电势 e_{A_1} 可计算为

$$e_{A_1} = -\frac{d\psi_{A_1}}{dt} \tag{7.78}$$

图 7.49(a)展示了 A_1 相的空载基波磁链波形，可以看出 TEEMN 模型得到的结果与有限元法非常接近，TEEMN 模型和有限元法计算的基波磁链的峰值分别为 0.0237Wb 和 0.0248Wb，误差约为 4.4%。图 7.49(b)对比了空载感应电势波形，

可见 TEEMN 模型、有限元法和实验测量得出的波形较为吻合，其有效值分别为 51.13V、53.55V 和 49.84V。图 7.49(c)展示了空载感应电势与转速之间的关系，可以看出 TEEMN 模型计算得到的空载感应电势有效值与有限元法及实验测量的结果非常接近。图 7.49(d)为实验测量的 DTPPMVM 六相空载感应电势波形，具有较好的正弦性与对称性。

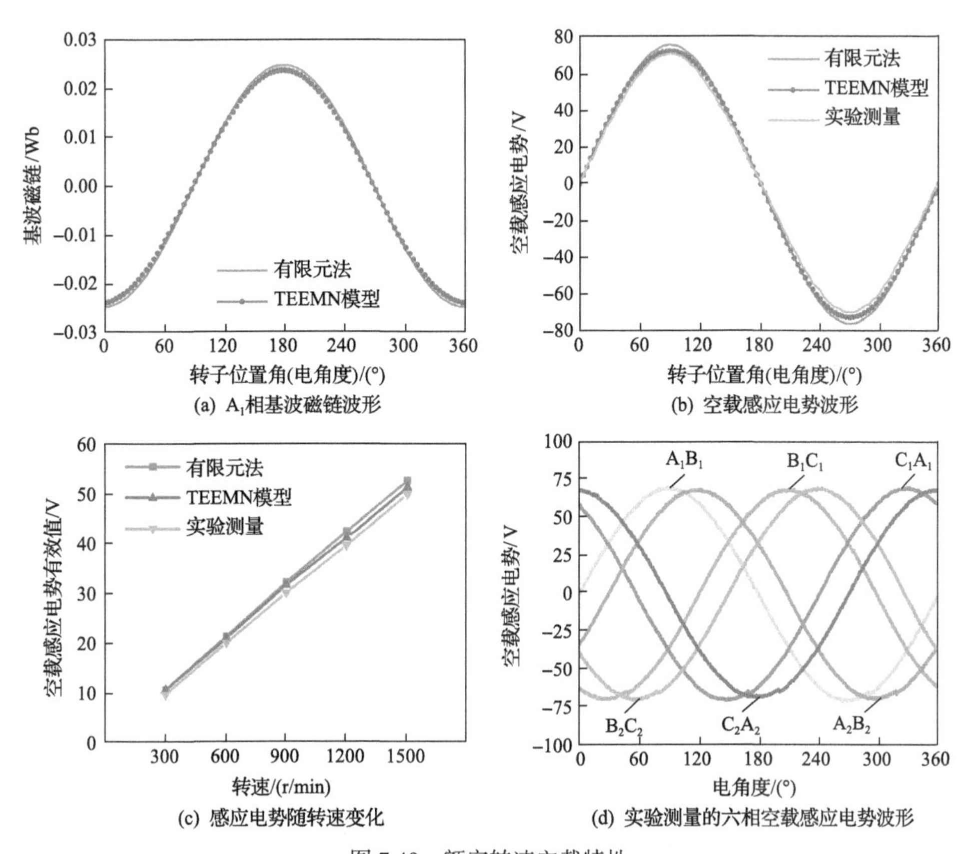

图 7.49　额定转速空载特性

3. 转矩与铁耗

根据电磁转矩产生原理，DTPPMVM 的电磁转矩 T 可表示为

$$T = \frac{\mathcal{P}}{\Omega} = \frac{\sum\limits_{i=\mathrm{a,b,c}} (E_i I_i)}{\Omega} \tag{7.79}$$

式中，E_i 为 i 相感应电势；I_i 为 i 相电枢电流；Ω 为电机的机械角速度。

铁心损耗计算公式为

$$\mathcal{P}_{\mathrm{Fe}} = \sum \omega_{mn}^2 \mathcal{L}_{mn} \Phi_{mn}^2 \tag{7.80}$$

式中，ω_{mn}为流经节点 m 和 n 之间的磁通基波电角频率；$\mathcal{L}_{mn}$为节点 m 和 n 之间磁感元件的大小；Φ_{mn}为节点 m 和 n 之间支路磁通的有效值。

图 7.50 展示了分别由 TEEMN 模型、TEEMN-N 模型有限元法和实验测量得出的输出转矩与相电流之间的关系，其中 TEEMN-N 模型表示不考虑铁心饱和的TEEMN 模型。可以看出，当相电流从 6A 增加到 10A 时，TEEMN 模型和 TEEMN-N 模型的结果非常接近。然而，当电流超过 12A 时，DTPPMVM 进入高度饱和状态，TEEMN-N 模型计算出的结果逐渐高于有限元法计算出的结果，而考虑铁心饱和效应的 TEEMN 模型计算结果仍与有限元法结果较为接近。当相电流为 16A 时，实验测量结果为 15.97N·m，TEEMN-N 模型计算结果为 18.03N·m，误差约为 12.9%；考虑铁心饱和效应的 TEEMN 模型计算结果为 16.45N·m，与实验测量结果相比误差约为 3%。

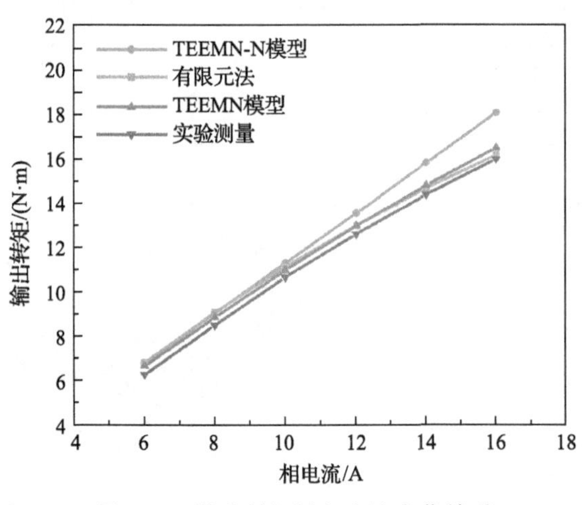

图 7.50　输出转矩随相电流变化关系

图 7.51(a)和(b)展示了通入不同有效值和频率的电流时 TEEMN 模型和有限元法计算的铁心损耗对比结果。可以看出，当相电流为 16A 时，TEEMN 模型和有限元法的铁心损耗计算结果误差较小，约为 6.82%，随着频率的升高，电机的铁心损耗会增加，但是两种方法计算的结果误差仍在 13%以内。

4. 相绕组自感与互感

电感计算需要考虑铁心饱和影响，下面以 A_1 与 B_1 相绕组为例，通过冻结磁导率法来计算电机相绕组的自感与互感。A_1 与 B_1 相绕组自感与互感的计算公式分别为

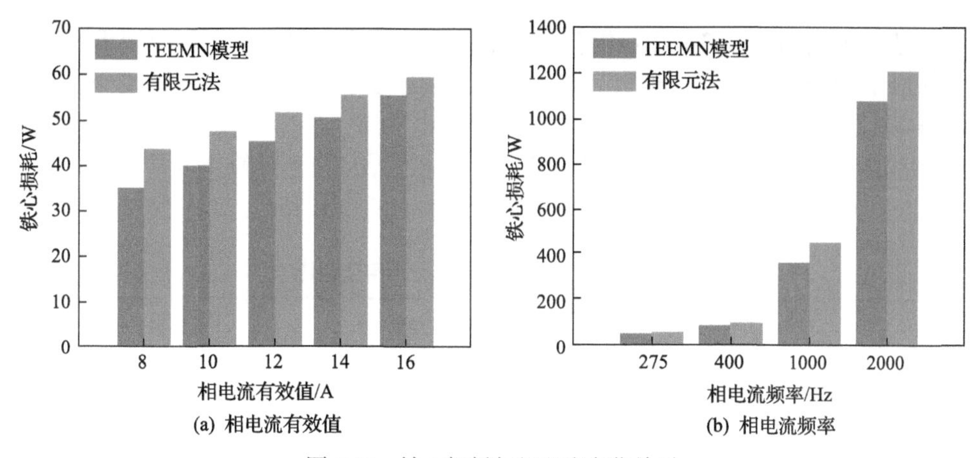

(a) 相电流有效值　(b) 相电流频率

图 7.51　铁心损耗与相电流变化关系

$$L_{A_1A_1}=\frac{\psi_{A_1}}{I_{A_1}} \tag{7.81}$$

$$M_{A_1B_1}=\frac{\psi_{B_1}}{I_{A_1}} \tag{7.82}$$

图 7.52 展示了额定负载下 A_1 相绕组的自感波形和 A_1-B_1 相绕组的互感波形，其中 $L_{A_1A_1}$ 为 A_1 相的自感，$M_{A_1B_1}$ 为 A_1 相和 B_1 相的互感。可以看出，TEEMN 模型和有限元法得到的波形吻合度很高。TEEMN 模型和有限元法计算出的自感平均值分别为 0.454mH 和 0.465mH，误差约为 2.4%，实验测量的自感平均值为 0.511mH。TEEMN 模型和有限元法计算出的互感平均值分别为–0.182mH 和 –0.174mH，误差约为 2.8%。

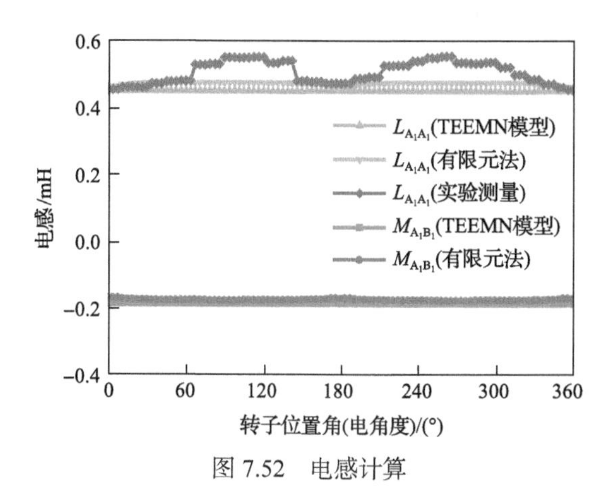

图 7.52　电感计算

表 7.6 给出了 TEEMN 模型与有限元法的计算时间和计算资源用量对比。TEEMN 模型划分的总节点数和总单元网格数远小于有限元法，大大减少了电机初始设计时的工作量。完成一个电气周期的电动势、转矩和损耗计算，TEEMN 模型仅需 2min 左右，而有限元法则需 7min，TEEMN 模型计算速度是有限元法的 3.5 倍。此外，TEEMN 模型比有限元法能节省更多的计算机运算资源。

表 7.6　计算时间和计算资源用量对比

方法类别	TEEMN 模型	有限元法
总节点数	1127	24864
总单元网格数	3678	46107
计算一个电周期时间	2min	7min
CPU 使用率(i3-12100F, 4.30GHz)	20%	100%

参 考 文 献

[1] 吴大榕. 电机学(下册)[M]. 北京: 水利电力出版社, 1959.
[2] 章名涛. 电机学[M]. 北京: 科学出版社, 1964.
[3] 许实章. 电机学(上册)[M]. 北京: 机械工业出版社, 1980.
[4] 周鹗. 电机学[M]. 3 版. 北京: 中国电力出版社, 1995.
[5] 胡虔生, 胡敏强. 电机学[M]. 北京: 中国电力出版社, 2005.
[6] 汤蕴璆. 电机学[M]. 4 版. 北京: 机械工业出版社, 2011.
[7] Smolensky A I. Electrical Machines[M]. Moscow: MIR Publishers, 1982.
[8] Fitzgerald A E, Kingsley C, Umans S D. Electric Machinery[M]. 6th ed. New York: McGraw-Hill, 2003.
[9] Joule J P. The Scientific Papers of James Prescott Joule[M]. Cambridge: Cambridge University Press, 2011.
[10] Heaviside O. Electrical Papers, vol. II[M]. Cambridge: Macmillan and Company, 1894.
[11] Miller J D. Rowland's magnetic analogy to Ohm's law[J]. ISIS, 1975, 66(2): 230-241.
[12] Hopkinson J. Magnetisation of iron[J]. Philosophical Transactions of the Royal Society of London, 1885, 176: 455-469.
[13] 程明, 周鹗, 黄秀留. 双凸极变速永磁电机的变结构等效磁路模型[J]. 中国电机工程学报, 2001, 21(5): 23-28.
[14] 张淦, 花为, 程明, 等. 磁通切换型永磁电机非线性磁网络分析[J]. 电工技术学报, 2015, 30(2): 34-42.
[15] 庞古才, 邓智泉, 张忠明. 基于改进广义磁路法的表贴式永磁电机空载气隙磁场解析计算[J]. 电工技术学报, 2019, 34(22): 4623-4633.

[16] 郭凯凯, 郭有光. 磁通反向直线旋转永磁电机三维非线性等效磁路模型分析[J]. 电工技术学报, 2020, 35(20): 4278-4286.

[17] 张志弘, 韩勤锴, 徐学平, 等. 基于保角变换与等效磁路法的永磁直驱发电机气隙磁场计算[J]. 电工技术学报, 2023, 38(3): 703-711.

[18] 佟文明, 王萍, 吴胜男, 等. 基于三维等效磁网络模型的混合励磁同步电机电磁特性分析[J]. 电工技术学报, 2023, 38(3): 692-702.

[19] 罗玲, 侯红胜, 宋受俊. 中美英三国"电机学"课程体系的分析[J]. 电气电子教学学报, 2013, 35(2): 33-35.

[20] 谢宝昌, 刘长红, 王君艳, 等. "电机学"课程体系的优化[J]. 电气电子教学学报, 2011, 33(4): 18-20.

[21] 曾令全, 李书权. "电机学"精品课建设及教学改革与实践[J]. 中国电力教育, 2013, 27: 99-100.

[22] 秦海鸿, 王晓琳, 黄文新, 等. "电机学"课程教学改革研究[J]. 电气电子教学学报, 2014, 36(4): 36-38.

[23] 叶才勇. 新工科背景下《电机学》教材改革探析[J]. 学园, 2020, 13(7): 88-89.

[24] 陈世坤. 电机设计[M]. 2 版. 北京: 机械工业出版社, 2013.

[25] Cheng M, Hua W, Zhang J Z, et al. Overview of stator-permanent magnet brushless machines[J]. IEEE Transactions on Industrial Electronics, 2011, 58(11): 5087-5101.

[26] 程明, 张淦, 花为. 定子永磁型无刷电机系统及其关键技术综述[J]. 中国电机工程学报, 2014, 34(29): 5204-5220.

[27] 程明, 花为. 定子永磁无刷电机: 理论、设计与控制[M]. 北京: 科学出版社, 2021.

[28] Cheng M, Chau K T, Chan C C, et al. Nonlinear varying-network magnetic circuit analysis for doubly salient permanent-magnet motors[J]. IEEE Transactions on Magnetics, 2000, 36(1): 339-348.

[29] Zhang G, Hua W, Cheng M. Nonlinear magnetic network models for flux-switching permanent magnet machines[J]. Science China: Technological Sciences, 2016, 59(3): 494-505.

[30] Tangudu J K, Jahns T M, El-Refaie A, et al. Lumped parameter magnetic circuit model for fractional-slot concentrated-winding interior permanent magnet machines[C]. IEEE Energy Conversion Congress and Exposition, San Jose, 2009: 2423-2430.

[31] 徐伟, 张祎舒, 曹辰, 等. 定子不对称极混合励磁双凸极电机改进型非线性变磁网络模型构建方法研究[J]. 中国电机工程学报, 2023, 43(1): 304-317.

[32] Kano Y, Kosaka T, Matsui N. Simple nonlinear magnetic analysis for permanent-magnet motors[J]. IEEE Transactions on Industry Applications, 2005, 41(5): 1205-1214.

[33] Hua W, Cheng M. Static characteristics of doubly-salient brushless machines having magnets in the stator considering end-effect[J]. Electric Power Components and Systems, 2008, 36(7):

754-770.

[34] Cheng M, Xu Z Y, Zhang G. Vector magnetic circuit based equivalent magnetic network for flux- switching permanent magnet machines[J]. IEEE Transactions on Energy Conversion, 2024, DOI: 10.1109/TEC. 2024.3467949.

[35] Zhou Y Z, Fang F, Zheng M F. Research on fast design of key variables of bearingless flux-switching motor based on variable structure magnetic network[J]. IEEE Transactions on Industry Applications, 2019, 55(2): 1372-1381.

[36] Gorginpour H, Oraee H, McMahon R A. A novel modeling approach for design studies of brushless doubly fed induction generator based on magnetic equivalent circuit[J]. IEEE Transactions on Energy Conversion, 2013, 28(4): 902-912.

[37] Alipour-Sarabi R, Nasiri-Gheidari Z, Oraee H. Development of a three-dimensional magnetic equivalent circuit model for axial flux machines[J]. IEEE Transactions on Industrial Electronics, 2020, 67(7): 5758-5767.

[38] Sun W, Li Q, Sun L, et al. Electromagnetic analysis on novel rotor-segmented axial-field SRM based on dynamic magnetic equivalent circuit[J]. IEEE Transactions on Magnetics, 2019, 55(6): 8103105.

[39] Ding L, Liu G H, Chen Q, et al. A novel mesh-based equivalent magnetic network for performance analysis and optimal design of permanent magnet machines[J]. IEEE Transactions on Energy Conversion, 2019, 34(3): 1337-1346.

[40] Ghods M, Gorginpour H, Bazrafshan M A, et al. Equivalent magnetic network modeling of dual-winding outer-rotor vernier permanent magnet machine considering pentagonal meshing in the air-gap[J]. IEEE Transactions on Industrial Electronics, 2022, 69(12): 12587-12599.

[41] Zhu X K, Qi G Y, Cheng M, et al. Equivalent magnetic network model of electrical machine based on three elements: Magnet flux source, reluctance and magductance[J]. IEEE Transactions on Transportation Electrification, 2024, DOI: 10.1109/TTE. 2024.3443521.

[42] Lipo T A. Analysis of Synchronous Machines[M]. 2nd ed. Boca Raton: CRC Press, 2012.

[43] Zhu Z Q, Howe D. Instantaneous magnetic field distribution in brushless permanent magnet DC motors, part III: Effect of stator slotting[J]. IEEE Transactions on Magnetics, 1993, 29(1): 143-151.

[44] Xu G H, Liu G H, Jiang S, et al. Analysis of a hybrid rotor permanent magnet motor based on equivalent magnetic network[J]. IEEE Transactions on Magnetics, 2018, 54(4): 8202109.

第 8 章　基于矢量磁路的电机气隙磁场调制统一理论

8.1　概　　述

电机气隙磁场调制统一理论[1]，不仅为电机的分析计算提供了新思路和新方法，而且打破了“仅基波磁场参与能量转换”的传统电机理论桎梏，为电机拓扑创新开辟了广阔空间。该理论自提出以来，得到了国内外同行的广泛关注和积极评价，并被众多学者用来揭示电机工作机理，分析电机特性，或提出电机新拓扑结构等。但现有理论体系是以传统的标量磁路理论为基础的，不可避免地存在局限，例如，短路线圈调制器因缺少对应的磁路参数，其调制算子只能用绕组函数与感应电流来间接表征等。

矢量磁路理论为电机气隙磁场调制统一理论的丰富和发展提供了新的源泉。磁感不仅可更直观地表征短路线圈调制器的调制算子，而且将调制模态在频率调制、幅值调制基础上新拓展出相位调制；而磁容作为一种新的调制器，丰富了磁场调制统一理论中的调制器类型，拓宽了电机气隙磁场调制统一理论的适用领域。本章介绍鼠笼式感应电机的磁场调制原理分析、无刷双馈电机中的非对称磁阻/磁感复合调制器设计、基于磁容调制器的磁滞电动机分析、电机矢量调制及模态表征等，进一步充实电机气隙磁场调制统一理论的内涵。

8.2　鼠笼式感应电机的磁场调制原理分析

8.2.1　调制算子

磁感用于表征闭合导体线圈对磁通变化的阻碍程度，而鼠笼式感应电机(squirrel cage induction machine, SCIM)中转子上的鼠笼绕组由多个闭合导体线圈组成。因此，SCIM 中的鼠笼绕组对气隙磁场的调制作用可以通过磁感来直接地等效表征。

SCIM 的电磁结构如图 7.5(a)所示，其中，$\dot{U}_1$ 为定子绕组的输入电压，R_1 为定子绕组的等效电阻，N_1 为定子绕组的匝数，$\dot{E}_1$ 为定子绕组的感应电势，$\dot{I}_1$ 为定子绕组输入电流，$\dot{\Phi}_{\mathrm{m}}$ 为磁通幅值，$\mathcal{R}_{\mathrm{g}}$ 为气隙磁阻，$\mathcal{R}_{\mathrm{Fe}}$ 为铁心磁阻，$\dot{E}_2$ 为转子鼠笼绕组侧感应电势，$\dot{I}_2$ 为转子鼠笼绕组侧流经电流，R_{L} 为等效负载电阻，s 为转差率。SCIM 的工作机理与变压器类似，但也有所区别，具体表现如下：

(1)除了铁心磁阻，在 SCIM 中还包括气隙磁阻$\mathcal{R}_g$；

(2)SCIM 中转子侧的鼠笼绕组被等效为磁感。

引入磁感后的 SCIM 等效矢量磁路如图 7.5(b)所示。为简化分析，忽略电机铁心等效磁感$\mathcal{L}$，只考虑转子鼠笼绕组的等效磁感，则 SCIM 中的磁动势平衡方程可表示为

$$\dot{\mathcal{F}} = 2\mathcal{R}_g\dot{\Phi}_m + \mathcal{R}_{Fe}\dot{\Phi}_m + js\omega\mathcal{L}\dot{\Phi}_m = \mathcal{R}\dot{\Phi}_m + js\omega\mathcal{L}\dot{\Phi}_m \tag{8.1}$$

由式(8.1)可见，由于鼠笼绕组同时对源气隙磁场的幅值和相位进行了调制，即进行了矢量调制，又可将其称为磁感调制器。磁感调制器的磁场调制行为可通过调制算子来描述。为便于描述分析，做如下假设：

(1)SCIM 的气隙均匀、不存在转子偏心，且定子开槽影响通过卡特系数来考虑；

(2)每个定子槽内的导线位于槽口的中心线上；

(3)转子端环的端部效应考虑在等效磁感的计算中。

为表征磁感调制器的调制行为，以磁感为参量的调制算子为

$$M(\mathcal{L})(f(\phi,t)) = \begin{cases} \left(f(\phi,t) - \mathcal{L}(\phi)\lambda_G(\phi)\dfrac{df(\phi,t)}{dt} \right) \Big/ \sqrt{1+(\mathcal{L}_2\lambda)^2}, & \phi \in C^S \\ f(\phi,t), & \phi \in [0,2\pi] - C^S \end{cases} \tag{8.2}$$

式中，$f(\phi,t)$为定子绕组建立的气隙磁动势；$\mathcal{L}(\phi)$为磁感调制器的空间分布函数；$\lambda_G(\phi)$为气隙磁导函数；$\mathcal{L}_2$和λ分别为$\mathcal{L}(\phi)$和$\lambda_G(\phi)$的幅值；C^S为磁感调制器占据的机械区间。

由式(8.2)可知，若$\mathcal{L}(\phi)$为 0，磁感调制器不参与调制，则调制气隙磁动势完全由定子绕组建立，有$M(\mathcal{L})(f(\phi,t)) = f(\phi,t)$。当磁感调制器参与调制，即$\mathcal{L}(\phi) \neq 0$时，将对定子绕组建立的源磁动势的幅值和相位进行调制。磁感调制器对源气隙磁动势的调制示意图如图 8.1 所示，鉴于$\lambda_G(\phi)$和$f(\phi,t)$已知，如何求得鼠笼绕组的$\mathcal{L}(\phi)$将是计算 SCIM 性能的关键[2]。

8.2.2　鼠笼绕组等效磁感

转子侧鼠笼绕组的拓扑结构和参数如图 8.2 所示，其中，R_b、L_b、I_b分别为原始鼠笼绕组单根导条的电阻、电感和流经电流，R_e、L_e、I_e分别为原始鼠笼绕组单根公共端环的电阻、电感和流经电流，R'_e、L'_e、I'_e分别为等效鼠笼绕组单根公共端环的电阻、电感和流经电流。根据磁感的定义，流经电流大小相等、方向相反的两根转子导条将构成一个磁感元件。但是，对于如图 8.2(a)所示的原始鼠笼绕组，

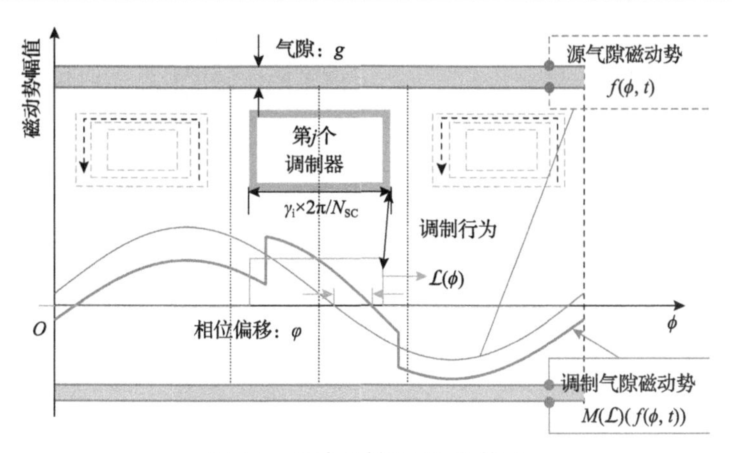

图 8.1　磁感调制器的调制算子

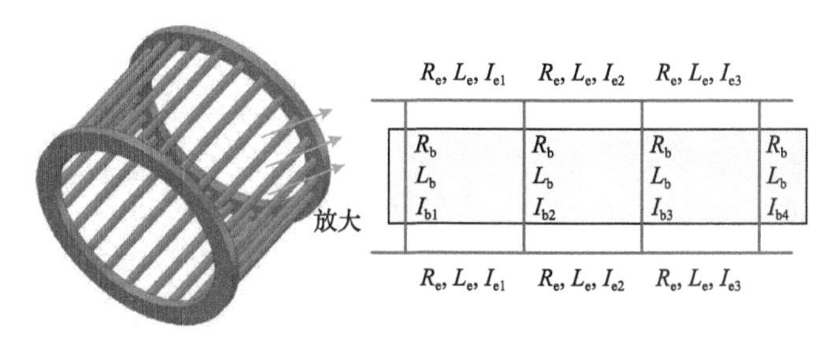

(a) 原始鼠笼绕组

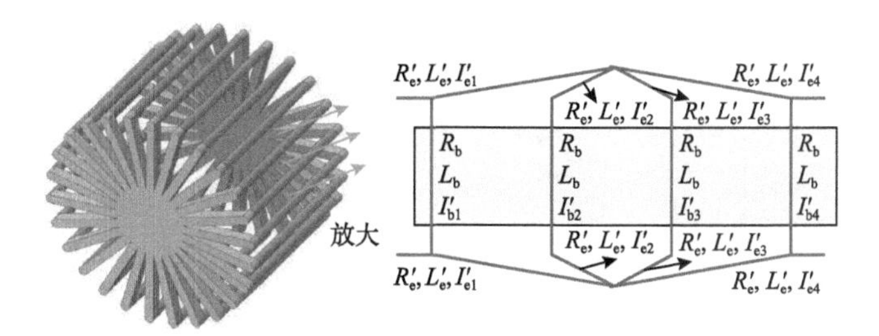

(b) 等效鼠笼绕组

图 8.2　鼠笼绕组的拓扑结构和参数

流经公共端环上的电流 I_{em} 和流经相邻导条上的电流 I_{bm} 并不相等，其中，m=1, 2,⋯, N_{SC}，N_{SC} 为每对极下的转子导条数。

此时，一方面由于 $I_{bm} \neq I_{em}$，导条和公共端环上的电阻并不能直接相加；另一方面，转子端环的端部效应也不容忽视，因为它们同样会影响 SCIM 的输出性能[3-7]。在等效电路法中，通常通过空载、负载实验测试来确定集总参数，从而考虑端部效应[3]。随着有限元分析方法的应用，也可以通过二维/三维有限元分析来确定等效电路法中的参数[3-5]。绕组函数法通过使用解析公式或有限元分析方法来计算转子端环阻抗，从而考虑端部效应[6,7]。由此可见，为了能够利用磁感调制器准确计算 SCIM 性能，需要将如图 8.2(a)所示的原始鼠笼绕组换算成如图 8.2(b)所示的等效鼠笼绕组，此时满足 $I'_{bm}=I'_{em}$，则转子导条和端环上的电阻可直接求和。

转子导条上的感应电势、电流和定子绕组建立的气隙磁密的分布如图 8.3 所示，其中，φ_1 为流经电流和气隙磁密间的空间相位差。相邻转子导条间的感应电势相位差为

$$\alpha = 2\pi p / N_{SC} \tag{8.3}$$

式中，p 为定子绕组主极对数。

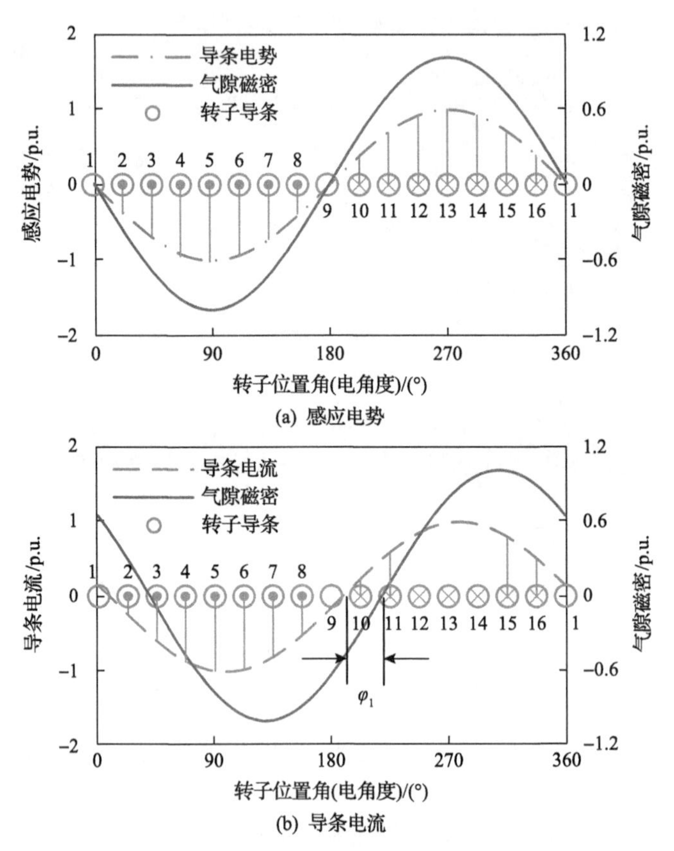

图 8.3　鼠笼转子导条上的感应电势与导条电流分布

由于鼠笼绕组结构的对称性，流经相邻转子导条的电流也相差 α 电角度，因此流经公共端环上的电流为相邻转子导条电流的差。为保证鼠笼绕组转换前后的功率不变，将公共端环的多边形阻抗变换为如图 8.2(b)所示的星形阻抗：

$$\begin{cases} R'_{\mathrm{e}} = \dfrac{R_{\mathrm{e}}}{4(\sin(p\pi / N_{\mathrm{SC}}))^2} \\ L'_{\mathrm{e}} = \dfrac{L_{\mathrm{e}}}{4(\sin(p\pi / N_{\mathrm{SC}}))^2} \end{cases} \tag{8.4}$$

此时，有 $I'_{\mathrm{b}m} = I'_{\mathrm{e}m}$，等效鼠笼绕组上单根导条的电阻 R_2 与电感 L_2 为

$$\begin{cases} R_2 = R_{\mathrm{b}} + 2R'_{\mathrm{e}} \\ L_2 = L_{\mathrm{b}} + 2L'_{\mathrm{e}} \end{cases} \tag{8.5}$$

由于两个等效转子导条构成一个磁感元件，单个闭合元件的磁感大小 $\mathcal{L}_2$ 为

$$\mathcal{L}_2 = \frac{N_2^2}{2(R_2 + \mathrm{j}s\omega_1 L_2)} \tag{8.6}$$

式中，N_2 为鼠笼转子的匝数。

由于鼠笼条上的电阻值 R_2 要大于漏抗值 $s\omega_1 L_2$，这里主要考虑 R_2 的作用，并将式(8.6)的分母表示为 $2R_2$。为计算 R_2，需要求得 R_{b} 和 R_{e} 的大小，分别为

$$R_{\mathrm{b}} = \frac{\rho l_{\mathrm{stk}}}{S_{\mathrm{bar}}} \tag{8.7}$$

$$R_{\mathrm{e}} = \frac{\rho l_{\mathrm{cir}}}{S_{\mathrm{er}}} \tag{8.8}$$

式中，ρ 为电阻率；l_{stk} 为电机叠压长度；S_{bar} 为单个转子导条的截面积；l_{cir} 为相邻导条间公共端环的周向长度；S_{er} 为公共端环的截面积。有关鼠笼绕组的导条电感和端部电感的计算可参考文献[8]。

第 x 个磁感调制器的空间分布如图 8.4 所示，其中，γ_{i} 为单个磁感调制器的跨距，$C^{\mathrm{S}x}$ 为第 x 个磁感调制器占据的电角度区间：

$$C^{\mathrm{S}x} = [(x-1)2\pi/N_{\mathrm{SC}} - \gamma_{\mathrm{i}}\pi/p,\ (x-1)2\pi/N_{\mathrm{SC}} + \gamma_{\mathrm{i}}\pi/p] \tag{8.9}$$

式中，x=1, 2,⋯, N_{SC}。

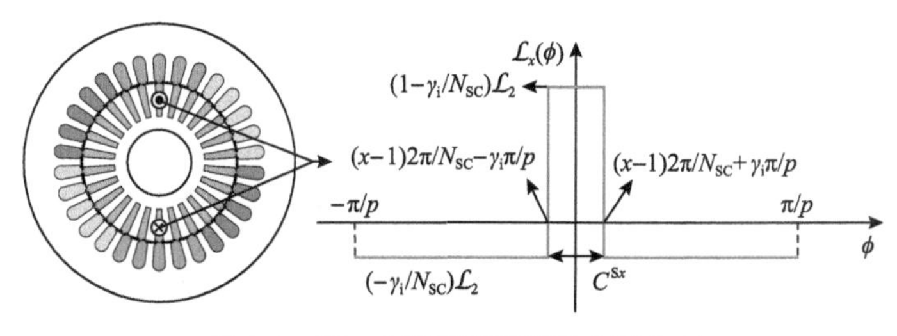

图 8.4　第 x 个磁感调制器的空间分布

磁感调制器总的空间分布 $\mathcal{L}(\phi)$ 是一对极下 N_{SC} 个调制元件的叠加，表示为

$$\mathcal{L}(\phi)=\sum_{x=1}^{N_{\mathrm{SC}}}\mathcal{L}_x(\phi)=\sum_{k=0}^{\infty}\frac{2N_{\mathrm{SC}}\gamma_{\mathrm{i}}L_2}{m_1k_{\mathrm{w}}^2}\frac{\sin(k\gamma_{\mathrm{i}}\pi)}{k\gamma_{\mathrm{i}}\pi}\cos(kN_{\mathrm{SC}}\phi) \tag{8.10}$$

由式(8.10)可知，在引入磁感的概念对短路线圈元件的磁场调制作用重新表征后，磁感(短路线圈)调制器的磁场调制行为类似于凸极磁阻调制器和多层磁障调制器，直接通过磁路参数表征。在改变转子鼠笼导条数 N_{SC}(以 N_{SC} 为 6、12、18、22 和 26 为例)并考虑相应结构参数变化对磁感值影响的情况下，得到的磁感调制器空间分布函数如图 8.5 所示。

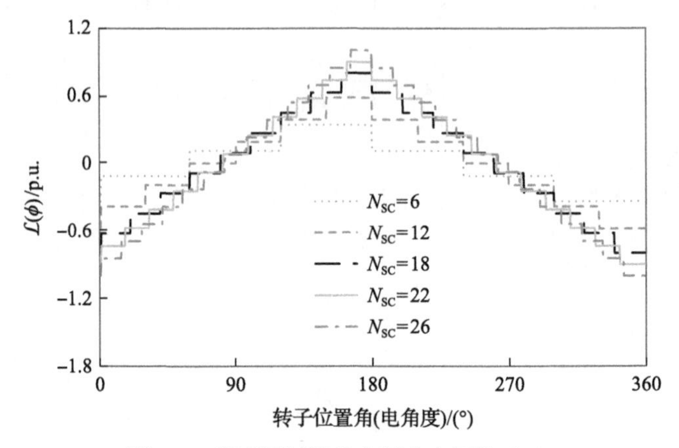

图 8.5　磁感调制器的空间分布函数 $\mathcal{L}(\phi)$

随着 N_{SC} 的增大，$\mathcal{L}(\phi)$ 的峰值相应增大，说明采用较多的 N_{SC} 有利于提高 SCIM 的性能。可见，借助磁感的概念，实现了在感应电机中能够直接通过调制器结构参数去判断电机性能的效果，这与凸极磁阻调制器、多层磁障调制器中的结果类似。

8.2.3　磁感调制行为分析

1. 调制气隙磁动势的推导

在确定调制算子后，调制气隙磁动势可以相应地计算得到，以如图 8.6 所示的 SCIM 为例，其主要参数见表 8.1。定子绕组建立的源气隙磁动势主要考虑 p 对极谐波分量，并表示为

$$f(\phi,t)=F_1\sin(p\phi-s\omega t) \tag{8.11}$$

式中

$$F_1=m_1N_{\mathrm{ph}}k_{\mathrm{w}}I_{\mathrm{m}}/(\pi p) \tag{8.12}$$

式中，m_1 为定子绕组的相数；k_w 为定子绕组的基波绕组系数；I_m 为定子绕组的通入基波电流幅值。

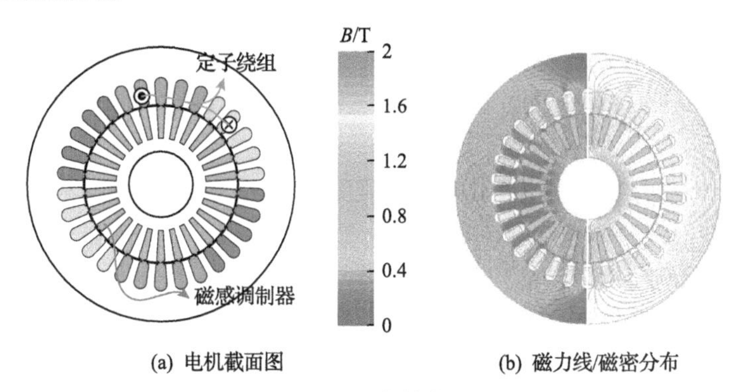

(a) 电机截面图　(b) 磁力线/磁密分布

图 8.6　SCIM 的拓扑结构与磁场分布

表 8.1　SCIM 的主要参数

参数名称	数值	参数名称	数值
定子槽数	30	转子导条数	26
磁感调制器的跨距	0.5	定子绕组极对数	1
转差率	0.03	每相串联匝数	185
外定子半径	105mm	内定子半径	58mm
外转子半径	57.5mm	内转子半径	24mm
气隙长度	0.5mm	电机叠压长度	125mm

对于主要贡献电机转矩的 p 对极谐波分量，其调制后的气隙磁动势为

$$M(\mathcal{L})(f(\phi,t))=(F_1-C_{\mathrm{vp}})\sin(p\phi-s\omega t-\varphi) \tag{8.13}$$

调制气隙磁动势由气隙磁阻调制器和磁感调制器共同调制产生，p 对极的磁场转换系数 C_{vp} 和相位偏移 φ 可分别表示为

$$C_{\mathrm{vp}}=\frac{F_1 2s\omega\mathcal{L}_2 N_{\mathrm{SC}}\sin(\gamma_{\mathrm{i}}l\pi)\mu_0 r_{\mathrm{g}} l_{\mathrm{stk}}/(\pi g p^2 l\gamma_{\mathrm{i}})}{\sqrt{1^2+\left[2s\omega\mathcal{L}_2 N_{\mathrm{SC}}\sin(\gamma_{\mathrm{i}}l\pi)\mu_0 r_{\mathrm{g}} l_{\mathrm{stk}}/(\pi g p^2 l\gamma_{\mathrm{i}})\right]^2}} \tag{8.14}$$

$$\varphi=\arctan\left(2s\omega\mathcal{L}_2 N_{\mathrm{SC}}\sin(\gamma_{\mathrm{i}}l\pi)\mu_0 r_{\mathrm{g}} l_{\mathrm{stk}}/(\pi g p^2 l\gamma_{\mathrm{i}})\right) \tag{8.15}$$

由式(8.14)、式(8.15)可知，当采用磁感调制器时，调制气隙磁动势中 p 对极谐波分量的幅值、相位都与磁感的大小有关。当转子旋转速度为同步速度时转差

率 s=0，则有 $C_{vp}=\varphi=0$，此时，转子绕组没有调制作用，调制气隙磁动势等于源气隙磁动势，与之前分析结果一致。随着转子转速下降，转差率 s 增大，C_{vp} 和 φ 也增大。总而言之，正是由于磁感调制器的磁场调制作用，气隙磁动势的幅值和相位发生了变化，表现出独特的矢量调制特征。

2. 调制器拓扑参数改变的影响探究

为进一步说明磁感调制器在调制气隙磁动势幅值和相位方面的特征，研究了调制器拓扑参数改变对电机性能的影响，选择平均转矩作为对比的性能指标。

1) 改变转子导条数 N_{SC}

由式(8.14)、式(8.15)可知，转子导条数 N_{SC} 将影响调制器的调制效果。有限元分析的平均转矩结果和通过所提基于磁感调制器的计算方法计算得到的结果对比如图 8.7(a)所示。需要强调的是，在 N_{SC} 变化的过程中，单根转子导条的截面积固定不变，且考虑了相应公共端环改变的影响。图 8.7(a)中选择了 N_{SC}=6 和 26 下的两种电机拓扑。可以看到，所提出的方法与有限元法计算结果能较好地吻合。由图 8.7(b)可知，磁场转换系数 C_{vp} 和相位偏移 φ 都与 N_{SC} 成正比。根据表 8.2，随着 N_{SC} 的增大，磁感的幅值也在增大，从而提高了其磁场调制效果，并通过 C_{vp} 和 φ 定量反映。

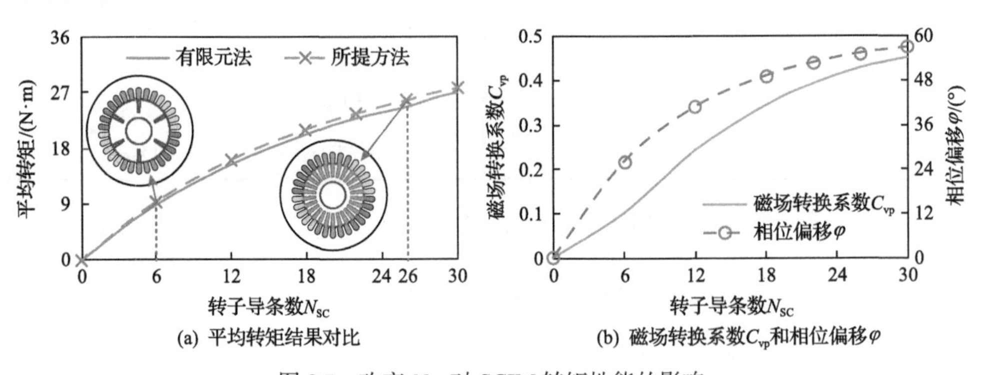

图 8.7　改变 N_{SC} 对 SCIM 转矩性能的影响

表 8.2　磁感的计算值

N_{SC}	$\mathcal{L}_2$ /Ω^{-1}	$\mathcal{L}(\phi)$ 的值/Ω^{-1}	h_r /mm	$\mathcal{L}_2$ /Ω^{-1}	$\mathcal{L}(\phi)$ 的值/Ω^{-1}
0	0	0	0	0	0
6	2731.67	8195	6	818.69	10642.92
12	2445.43	14672.56	10	1176.84	15298.87
18	2202.45	19822.1	14	1478.41	19219.35
22	2064.52	22709.7	18	1735.83	22565.80
26	1975.63	25683.26	22	1975.63	25683.26
30	1833.91	27508.65	28	2239.71	29116.22

2) 改变鼠笼转子锻造材料

保持 SCIM 结构参数如表 8.1 不变，对比分别使用铝和铜材料来铸造鼠笼转子后对电机性能带来的影响，如表 8.3 所示。相较于使用铸铝，使用纯铜将获得更大的转矩，且由于与磁感值成正比，纯铜材料下的相位偏移也要比铸铝材料下的大。

表 8.3　两种铸造材料的比较

对比的锻造材料		铸铝	纯铜
电导率		23000000S/m	58000000S/m
计算的磁感值		$1975.63\Omega^{-1}$	$4982.07\Omega^{-1}$
相位偏移 φ		55.58°	74.76°
平均转矩	所提方法	25.9N·m	52.76N·m
	有限元法	24.96N·m	50.58N·m

3) 改变转子导条嵌入深度 h_r

研究转子导条嵌入深度 h_r 和平均转矩之间的关系，如图 8.8 (a) 所示，两种计算方法结果能较好吻合，且选择了 h_r 分别为 6mm、22mm 和 28mm 的三种电机拓扑作为示例。此外，由图 8.8 (b) 可知，当 h_r 从 0mm 开始增加时，磁场转换系数 C_{vp} 所反映的磁感调制器调制效果先提高后降低，并且相位偏移 φ 也呈现出相似的规律。

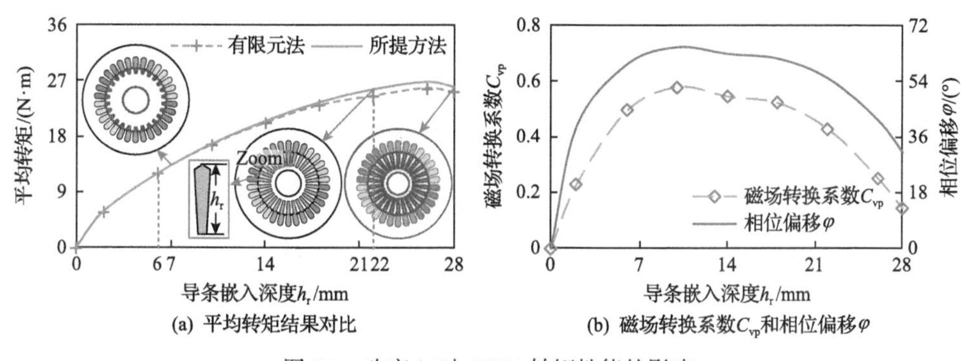

图 8.8　改变 h_r 对 SCIM 转矩性能的影响

3. 矢量调制行为小结

表 8.4 总结了基于磁感调制器的计算方法和原有磁场调制理论中计算方法的特点，其中，“√”表示能够实现的效果，“×”表示无法实现的效果，描述如下：

(1) 使用基于磁感调制器的计算方法，在计算得到磁感调制器空间分布函数 $\mathcal{L}(\phi)$ 后，代入调制算子中便能直接计算调制气隙磁动势，并得到 SCIM 性能；而原磁场调制理论需要通过绕组函数乘以感应电流的方法得到调制磁动势，计算过程间接。

(2)引入磁感的概念清晰地表明了短路线圈调制器中的幅值调制、相位调制特性，相应的磁场转换系数 C_{vp}、相位偏移φ可由式(8.14)、式(8.15)得到。为了能够准确地分析磁感调制器的磁场调制效果，同时对幅值调制和相位调制的考虑必不可少。相比之下，在原有磁场调制理论中，相位调制对电机性能的影响被包含在调制气隙磁动势的计算过程中，因而无法直观地体现。

(3)通过磁感调制器，能够分析转子导条数、材料用量、导条径向嵌入深度等参数的改变对调制器性能的影响，从而实现了以往在凸极磁阻调制器、多层磁障调制器中类似的参数直接分析的效果。而在原有磁场调制理论中，也正是由于计算结果的间接性，难以明晰地揭示调制器参数与调制效果之间的对应关系。

表 8.4　提出的方法和原有磁场调制理论的对比

方法	原有磁场调制理论	基于磁感调制器
计算过程	间接	直接
性能计算	√	√
幅值调制	√	√
相位调制	×	√
调制器参数分析	×	√

图 8.6 所示 SCIM 中磁感调制器的磁场调制行为如图 8.9 所示。当源气隙磁动势从定子侧经气隙、流经到转子侧的磁感调制器时，由气隙磁阻调制器和磁感调制器的共同作用，产生了调制气隙磁动势。与凸极磁阻调制器和多层磁障调制器只调制气隙磁动势幅值不同的是，磁感调制器还会调制相位，其调制效果如图 8.9 所示。

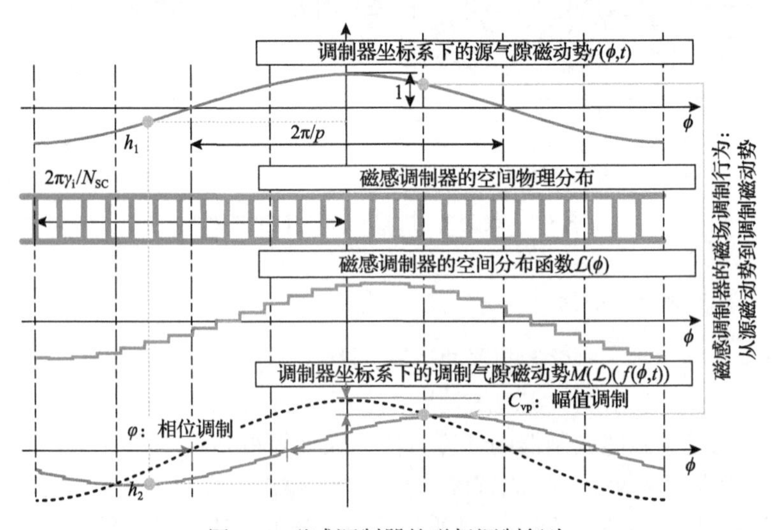

图 8.9　磁感调制器的磁场调制行为

8.2.4　感应电机的性能计算

为了验证所提方法的可行性，这里对具体实施案例进行详细说明，并比较所提方法的计算结果、有限元计算结果和实验结果。由于 SCIM 主要用于电动机，选择输出转矩作为比较的参数。样机和实验台如图 7.10 所示，具体参数如表 8.1 所示。实验研究是在 Y2 系列标准 SCIM 上进行的，并与有限元法中的仿真条件和所提方法的计算条件一致，采用电网电压源供电。转矩传感器用来测量转矩，磁粉制动器用于连接负载并传递模拟转矩。

图 8.10 给出了所提方法的实施流程图，主要包括三个部分：计算鼠笼绕组的磁感大小、计算调制气隙磁动势和计算 SCIM 性能，详细描述如下。

步骤 1：计算鼠笼绕组的磁感大小。根据具体的鼠笼转子拓扑参数，计算相应的磁感调制器空间分布函数 $\mathcal{L}(\phi)$ 。以如表 8.5 所示的转子侧参数为例，根据式(8.7)和式(8.8)，计算出 R_b 为 0.0561mΩ，R_e 为 0.001mΩ。由式(8.4)计算出 R_e' 为 0.018mΩ。根据式(8.5)、式(8.6)，当 $N_{SC}=26$ 时，单个磁感调制器的磁感大小为 $1975.63\Omega^{-1}$。绘制磁感调制器的空间分布图如图 8.5 所示。

步骤 2：计算调制气隙磁动势。由调制算子可知，除了 $\mathcal{L}(\phi)$ ，还需要确定 $\lambda_G(\phi)$ 和 $f(\phi,t)$ 。对于式(8.11)，其通入的电流幅值 I_m 如图 8.11 所示。最终，计算调制气隙磁动势，并由式(8.14)、式(8.15)计算得到磁场转换系数 C_{vp} 和相位偏移 φ 。图 8.12 给出了 C_{vp}、φ 与转差率 s 的关系，可以看到，随着 s 的增大，磁感调制器的调制效果增强，φ 也相应地不断增大。

步骤 3：计算 SCIM 性能。平均转矩 T_{avg} 的计算表达式为

$$
\begin{aligned}
T_{avg} &= \frac{1}{T}\int_0^T \left(\frac{\mu_0 r_g^2 l_{stk}}{2g} \frac{\partial}{\partial \varDelta} \int_0^{2\pi} M(L)(f(\phi,t))^2 \, d\phi \right) dt \\
&= \frac{p\mu_0 \pi r_g l_{stk}}{g} F_1^2 C_{vp} \cos\varphi
\end{aligned} \tag{8.16}
$$

式中，r_g 为平均气隙半径长度。

由式(8.16)可知，C_{vp}、φ 都与 T_{avg} 的大小有关。T_{avg} 与 C_{vp}、$\cos\varphi$ 成正比，即二者对电机性能的影响相反，这意味着存在一个极值转差率，对应着最大转矩。最终的平均转矩计算结果如图 8.13 所示。可以看到，平均转矩 T_{avg} 随转差率 s 的变化趋势同上述理论分析结果一致。当 s 较小时，有限元计算结果、所提方法的理论计算结果和实验结果能够很好地吻合。而随着 s 的增大，由于饱和、漏磁等因素对电机性能的影响变大，所提方法的计算结果略偏大，但仍在合理的误差范

围内。此外，需要强调的是，在 SCIM 性能的计算过程中，要同时考虑幅值调制(C_{vp})和相位调制(φ)的影响。

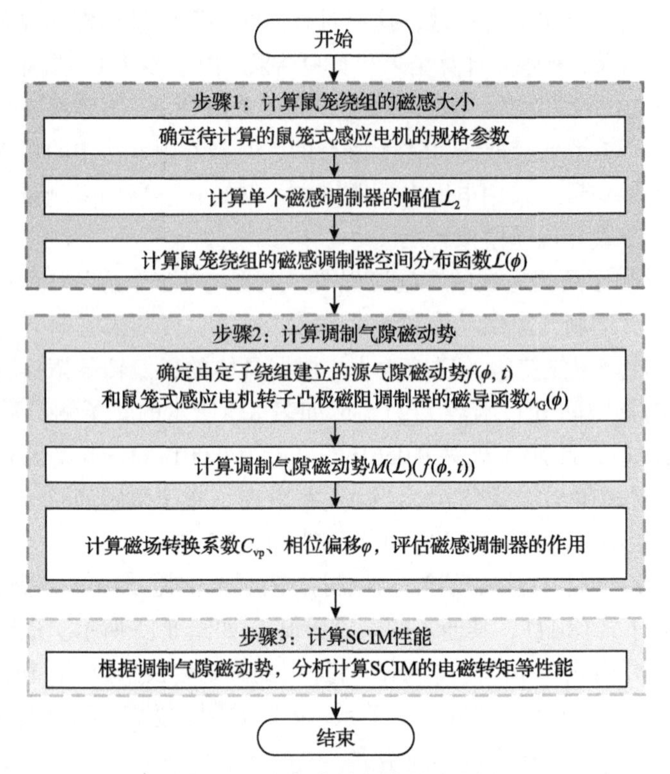

图 8.10　所提方法的实施流程图

表 8.5　实施案例中 SCIM 转子侧的尺寸参数

组成部分	说明	数值
导条	B_{s0}	1mm
	B_{s1}	5.5mm
	B_{s2}	3mm
	H_{s0}	0.5mm
	H_{s1}	1.3mm
	H_{s2}	21.7mm
公共端环	宽度	13.5mm
	高度	31mm

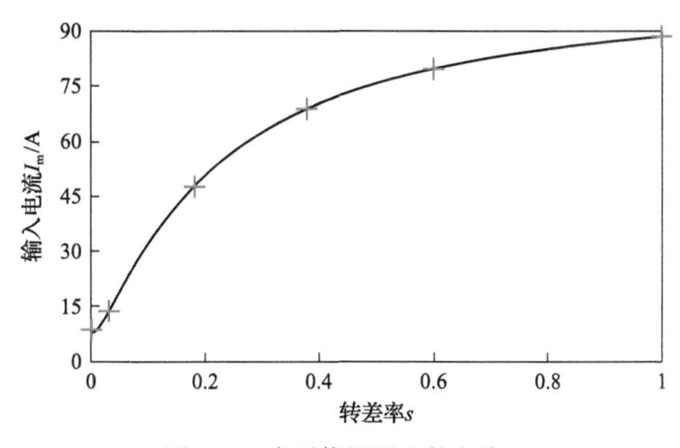

图 8.11　定子绕组通入的电流 I_m

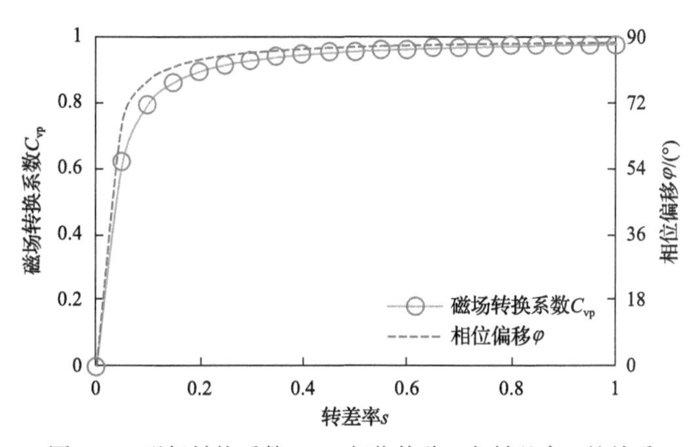

图 8.12　磁场转换系数 C_{vp}、相位偏移 φ 与转差率 s 的关系

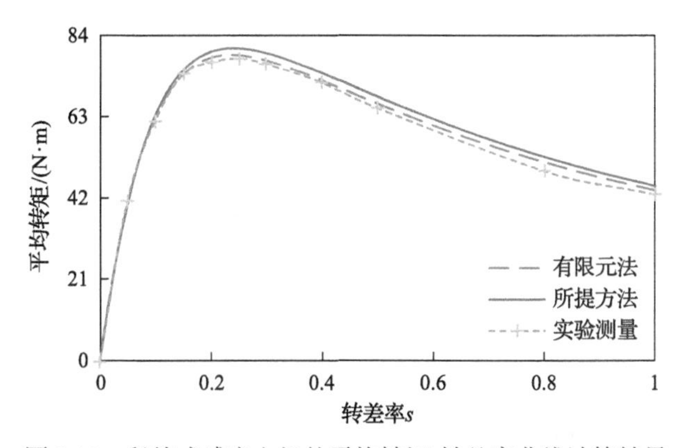

图 8.13　鼠笼式感应电机的平均转矩-转差率曲线计算结果

8.3　非对称磁阻/磁感复合调制器设计

8.3.1　对称复合调制器的相位偏移

现有无刷双馈电机中包括两种类型的对称复合调制器，分别为如图 8.14(a)所示的对称凸极磁阻/磁感复合调制器和如图 8.14(b)所示的对称多层磁障/磁感复合调制器[9]，旨在利用磁阻(凸极磁阻、多层磁障)调制器和磁感调制器的双重异步调制行为来增强转子的磁场转换能力，改善磁场调制效果，从而提高电机性能。

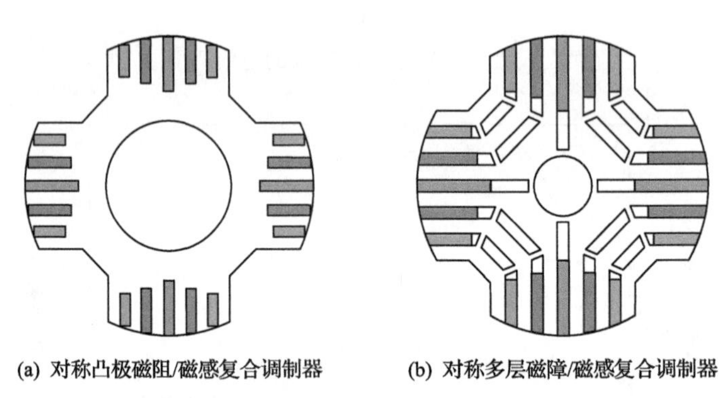

(a) 对称凸极磁阻/磁感复合调制器　(b) 对称多层磁障/磁感复合调制器

图 8.14　对称复合调制器

但进一步研究发现，由于磁感调制器特有的相位调制特性，实际上磁感调制器与磁阻调制器在磁场调制结果上存在着相位偏移，而这阻碍了对称复合调制器的调制效果进一步增强，具体分析如下。由于多层磁障调制器和凸极磁阻调制器的调制效果类似，下面以凸极磁阻调制器为例进行分析，其调制产生的磁动势分布可表示为

$$
\begin{aligned}
M(N_{\mathrm{RT}},\varepsilon_{\mathrm{RT}})(f(\phi,t)) = {} & C_{\mathrm{p}}\cos(p\phi-\omega t) \\
& -\sum_{k=lN_{\mathrm{RT}}-p}^{\infty} C_{\mathrm{sum}}\sin\left(k\phi+\omega t+(k+p)\frac{\pi}{N_{\mathrm{RT}}}\right) \\
& +\sum_{k=lN_{\mathrm{RT}}+p}^{\infty} C_{\mathrm{dif}}\sin\left(k\phi-\omega t+(k-p)\frac{\pi}{N_{\mathrm{RT}}}\right),\quad l\in\mathbf{Z}^{+}
\end{aligned}
\tag{8.17}
$$

式中，N_{RT} 为转子凸极齿数；$\varepsilon_{\mathrm{RT}}$ 为转子凸极的极弧系数；p 为源磁动势的主极对数；ϕ 为调制器参考坐标系下圆周位置机械角度；ω 为源磁动势的电角频率。从式(8.17)中可知，凸极磁阻调制器的调制行为特征在于，仅改变调制气隙磁场

中的谐波幅值和产生新的极对数磁场谐波，而调制谐波和源主对极谐波的空间相位一致，换言之，并不产生相位偏移。

考虑构成磁感元件的短路线圈回路中电阻和电感下磁感调制器调制产生的磁动势分布为

$$\begin{aligned}M(N_{\mathrm{SC}},\gamma)(f(\phi,t)) &= C_{\mathrm{p}}\cos(p\phi-\omega_{\mathrm{s}}t-\varphi)\\&-\sum_{k=lN_{\mathrm{SC}}-p}^{\infty}C_{\mathrm{sum}}\sin\left(k\phi+\omega_{\mathrm{s}}t+(k+p)\frac{\pi}{N_{\mathrm{SC}}}-\varphi\right)\\&+\sum_{k=lN_{\mathrm{SC}}+p}^{\infty}C_{\mathrm{dif}}\sin\left(k\phi-\omega_{\mathrm{s}}t+(k-p)\frac{\pi}{N_{\mathrm{SC}}}+\varphi\right),\quad l\in\mathbf{Z}^{+}\end{aligned} \tag{8.18}$$

式中，N_{SC} 为磁感调制器的极对数；ω_{s} 为转差频率；φ 为相位偏移角，且 $\varphi=\arctan(\omega_{\mathrm{s}}L/R)$，$R$ 和 L 分别为单个磁感元件的电阻和电感。

可见，磁感调制器调制后的磁动势中谐波同样成对出现，极对数分别为 p、$lN_{\mathrm{SC}}+p$ 和 $lN_{\mathrm{SC}}-p$，相应的幅值可以由三个磁场转换系数 C_{p}、C_{sum} 和 C_{dif} 表征。由于 $N_{\mathrm{RT}}=N_{\mathrm{SC}}$，凸极磁阻调制器和磁感调制器的调制磁动势频谱一致，在线性磁路的假设下满足空间叠加的条件。但与凸极磁阻调制器不同的是，磁感调制器不仅体现出极对数变换作用，即源主极对数 p 对极谐波在频谱中向 $lN_{\mathrm{SC}}-p$、$lN_{\mathrm{SC}}+p$ 对极偏移，其异步调制行为建立的调制谐波分量与源主对极谐波空间相位并不一致，存在一定的相位差，p 对极与 $lN_{\mathrm{SC}}-p$ 对极谐波的相位差在调制器参考坐标系下定义为 $\Delta\phi$ 电角度，则 $lN_{\mathrm{SC}}+p$ 对极谐波的相位差为 $-\Delta\phi$ 电角度。

以一台采用对称凸极磁阻/磁感复合调制器的 4/2 对极无刷双馈电机为例进行分析，其电机参数见表 8.6。如图 8.15 所示，2 (p)、8 $(N_{\mathrm{SC}}+p)$ 对极谐波分量空间旋

表 8.6　4/2 对极对称凸极磁阻/磁感复合调制器无刷双馈电机主要设计参数

符号	参数名称	数值	绕组	参数名称	数值
$R_{\mathrm{s\_out}}$	定子外半径	91mm	控制绕组	极对数 p_{c}	2
$R_{\mathrm{s\_in}}$	定子内半径	63.5mm		节距	10
$R_{\mathrm{r\_in}}$	转子内半径	23mm		每相串联匝数	255
g	气隙长度	0.35mm		绕组因数	0.94
l_{stk}	电机叠压长度	90mm	功率绕组	极对数 p_{p}	4
N_{RT}	转子凸极齿数	6		节距	5
N_{slot}	定子槽数	45		每相串联匝数	510
S	短路线圈层数	3		绕组因数	0.94

续表

符号	参数名称	数值	绕组	参数名称	数值
凸极磁阻	极距	90°	磁感	导条长度	17mm、14mm、11mm
	极弧系数	0.48		导条间隔	3.5mm
	凸极槽深	19mm		导条宽度	2.8mm

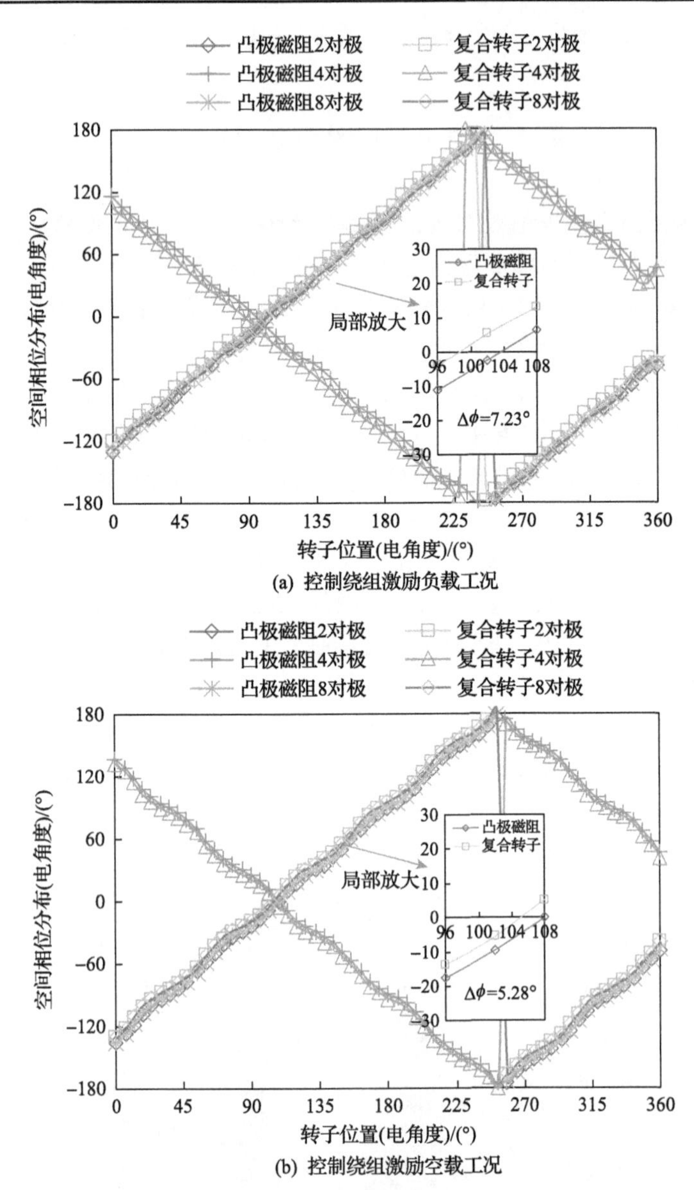

图 8.15　调制气隙磁场空间相位分布

转方向与转子相同，而 $4(N_{SC}-p)$ 对极谐波空间旋转方向与转子相反。由于磁感导致的相位偏移，经对称复合转子调制后的源主对极谐波分量和调制谐波分量在空间上滞后于凸极磁阻调制器调制后的谐波分量，且空间向左偏移电角度 $\Delta\phi$ 。图 8.15 中的空载工况指的是控制绕组侧电流源激励时，功率绕组侧断开。可见，控制绕组激励负载工况下相位偏移 $\Delta\phi$ 高于控制绕组激励空载工况，分别为 7.23°电角度和 5.28°电角度。

8.3.2　非对称复合调制器设计

由 8.3.1 节中的内容可知，采用对称磁阻/磁感复合调制器时，其调制气隙磁场中凸极磁阻调制器和磁感调制器调制后的 p 对极谐波达到最高值所对应的空间相位不同，理论相差电角度 $\Delta\phi$，使得两种调制器 p 对极谐波分量、源磁场转换系数相加后的幅值有所降低。为此，提出了如图 8.16(a)所示的非对称凸极磁阻/磁感复合调制器[10]，以尽可能减小 p 对极谐波分量相位偏移 $\Delta\phi$，从而增加源磁场转换系数，并保持和调制磁场转换系数幅值，进一步提升复合调制器的磁场调制能力。类似地，在图 8.14(b)所示的对称多层磁障/磁感复合调制器的基础上，提出了如图 8.16(b)所示的非对称多层磁障/磁感复合调制器[11]。非对称多层磁障/磁感复合调制器中磁阻、磁感调制器的对称轴并不重合，存在一定的机械角度偏移 δ。

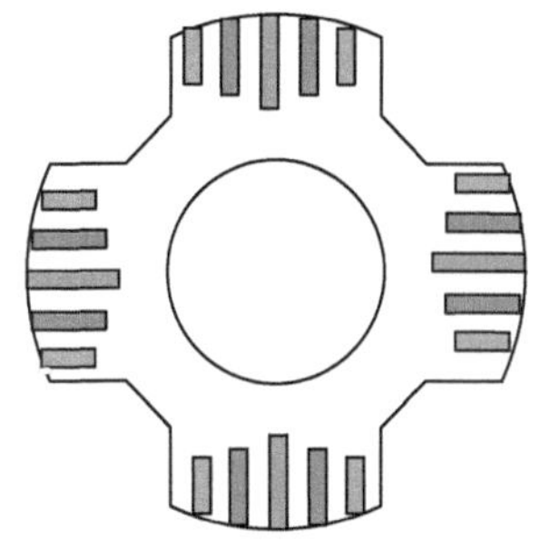

(a) 非对称凸极磁阻/磁感复合调制器

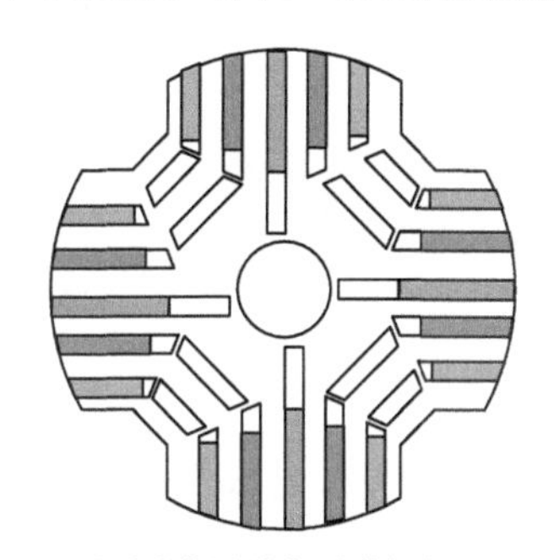

(b) 非对称多层磁障/磁感复合调制器

图 8.16　非对称复合调制器

考虑到磁感调制器调制后的 p 对极谐波分量在空间内相比于磁阻调制器调制后的 p 对极谐波分量向左偏移电角度 $\Delta\phi$，则令复合转子中磁感调制器沿磁场旋转方向偏置，即磁阻调制器的对称轴沿旋转方向偏置机械角度 δ，如图 8.17 所示，且 $\delta=\Delta\phi/N_{RT}$ 或 $\delta=\Delta\phi/N_{MB}$，其中，N_{MB} 为多层磁障调制器极对数，进而补偿磁感调制器导致的调制气隙磁场谐波的空间偏移。此时，调制气隙磁场中磁阻(凸极磁阻、多层磁障)调制器和磁感调制器调制后的 p 对极谐波达到最高值所对应的空间相位相同，对称、非对称复合调制器 p 对极谐波叠加分别如图 8.18(a)、(b)所示。可见，非对称复合调制器使得 p 对极谐波分量、源磁场转换系数相加后的幅值能够达到理论最大值。

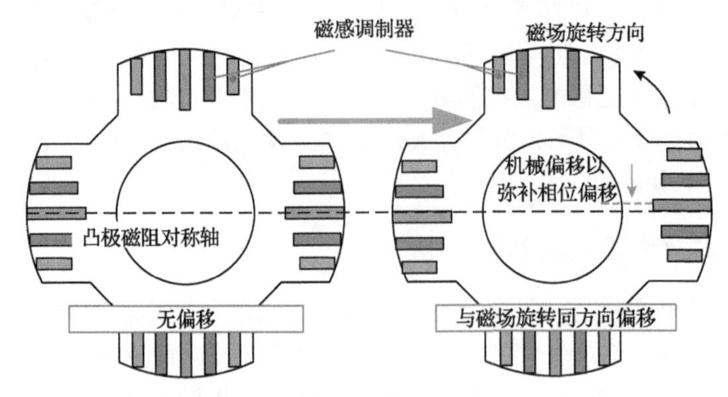

(a) 凸极磁阻/磁感复合调制器

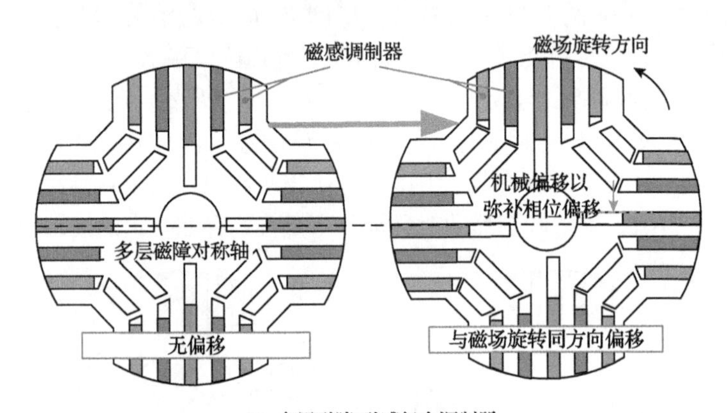

(b) 多层磁障/磁感复合调制器

图 8.17　复合调制器拓扑偏移过程

磁感调制器的偏移机械角度 δ 及非对称复合转子拓扑求解步骤如下：

(1) 求解对称复合调制器无刷双馈电机调制气隙磁场中主要谐波分量的空间分布，以及磁阻调制器调制气隙磁场主要谐波分量的空间分布，进而求得 p 对极谐波分量的空间相位偏移电角度 $\Delta\phi$。

(2) 求解无刷双馈电机铁心不饱和条件下功率绕组同步速或对应的电流频率范围内，p 对极谐波分量的空间相位偏移电角度 $\Delta\phi$ 并取平均值。

(3) 综合考虑不同激励条件下无刷双馈电机转矩特性，确定复合转子无刷双馈电机中磁阻调制器和磁感调制器的对称轴空间偏移电角度 $\Delta\phi$，并根据复合转子的等效极对数，折合为偏移机械角度 δ，即 $\delta=\Delta\phi/N_{\mathrm{RT}}$ 或 $\delta=\Delta\phi/R_{\mathrm{MB}}$。

(4) 将磁感调制器沿气隙磁场旋转方向偏置机械角度 δ，以补偿调制气隙磁场中 p 对极谐波空间相位偏移电角度 $\Delta\phi$，并与磁阻调制器结合为复合调制器结构。

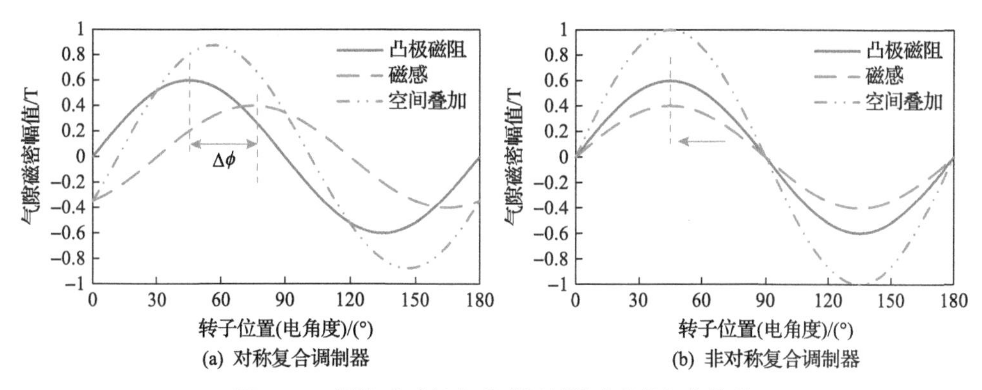

图 8.18　磁阻/磁感复合磁感调制器造成的相位偏移

8.3.3　电机性能验证

以如图 8.19(a)所示的 4/2 对极对称复合转子无刷双馈电机为例，结合上述偏移机械角度 δ 的求解方式，其非对称分布复合转子拓扑如图 8.19(b)所示。考虑到无刷双馈电机最常见的运行模式为控制绕组侧激励负载工况，即无刷双馈电机运行于级联异步模式，此时电机 p 对极谐波分量空间相位偏移 $\Delta\phi$ 为 7.23°电角度，并在一定频率范围内取相位偏移 $\Delta\phi$ 平均值，最终确定 4/2 对极复合转子无刷双馈电机的相位偏移角 $\Delta\phi=7.2°$电角度，折合成偏移机械角度 $\delta=7.2°/6=1.2°$。

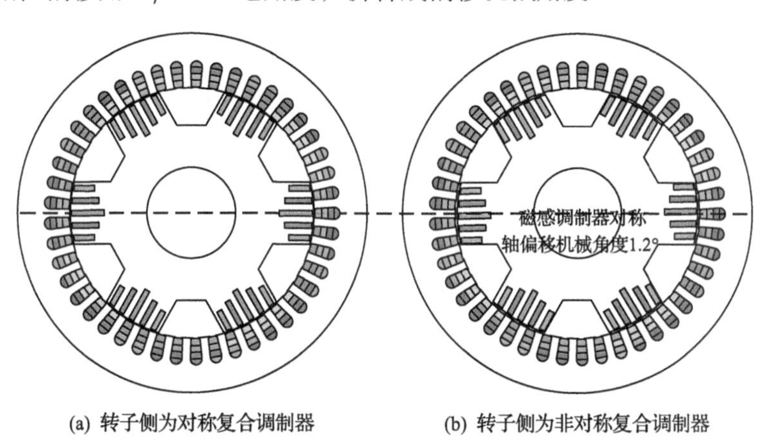

图 8.19　4/2 对极复合转子无刷双馈电机拓扑

图 8.20 为 4/2 对极非对称凸极磁阻/磁感复合转子无刷双馈电机转矩波形，对应的转矩特性见表 8.7。非对称复合转子下电机的平均转矩得到了有效提升，并且转矩脉动得到了抑制。由图 8.21 可知，控制绕组激励负载工况下，采用非对称复合调制器，其中的磁感调制器所导致的调制气隙磁场中 p 对极谐波空间偏移 $\Delta\phi$ 仅为 0.09°电角度，使得 p 对极谐波分量、源磁场转换系数相加后的幅值得到有效提升。

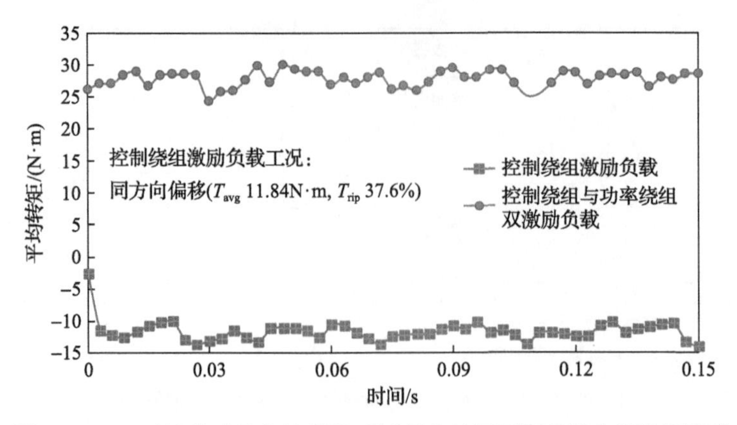

图 8.20　4/2 对极非对称凸极磁阻/磁感复合转子无刷双馈电机转矩波形

表 8.7　4/2 对极凸极磁阻/磁感复合转子无刷双馈电机转矩特性对比

调制器类型	转矩特性	控制绕组激励负载工况	控制绕组与功率绕组双激励负载工况
对称凸极磁阻/磁感复合调制器	平均转矩	10.78N·m	26.15N·m
	转矩波动峰峰值	5.09N·m	5.68N·m
	转矩脉动	47.23%	21.71%
非对称凸极磁阻/磁感复合调制器	平均转矩	11.84N·m	27.71N·m
	转矩波动峰峰值	4.46N·m	5.87N·m
	转矩脉动	37.66%	21.18%

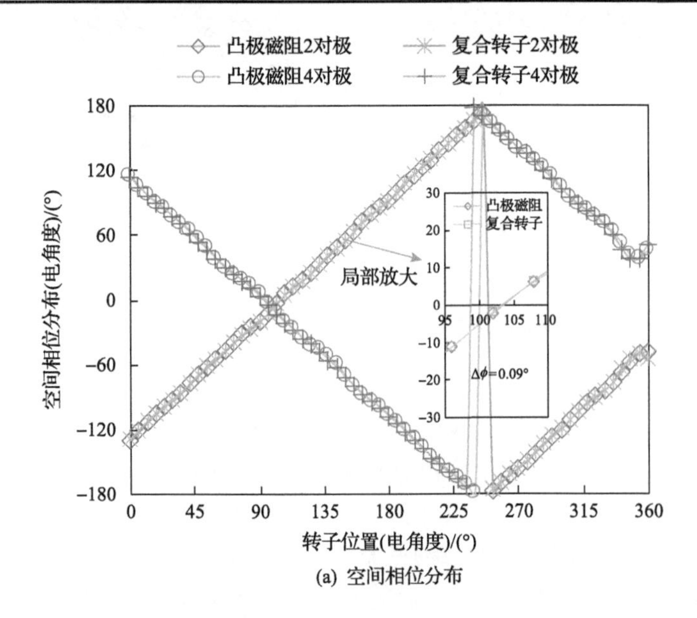

(a) 空间相位分布

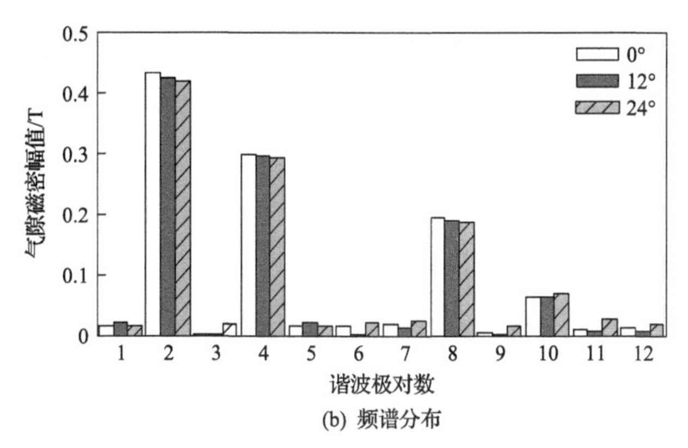

(b) 频谱分布

图 8.21　控制绕组激励负载工况下调制气隙磁场

最后，进行非对称复合调制器的实验验证，测试用无刷双馈电机的定子部分相同，而转子部分有对称凸极磁阻/磁感复合调制器、非对称凸极磁阻/磁感复合调制器、对称多层磁障/磁感复合调制器、非对称多层磁障/磁感复合调制器四种不同的调制器。其中，非对称复合调制器如图 8.22(a)、(b)所示，搭建的实验平台如图 8.22(c)所示。主要电机性能数据见表 8.8，再次表明了非对称复合调制器的有效性。

(a) 非对称凸极磁阻/磁感复合调制器

(b) 非对称多层磁障/磁感复合调制器

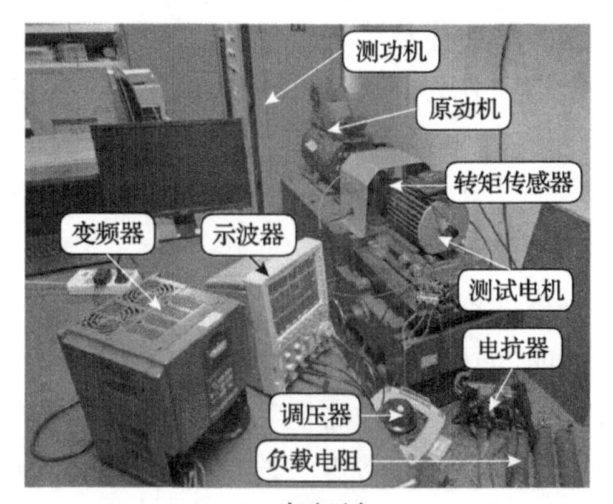

(c) 实验平台

图 8.22　非对称复合调制器的实验验证

表 8.8　复合调制器无刷双馈电机主要性能比较

性能参数	对称凸极磁阻/磁感复合调制器	非对称凸极磁阻/磁感复合调制器	对称多层磁障/磁感复合调制器	非对称多层磁障/磁感复合调制器
平均转矩/(N·m)	12.3	13.9	15.4	17.1
感应电势/V	82.5	90.9	99.1	104.4
相位偏移/(°)	7.23	0.09	8.69	0.06

8.4　基于磁容调制器的磁滞电动机分析

磁滞电动机(hysteresis motor, HM)通过磁滞效应工作，具有结构简单、启动转矩大、振动噪声小等优点，但也伴随着转矩密度、效率和功率因数较低等局限[12]。这些特点使该电机适用于一些需要高启动转矩和高可靠性的特殊应用场合，如陀螺仪、硬盘驱动器和伺服系统[13]等。

对磁滞电动机的分析计算方法可分为数值方法和解析方法两类。数值方法主要指有限元分析(finite element analysis, FEA)。现有对该方法的研究主要集中在磁滞回线的精确建模上，如 J-A 模型[14]和 Play 模型[15]等。研究表明，数值方法的计算精度较高，常用于提出/分析各种类型的磁滞电动机[16-19]，或通过结合 Steinmetz 方程[20]来研究磁滞电动机中的磁滞转矩。然而，与解析方法相比，数值方法很难直观地表明电机参数和输出性能之间的关系。

解析方法包括等效电路法和等效磁路法。磁滞回线的数学表达式是解析计算的关键，目前包括椭圆近似方法[19]和矩形近似方法[21]。文献[22]和[23]研究了等效电路法。由于通过电路参数来分析计算电机的磁滞转矩，相较于直接使用磁路参数的等效磁路法，等效电路法在一定程度上阻碍了对磁滞电动机工作原理的理解。相比之下，等效磁路法在弥补这一不足的同时，还保证了磁滞转矩的计算准确性。现有的等效磁路法通过引入复数磁导率的概念，来解释磁密 B 和磁场强度 H 之间的磁滞角 γ[24]。然而，这与现有的标量磁路理论相悖，因为在标量磁路理论中，只包含磁阻单一元件，那么 B 和 H 之间也就不应该存在相位偏移。由此可见，磁路参数的缺乏，让磁滞角 γ 不能得到较为合理的解释。另外，无论是等效电路法，还是等效磁路法，其分析计算更多地关注磁滞效应所产生的磁滞转矩，而缺乏对同样影响磁滞电动机性能的其他因素的综合考虑。事实上，除了磁滞效应，定子齿槽还会导致脉动转矩；此外，在磁滞电动机达到同步转速前，异步转速状态下磁滞环中的涡流效应也会产生涡流转矩。与对磁滞效应的研究类似，现有的标量磁路理论中同样缺乏描述涡流效应的磁路参数，因此对涡流效应分析计算不得不借助于 Steinmetz 方程或等效电路法[25,26]。

近年来，电机气隙磁场调制统一理论[1]因同时实现了对传统类型电机和典型磁场调制类型电机的原理分析与性能计算，而得到了广泛关注[27-31]。根据电机气隙磁场调制统一理论，定子齿相当于凸极磁阻调制器，对源磁动势具有调制作用，并由此可计算定子齿调制器所产生的脉动转矩[31]。然而，电机气隙磁场调制统一理论中现有的调制器类型包括凸极磁阻、多层磁障和短路线圈，难以有效地分析磁滞电动机中的磁滞效应和涡流效应。

矢量磁路引入了磁感和磁容两种新的磁路元件，并分别定量地表征了涡流效应和磁滞效应。因此，通过将矢量磁路理论与电机气隙磁场调制统一理论相结合，有望解决上述磁滞电动机分析计算中所面临的瓶颈。

为此，本节尝试将磁容作为一种新的调制器引入电机气隙磁场调制统一理论，定义磁容调制器的调制算子，通过磁容参数来清晰阐释 B 和 H 之间的相位偏移。为了准确地计算磁滞电动机中的磁滞转矩，提出等效磁容的计算方法；将涡流效应视为磁感调制器，并与定子齿的凸极磁阻调制作用一起进行综合考虑。最后，通过比较二维有限元分析结果和实验测量结果，对所提出的方法进行验证。

8.4.1　磁滞电动机的调制原理

1. 磁容调制器

1) 概念

所分析的磁滞电动机拓扑结构如图 8.23 所示，其主要参数列于表 8.9，磁滞环的材料采用的是 2J9 型 Fe-Co-V 合金。磁滞材料的磁滞效应产生磁滞转矩，起到调制器的作用。因此，将材料的磁滞效应定义为磁容调制器，丰富了现有电机气隙磁场调制统一理论的调制器类型。

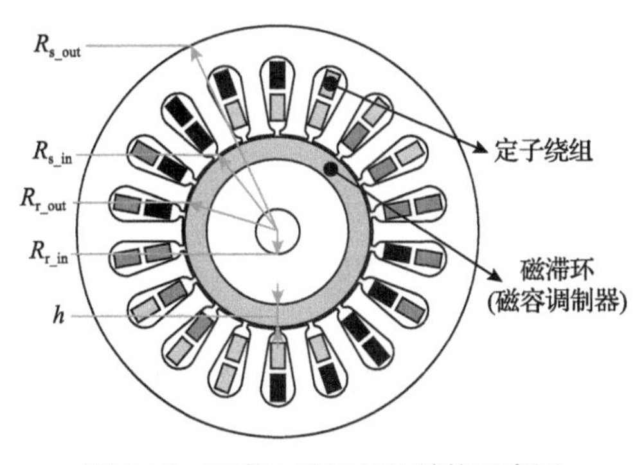

图 8.23　磁滞电动机拓扑结构示意图

表 8.9 磁滞电动机主要参数

符号	参数名称	数值	符号	参数名称	数值
m	相数	3	R_{s_in}	定子内半径	13mm
I_m	额定电流幅值	1.2A	R_{r_out}	转子外半径	12.7mm
N_{slot}	定子槽数	18	R_{r_in}	转子内半径	3mm
p	定子绕组主极对数	1	g	气隙长度	0.3mm
N_c	每相绕组串联匝数	264	h	磁滞环厚	3mm
R_{s_out}	定子外半径	27.5mm	l_{stk}	铁心叠压长度	30mm
B_r	剩磁	1.25T	H_c	矫顽力	8000A/m
n_s	同步转速	3000r/min	—	轴承类型	陶瓷

2) 调制算子

对于 p 极对谐波分量，源磁动势表示为

$$f(\phi,t)=F\cos(p\phi-\omega t) \tag{8.19}$$

式中，F 为磁动势幅值；p 为定子绕组的主极对数；ω 为定子绕组的电角频率。

首先，考虑磁滞环未磁化的情况，其磁动势主要由两部分组成：

$$f(\phi,t)=f_0(\phi,t)+f_1(\phi,t) \tag{8.20}$$

式中，$f_0(\phi,t)$ 为气隙上的磁动势；$f_1(\phi,t)$ 为磁滞环上的磁动势。它们可分别表示为

$$\begin{cases} f_0(\phi,t)=F_0\cos(p\phi-\omega t)=\dfrac{\Lambda_c}{\Lambda_g+\Lambda_c}F\cos(p\phi-\omega t) \\ f_1(\phi,t)=F_1\cos(p\phi-\omega t)=\dfrac{\Lambda_g}{\Lambda_g+\Lambda_c}F\cos(p\phi-\omega t) \end{cases} \tag{8.21}$$

式中，F_0 为 $f_0(\phi,t)$ 的幅值；F_1 为 $f_1(\phi,t)$ 的幅值；$\Lambda_g=\mu_0/g$ 为气隙磁导，μ_0 为真空磁导率，g 为气隙长度；$\Lambda_c=\mu/h$ 为磁滞环磁导。根据式(8.21)，可以得出此时磁动势中并没有相位偏移。

在磁滞环的磁化过程中，其磁动势可分解为磁阻和磁滞两个分量，并表示为

$$\dot{\mathcal{F}}_1=\mathcal{R}_c\dot{\Phi}+\mathrm{j}\frac{1}{\omega C}\dot{\Phi} \tag{8.22}$$

式中，$\mathcal{R}_c=\mathcal{R}\cos\gamma$ 为磁容调制器上的等效磁阻，$\mathcal{R}$ 为磁滞环磁阻；C 为磁滞环磁容。

为了获得磁滞分量，磁阻分量上的磁位降落减小到原来的 $\cos\gamma$。磁容调制器的调制算子可以表示为

$$M(C)(f(\phi,t))=\begin{cases}\mathcal{Y}(\phi)f(\phi,t), & \phi\in C^{\mathrm{S}}\\ f(\phi,t), & \phi\in[0,2\pi]-C^{\mathrm{S}}\end{cases} \tag{8.23}$$

式中，C^{S} 为磁容调制器占据的机械区间；$\mathcal{Y}(\phi)$ 为气隙和磁容调制器的磁导纳：

$$\mathcal{Y}(\phi)=\frac{\Lambda_{\mathrm{g}}(\phi)\mathcal{Y}_{\mathrm{r}}(\phi)}{\Lambda_{\mathrm{g}}(\phi)+\mathcal{Y}_{\mathrm{r}}(\phi)} \tag{8.24}$$

式中，$\Lambda_{\mathrm{g}}(\phi)$ 是气隙磁导的空间分布函数；$\mathcal{Y}_{\mathrm{r}}(\phi)=1/\{\mathcal{R}_c+\mathrm{j}[1/(\omega C)]\}$ 为磁容调制器的磁导纳空间分布函数。

值得注意的是，在磁滞环磁化前后，气隙磁动势 $f_0(\phi,t)$ 的相位并没有发生变化，由此可知其对磁滞转矩并没有贡献。下面重点考虑 $f_1(\phi,t)$ 并简化调制算子为

$$\begin{aligned}M(C)(f_1(\phi,t))&=\cos\gamma\cdot f_1(\phi,t)-\frac{1}{\omega C(\phi)}\frac{\mathrm{d}f_1(\phi,t)}{\mathrm{d}(\omega t)}\\&=F_1\cos\gamma\cos(p\phi-\omega t)+F_1[\Lambda_c/(\omega C)]\cos\left(p\phi-\omega t-\frac{\pi}{2}\right)\end{aligned} \tag{8.25}$$

根据式(8.25)，磁容调制器的磁场调制行为如图 8.24 所示。与源磁动势相比，调制后的磁动势分为两个分量，第一个分量与源气隙磁动势同相位，而幅值

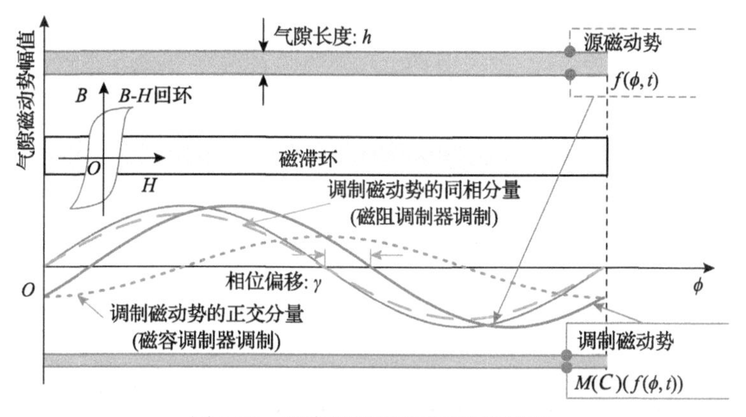

图 8.24　磁容调制器的磁场调制行为

减小到 $\cos\gamma$；第二个分量的值为 $F_1[\Lambda_c/(\omega C)]$，与等效磁容 C 的大小有关，在相位上滞后于源磁动势 90°。由此可见，磁容调制器的功能类似于延时元件，参与调制前后的磁动势 F_1 不变，并且出现由磁容元件所引起的相位偏移 γ。

从式(8.25)中可以看出，等效磁容 C 的大小是计算调制磁动势及相应的磁滞电动机转矩输出的关键，由磁容计算公式(3.58)可见，它除了与磁容的结构参数有关，还与 μ 和 γ 密切相关，因此准确得到 μ 和 γ 十分重要。

3) 等效磁容 C 的计算

2J9 型磁滞材料的实际磁滞回线如图 8.25 所示。它的形状既不接近椭圆形状，也不接近矩形形状。现有的两种分析方法(即椭圆近似方法[19]和矩形近似方法[21])都可能导致计算等效磁容的结果出现误差。从图 8.25 中可以发现，磁滞回线由下降曲线 B_{decr} 和上升曲线 B_{incr} 组成。准确地描述这两条曲线是准确计算等效磁容的关键。

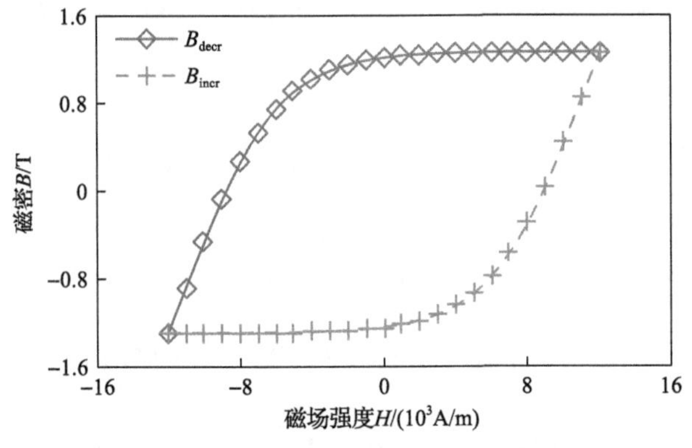

图 8.25　磁滞材料 2J9 的磁滞回线

通过改进的 Preisach 磁滞模型，B_{incr} 和 B_{decr} 可分别表示为

$$\begin{cases} B_{incr} = -B_s + 2\dfrac{a^2}{b^2}\left[\dfrac{e^{bH} - e^{-bH_m}}{(c^2-1)(c+e^{bH})(1+ce^{-bH_m})} - \dfrac{1}{(c^2-1)^2}\ln\dfrac{(1+ce^{bH})(c+e^{-bH_m})}{(1+ce^{-bH_m})(c+e^{bH})}\right] \\ B_{decr} = B_s - 2\dfrac{a^2}{b^2}\left[\dfrac{e^{bH_m} - e^{-bH}}{(c^2-1)(c+e^{bH_m})(1+ce^{bH})} - \dfrac{1}{(c^2-1)^2}\ln\dfrac{(1+ce^{bH_m})(c+e^{bH})}{(1+ce^{bH})(c+e^{bH_m})}\right] \end{cases} \tag{8.26}$$

式中

$$B_s = \frac{a^2}{b^2}\left[\frac{1-e^{-2bH_m}}{(1-c^2)(1+ce^{-bH_m})^2} + \frac{1}{(c^2-1)^2}\ln\frac{(1+ce^{bH_m})(c+e^{-bH_m})}{(1+ce^{-bH_m})(c+e^{bH_m})}\right] \tag{8.27}$$

参数 a、b 和 c 可利用曲线拟合的方法得到数值大小。

本节所分析的磁滞电动机采用了不等匝同心绕组来减少高阶谐波分量，其绕组系数如表 8.10 所示。

表 8.10　磁滞电动机的绕组系数

谐波次数	绕组系数
1	0.928
5	0.078
7	0.0065
11	0.0065
13	0.078

考虑到磁滞电动机的 p 对极磁场对电机性能的贡献最大，通过不等匝同心绕组的设计，显著提升了 p 对极的绕组系数，并降低其他无效谐波分量，因此可认为

$$H_{m1} = H_m \tag{8.28}$$

磁密 B 的波形可通过联立式(8.26)和式(8.28)获得，基波幅值 B_{m1} 和相应的相位偏移角(磁滞角) γ 也可通过快速傅里叶变换(fast Fourier transformation, FFT)获得。一旦磁滞角 γ 已知，等效磁容 C 即可由式(3.58)获得。

为了充分考虑对磁滞电动机转矩性能产生影响的各种因素，本节还研究了磁感调制器和定子凸极磁阻调制器的调制作用，具体分析如下。

2. 磁感调制器

磁滞电动机的输出转矩-转速曲线如图 8.26 所示[32]。磁滞电动机的磁滞转矩 T_{hyst}

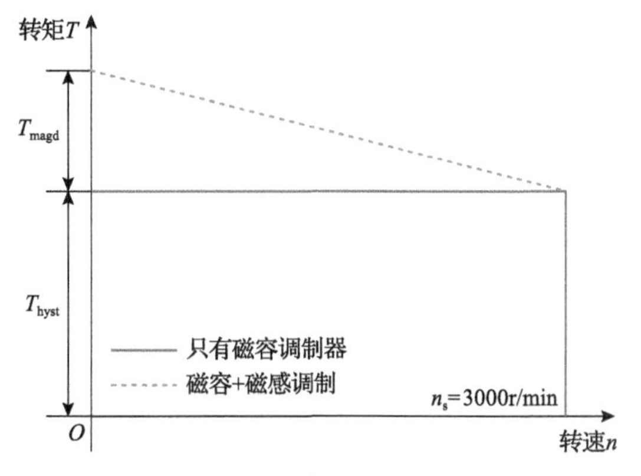

图 8.26　磁滞电动机的输出转矩-转速曲线

理论上不随转速变化，如实线所示。然而，其实际的转矩-转速曲线更接近于虚线。原因在于，在异步转速状态下，磁滞环中感应的涡流类似于闭合导体线圈，起到了磁感调制器的作用，导致源磁动势和磁通之间产生相位差[33]，并最终产生涡流转矩 T_{magd}，这与感应电机中产生的转矩类似[2]。

3. 定子凸极磁阻调制器

磁滞电动机的定子齿起到凸极磁阻调制器的作用，其调制产生的高次谐波分量将引起脉动转矩。在考虑定子凸极磁阻调制器的调制作用后，其调制磁动势如图 8.27 所示，可以表示为

$$f(\phi,t)=\sum_{v=1}^{\infty}\left(\frac{4\sqrt{2}mN_{\text{c}}I_{\text{m}}}{\pi}M_{\text{ABC}v}\sin\delta\right) \tag{8.29}$$

$$\begin{aligned}M_{\text{ABC}v}=&\frac{\sin(v\phi_2)\sin\left(\dfrac{v\pi}{2}\right)}{v}\left(\cos\left(\frac{v\pi}{9}\right)+\cos\left(\frac{2v\pi}{9}\right)+\frac{N_1}{N_{\text{c}}}\cos\left(\frac{v\pi}{3}\right)\right.\\&\left.+\frac{1}{2}+\frac{N_1+N_2}{N_{\text{c}}}\cos\left(\frac{4v\pi}{9}\right)\right)\end{aligned} \tag{8.30}$$

$$\delta=\begin{cases}\omega t-p\phi, & v=6r+1\\ \omega t+p\phi, & v=6r-1\end{cases} \tag{8.31}$$

式中，ϕ_2 为定子齿弧的一半；N_1 和 N_2 为匝数，分别取为 44 和 64。

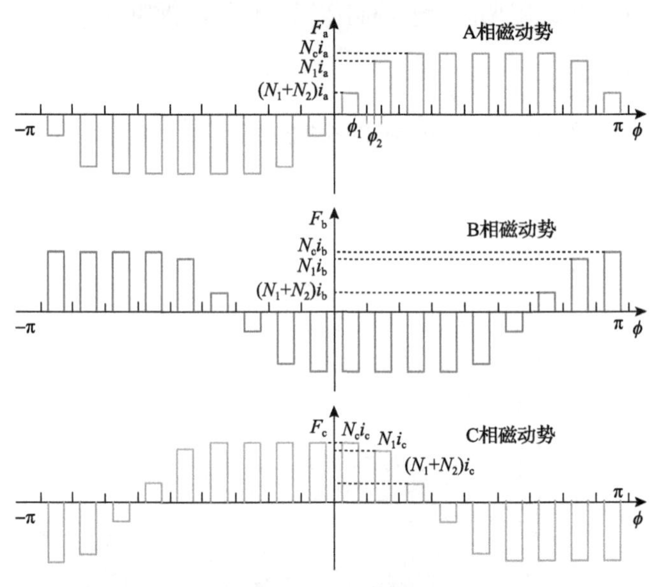

图 8.27　考虑定子凸极调制作用的磁动势

8.4.2　性能计算

磁滞电动机最重要的特性是转矩特性，下面重点讨论输出转矩的计算过程。

1. 磁容调制器的平均转矩

根据虚功原理，磁容调制器所产生的转矩为

$$\begin{aligned}T_{\text{hyst}}&=\frac{\mu pV}{h^2}\frac{\partial}{\partial\gamma}\left(\frac{1}{T}\int_0^T f_1(\phi,t)M(C)(f_1(\phi,t))\text{d}t\right)\\&=\frac{\mu pV}{h^2}\frac{\partial}{\partial\gamma}\left(\frac{1}{T}\int_0^T F_1^2\cos(p\phi-\omega t)\left\{\cos\gamma\cos(p\phi-\omega t)+[\mu/(h\omega C)]\cos\left(p\phi-\omega t-\frac{\pi}{2}\right)\text{d}t\right\}\right)\\&=\frac{pS^2}{2\omega C}\left(\mu\frac{F_1}{h}\right)^2=\frac{pS^2B_{\text{m1}}^2}{2\omega C}\end{aligned}\tag{8.32}$$

将式(3.58)代入式(8.32)，可得

$$T_{\text{hyst}}=\frac{pShB_{\text{m1}}^2}{2\mu}\cdot\sin\gamma\tag{8.33}$$

从式(8.33)中可以看出，根据磁场调制理论推导出的转矩方程与之前的转矩计算方程一致，证明了其有效性。该式表明，磁滞转矩 T_{hyst} 与转子速度无关，与图 8.26 一致。对于所研究的磁滞电动机，其参数如表 8.9 所示，有 $S=2.1\times10^{-3}\text{m}^2$，$\omega=314\text{rad/s}$，$h=3\times10^{-3}\text{m}$。对于图 8.25 所示的磁滞回线，通过式(8.26)和式(8.28)可以得到磁密 B、磁场强度 H 的波形以及通过 FFT 得到的基波磁场 B_1 的波形如图 8.28 所示，$B_{\text{m1}}=1.53\text{T}$，$\gamma=46°$，磁导率 $\mu=B_{\text{m1}}/H_{\text{m1}}=1.275\times10^{-4}\text{H/m}$。根据

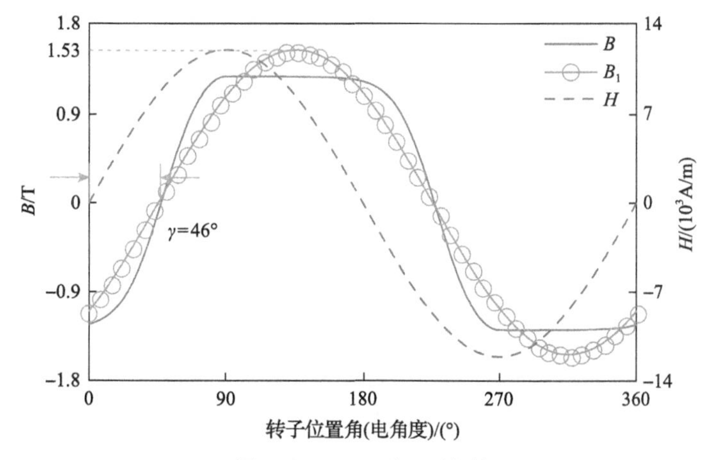

图 8.28　H、B 和 B_1 波形

式(3.58)，等效磁容 $C=3.97\times10^{-7}$Wb·s/A。将计算的磁滞转矩与有限元分析的磁滞转矩进行了比较，如表 8.11 所示，两种方法的计算结果一致。

表 8.11 磁滞转矩对比

计算方法	磁滞转矩/(mN·m)	误差/%
二维有限元分析	42.38	1.34
磁容调制	41.82	

2. 磁感调制器的平均转矩

磁感调制器对应产生的电磁功率 P_{EM} 可表示为

$$P_{\text{EM}}=ms\omega^2\mathcal{L}_2\left(\frac{\Phi_{\text{m}}}{\sqrt{2}}\right)^2=\frac{m}{2}s\omega^2\mathcal{L}_2\Phi_{\text{m}}^2 \tag{8.34}$$

式中，m 为相数；s 为转差率；$\mathcal{L}_2$ 为磁滞环涡流的等效磁感；Φ_{m} 为每极磁通幅值。

根据感应电机的原理，涡流损耗 P_{L} 和机械功率 P_{M} 可分别表示为

$$\begin{cases}P_{\text{L}}=sP_{\text{EM}}\\P_{\text{M}}=(1-s)P_{\text{EM}}\end{cases} \tag{8.35}$$

涡流转矩 T_{magd} 为

$$T_{\text{magd}}=\frac{P_{\text{M}}}{\Omega_1}=\frac{P_{\text{M}}}{(1-s)\Omega}=\frac{P_{\text{EM}}}{\Omega} \tag{8.36}$$

式中，Ω_1 为转子机械角速度；Ω 为转子同步角速度。

由式(8.36)可知，磁感调制器的转矩与转子速度有关。当转子转速 $n=0$ 时，其值最大，并随着 n 的增加而逐渐减小。当 n 达到同步转速 3000r/min 时，$T_{\text{magd}}=0$。对于该电机，有 $\mathcal{L}_2=58.08\Omega^{-1}$ 和 $\Phi_{\text{m}}=5.51\times10^{-4}$Wb。根据式(8.36)，计算出的涡流转矩如图 8.29 所示，并与有限元法计算的涡流转矩进行了比较。可以看出，基于磁感的计算方法和有限元分析的转矩结果吻合较好。

图 8.30 给出了磁滞电动机总输出转矩和转差率 s 之间的关系曲线。当磁滞电动机开始启动($s=1$)时，涡流转矩约占总输出转矩的 30%。涡流转矩对总转矩的贡献随着转子速度的增加而减小，并最终在转子到达同步速度(s=0)时降至零。由此可见，磁感调制器对磁滞电动机的输出转矩具有重要的影响。也正是磁感调制器的作用，让磁滞电动机在启动时具有最大转矩。图 8.30 结果表明所提方法的计算结果足够准确，揭示了电机气隙磁场调制统一理论与矢量磁路理论相结合的有效性。

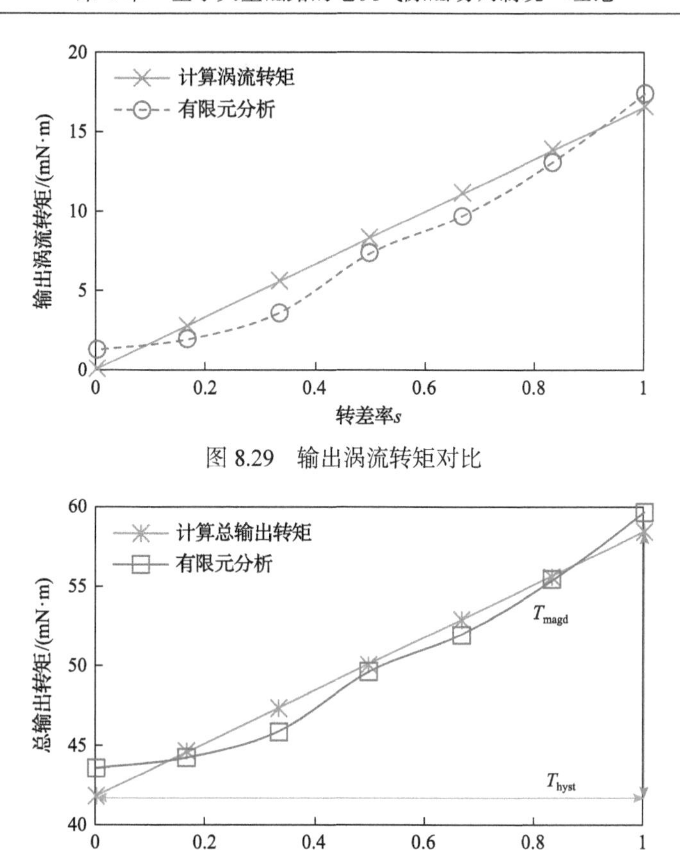

图 8.29　输出涡流转矩对比

图 8.30　总输出转矩-转差率曲线对比

3. 定子凸极磁阻调制器的脉动转矩

除了磁滞转矩和涡流转矩组成的平均转矩，定子凸极磁阻调制器还会产生脉动转矩。根据文献[31]，凸极磁阻调制的脉动转矩可表示为

$$T_{\mathrm{SPR}}=-\frac{(R_{\mathrm{s\_in}}^{2}-R_{\mathrm{r\_out}}^{2})l_{\mathrm{stk}}\pi}{2\mu_{0}}\sum_{j=1}^{n}\sum_{k=1}^{n}B_{j}B_{k}(\beta_{j}\pm\beta_{k})\sin((\beta_{j}\pm\beta_{k})\omega t) \tag{8.37}$$

式中，j 和 k 为正整数；β_j 和 β_k 为相同极对数谐波磁场的时间阶数；B_j 和 B_k 分别为第 j 次和第 k 次时间谐波的磁密幅值。

磁滞电动机中一阶调制磁场谐波的幅值分解如表 8.12 所示。根据式(8.37)计算的脉动转矩如图 8.31 所示，图中同时给出了有限元计算结果。可见，两种方法计算的转矩波形和幅值总体上一致。波形的差异可能是由电机气隙磁场调制统一理论(GAFMT)仅考虑了一阶调制磁场谐波，忽略了其他高阶调制谐波所导致的。

表 8.12　一阶调制磁场谐波的幅值分解　　　　(单位：T)

阶次	谐波极对数			
	1	5	17	19
1	0.383	0.009	0.072	0.0322
5	0.0004	0.0168	0.0002	0.0007
7	0.0002	0.0004	0.0002	0.0001

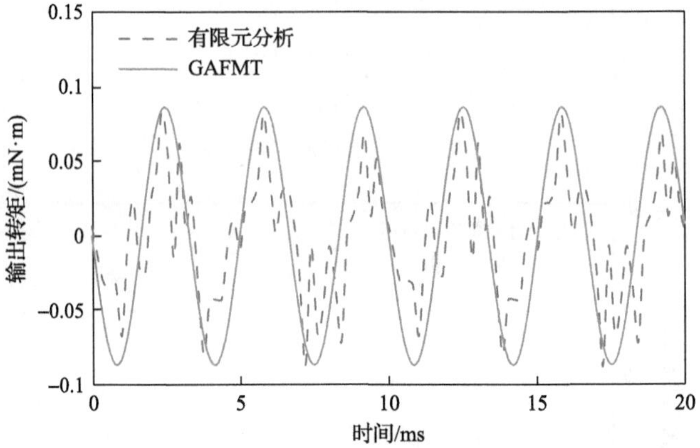

图 8.31　定子凸极磁阻调制器产生的脉动转矩

当磁滞电动机到达同步转速时，其平均转矩仅由磁滞转矩贡献，转矩波动由定子凸极磁阻调制器引起。同步转速下电机气隙磁场调制统一理论和有限元分析的计算转矩波形的比较如图 8.32 所示。磁滞电动机的输出转矩脉动相当小，并且两个方法得到的转矩结果吻合。

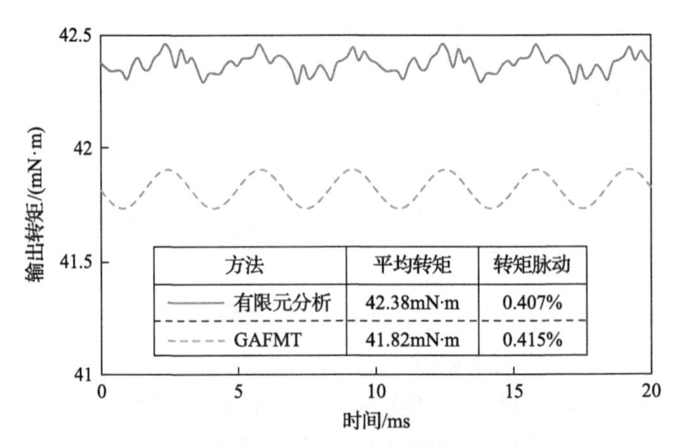

图 8.32　同步转速下的转矩波形对比

上述分析结果表明了将电机气隙磁场调制统一理论与矢量磁路理论相结合的

可行性。更重要的是，它为全面分析磁滞电动机的运行原理与性能提供了新手段，从而解决了现有磁路计算方法的瓶颈。最后，磁滞电动机中输出转矩计算的实施流程如图 8.33 所示。

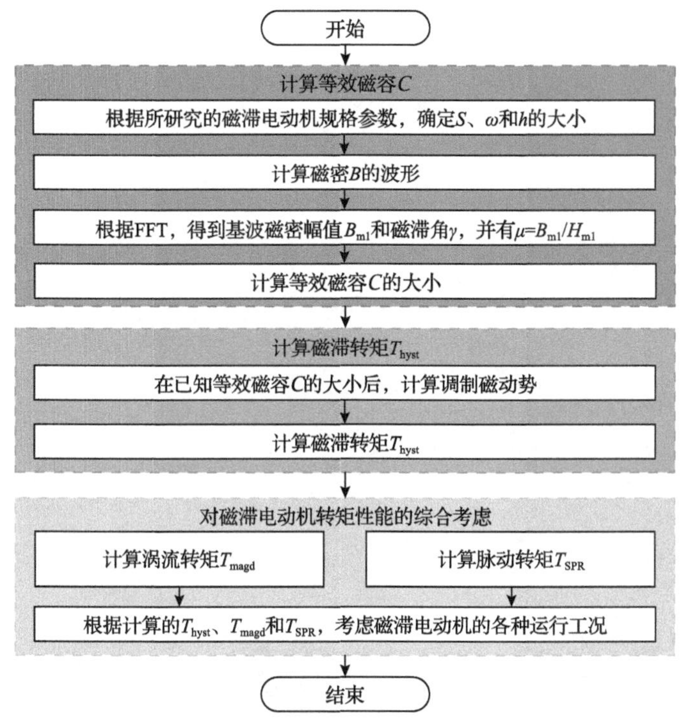

图 8.33　磁滞电动机输出转矩计算的流程图

8.4.3　实验验证

为了进一步验证所提方法的有效性，进行了实验测试，并与所提方法计算的结果和有限元分析计算的结果进行比较。样机和实验平台如图 8.34 所示，为降低摩擦力矩的影响，电机采用了陶瓷轴承。电机由逆变器提供三相对称正弦电流，使磁滞电动机能够在电动模式下工作。转矩传感器用于测量输出转矩，磁粉制动器作为负载工作，示波器用于测量实验波形。

首先，让电机处于堵转状态，向定子三相绕组加入额定对称正弦电流(I_m=1.2A)，测得启动转矩如图 8.35 所示。当转子转速为 0r/min 时，除了磁滞调制器的作用，还存在由磁感调制器产生的涡流转矩，此时输出扭矩达到最大值 57mN·m。

松开转子，在保持输入电流幅值基本不变的情况下，调节负载大小，测量不同转速下的输出转矩。涡流效应随着转子转速的增加而逐渐减小，其对输出转矩的贡献也相应减小。表 8.13 列出了所提方法、有限元分析和实验测量的转矩值，可见三者吻合较好。实验值测量略小可能是制造误差、电机端部效应和测量误差导致的。当转子转速为 3000r/min 时，相应的输出转矩和电流波形如图 8.36 所示。此时，磁滞环已完全磁化，最大输出转矩对应于磁滞转矩 T_{hyst}。

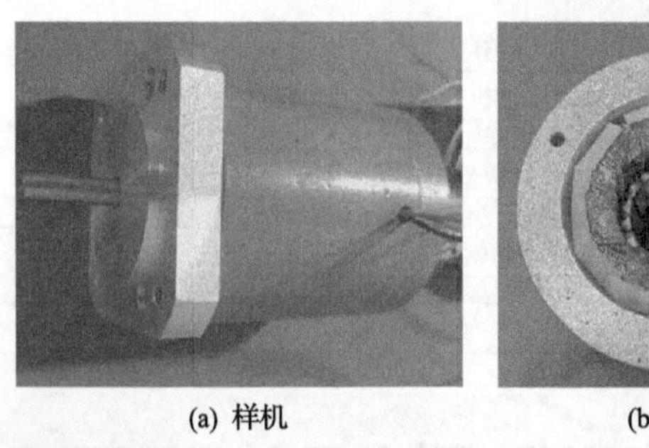

(a) 样机

(b) 定子

(c) 磁滞转子

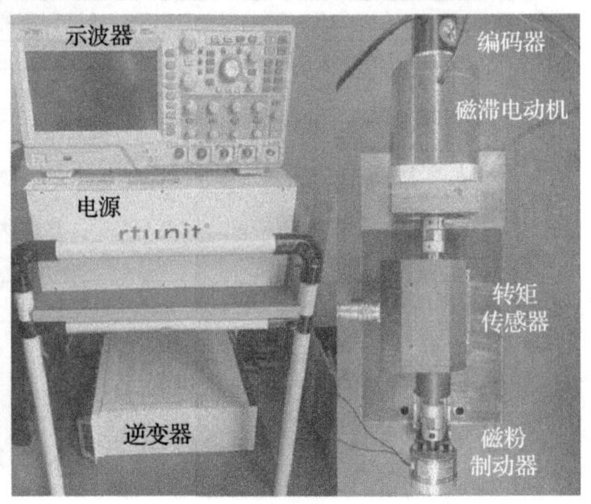

(d) 实验平台

图 8.34　样机与实验平台

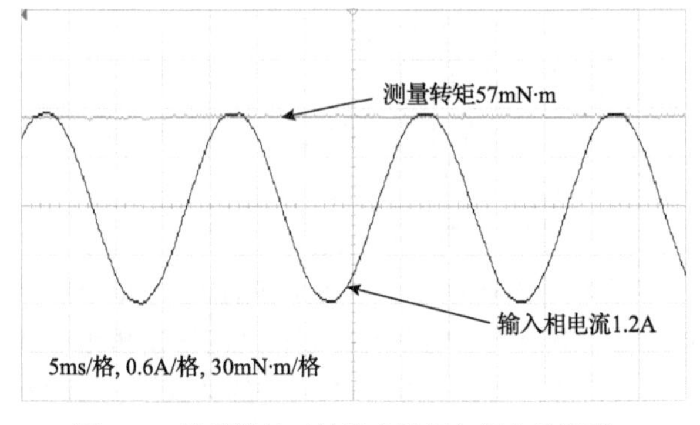

图 8.35　转子堵转时的输出转矩与相电流波形

表 8.13　输出转矩(I_m=1.2A)　(单位：mN·m)

转速	s	所提方法	有限元分析	实验测量
0r/min	1	58.43	59.75	57.0
500r/min	0.83	55.67	55.46	51.7
1000r/min	0.67	52.91	52.04	50.5
1500r/min	0.5	50.14	49.7	48
2000r/min	0.33	47.37	45.93	44.7
2500r/min	0.17	44.6	44.28	43.6
3000r/min	0	41.82	43.6	40.2

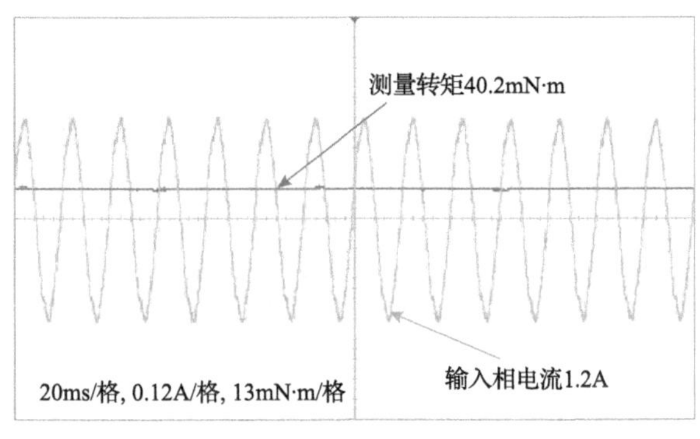

图 8.36　转速 3000r/min 时的输出转矩和相电流波形

8.5　电机矢量调制及模态表征

矢量磁路理论为电机的矢量调制提供了一种全新的工具。本节基于矢量磁路理论对调制器的频率调制、幅值调制和相位调制进行诠释，丰富电机气隙磁场调制统一理论的内涵，以进一步提升对电机调制机理的理解与认识。

根据矢量磁路理论，磁路元件除了磁阻，还有磁感和磁容，它们均会影响气隙磁动势的频率和幅值，产生频率调制和幅值调制，但它们又各有其独特的调制作用：

(1)磁阻元件调制源气隙磁动势的频率和幅值，具有频率调制和幅值调制的功能，在磁场调制理论中对应的实施方式为凸极磁阻调制器和多层磁障调制器，典型案例为开关磁阻电机和磁通切换永磁电机。

(2)磁感元件除了具有频率调制和幅值调制，还会导致磁动势和磁通间的相位差，具有相位调制的功能，在磁场调制理论中对应的实施方式为短路线圈调制器，典型应用案例为鼠笼式感应电机、无刷双馈感应电机及罩极电机。

(3)磁容元件与磁感元件类似，除了具有频率调制和幅值调制，也具有相位调制的功能。但在原有的电机气隙磁场调制理论中并没有对应的调制器，为此，将其称为磁容调制器，典型应用案例为磁滞电动机，其中该电机的磁滞环起到调制器的作用。

归纳磁路元件、具体实施方式和调制模态间的关系如表 8.14 所示。为方便对电机气隙磁场调制模态的理解，图 8.37 将电机调制器和电力电子开关变换器进行了对偶，可见：

(1)电力电子开关变换器的调制作用是由电子开关在时间域的通断实现的，属于时间调制；而电机气隙磁场的调制作用是由不同空间轴线上磁阻抗的大小实现的，属于空间调制。

(2)根据磁路元件的不同，电机磁场调制器可以分为磁阻调制器、磁感调制器和磁容调制器。

表 8.14　磁路元件、具体实施方式和调制模态间的关系

磁路元件	具体实施方式	调制模态			典型案例
		频率调制	幅值调制	相位调制	
磁阻	凸极磁阻	√	√	×	开关磁阻电机 磁通切换永磁电机
	多层磁障	√	√	×	
磁感	短路线圈	√	√	√	鼠笼式感应电机 罩极电机
磁容	磁滞环	√	√	√	磁滞电动机

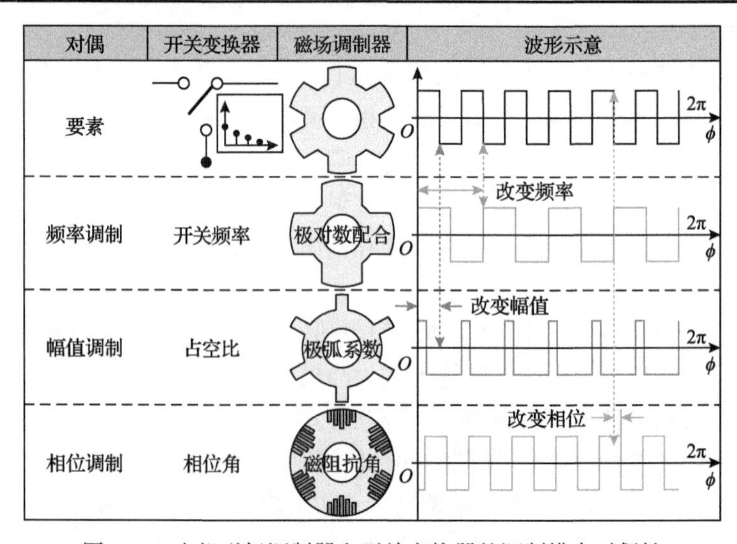

图 8.37　电机磁场调制器和开关变换器的调制模态对偶性

(3) 根据磁路元件在电机内的具体实施方式，可将磁阻调制器进一步细分为凸极磁阻调制器和多层磁障调制器；磁感调制器也可以称为短路线圈调制器，磁容调制器也可以称为磁滞调制器。

8.5.1　电机的频率调制模态

只要在电机中引入调制器，就会改变源气隙磁动势的频谱分布，将调制器具备的这种功能称为频率调制。由此可见，频率调制是调制模态中的核心。但是，该功能并不一定就会对电机性能做贡献。为了让频率调制贡献转矩输出，一般需要满足的极对数配合为

$$p_{\mathrm{a}} = N_{\mathrm{mod}} \pm p \tag{8.38}$$

式中，N_{mod} 为调制器极对数。

利用频率调制功能实现转矩/功率传递的最典型应用案例为同轴磁齿轮。如图 8.38 (a) 所示，该型磁齿轮内转子永磁体磁场主极对数 p_1 为 4，外转子永磁体磁场主极对数 p_2 为 22。若没有调制器，则这两个极对数不同的磁场无法产生稳定的平均转矩。该磁齿轮的关键是在两个永磁转子之间设置了静止的凸极磁阻调制器，其极对数 N_{mod} 为 26，满足：

$$\begin{cases} p_1\omega_1 = p_2\omega_2 \\ N_{\mathrm{mod}} = p_1 + p_2 \end{cases} \tag{8.39}$$

式中，ω_1、ω_2 分别为内、外转子永磁体磁场的机械旋转角速度。

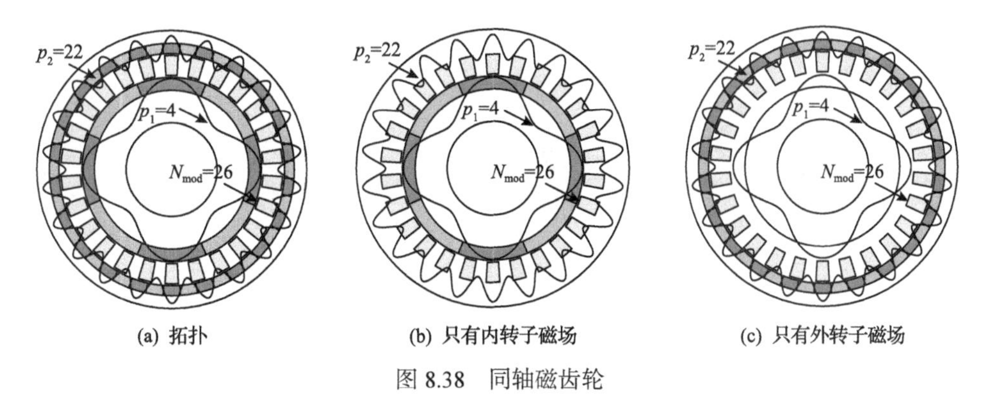

(a) 拓扑　(b) 只有内转子磁场　(c) 只有外转子磁场

图 8.38　同轴磁齿轮

根据式 (8.39)，内、外转子永磁体磁场的工作频率并不相同，为实现电机正常运行，需要利用调制器的频率调制功能。如图 8.38 (b) 所示，当只有内转子磁场时，由于凸极磁阻调制器的存在，在外气隙中产生极对数为 p_2 的调制气隙磁动势。

同样，如图 8.38(c)所示，当只有外转子磁场时，同样会在内气隙中调制产生极对数为 p_1 的调制气隙磁动势。因此，借助于调制器的频率调制功能，内(外)转子永磁体磁场在外(内)气隙中产生角速度为 ω_2（ω_1）的谐波分量，从而在内外气隙中分别形成了 4 对极和 22 对极的两个有效谐波耦合对，从内转子来看，4 对极磁场为基波磁场，22 对极磁场为谐波磁场，而从外转子来看，22 对极磁场为基波磁场，4 对极磁场为谐波磁场。这两对有效谐波耦合磁场相互作用，传递稳定转矩。

下面以一台采用凸极磁阻调制器的 12/10 极磁通切换永磁电机为例，进一步阐述其频率调制作用。当该电机使用图 8.39(a)所示的光滑转子时，源气隙磁动势中如图 8.40 所示，主要包括 6、18 和 30 等 $(2\nu-1)p$ 对极谐波分量，且凸极磁阻调制器对这些谐波的调制效果由幅值调制功能实现。这些内容将在 8.5.2 节中进一步介绍。当电机转子侧采用如图 8.39(b)所示的凸极磁阻调制器时，因频率调制功能，还产生了 4、8、16 和 28 等 $|lN_{RT}\pm(2\nu-1)p|$ 对极谐波分量，如图 8.40 所示。

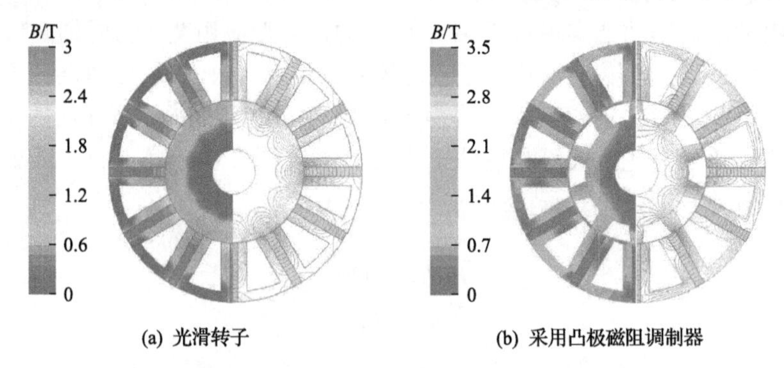

(a) 光滑转子　　(b) 采用凸极磁阻调制器

图 8.39　12/10 极磁通切换永磁电机拓扑

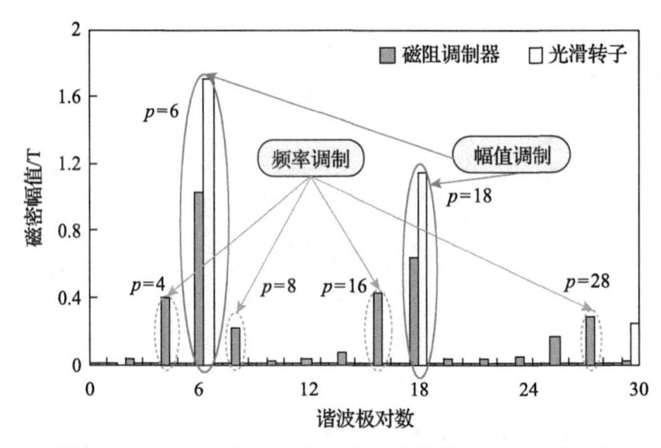

图 8.40　12/10 极磁通切换永磁电机励磁磁场的磁密分解

该电机的电磁转矩波形、主要谐波转矩波形及相应的转矩贡献比例如图 8.41

所示。其中，6、18 等$(2v-1)p$对极谐波分量贡献了近 50%的转矩，4、8、16 和 28 等$|lN_{RT}\pm(2v-1)p|$对极谐波分量贡献了剩余的转矩。结果表明，频率调制能显著提升磁通切换永磁电机的转矩性能，相同结论适用于其他磁场调制电机。

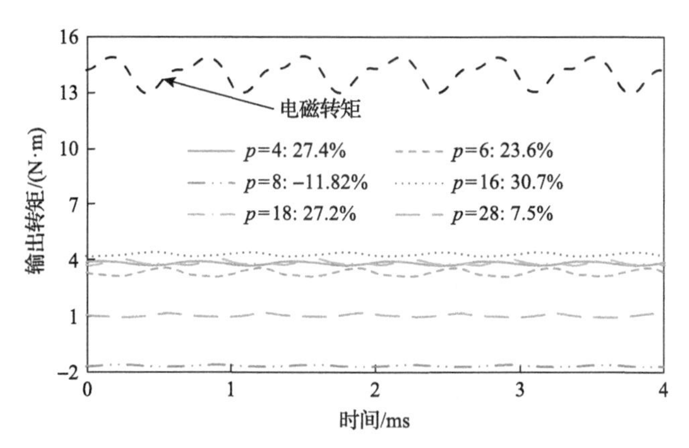

图 8.41　12/10 极磁通切换永磁电机的转矩贡献

频率调制的效果一般通过调制比 G_r 来表征：

$$G_r = p/p_a = p/|p-N_{mod}| \tag{8.40}$$

式(8.40)中的极对数配合可进一步分为两种情况：当 $N_{mod}=p-p_a$时，称为差调制；当 $N_{mod}=p+p_a$时，称为和调制。通常情况下，G_r值越高，且电机满足和调制极对数配合，调制器的频率调制效果越好，转矩性能也越好[34]。此外，对于仅依靠基波工作的传统电机，有 $G_r=1$，称为单位调制，此时频率调制不改变工作磁场极对数，传统的永磁同步电机、感应电机等均属于频率单位调制。由此可见，定转子磁场极数相等的传统电机属于磁场调制电机的特例。

8.5.2　电机的幅值调制模态

幅值调制常伴随着频率调制，可认为是通过增大等效磁阻抗来实现其调制效果，并通过磁场转换系数来表征。其中，磁场转换系数的大小可通过调制器的数学调制算子来计算得到[35]，具体可以分为源调制磁场转换系数 C_p、和调制磁场转换系数 C_{sum}、差调制磁场转换系数 C_{dif}。需要注意的是，幅值调制效果对电机性能带来的影响有利有弊。以如图 8.42 所示的凸极磁阻调制器为例，其中，ε_{RT}为转子齿宽和极距的比值(极弧系数)，对比调制器的直流调制分量$(l=0)$、一阶调制分量$(l=1)$和二阶调制分量$(l=2)$的磁场转换系数，当调制器未被使用时，有 $\varepsilon_{RT}=1$(即光滑转子)，此时直流调制分量的转换系数为 1，其他阶次的系数为 0，可认为这时是单位幅值调制。当使用调制器后，ε_{RT}不再为 1，直流调制分量的转换系数变小，如图 8.40 所示，由直流调制分量产生的$(2v-1)p$对极谐波分量幅值变小，与理论分析结果一致。与此同时，一阶调制分量的转换系数不再为 0，并且在 $\varepsilon_{RT}=0.5$ 左右达到最大值。提升一阶调制分量的大小有利于提升如游标永磁电机、磁齿轮复合电机、无刷双馈电机等磁场调制电机的转矩性能。对于定子永磁型电机，二阶调制分量也会对电机性能产生影响，综合考虑多调制阶次后的最优极弧系数约为 1/3[34]。

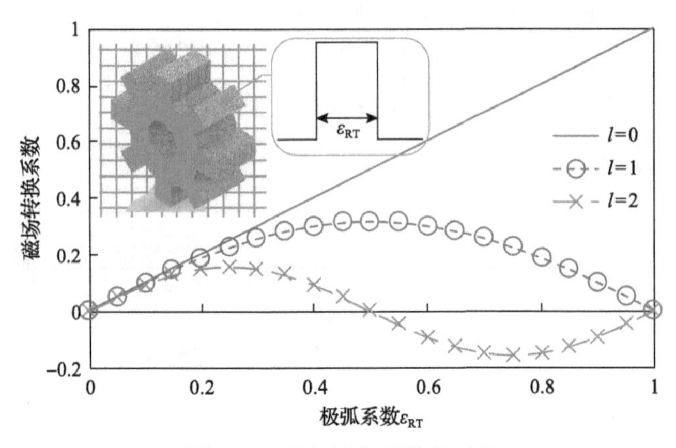

图 8.42　磁场转换系数的对比

在依靠基波工作的传统电机中，需要尽可能地提升直流调制分量的幅值，即让调制器只起到单位幅值调制的功能。此外，鉴于电机漏磁等不能忽略，在该类型电机中应让 ε_{RT} 的数值尽可能接近 1。对于磁场调制类电机，首先调制器通过频率调制功能实现了电机的正常运行。在此基础上，当调制器实施幅值调制功能时，即使该功能会减小直流调制分量的幅值，但同时也提升了一阶调制分量和二阶调制分量的幅值，而提高这些分量有利于提升该类型电机的性能。

8.5.3　电机的相位调制模态

在磁感、磁容调制器中，除了频率调制和幅值调制，还存在着相位调制，即由于磁感、磁容元件的作用，源气隙磁动势和调制气隙磁动势之间出现了相位偏移[36,37]，并通过相位偏移角 φ 反映。

除了 8.2 节所分析的鼠笼式感应电机和 8.3 节的无刷双馈感应电机，利用磁感调制器相位调制模态的另一种典型应用为单相罩极电机。如图 8.43(a)所示，每一极上装有主绕组，极靴有一部分被磁感元件(短路线圈)给“罩”了起来。单相绕组通入交流电流后产生的磁动势可表示为

$$\dot{F}=F_{m}\sin(\omega t) \tag{8.41}$$

式中，F_m 为磁动势幅值；ω 为通入电流的角频率。

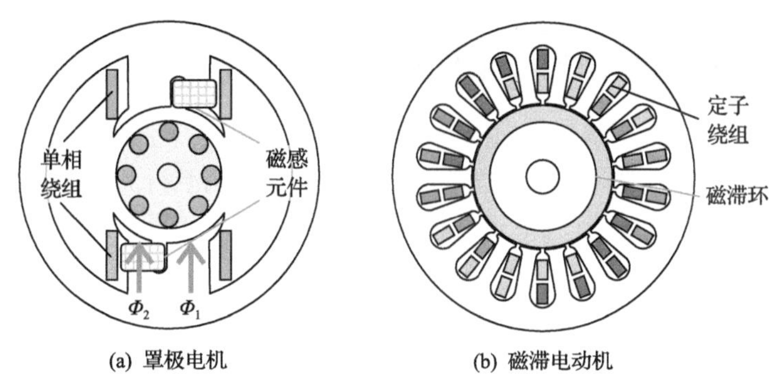

(a) 罩极电机　(b) 磁滞电动机

图 8.43　相位调制模态的典型应用

通过非罩极部分的磁通 $\dot{\Phi}_1$ 可表示为

$$\dot{\Phi}_1 = \frac{\dot{F}}{\mathcal{R}} = \Phi_{m1}\sin(\omega t) \tag{8.42}$$

式中，$\mathcal{R}$ 为气隙磁阻(忽略铁心磁阻)。

因磁感调制器的作用，流经磁感调制器内的被罩磁通 $\dot{\Phi}_2$ 为

$$\dot{\Phi}_2 = \frac{\dot{F}}{\mathcal{R} + \mathrm{j}s\omega\mathcal{L}_2} = \Phi_{m2}\sin(\omega t - \varphi) \tag{8.43}$$

式中，$\mathcal{L}_2$ 为磁感调制器(罩极线圈)的等效磁感。

由此可见，由于磁感调制器的相位调制作用，$\dot{\Phi}_2$ 将在时间相位上滞后于 $\dot{\Phi}_1$ 一个电角度 φ，从而将单相绕组产生的脉动磁场调制为椭圆形旋转磁场，从未罩部分向被罩部分旋转，最终产生了稳定转矩。

利用磁容调制器相位调制模态的典型应用为如图 8.43(b) 所示的磁滞电动机。该电机的磁场调制过程如图 8.24 所示，磁滞环为磁容调制器。当源气隙磁动势经过该调制器时，由于磁容元件的作用，会产生一个在时间上滞后源磁动势 90° 电角度的调制磁动势分量。磁阻部分调制产生的磁动势与源气隙磁动势同相，在磁阻、磁容共同作用下最终产生了调制气隙磁动势，并在时间上滞后源气隙磁动势一个磁滞角 γ，两个磁场相互作用产生转矩，使电机旋转。

综上所述，频率调制是调制模态中的核心，它是实现幅值调制和相位调制的基础。对磁场调制电机而言，频率调制模态确保其正常运行。在此基础上，调制器的调制效果由磁场转换系数和相位偏移角定量表示，分别对应于幅值调制模态和相位调制模态。幅值调制效果直接影响电机性能，磁场转换系数越大，意味着调制器的调幅能力越强。磁感、磁容调制器还存在着相位调制模态，对电机性能的影响同样不可忽视。

8.5.4 调制模态、调制行为和调制结果间的关系

文献[38]中已对调制行为和调制结果(转矩成分)进行了分析，并帮助理解电机的转矩产生机理和调制器间的异同性。但事实上，调制行为是用于实现调制模态的途径，而现有的分析局限于“根据电机使用的调制器—分析其磁场调制行为—验证结果”，而不能从调制器的本质上理解原因。

为此，在揭示调制模态的基础上，还需要阐明调制模态、调制行为和调制结果(转矩成分)之间的关系，一方面，进一步完善电机气隙磁场调制统一理论的内涵，另一方面，也为电机的设计、分析和优化提供一个全新的思路，即“根据待实现的调制模态—选择对应的磁场调制行为—确定调制器”。

1. 调制模态、调制行为和调制结果

1) 调制行为

根据源磁动势与调制器的相对状态，可将磁场调制行为区分为同步调制(静态调制)与异步调制(动态调制)：若调制器与源磁动势存在相对运动，则为异步调制行为；若调制器与源磁动势保持相对静止，则为同步调制行为。

2) 调制结果(转矩成分)

若转矩分量由同一磁场源建立，且调制器与磁场源之间做相对运动，即调制器的转速与磁场源的同步速不相等，则这一转矩分量为异步转矩；若转矩分量由两个独立的、极对数相同的磁场源相互作用建立，且调制器的转速与两个磁场源的等效同步速相等，则这一转矩分量为同步转矩。

总结调制模态、调制行为与调制结果(转矩成分)的关联性于表 8.15：

(1)引入调制器后，电机内发生频率调制，而与调制行为无关。频率调制功能是否对电机性能有贡献，在于 $lN_{mod}\pm p$ 对极谐波是否贡献转矩。

(2)在频率调制的基础上，再考虑幅值调制。对于磁阻调制器，异步调制行为和同步调制行为都可以实现幅值调制功能，最终产生同步转矩分量。幅值调制的效果由磁场转换系数 C_p、C_{sum} 和 C_{dif} 来表示。对于磁感、磁容调制器，通过幅值

表 8.15 调制器中的调制机理总结

调制模态		调制行为	调制器类型	表征参数	调制结果
频率调制	幅值调制	异步调制	磁阻	C_p、C_{sum}、C_{dif}	同步转矩
		同步调制	磁阻	C_p	同步转矩
		异步调制	磁感/磁容	C_{sum}、C_{dif}	同步转矩
		异步调制	磁感/磁容	C_p	异步转矩
	相位调制	异步调制	磁感/磁容	φ	异步转矩

调制功能，也能够在异步调制行为下产生同步转矩。此时，幅值调制的效果主要由 C_{sum} 和 C_{dif} 表示。需要注意的是，磁感、磁容调制器对于主对极工作谐波的调制是由幅值调制(效果由 C_p 表示)、相位调制(效果由 φ 表示)共同完成的。此时，可以由异步调制行为，产生异步转矩。

2. 调制器间的相似性和差异性

1)相似性

(1)调制器间的互换。

由于在实现频率调制模态的基础上，凸极磁阻调制器和多层磁障调制器还都实现了幅值调制模态，所以它们工作在异步调制行为下是可以互换的，典型例子为如图 8.44(a)、(b)所示的凸极式、多层磁障式磁通切换永磁电机；当使用单位频率调制，即幅值调制是影响电机性能的首要模态时，由于凸极磁阻调制器和多层磁障调制器都通过同步调制行为来实现幅值调制模态，此时它们同样也可以互换，典型例子为如图 8.44(c)、(d)所示的同步磁阻电机、凸极式同步磁阻电机。

(2)调制器间的组合。

与磁阻调制器相比，磁感、磁容调制器还能够实现相位调制。由于相位调制是通过异步调制行为实现的，此时可以将磁感/磁容调制器与磁阻调制器组合，以

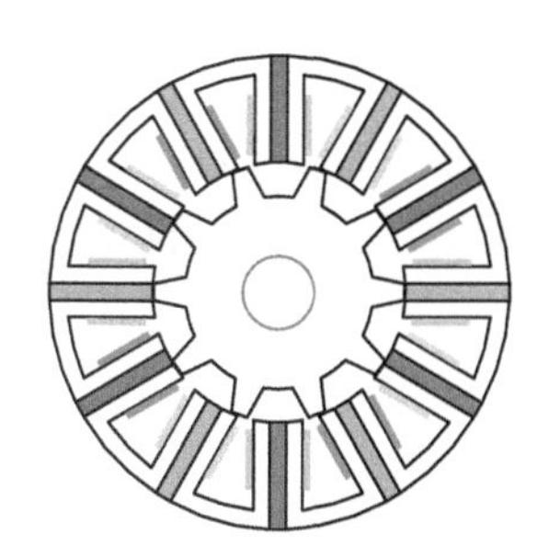

(a) 凸极式磁阻磁通切换永磁电机

(b) 多层磁障式磁通切换永磁电机

(c) 同步磁阻电机

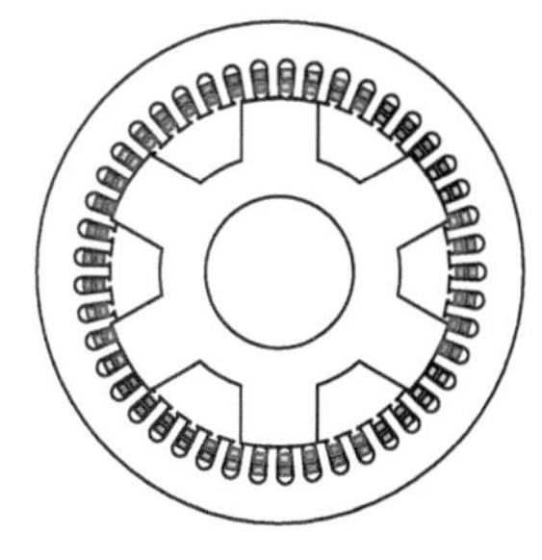

(d) 凸极式同步磁阻电机

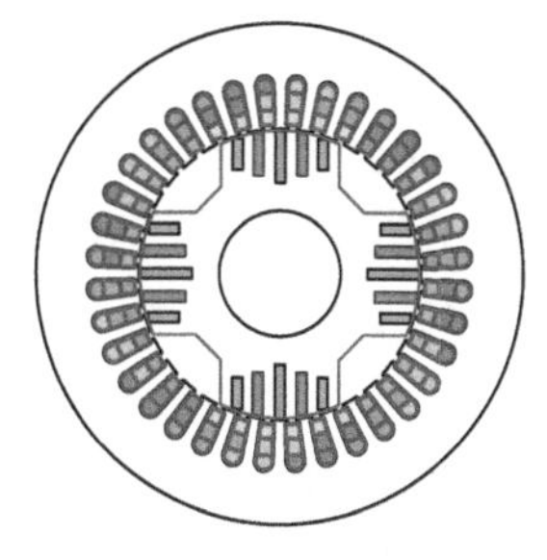

(e) 凸极式复合无刷双馈电机

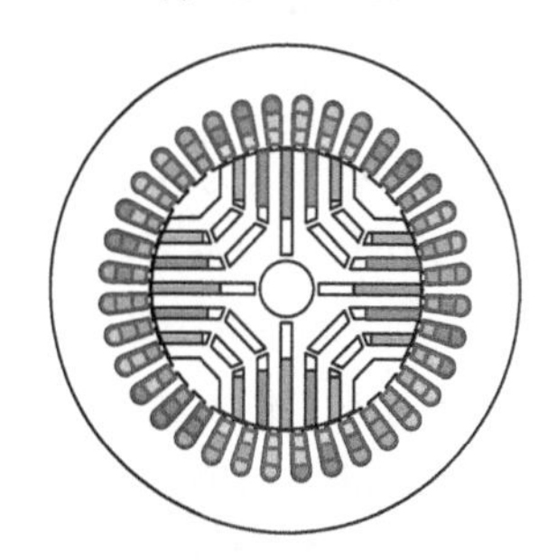

(f) 多层磁障式复合无刷双馈电机

图 8.44　调制器互换和组合的应用案例

同时实现频率调制、幅值调制和相位调制，典型例子为如图 8.44(e)、(f)所示的凸极磁阻与短路线圈调制器组合的凸极式复合无刷双馈电机、多层磁障与短路线圈调制器组合的多层磁障式复合无刷双馈电机。

2)差异性：相位偏移

磁感、磁容调制器中还存在相位调制模态，该模态的效果通过相位偏移来表示，并最终产生异步转矩。

正是由于特殊的相位调制，磁阻调制器只能在某些特定的异步调制行为场合下与磁感/磁容调制器组合使用。以主要使用磁阻、磁感调制器的无刷双馈电机为例，磁阻、磁感调制器均能在级联异步模式和双馈同步模式下使用，但是只有磁感调制器才能在相位调制模态占主导的简单异步模式下使用[39,40]。

8.5.5　电机应用实例

鉴于调制器的本质在于实现相应的调制模态，可以根据待实现的调制模态对调制器进行分析、设计与优化，如图 8.45 所示，具体说明如下：

(1)频率调制是调制模态中的核心。为了利用该模态实现电机转矩输出，励磁磁场的主极对数 p、电枢磁场的主极对数 p_a 和调制器的极对数 N_{mod} 应满足 $p \pm p_a = N_{mod}$，同时建议使用 G_r 以尽可能大地和调制极对数配合。

(2)在实现频率调制后，再考虑幅值调制模态。对于磁阻调制器，凸极磁阻调制器的使用不受极对数大小的限制，而多层磁障调制器建议使用在调制器极对数较小的场景；若选择磁感调制器或者磁容调制器，则还需要考虑相位调制模态对电机性能的影响。

(3)与磁场调制电机不同的是，在 $G_r = 1$ 的传统电机中，频率调制不是影响电机性能的主要模态。此时，需要着重考虑幅值调制和相位调制。

(4)通过提高磁场转换系数的大小来提升幅值调制效果；在复合调制器的场景中要考虑相位调制模态带来的利与弊。

为了验证上述分析，以如图 8.46 所示的无刷双馈电机中的调制器拓扑演变为例。主极对数 p_p 为 4 的功率绕组和主极对数 p_c 为 2 的控制绕组均放置在如图 8.46(a)所示的定子上。为了实现电机的正常运行，调制器的主极对数 N_{mod} 与 p_p、p_c 之间应满足频率调制的条件，并选取 N_{mod} 为 6，如图 8.46(b)所示。由于该电机在异步调制行为下工作，磁阻、磁感、磁容调制器都能使用。需要注意的是，磁容调制器理论上可以与磁阻、磁感调制器共同复合，但是具体性能效果有待探究。最后，综合考虑加工制造成本和电机性能提升，使用如图 8.46(c)所示的对称凸极磁阻/磁感复合调制器，同时使用幅值调制和相位调制，从而提升电机性能。为了改善幅值调制模态的效果，选择凸极磁阻调制器的极弧系数 ε_{RT} 约为 0.5；对于相位

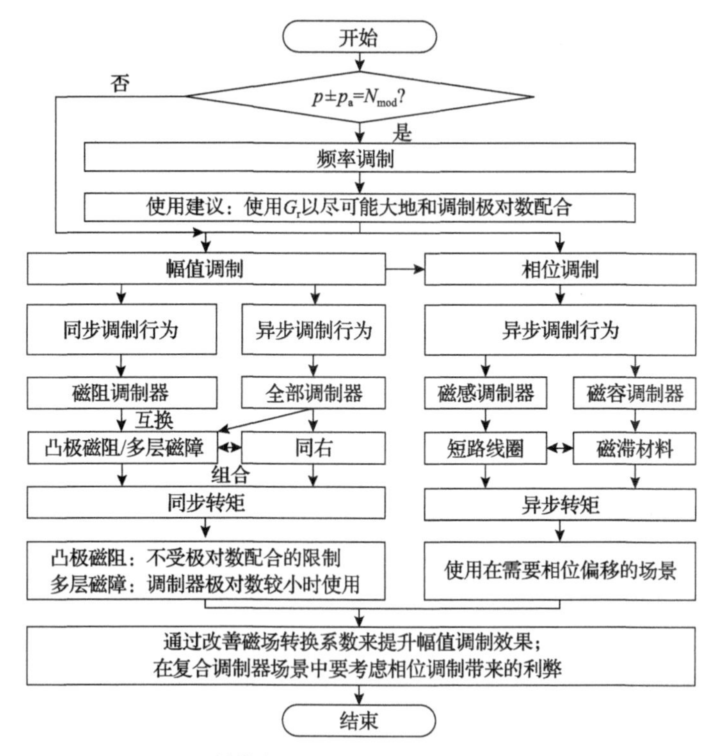

图 8.45　基于调制模态的调制器分析、设计与优化实施流程图

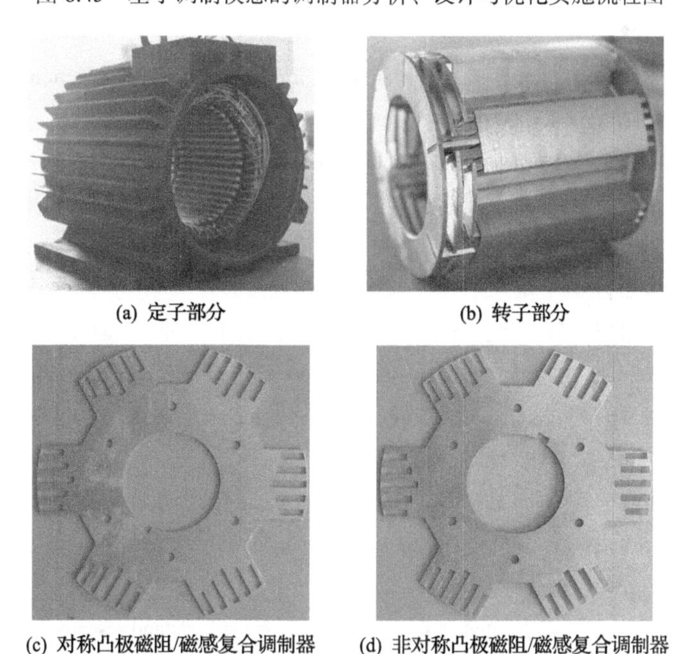

(a) 定子部分　(b) 转子部分

(c) 对称凸极磁阻/磁感复合调制器　(d) 非对称凸极磁阻/磁感复合调制器

图 8.46　无刷双馈电机转子调制器设计过程

调制，让磁感调制器的对称轴和磁阻调制器的对称轴之间偏置 1.2°机械角度，以补偿磁感调制器造成的相位偏移。最终提出的非对称凸极磁阻/磁感复合调制器如图 8.46(d)所示，其效果如表 8.8 所示。

参 考 文 献

[1] Cheng M, Han P, Hua W. General airgap field modulation theory for electrical machines[J]. IEEE Transactions on Industrial Electronics, 2017, 64(8): 6063-6074.

[2] Ma Z Z, Cheng M, Qin W, et al. Analysis of squirrel cage induction machine based on the magductance modulator[J]. IEEE Transactions on Industrial Electronics, 2024, 71(12): 15457-15466.

[3] Marfoli A, Papini L, Bolognesi P, et al. An analytical-numerical approach to model and analyse squirrel cage induction motors[J]. IEEE Transactions on Energy Conversion, 2021, 36(1): 421-430.

[4] Wang X H, Chang Z, Zhang R, et al. Performance analysis of single-phase induction motor based on voltage source complex finite-element analysis[J]. IEEE Transactions on Magnetics, 2006, 42(4): 587-590.

[5] Yamazaki K. An efficient procedure to calculate equivalent circuit parameter of induction motor using 3-D nonlinear time-stepping finite-element method[J]. IEEE Transactions on Magnetics, 2002, 38(2): 1281-1284.

[6] Dorrell D G. Calculation and effects of end-ring impedance in cage induction motors[J]. IEEE Transactions on Magnetics, 2005, 41(3): 1176-1183.

[7] Lombard P, Zidat F. Determining end ring resistance and inductance of squirrel cage for induction motor with 2D and 3D computations[C]. International Conference on Electrical Machines, Lausanne, 2016: 266-271.

[8] 陈世坤. 电机设计[M]. 2 版. 北京：机械工业出版社, 2013.

[9] 文宏辉. 电机气隙磁场调制统一理论及应用方法研究[D]. 南京：东南大学, 2021.

[10] Long D B, Wen H H, Shuai Z K, et al. Evolution and optimization of a brushless doubly-fed machine with an asymmetrical reluctance and magductance rotor[J]. IET Renewable Power Generation, 2023, 17(12): 2950-2963.

[11] Wen H H, Shao Y L, Shuai Z K, et al. Performance analysis of a brushless doubly fed machine with asymmetrical composite flux barrier/magductance rotor[J]. IEEE Transactions on Industrial Electronics, 2024, 71(7): 6699-6708.

[12] Gao B, Cheng Y, Zhao T X, et al. A review on analysis methods and research status of hysteresis motor[J]. Energies, 2023, 16(15): 5715.

[13] Cheng M, Zhou J W, Qian W, et al. Advanced electrical motors and control strategies for high-quality servo systems—A comprehensive review[J]. Chinese Journal of Electrical Engineering, 2024, 10(1): 63-85.

[14] Galluzzi R, Amati N, Tonoli A. Modeling, design, and validation of magnetic hysteresis motors[J]. IEEE Transactions on Industrial Electronics, 2020, 67(2): 1171-1179.

[15] Lin D S, Zhou P, Bergqvist A. Improved vector Play model and parameter identification for magnetic hysteresis materials[J]. IEEE Transactions on Magnetics, 2014, 50(2): 357-360.

[16] Jagieta M, Bumby J, Spooner E. Time-domain and frequency-domain finite element models of a solid-rotor induction/hysteresis motor[J]. IET Electric Power Applications, 2010, 4(3): 185-197.

[17] Rabbi S F, Zhou P, Rahman M A. Design and performance analysis of a self-start radial flux-hysteresis interior permanent magnet motor[J]. IEEE Transactions on Magnetics, 2017, 53(11): 8209304.

[18] Gedikpinar M. Design and implementation of a self-starting permanent magnet hysteresis synchronous motor for pump applications[J]. IEEE Access, 2019, 7: 186211-186216.

[19] Nasiri-Zarandi R, Mirsalim M, Tenconi A. A novel hybrid hysteresis motor with combined radial and axial flux rotors[J]. IEEE Transactions on Industrial Electronics, 2016, 63(3): 1684-1693.

[20] Hwang S W, Lim M S, Hong J P. Hysteresis torque estimation method based on iron-loss analysis for permanent magnet synchronous motor[J]. IEEE Transactions on Magnetics, 2016, 52(7): 8204904.

[21] Rahman M. Analytical models for polyphase hysteresis motor[J]. IEEE Transactions on Power Apparatus and Systems, 1973, PAS-92(1): 237-242.

[22] Cao L, Li G. Complete parallelogram hysteresis model for electric machines[J]. IEEE Transactions on Energy Conversion, 2010, 25(3): 626-632.

[23] Kim H S, Hong S K, Han J H, et al. Dynamic modeling and load characteristics of hysteresis motor using Preisach model[C]. International Conference on Electrical Machines and Systems, Jeju, 2018: 560-563.

[24] Nasiri-Zarandi R, Mirsalim M. Analysis and torque calculation of an axial flux hysteresis motor based on hyperbolic model of hysteresis loop in cartesian coordinates[J]. IEEE Transactions on Magnetics, 2015, 51(7): 8105710.

[25] Lim M, Kim J, Hong J. Experimental characterization of slinky-laminated core and iron loss analysis of electric machine[J]. IEEE Transactions on Magnetics, 2015, 51(11): 8204504.

[26] Rabbi S F, Rahman M A. Equivalent circuit modeling of a hysteresis interior permanent magnet motor for electric submersible pumps[J]. IEEE Transactions on Magnetics, 2016, 52(7): 8104304.

[27] Zhu X H, Lee C H T, Chan C C, et al. Overview of flux-modulation machines based on flux modulation principle: Topology, theory, and development prospects[J]. IEEE Transactions on Transportation Electrification, 2020, 6(2): 612-624.

[28] Wang J X, Cheng M, Tian W J, et al. Iron loss calculation for FSPM machine with the PWM inverter supply based on general airgap field modulation theory[J]. IEEE Transactions on Industrial Electronics, 2022, 69(12): 12517-12528.

[29] Zhao W X, Hu Q Z, Ji J H, et al. Torque generation mechanism of dual-permanent-magnet-excited vernier machine by air-gap field modulation theory[J]. IEEE Transactions on Industrial Electronics, 2023, 70(10): 9799-9810.

[30] Chen H, El-Refaie A M, Zuo Y F, et al. A permanent magnet brushless doubly fed electric machine for variable-speed constant-frequency wind turbines[J]. IEEE Transactions on Industrial Electronics, 2023, 70(7): 6663-6674.

[31] Zhou J W, Cheng M, Hua W, et al. Mechanism and characteristics of cogging torque in surface-mounted PMSM: A general airgap field modulation theory approach[J]. IEEE Transactions on Industrial Electronics, 2024, 71(10): 11888-11897.

[32] 拉里奥洛夫 A H, 马斯加也夫 H Э, 奥尔洛夫 H H. 磁滞电动机[M]. 一机部电器科学研究院五室, 清华大学自动控制系, 译. 北京: 国防工业出版社, 1965.

[33] 程明, 马钲洲, 王政, 等. 基于磁感的变压器和感应电机等效矢量磁路分析[J]. 电工技术学报, 2024, 39(15): 4697-4707.

[34] Ma Z Z, Cheng M, Wen H H. Analysis and optimization of rotor salient pole reluctance considering multi-modulation orders[J]. IEEE Transactions on Industrial Electronics, 2023, 70(11): 10871-10880.

[35] 程明. 电机气隙磁场调制统一理论及应用[M]. 北京: 机械工业出版社, 2021.

[36] Cheng M, Qin W, Zhu X K, et al. Magnetic-inductance: Concept, definition, and applications[J]. IEEE Transactions on Power Electronics, 2022, 37(10): 12406-12414.

[37] 秦伟, 程明, 王政, 等. 矢量磁路及应用初探[J]. 中国电机工程学报. 2024, 44(18): 7381-7394.

[38] 程明, 文宏辉, 曾煜, 等. 电机气隙磁场调制行为及其转矩分析[J]. 电工技术学报, 2020, 35(5): 919-930.

[39] Han P, Cheng M, Ademi S, et al. Brushless doubly-fed machines: Opportunities and challenges[J]. Chinese Journal of Electrical Engineering, 2018, 4(2): 1-17.

[40] Han P, Cheng M, Zhu X K, et al. Analytical analysis and performance characterization of brushless doubly fed induction machines based on general air-gap field modulation theory[J]. Chinese Journal of Electrical Engineering, 2021, 7(3): 4-19.

第 9 章　矢量磁路理论在电机控制中的应用

9.1　概　　述

本章将以永磁同步电机(permanent magnet synchronous motor，PMSM)和磁通切换永磁(FSPM)电机为例，介绍矢量磁路理论在电机控制中的应用，将主要从基于矢量磁路理论的电机控制模型建立和控制方法两个方面来介绍。

在交流永磁同步电机中，由于电机铁心中磁链交变，铁心中会产生涡流，不仅会引起铁损，还会对铁心内部的磁通产生反作用。在电机建模中，铁损实际上部分反映了铁心涡流反应。在传统的电机控制模型中，铁损常用等效电阻来模拟，表示为等效电阻上的热损耗，通常包括并联和串联两种模型[1-4]。但是目前电机铁损电阻模型仍然局限于稳态分析[5,6]，以并联铁损模型为例，铁损电阻的并联支路增加了状态变量的维数，而且电机控制模型中电感支路中 dq 轴电流与电机 dq 轴定子电流不同，求解包含 dq 轴电感电流耦合项的微分方程过程较为复杂。此外，考虑铁损电阻的电机控制模型是直接基于电路推导，没有考虑铁心涡流对定子磁链的影响。实际上，铁心涡流会对定子铁心磁场产生反作用。传统标量磁路只考虑磁阻，无法计及铁心涡流对电机磁场的反作用。矢量磁路除了磁阻还包含磁感，通过矢量磁路对涡流反应进行建模，可以有效阐明电机中铁心涡流反作用机理。

因此，本章应用矢量磁路在 PMSM 控制模型中计及涡流反作用，建立 PMSM 基频和高频控制模型，通过预测控制和高频信号注入无位置传感器控制算法，验证基于矢量磁路推导的 PMSM 控制模型可带来电机控制性能的改善。此外，基于矢量磁路分析，通过短路线圈可以在电机磁路中有针对性地设计磁感，改变电机的 dq 轴等效电感，可满足电机转子位置辨识等状态观测需要。以磁通切换永磁电机为例，通过在电机冗余齿上安置短路线圈，在磁路中人为引入磁感，进而增强电机转子凸极性，改善基于高频信号注入的 FSPM 电机无位置传感器控制的性能。

9.2　基于矢量磁路理论的永磁同步电机模型预测控制

9.2.1　基于矢量磁路理论的永磁同步电机基频控制模型

传统 PMSM 控制模型不考虑涡流反应，因此 PMSM 在 dq 轴上的电压方程可

以表示为

$$\begin{aligned} u_d &= R_s i_d + p\psi_{sd} - \omega_e \psi_{sq} \\ u_q &= R_s i_q + p\psi_{sq} + \omega_e \psi_{sd} \end{aligned} \Leftrightarrow \boldsymbol{u}_{sdq} = R_s \boldsymbol{i}_{sdq} + p\boldsymbol{\psi}_{sdq} + j\omega_e \boldsymbol{\psi}_{sdq} \tag{9.1}$$

式中，u_d、u_q分别为d轴、q轴定子电压；i_d、i_q分别为d轴、q轴定子电流；ψ_{sd}、ψ_{sq}分别为d轴、q轴定子磁链；p为微分算子；ω_e为电角频率；R_s为定子电枢电阻；$\boldsymbol{u}_{sdq}$、$\boldsymbol{i}_{sdq}$分别为定子电压、电流的复矢量形式；$\boldsymbol{\psi}_{sdq}$为定子磁链的复矢量形式；j为虚数单位。式(9.1)右侧的第一项是由电枢电阻R_s引起的电压降，而第二项和第三项是感应电势。传统PMSM模型的dq轴磁链方程表示为

$$\boldsymbol{\psi}_{sdq} = L_d i_d + \psi_f + jL_q i_q \tag{9.2}$$

式中，ψ_f为转子永磁磁链；L_d、L_q分别为d轴、q轴电感。从式(9.2)中可以看出，定子磁链只包含电枢电流和永磁励磁分量。将式(9.2)代入式(9.1)，得到传统PMSM定子电压方程为

$$\begin{aligned} u_d &= R_s i_d + L_d p i_d - \omega_e L_q i_q \\ u_q &= R_s i_q + L_q p i_q - \omega_e L_d i_d + \omega_e \psi_f \end{aligned} \tag{9.3}$$

与此不同，基于矢量磁路的PMSM建模过程如图9.1所示[7]：①基于矢量磁路理论建立PMSM的等效磁路；②计算电机定子磁动势，包括电枢电流和永磁体激励的磁动势；③根据定子总磁动势和矢量磁路，计算获得定子磁链；④将定子磁链代入电机电压方程，得到基于矢量磁路的PMSM电压方程和等效电路。

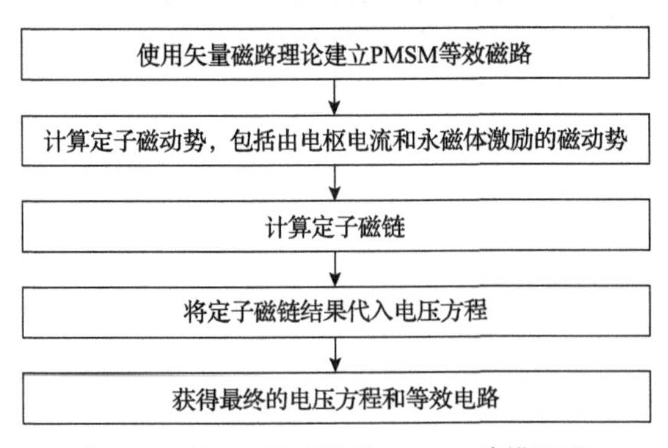

图9.1　基于矢量磁路的PMSM建模过程

利用矢量磁路理论可对涡流反作用进行建模，三相静止坐标系中PMSM等效磁路可等效为磁阻与磁感串联，即

$$
\begin{bmatrix} \mathcal{F}_{\mathrm{a}} \\ \mathcal{F}_{\mathrm{b}} \\ \mathcal{F}_{\mathrm{c}} \end{bmatrix} = \mathcal{R}(\theta_{\mathrm{e}}) \begin{bmatrix} \Phi_{\mathrm{a}} \\ \Phi_{\mathrm{b}} \\ \Phi_{\mathrm{c}} \end{bmatrix} + \mathcal{L} \begin{bmatrix} p\Phi_{\mathrm{a}} \\ p\Phi_{\mathrm{b}} \\ p\Phi_{\mathrm{c}} \end{bmatrix} \tag{9.4}
$$

式中，$\mathcal{F}_{\mathrm{a}}$、$\mathcal{F}_{\mathrm{b}}$、$\mathcal{F}_{\mathrm{c}}$ 分别为 a 相、b 相、c 相磁路中的总磁动势；Φ_{a}、Φ_{b}、Φ_{c} 分别为 a 相、b 相、c 相磁路中的磁通；$\mathcal{R}(\theta_{\mathrm{e}})$ 为磁阻矩阵，其中考虑了 PMSM 凸极性；θ_{e} 为转子电角度；$\mathcal{L}$ 为电机铁心涡流的等效磁感，其定义为

$$
\mathcal{L} = \frac{N_{\mathrm{i}}^2}{R_{\mathrm{i}}} \tag{9.5}
$$

式中，N_{i} 为电机铁心涡流的等效虚拟匝数；R_{i} 为铁心磁路的等效电阻。磁路中磁感值与涡流等效匝数以及铁心等效电阻有关。为了简化控制模型，认为磁感值是各向同性的，每相磁感值与转子位置无关。通过使用 Park 变换，dq 轴磁路方程可以表示为

$$
\begin{bmatrix} \mathcal{F}_d \\ \mathcal{F}_q \end{bmatrix} = \begin{bmatrix} \mathcal{R}_d & 0 \\ 0 & \mathcal{R}_q \end{bmatrix} \begin{bmatrix} \Phi_d \\ \Phi_q \end{bmatrix} + \mathcal{L} \begin{bmatrix} p\Phi_d \\ p\Phi_q \end{bmatrix} + \begin{bmatrix} 0 & -\omega_{\mathrm{e}}\mathcal{L} \\ \omega_{\mathrm{e}}\mathcal{L} & 0 \end{bmatrix} \begin{bmatrix} \Phi_d \\ \Phi_q \end{bmatrix} \tag{9.6}
$$

式中，$\mathcal{R}_d$、$\mathcal{R}_q$ 和 L_d、L_q 之间的关系可以表示为

$$
L_d = \frac{N_{\mathrm{a}}^2}{\mathcal{R}_d}, \quad L_q = \frac{N_{\mathrm{a}}^2}{\mathcal{R}_q} \tag{9.7}
$$

N_{a} 为定子每相电枢绕组的匝数。图 9.2 给出了 PMSM 在 dq 轴上的磁路，可以看出，dq 轴磁路由磁阻、磁感和耦合励磁源组成。

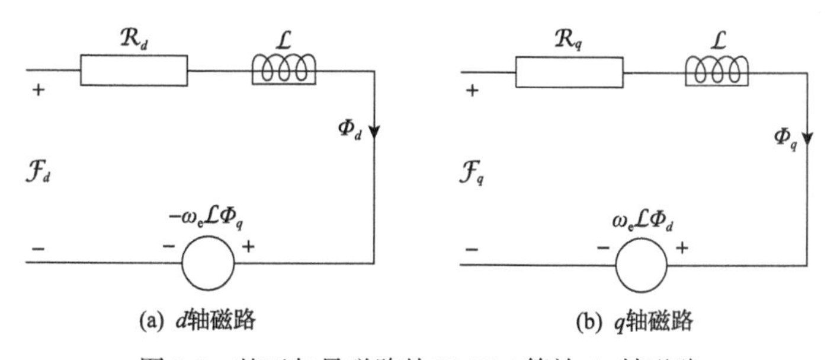

图 9.2　基于矢量磁路的 PMSM 等效 dq 轴磁路

电枢电流和永磁体产生的磁动势可以表示为

$$
\mathcal{F}_{\mathrm{s}} = \mathcal{F}_{\mathrm{a}} + \mathcal{F}_{\mathrm{f}} = N_{\mathrm{a}}\boldsymbol{i}_{\mathrm{s}} + \mathcal{F}_{\mathrm{f}} \tag{9.8}
$$

式中，$\mathcal{F}_{\mathrm{s}}$、$\mathcal{F}_{\mathrm{a}}$ 和 $\mathcal{F}_{\mathrm{f}}$ 分别为定子总磁动势、电枢磁动势、永磁体磁动势。$\mathcal{F}_{\mathrm{f}}$ 的 q

轴分量等于 0，因为 $\mathcal{F}_f$ 与 d 轴对齐。通过将式(9.8)变换到 dq 轴，可得

$$\mathcal{F}_d + \mathrm{j}\mathcal{F}_q = N_a i_d + \mathrm{j}N_a i_q + \mathcal{F}_{fd} \tag{9.9}$$

式中，$\mathcal{F}_{fd}$ 为 $\mathcal{F}_f$ 的幅值。

通过式(9.9)和式(9.6)，可以计算出定子磁链为

$$\begin{cases} \psi_d = N_a \dfrac{\mathcal{R}_d(N_a i_d + \mathcal{F}_{fd}) + \omega_e \mathcal{L} N_a i_q}{\mathcal{R}_d \mathcal{R}_q + (\omega_e \mathcal{L})^2} \\ \psi_q = N_a \dfrac{\mathcal{R}_d N_a i_q - \omega_e \mathcal{L}(N_a i_d + \mathcal{F}_{fd})}{\mathcal{R}_d \mathcal{R}_q + (\omega_e \mathcal{L})^2} \end{cases} \tag{9.10}$$

其中为了简化，忽略式(9.6)中的微分项。永磁体磁动势可以用永磁磁链表示为

$$\mathcal{F}_{fd} = \frac{\psi_f \mathcal{R}_d}{N_a} \tag{9.11}$$

将式(9.7)和式(9.11)代入式(9.10)中可得考虑涡流反作用的定子磁链为

$$\begin{aligned} \boldsymbol{\psi}_{sdq} = & \left(\frac{L_d i_d}{1+\omega_e^2 k^2 L_d L_q} + \frac{\omega_e k L_d L_q i_q}{1+\omega_e^2 k^2 L_d L_q} + \frac{\psi_f}{1+\omega_e^2 k^2 L_d L_q} \right) \\ & + \mathrm{j}\left(\frac{L_q i_q}{1+\omega_e^2 k^2 L_d L_q} - \frac{\omega_e k L_d L_q i_d}{1+\omega_e^2 k^2 L_d L_q} - \frac{\omega_e k L_q \psi_f}{1+\omega_e^2 k^2 L_d L_q} \right) \end{aligned} \tag{9.12}$$

式中，k 为磁感系数，定义为

$$k = \frac{\mathcal{L}}{N_a^2} \tag{9.13}$$

因此，将式(9.12)代入式(9.1)，可得考虑涡流反作用的 PMSM 电压方程为

$$\begin{aligned} u_d = & R_s i_d + \frac{L_d p i_d}{1+\omega_e^2 k^2 L_d L_q} + \frac{\omega_e k L_d L_q p i_q}{1+\omega_e^2 k^2 L_d L_q} \\ & - \frac{\omega_e L_q i_q}{1+\omega_e^2 k^2 L_d L_q} + \frac{\omega_e^2 k L_d L_q i_d}{1+\omega_e^2 k^2 L_d L_q} + \frac{\omega_e^2 k L_q \psi_f}{1+\omega_e^2 k^2 L_d L_q} \\ u_q = & R_s i_q + \frac{L_q p i_q}{1+\omega_e^2 k^2 L_d L_q} - \frac{\omega_e k L_d L_q p i_d}{1+\omega_e^2 k^2 L_d L_q} \\ & + \frac{\omega_e L_d i_d}{1+\omega_e^2 k^2 L_d L_q} + \frac{\omega_e^2 k L_d L_q i_q}{1+\omega_e^2 k^2 L_d L_q} + \frac{\omega_e \psi_f}{1+\omega_e^2 k^2 L_d L_q} \end{aligned} \tag{9.14}$$

式(9.14)表示为矩阵的形式为

$$\begin{bmatrix} u_d \\ u_q \end{bmatrix} = \begin{bmatrix} R_s + \omega_e L_{dq} & -\omega_e L_{q1} \\ \omega_e L_{d1} & R_s + \omega_e L_{dq} \end{bmatrix} \begin{bmatrix} i_d \\ i_q \end{bmatrix} + \begin{bmatrix} L_{d1} & L_{dq} \\ -L_{dq} & L_{q1} \end{bmatrix} \begin{bmatrix} pi_d \\ pi_q \end{bmatrix} + \begin{bmatrix} \omega_e \psi_{f1} \\ \omega_e \psi_{f2} \end{bmatrix} \tag{9.15}$$

式中，变量 L_{d1}、L_{q1}、L_{dq}、ψ_{f1}、ψ_{f2} 分别定义为

$$L_{d1} = \frac{L_d}{1+\omega_e^2 k^2 L_d L_q},\quad L_{q1} = \frac{L_q}{1+\omega_e^2 k^2 L_d L_q},\quad L_{dq} = \frac{\omega_e k L_d L_q}{1+\omega_e^2 k^2 L_d L_q}$$

$$\psi_{f1} = \frac{\omega_e k L_q \psi_f}{1+\omega_e^2 k^2 L_d L_q},\quad \psi_{f2} = \frac{\psi_f}{1+\omega_e^2 k^2 L_d L_q}$$

由式(9.2)和式(9.12)可以看出，考虑涡流反作用的模型和忽略涡流反作用的模型中，dq 轴定子磁链是不同的，它们之间的差异为

$$\begin{aligned} \Delta\boldsymbol{\psi}_{sdq} = & \left(L_d i_d \frac{-\omega_e^2 k^2 L_d L_q}{1+\omega_e^2 k^2 L_d L_q} + \frac{\omega_e k L_d L_q i_q}{1+\omega_e^2 k^2 L_d L_q} + \psi_f \frac{-\omega_e^2 k^2 L_d L_q}{1+\omega_e^2 k^2 L_d L_q} \right) \\ & + \mathrm{j}\left(L_q i_q \frac{-\omega_e^2 k^2 L_d L_q}{1+\omega_e^2 k^2 L_d L_q} - \frac{\omega_e k L_d L_q i_d}{1+\omega_e^2 k^2 L_d L_q} - \frac{\omega_e k L_q \psi_f}{1+\omega_e^2 k^2 L_d L_q} \right) \end{aligned} \tag{9.16}$$

式中，$\Delta\boldsymbol{\psi}_{sdq}$ 为涡流反作用引起的定子磁链差异。结果表明，涡流反作用对定子磁链幅值和相位都有影响。基于式(9.14)，图 9.3 给出了基于矢量磁路建模的 PMSM 等效电路。

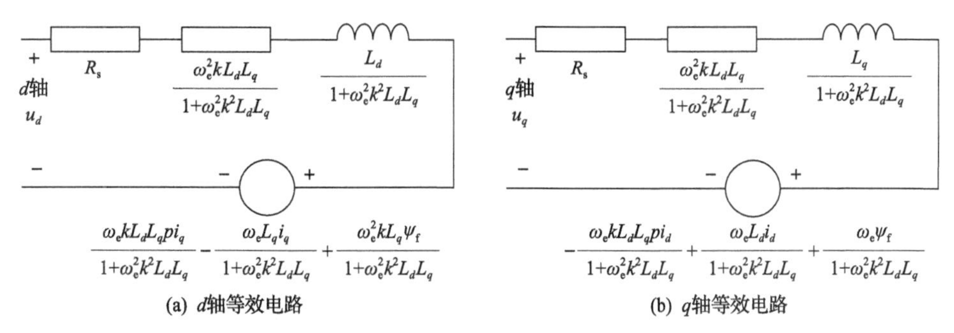

图 9.3　基于矢量磁路建模的 PMSM 等效电路

9.2.2　基于矢量磁路理论的永磁同步电机电流预测控制

根据磁电功率定律[8]，可以用铁耗 P_{Fe} 计算出磁感系数 k。磁路中磁感引起的

有功功率可以表示为

$$P_{\text{ironloss}} = \mathcal{L}\sum_{i}\omega_{\text{e}}^{2}\left|\Phi_{i}\right|^{2} = k\sum_{i}\omega_{\text{e}}^{2}\left|\psi_{i}\right|^{2}, \quad i\in\{\text{a,b,c}\} \tag{9.17}$$

式中，$|\Phi_i|$ 和 $|\psi_i|$ 为 i 相定子磁通和定子磁链的有效值。稳态运行时，k 可以计算为

$$k = \frac{\mathcal{L}}{N_{\text{a}}^{2}} = \frac{P_{\text{ironloss}}}{1.5\left[(u_d - R_{\text{s}}i_d)^2 + (u_q - R_{\text{s}}i_q)^2\right]} \tag{9.18}$$

式中，P_{ironloss}、u_d、u_q、i_d 和 i_q 可以通过实验进行测量。假设当电机转速保持不变时，机械损耗保持不变，则式(9.18)可以改变为

$$\begin{aligned} P_{\text{ironloss}} + P_{\text{mech}} &= 1.5k\left[(u_d - R_{\text{s}}i_d)^2 + (u_q - R_{\text{s}}i_q)^2\right] + P_{\text{mech}} \\ &\approx P_{\text{in}} - P_{\text{Te}} - P_{\text{Cu}} \end{aligned} \tag{9.19}$$

式中，P_{mech} 为机械损耗；P_{Te} 为输出机械功率，可以通过转矩和转速的测量值来计算；P_{Cu} 为铜耗；P_{in} 为 PMSM 的输入功率，可以通过功率分析仪进行测量。假设电机速度保持恒定时 P_{mech} 保持不变[9]，因此在恒定速度、不同负载转矩条件下测量式(9.19)中的 P_{in}、P_{Cu} 和 P_{Te}，可以通过曲线拟合方法获得磁感系数 k。考虑到定子电频率升高后引起磁通和电流集肤效应，可通过以下公式修正 k 值[8]：

$$k_1 = k_0\sqrt{\frac{\omega_0}{\omega_1}} \tag{9.20}$$

式中，k_0 为在角频率 ω_0 下 k 的测量值；k_1 为在角频率 ω_1 下 k 的修正值。

通过一阶前向欧拉法，式(9.15)的 PMSM 模型可以离散化为

$$\begin{aligned} \begin{bmatrix} i_d(k+1) \\ i_q(k+1) \end{bmatrix} &= \begin{bmatrix} i_d(k) \\ i_q(k) \end{bmatrix} + T_{\text{s}}\begin{bmatrix} L_{d1} & L_{dq} \\ -L_{dq} & L_{q1} \end{bmatrix}^{-1} \\ &\times\left\{\begin{bmatrix} u_d(k) \\ u_q(k) \end{bmatrix} - \begin{bmatrix} R_{\text{s}} + \omega_{\text{e}}L_{dq} & -\omega_{\text{e}}L_{q1} \\ \omega_{\text{e}}L_{d1} & R_{\text{s}} + \omega_{\text{e}}L_{dq} \end{bmatrix}\begin{bmatrix} i_d(k) \\ i_q(k) \end{bmatrix} - \begin{bmatrix} \omega_{\text{e}}\psi_{\text{f1}} \\ \omega_{\text{e}}\psi_{\text{f2}} \end{bmatrix}\right\} \end{aligned} \tag{9.21}$$

式中，T_{s} 为离散化时间步长；k 和 k+1 分别为在 kT_{s} 和 $(k+1)T_{\text{s}}$ 时刻采样的变量值。由于电机机械惯量远大于电惯量，因此在预测区间内 ω_{e} 值可认为是不变的。

这里采用无差拍预测控制来说明基于矢量磁路的 PMSM 控制模型的优势[10]。图 9.4 给出了两电平逆变器供电三相 PMSM 的系统结构和电压矢量分布。如图 9.4(b) 所示，系统共有 8 个空间矢量，包括 6 个有效矢量和 2 个零矢量。

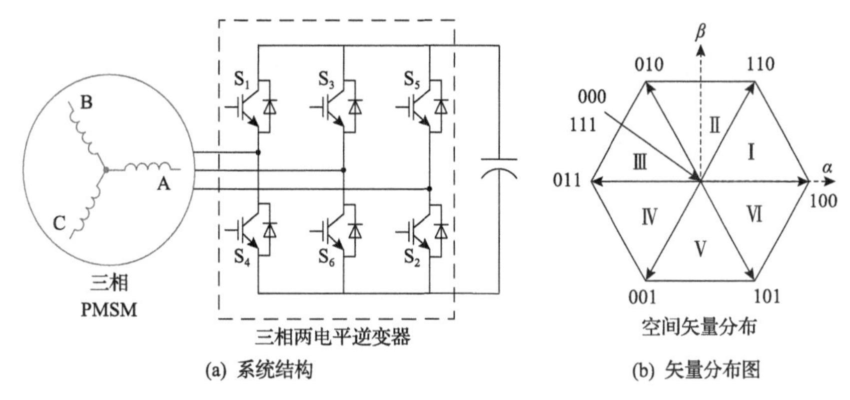

(a) 系统结构　　(b) 矢量分布图

图 9.4　两电平逆变器供电三相 PMSM 系统结构和电压矢量分布图

采用一阶欧拉方法，式(9.15)可以离散化为

$$\begin{bmatrix} u_d(k) \\ u_q(k) \end{bmatrix} = \begin{bmatrix} R_\mathrm{s}+\omega_\mathrm{e}L_{dq} & -\omega_\mathrm{e}L_{q1} \\ \omega_\mathrm{e}L_{d1} & R_\mathrm{s}+\omega_\mathrm{e}L_{dq} \end{bmatrix} \begin{bmatrix} i_d(k) \\ i_q(k) \end{bmatrix} + \begin{bmatrix} L_{d1} & L_{dq} \\ -L_{dq} & L_{q1} \end{bmatrix} \begin{bmatrix} \left[i_d(k+1)-i_d(k)\right]/T_\mathrm{s} \\ \left[i_q(k+1)-i_q(k)\right]/T_\mathrm{s} \end{bmatrix} + \begin{bmatrix} \omega_\mathrm{e}\psi_\mathrm{f1} \\ \omega_\mathrm{e}\psi_\mathrm{f2} \end{bmatrix} \tag{9.22}$$

考虑到数字延迟，在 kT_s 采样时刻实际要确定的输出电压是 $u_d(k+1)$ 和 $u_q(k+1)$，而采样电流是 $i_d(k)$ 和 $i_q(k)$。因此，通过式(9.21)可以计算 $i_d(k+1)$ 和 $i_q(k+1)$ 以补偿数字延迟。通过将 $i_d(k+2)$ 和 $i_q(k+2)$ 分别设置为 i_d^* 和 i_q^*，dq 轴参考电压 u_d^* 和 u_q^* 可计算为

$$\begin{bmatrix} u_d^* \\ u_q^* \end{bmatrix} = \begin{bmatrix} R_\mathrm{s}+\omega_\mathrm{e}L_{dq} & -\omega_\mathrm{e}L_{q1} \\ \omega_\mathrm{e}L_{d1} & R_\mathrm{s}+\omega_\mathrm{e}L_{dq} \end{bmatrix} \begin{bmatrix} i_d(k+1) \\ i_q(k+1) \end{bmatrix} + \begin{bmatrix} L_{d1} & L_{dq} \\ -L_{dq} & L_{q1} \end{bmatrix} \begin{bmatrix} \left[i_d^*-i_d(k+1)\right]/T_\mathrm{s} \\ \left[i_q^*-i_q(k+1)\right]/T_\mathrm{s} \end{bmatrix} + \begin{bmatrix} \omega_\mathrm{e}\psi_\mathrm{f1} \\ \omega_\mathrm{e}\psi_\mathrm{f2} \end{bmatrix} \tag{9.23}$$

通过空间矢量调制策略合成参考电压，并进行幅值和相位补偿[11]，即

$$\boldsymbol{u}_{\alpha\beta}(k) = \boldsymbol{u}_{dq}(k) \cdot \mathrm{e}^{\mathrm{j}(\theta_\mathrm{e}(k)+\omega_\mathrm{e}T_\mathrm{s}/2)} \cdot \frac{\sin(\omega_\mathrm{e}T_\mathrm{s}/2)}{\omega_\mathrm{e}T_\mathrm{s}/2} \tag{9.24}$$

9.2.3　实验验证

为了验证基于矢量磁路的 PMSM 模型在控制性能方面的提升效果，在两电平

逆变器供电三相 PMSM 系统实验室样机上进行了实验，图 9.5 给出了实验平台的照片。实验中采用磁粉制动器与 PMSM 同轴连接以提供负载，电磁转矩由转矩传感器测量。表 9.1 为实验平台的关键参数。电机永磁磁链幅值是通过测量电机发电运行时定子开路端电压来获得的。

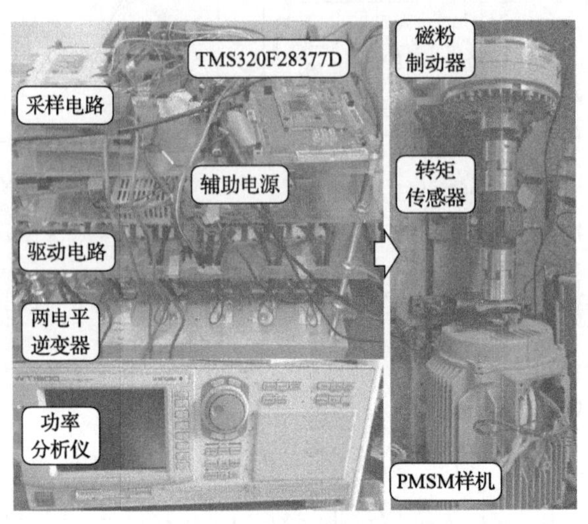

图 9.5　PMSM 实验平台照片

表 9.1　实验平台的关键参数

参数名称	取值
极对数 N_p	10
q 轴电感 L_q	10.80mH
d 轴电感 L_d	8.39mH
永磁磁链（幅值）ψ_f	0.10255Wb
定子电阻 R_s	0.427Ω
方案预测范围 T_p	0.2ms

首先，通过实验测量磁感系数 k。使用转矩传感器和功率分析仪，在 300r/min (50Hz) 的速度下测量式(9.19)中的物理变量，利用 LC 滤波器来排除脉宽调制(pulse width modulation, PWM)引起的高频损耗。如图 9.6 所示，采用 MATLAB 曲线拟合工具对测量数据进行拟合，并计算曲线的斜率，斜率值即磁感系数 k 值，等于 $0.005387\Omega^{-1}$。由于本节实验中电机运行基频低于 200Hz，可以忽略集肤效应的影响。因此，本节直接将测量的磁感系数 k 作为常数用于电机控制。

其次，在不考虑涡流反作用的情况下，将所提出的基于矢量磁路的 PMSM 模型与传统 PMSM 模型的精度进行比较。使用 PMSM 离散模型，在较长时间预测

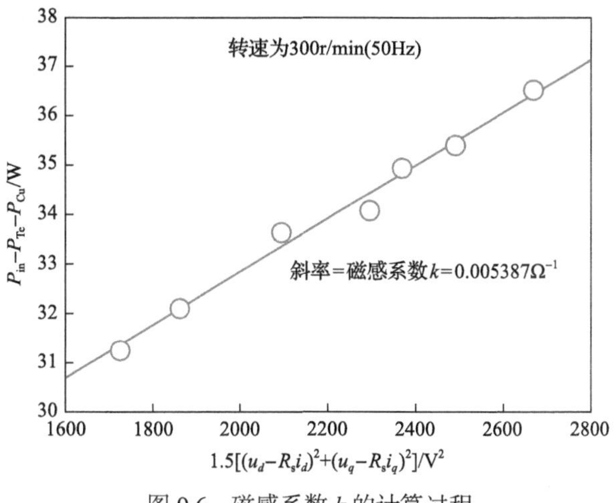

图 9.6　磁感系数 k 的计算过程

范围内，比较不同 PMSM 模型在线电流预测误差。采样频率为 5kHz，总的预测时间是 2ms，对应 500Hz 开关频率工况。考虑到静止坐标系下的电压箝位效应[12]，每段预测周期由十个采样周期组成，在每个长预测范围内执行离散时间模型(9.21)计算十次。电流的迭代预测过程为

$$(i_d^{\mathrm{p}}(k+1), i_q^{\mathrm{p}}(k+1)) = g_{\mathrm{PMSM}}\{u_d(k), u_q(k), i_d(k), i_q(k)\} \quad (i_d^{\mathrm{p}}(k+1+i), i_q^{\mathrm{p}}(k+1+i)) \tag{9.25}$$

$$= g_{\mathrm{PMSM}}\{u_d(k+i), u_q(k+i), i_d^{\mathrm{p}}(k+i), i_q^{\mathrm{p}}(k+i)\}, \quad i=1,2,\cdots,9 \tag{9.26}$$

式中，g_{PMSM} 为在式(9.21)中提出的 PMSM 模型；$i_d^{\mathrm{p}}(k+1)$ 和 $i_q^{\mathrm{p}}(k+1)$ 分别为基于该离散时间模型在 $(k+1)T_s$ 时刻预测的 d 轴、q 轴电流；$i_d^{\mathrm{p}}(k+1+i)$ 和 $i_q^{\mathrm{p}}(k+1+i)$ 分别为在 $(k+1+i)T_s$ 时刻预测的 d 轴、q 轴电流；$i_d^{\mathrm{p}}(k+i)$ 和 $i_q^{\mathrm{p}}(k+i)$ 分别为在 $(k+i)T_s$ 时刻预测的 d 轴、q 轴电流；$i_d(k)$ 和 $i_q(k)$ 分别为在 kT_s 时刻采样获得的 d 轴、q 轴电流；$u_d(k)$ 和 $u_q(k)$ 分别为在 kT_s 时刻采样获得的 d 轴、q 轴电压；$u_d(k+i)$ 和 $u_q(k+i)$ 分别为用 $(k+i)T_s$ 时刻开关状态计算的 d 轴和 q 轴定子电压。在式(9.25)电流预测的第一步中，用于迭代计算的电流值是采样值。在式(9.26)中电流预测的其他九步中，用于迭代计算的电流值是基于 PMSM 离散模型的预测值。逆变器的死区效应通过考虑电流方向和电压伏-秒平衡进行了相应补偿[13]。电流预测误差可以表示为

$$\begin{aligned}&\left|\boldsymbol{i}_{\mathrm{s}dq}(k+10)-\boldsymbol{i}_{\mathrm{s}dq}^{\mathrm{p}}(k+10)\right|\\&=\sqrt{[i_d(k+10)-i_d^{\mathrm{p}}(k+10)]^2+[i_q(k+10)-i_q^{\mathrm{p}}(k+10)]^2}\end{aligned} \tag{9.27}$$

图 9.7 给出了传统 PMSM 模型和基于矢量磁路的 PMSM 模型之间的电流预测误差的实验比较，在不同的负载条件下，定子频率变化范围在 50～100Hz。

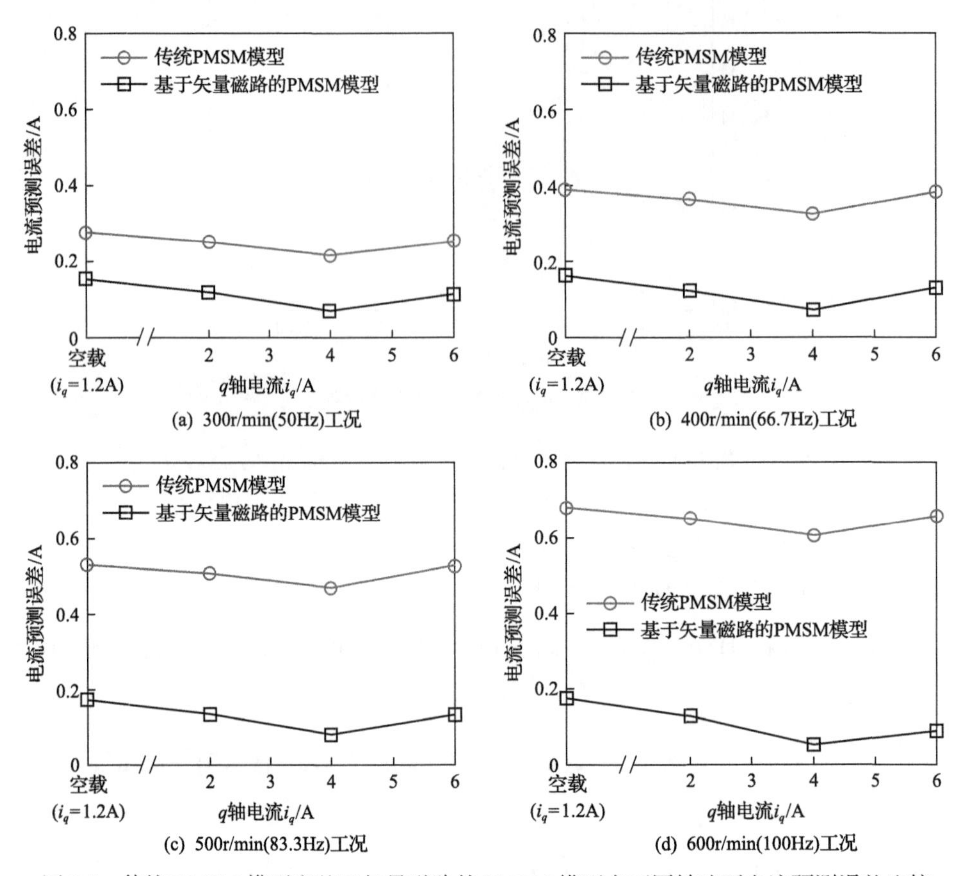

图 9.7 传统 PMSM 模型和基于矢量磁路的 PMSM 模型在不同转速下电流预测误差比较

如图 9.7 所示，对于每个工作频率，使用传统的 PMSM 模型和基于矢量磁路的 PMSM 模型，电流预测误差几乎均不随负载而变化。在 50Hz、66.7Hz、83.3Hz 和 100Hz 定子频率下，使用传统 PMSM 模型的平均电流预测误差分别约为 0.25A、0.35A、0.5A 和 0.65A。而采用基于矢量磁路的 PMSM 模型平均电流预测误差都在 0.15A 左右。可以看出，在所有测试点上，采用基于矢量磁路的 PMSM 模型电流预测误差都小于采用传统 PMSM 模型的电流预测误差。

图 9.8 比较了定子频率(转速)对电流预测误差的影响。采用传统 PMSM 模型的电流预测误差随着速度增加而增加，而所提出的基于矢量磁路的 PMSM 模型的电流预测误差几乎没有变化。

该结果可以通过式(9.14)中 PMSM 模型的附加项来解释。d 轴电压方程右侧最后一项表示涡流反作用对永磁体电动势的影响，该项数值与定子电频率平方成

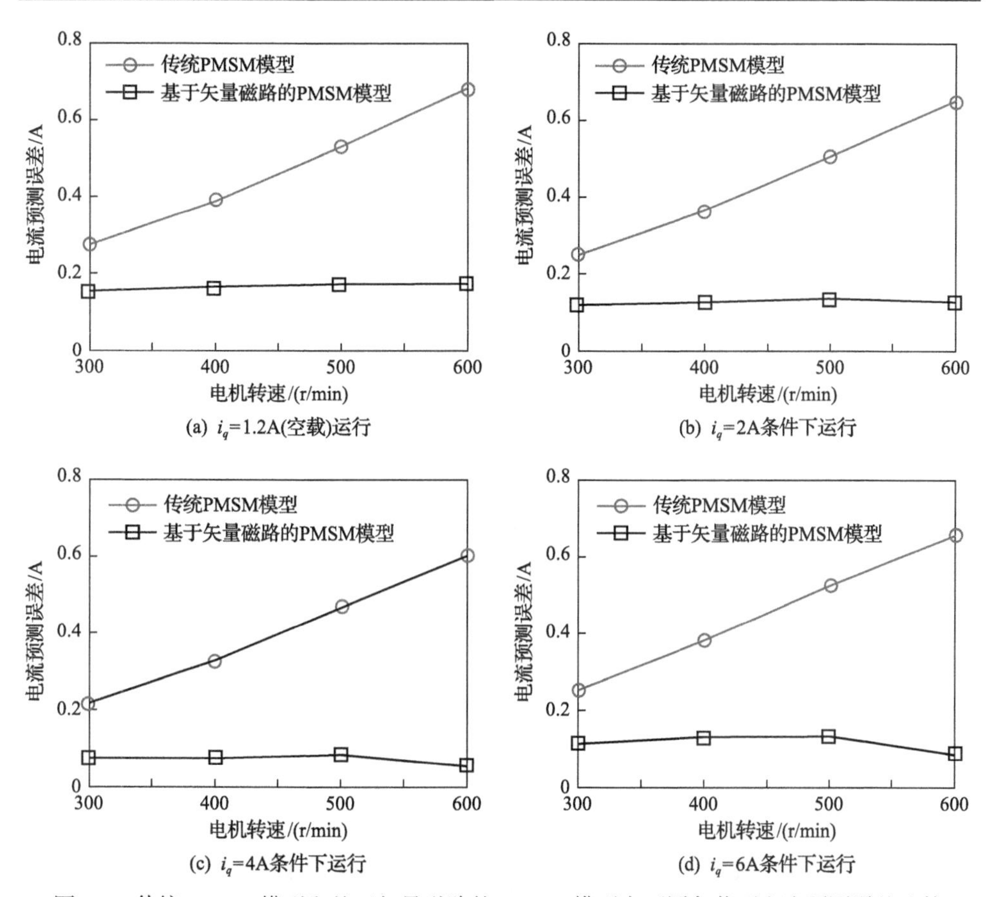

图 9.8　传统 PMSM 模型和基于矢量磁路的 PMSM 模型在不同负载下电流预测误差比较

正比，并且该数值随着定子频率增加而变得更大。因此，两个模型预测值之间的差异随着定子频率增加变得更加明显。传统 PMSM 模型没有考虑涡流反作用，因此传统 PMSM 模型电流预测的误差随着定子频率的升高而增大。通过图 9.7 和图 9.8 所示的比较，可以得出结论：由于矢量磁路考虑了电机铁心涡流对磁链的反作用，相应的 PMSM 模型具有更好的电流预测精度。

图 9.9～图 9.11 比较了不同 PMSM 模型无差拍电流预测控制方法在不同运行条件下的控制性能，其中开关频率和采样频率均为 1kHz。

图 9.9 给出了当转子堵转时 dq 轴电流阶跃响应的实验结果。可以看出，此时采用两种 PMSM 模型的控制方法几乎没有稳态电流跟踪误差，其原因是当定子频率为零时，两个 PMSM 模型是相同的。此外，可以观察到，对于采用两种模型的无差拍电流预测控制方案，都仅需要两个采样周期来跟踪阶跃变化的 q 轴参考电流。

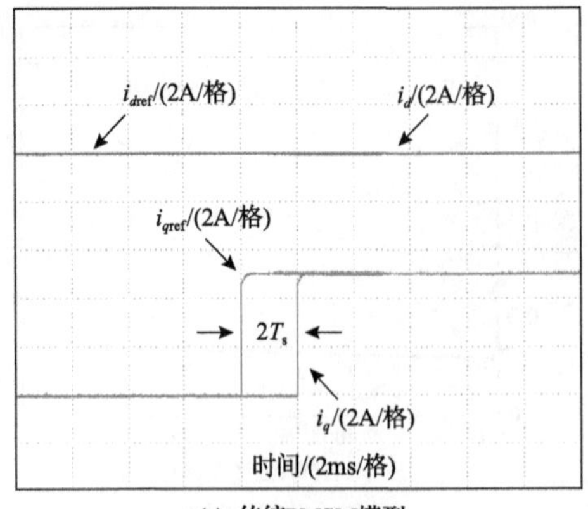

(a) 传统PMSM模型

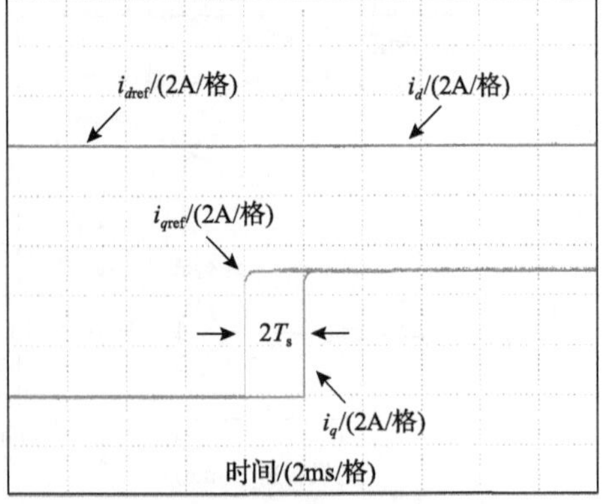

(b) 基于矢量磁路的PMSM模型

图 9.9　转子堵转时 dq 轴电流阶跃响应实验结果

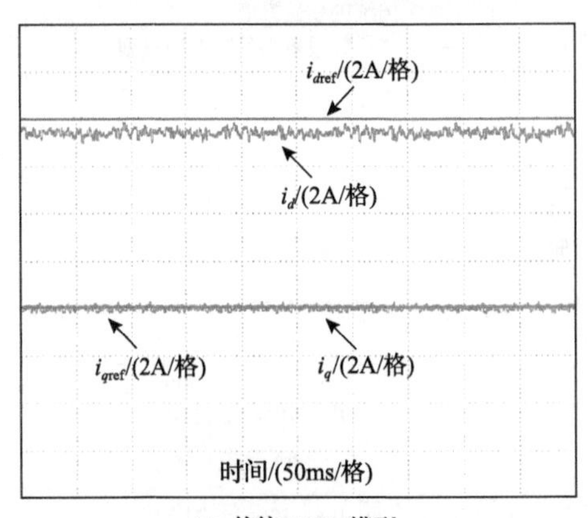

(a) 传统PMSM模型

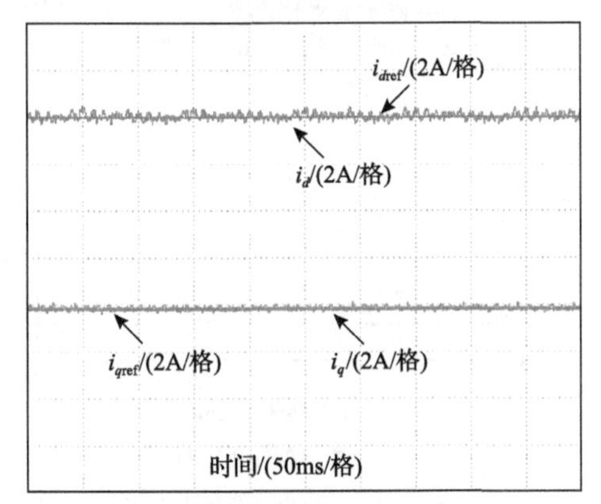

(b) 基于矢量磁路的PMSM模型

图 9.10　600r/min(100Hz)工况下 dq 轴电流稳态实验结果

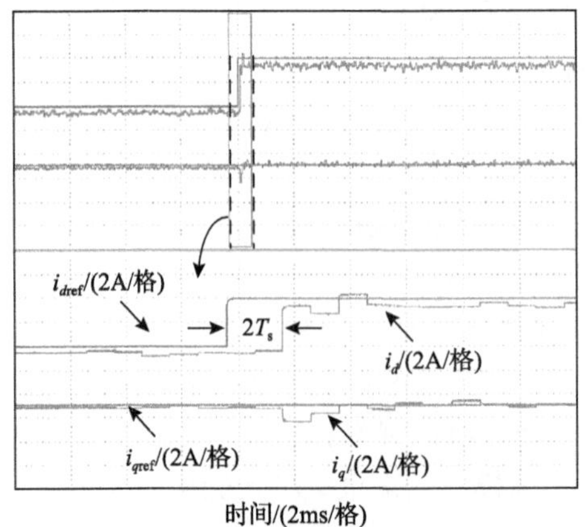

(a) 传统PMSM模型

(b) 基于矢量磁路的PMSM模型

图 9.11　600r/min(100Hz)工况下 dq 轴电流动态响应实验结果

图 9.10 和图 9.11 分别给出了 600r/min(100Hz)转速下 dq 轴电流的稳态和动态波形，此时逆变器载波比为 10。

由图 9.10 可以看出，当采用传统 PMSM 模型时，d 轴电流参考值和电流实际值之间存在明显的跟踪误差。另外，当采用基于矢量磁路的 PMSM 模型时，电流实际值能够很好地跟踪电流参考值，稳态跟踪误差几乎为零。

由图 9.11 可以看出，传统 PMSM 模型控制方法在动态过程之后，d 轴电流的参考值和实际电流值之间的稳态误差仍然存在。而通过采用基于矢量磁路的 PMSM 模型，在动态过程前后均无明显稳态误差。

图 9.12 给出了无差拍电流预测控制器中磁感系数 k 分别比实际测量值小 10%和 30%时的实验结果。可以看出，尽管 k 偏离了 10%和 30%，基于矢量磁路的 PMSM 模型 d 轴电流稳态跟踪误差仍小于图 9.11(a)中传统 PMSM 模型的电流稳态跟踪误差。因此，与传统 PMSM 模型相比，所提出的基于矢量磁路的 PMSM 模型可以提高无差拍电流预测控制的性能，且具有较好的鲁棒性。

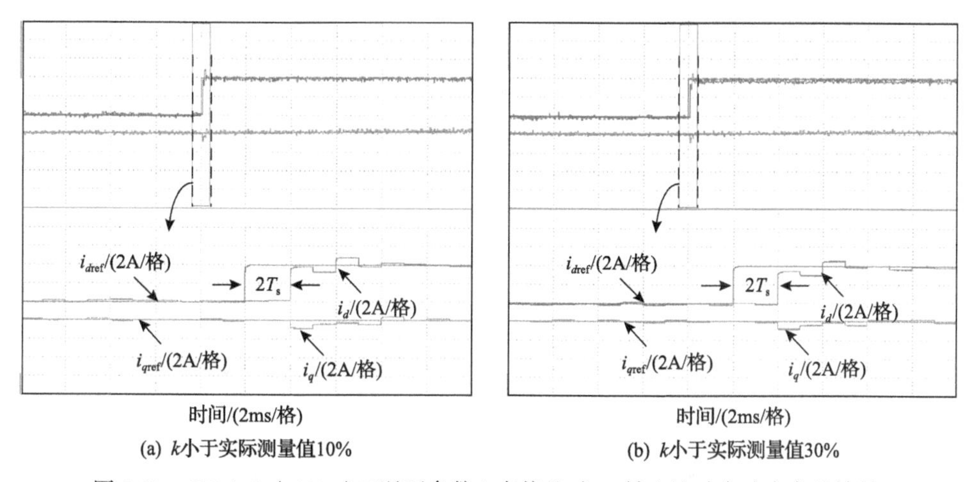

图 9.12　600r/min(100Hz)工况下参数 k 有偏差时 dq 轴电流动态响应实验结果

9.3　基于矢量磁路理论的永磁同步电机无位置传感器控制

9.3.1　基于矢量磁路理论的永磁同步电机高频控制模型

基于矢量磁路可以进一步推导考虑涡流反作用的 PMSM 高频模型。图 9.13 为 dq 轴的高频等效磁路。在图 9.13 中，$\mathcal{F}_{dh}$ 、$\mathcal{F}_{qh}$ 分别为 d 轴、q 轴高频磁动势，ω_h 为高频信号的角频率。

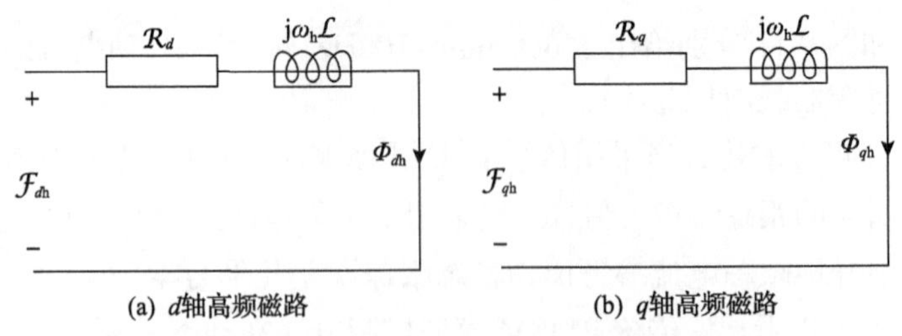

图 9.13　基于矢量磁路的 PMSM 高频等效磁路

电机电枢绕组高频电流分量在 dq 轴上产生的磁链为

$$\begin{bmatrix}\psi_{d\mathrm{h}}\\ \psi_{q\mathrm{h}}\end{bmatrix}=N_\mathrm{a}\begin{bmatrix}\dfrac{\mathcal{F}_{d\mathrm{h}}}{\mathcal{R}_d+\mathrm{j}\omega_\mathrm{h}\mathcal{L}}\\ \dfrac{\mathcal{F}_{q\mathrm{h}}}{\mathcal{R}_q+\mathrm{j}\omega_\mathrm{h}\mathcal{L}}\end{bmatrix}=N_\mathrm{a}\begin{bmatrix}\dfrac{N_\mathrm{a}i_{d\mathrm{h}}}{\mathcal{R}_d+\mathrm{j}\omega_\mathrm{h}\mathcal{L}}\\ \dfrac{N_\mathrm{a}i_{q\mathrm{h}}}{\mathcal{R}_q+\mathrm{j}\omega_\mathrm{h}\mathcal{L}}\end{bmatrix} \tag{9.28}$$

式中，$\psi_{d\mathrm{h}}$、$\psi_{q\mathrm{h}}$ 分别为电枢绕组 d 轴、q 轴高频磁链分量；$i_{d\mathrm{h}}$、$i_{q\mathrm{h}}$ 分别为 d 轴、q 轴高频电流分量。

将式(9.7)和式(9.13)代入式(9.28)可得

$$\begin{bmatrix}\psi_{d\mathrm{h}}\\ \psi_{q\mathrm{h}}\end{bmatrix}=\begin{bmatrix}\dfrac{N_\mathrm{a}^2 i_{d\mathrm{h}}}{\dfrac{N_\mathrm{a}^2}{L_d}+\mathrm{j}\omega_\mathrm{h}\mathcal{L}}\\ \dfrac{N_\mathrm{a}^2 i_{q\mathrm{h}}}{\dfrac{N_\mathrm{a}^2}{L_q}+\mathrm{j}\omega_\mathrm{h}\mathcal{L}}\end{bmatrix}=\begin{bmatrix}\dfrac{i_{d\mathrm{h}}}{\dfrac{1}{L_d}+\mathrm{j}\omega_\mathrm{h}k_\mathrm{h}}\\ \dfrac{i_{q\mathrm{h}}}{\dfrac{1}{L_q}+\mathrm{j}\omega_\mathrm{h}k_\mathrm{h}}\end{bmatrix}=\begin{bmatrix}\dfrac{L_d i_{d\mathrm{h}}}{1+\omega_\mathrm{h}^2k_\mathrm{h}^2L_d^2}+\dfrac{\omega_\mathrm{h}k_\mathrm{h}L_q^2 i_{q\mathrm{h}}}{1+\omega_\mathrm{h}^2k_\mathrm{h}^2L_q^2}\\ \dfrac{L_q i_{q\mathrm{h}}}{1+\omega_\mathrm{h}^2k_\mathrm{h}^2L_q^2}+\dfrac{-\omega_\mathrm{h}k_\mathrm{h}L_d^2 i_{d\mathrm{h}}}{1+\omega_\mathrm{h}^2k_\mathrm{h}^2L_d^2}\end{bmatrix} \tag{9.29}$$

式中，k_h 为角频率 ω_h 下的磁感系数。因此，定子绕组高频磁链 $\psi_{\mathrm{s}d\mathrm{h}}$ 和 $\psi_{\mathrm{s}q\mathrm{h}}$ 可以表示为

$$\begin{bmatrix}\psi_{\mathrm{s}d\mathrm{h}}\\ \psi_{\mathrm{s}q\mathrm{h}}\end{bmatrix}=\begin{bmatrix}\psi_{d\mathrm{h}}\\ \psi_{q\mathrm{h}}\end{bmatrix}=\begin{bmatrix}\dfrac{L_d i_{d\mathrm{h}}}{1+\omega_\mathrm{h}^2k_\mathrm{h}^2L_d^2}+\dfrac{\omega_\mathrm{h}k_\mathrm{h}L_q^2 i_{q\mathrm{h}}}{1+\omega_\mathrm{h}^2k_\mathrm{h}^2L_q^2}\\ \dfrac{L_q i_{q\mathrm{h}}}{1+\omega_\mathrm{h}^2k_\mathrm{h}^2L_q^2}+\dfrac{-\omega_\mathrm{h}k_\mathrm{h}L_d^2 i_{d\mathrm{h}}}{1+\omega_\mathrm{h}^2k_\mathrm{h}^2L_d^2}\end{bmatrix} \tag{9.30}$$

由式(9.1)可知，当不考虑涡流反作用时，PMSM 高频电压方程可表示为

$$\begin{bmatrix} u_{d\text{h}} \\ u_{q\text{h}} \end{bmatrix} = R_{\text{s}} \begin{bmatrix} i_{d\text{h}} \\ i_{q\text{h}} \end{bmatrix} + p \begin{bmatrix} \psi_{\text{s}d\text{h}} \\ \psi_{\text{s}q\text{h}} \end{bmatrix} + \omega_{\text{e}} \begin{bmatrix} -\psi_{\text{s}q\text{h}} \\ \psi_{\text{s}d\text{h}} \end{bmatrix} \tag{9.31}$$

式中，$u_{d\text{h}}$、$u_{q\text{h}}$ 分别为 d 轴、q 轴高频电压分量。

假设在稳态条件下 $p\omega_{\text{e}}=0$，将式(9.30)代入式(9.31)，可得基于矢量磁路的 PMSM 高频电压方程为

$$\begin{bmatrix} u_{d\text{h}} \\ u_{q\text{h}} \end{bmatrix} = R_{\text{s}} \begin{bmatrix} i_{d\text{h}} \\ i_{q\text{h}} \end{bmatrix} + \omega_{\text{e}} \boldsymbol{A}_{\text{h}} \begin{bmatrix} i_{d\text{h}} \\ i_{q\text{h}} \end{bmatrix} + \boldsymbol{B}_{\text{h}} p \begin{bmatrix} i_{d\text{h}} \\ i_{q\text{h}} \end{bmatrix} \tag{9.32}$$

式中，$\boldsymbol{A}_{\text{h}} = \begin{bmatrix} \dfrac{\omega_{\text{h}} k_{\text{h}} L_d^2}{1+\omega_{\text{h}}^2 k_{\text{h}}^2 L_d^2} & \dfrac{-L_q}{1+\omega_{\text{h}}^2 k_{\text{h}}^2 L_q^2} \\ \dfrac{L_d}{1+\omega_{\text{h}}^2 k_{\text{h}}^2 L_d^2} & \dfrac{\omega_{\text{h}} k_{\text{h}} L_q^2}{1+\omega_{\text{h}}^2 k_{\text{h}}^2 L_q^2} \end{bmatrix}$；$\boldsymbol{B}_{\text{h}} = \begin{bmatrix} \dfrac{L_d}{1+\omega_{\text{h}}^2 k_{\text{h}}^2 L_d^2} & \dfrac{\omega_{\text{h}} k_{\text{h}} L_q^2}{1+\omega_{\text{h}}^2 k_{\text{h}}^2 L_q^2} \\ \dfrac{-\omega_{\text{h}} k_{\text{h}} L_d^2}{1+\omega_{\text{h}}^2 k_{\text{h}}^2 L_d^2} & \dfrac{L_q}{1+\omega_{\text{h}}^2 k_{\text{h}}^2 L_q^2} \end{bmatrix}$。

9.3.2　基于矢量磁路理论的 PMSM 无位置传感器控制

如果 PMSM 以低速运行，并且注入信号频率足够高，在传统电机高频控制模型中，定子电阻上的电压降和式(9.3)中与转子电角频率 ω_{e} 相关的项可以忽略[14]。则 PMSM 的高频模型可以表示为

$$p\begin{bmatrix} i_{d\text{h}} \\ i_{q\text{h}} \end{bmatrix} = \begin{bmatrix} 1/L_d & 0 \\ 0 & 1/L_q \end{bmatrix} \begin{bmatrix} u_{d\text{h}} \\ u_{q\text{h}} \end{bmatrix} \tag{9.33}$$

式中，$u_{d\text{h}}$、$u_{q\text{h}}$ 分别为 d 轴、q 轴高频注入电压信号；$i_{d\text{h}}$、$i_{q\text{h}}$ 分别为 d 轴、q 轴高频电流响应。

将高频脉动方波电压信号注入估计的旋转坐标系 $\gamma\delta$ 中，$\gamma\delta$ 轴和 dq 轴之间的空间关系如图 9.14 所示。

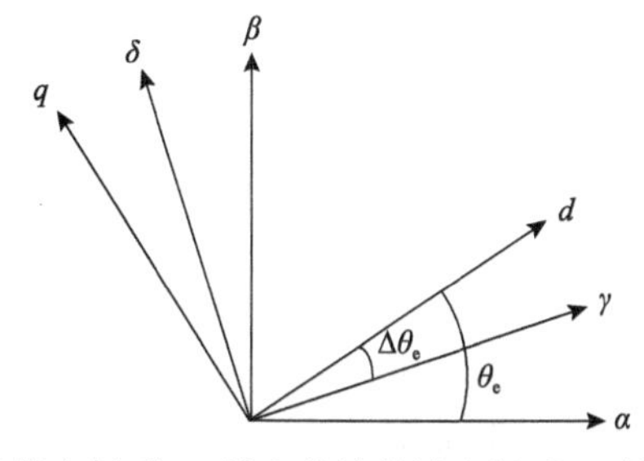

图 9.14　旋转坐标系 dq 轴和估计旋转坐标系 $\gamma\delta$ 轴之间的关系

因此，dq 轴上的注入电压信号可以表示为

$$\begin{bmatrix} u_{dh} \\ u_{qh} \end{bmatrix} = e^{-j(\theta_e-\hat{\theta}_e)} \begin{bmatrix} u_{\gamma h} \\ u_{\delta h} \end{bmatrix} = \begin{bmatrix} \cos\Delta\theta_e & \sin\Delta\theta_e \\ -\sin\Delta\theta_e & \cos\Delta\theta_e \end{bmatrix} \begin{bmatrix} u_{\gamma h} \\ u_{\delta h} \end{bmatrix} \tag{9.34}$$

式中，$u_{\gamma h}$、$u_{\delta h}$ 分别为 γ 轴、δ 轴上的注入电压；θ_e 为实际的转子电角度；$\hat{\theta}_e$ 为估计的转子电角度；$\Delta\theta_e = \theta_e - \hat{\theta}_e$ 为转子位置的估计误差。

注入电压，即 $u_{\gamma h}$ 和 $u_{\delta h}$ 可表示为

$$\begin{bmatrix} u_{\gamma h} \\ u_{\delta h} \end{bmatrix} = \begin{bmatrix} \pm V_{inj} \\ 0 \end{bmatrix} \tag{9.35}$$

式中，V_{inj} 为注入电压信号的幅值；符号“±”表示每个注入周期注入信号的变化。图 9.15 给出了 dq 轴注入信号的波形，其中注入频率等于载波频率的 1/2。

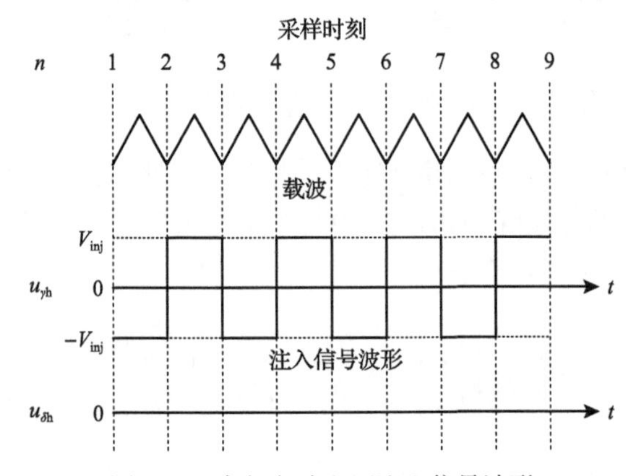

图 9.15　高频方波电压注入信号波形

将式(9.34)和式(9.35)代入式(9.33)，可以计算定子高频响应电流，并进一步转换到 $\alpha\beta$ 轴下，有

$$p\begin{bmatrix} i_{\alpha h} \\ i_{\beta h} \end{bmatrix} = \frac{\pm V_{inj}}{L_d L_q} \begin{bmatrix} L_q\cos\theta_e\cos\Delta\theta_e + L_d\sin\theta_e\sin\Delta\theta_e \\ L_q\sin\theta_e\cos\Delta\theta_e - L_d\cos\theta_e\sin\Delta\theta_e \end{bmatrix} \tag{9.36}$$

式中，$i_{\alpha h}$ 和 $i_{\beta h}$ 为 $\alpha\beta$ 轴上的高频响应电流。在稳态下，可以将 $\Delta\theta_e$ 近似为零，进而将式(9.36)简化为

$$p\begin{bmatrix} i_{\alpha h} \\ i_{\beta h} \end{bmatrix} \approx \frac{\pm V_{inj}}{L_d} \begin{bmatrix} \cos\theta_e \\ \sin\theta_e \end{bmatrix} \tag{9.37}$$

可以观察到，转子位置信息包含在 $i_{\alpha h}$ 和 $i_{\beta h}$ 的微分中。提取 $pi_{\alpha h}$ 和 $pi_{\beta h}$ 的值

有几种方法，如包络提取和数值微分[15,16]。此处使用数值微分方法，因此式(9.37)可以简化为

$$\begin{bmatrix}\Delta i_{\alpha\mathrm{h}}\\ \Delta i_{\beta\mathrm{h}}\end{bmatrix}=\begin{bmatrix}i_{\alpha\mathrm{h}}(n)-i_{\alpha\mathrm{h}}(n-1)\\ i_{\beta\mathrm{h}}(n)-i_{\beta\mathrm{h}}(n-1)\end{bmatrix}\approx\frac{\pm V_{\mathrm{inj}}T_{\mathrm{s}}}{L_d}\begin{bmatrix}\cos\theta_{\mathrm{e}}\\ \sin\theta_{\mathrm{e}}\end{bmatrix}=m\begin{bmatrix}\cos\theta_{\mathrm{e}}\\ \sin\theta_{\mathrm{e}}\end{bmatrix} \tag{9.38}$$

式中，m 为位置信号的幅值；n 为第 n 个采样时刻；T_{s} 为数字控制中的采样周期。

如果注入频率等于载波频率的 1/2，那么可以通过如下方法提取高频响应电流[16]：

$$\begin{aligned}i_{\alpha\mathrm{h}}(n)&=0.5(i_{\alpha}(n)-i_{\alpha}(n-1))\\ i_{\beta\mathrm{h}}(n)&=0.5(i_{\beta}(n)-i_{\beta}(n-1))\end{aligned} \tag{9.39}$$

归一化处理后，采用式(9.38)和式(9.39)可获得单位位置信号。为了降低位置观测器的灵敏度，提高其对测量噪声的动态性能，在观测器中使用比例-积分-微分(proportion-integral-differential, PID)观测器，从位置信号中估计位置角。图 9.16 给出了使用 PID 观测器估计位置的方法示意图。

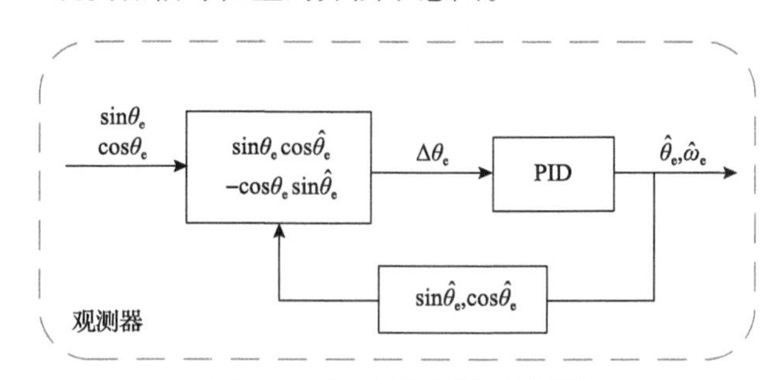

图 9.16　位置观测器控制框图

图 9.16 中 PID 观测器由 PMSM 的机械动态方程构成[17]：

$$T_{\mathrm{e}}-T_{\mathrm{L}}=J\frac{\mathrm{d}\omega_{\mathrm{m}}}{\mathrm{d}t} \tag{9.40}$$

式中，T_{e} 为电磁转矩；T_{L} 为负载转矩；J 为转动惯量；ω_{m} 为机械角速度。因此，PID 观测器的结构如图 9.17 所示。

为了消除其中微分控制项 $k_{\mathrm{d}}s$，可以将原控制结构转换为更实用的结构，如图 9.18 所示。相应地，观测器的闭环传递函数可表示为

$$\frac{\hat{\theta}_{\mathrm{e}}}{\theta_{\mathrm{e}}}=\frac{k_{\mathrm{d}}s^2+k_{\mathrm{p}}s+k_{\mathrm{i}}}{\dfrac{J}{N_{\mathrm{p}}}s^3+k_{\mathrm{d}}s^2+k_{\mathrm{p}}s+k_{\mathrm{i}}} \tag{9.41}$$

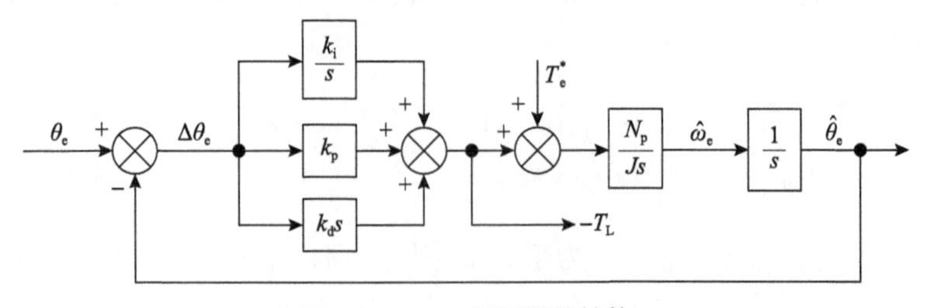

图 9.17　PID 观测器的结构

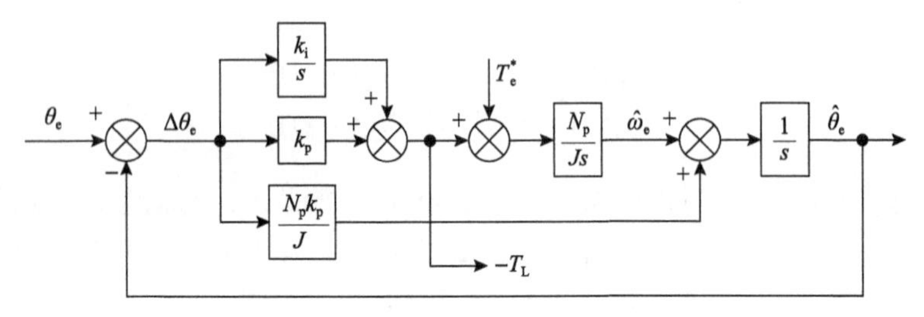

图 9.18　变换后 PID 观测器的结构

通过将式(9.41)中的极点配置为三重极点，PID 观测器的控制参数可设计为

$$
\begin{cases}
k_p = \dfrac{3J\alpha^3}{N_p} \\
k_i = \dfrac{J\alpha^3}{N_p} \\
k_d = \dfrac{3J\alpha}{N_p}
\end{cases}
\tag{9.42}
$$

式中，α 为三重极点的绝对值。

基于矢量磁路模型的无位置传感器控制方法与传统无位置传感器控制方法的区别仅存在于观测器的信号处理过程。其他部分，如转速控制器、电流控制器和高频注入等环节与传统方法相同。因此，PID 观测器的设计过程和控制参数与传统方法也相同。

基于高频方波电压注入的 PMSM 无位置传感器一般控制框图如图 9.19 所示，其中上标“*”表示参考值，上面的“^”表示估计变量。可见，由于电流环截止频率远低于注入的方波电压信号频率，无须使用高通滤波器(high-pass filter, HPF)来提取位置信号，而且在电流反馈回路中也不使用低通滤波器(low-pass filter, LPF)。

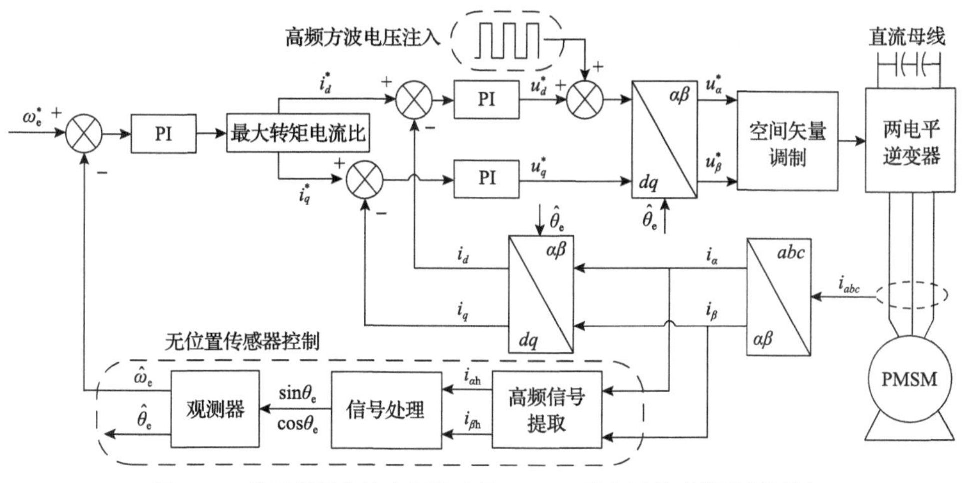

图 9.19　基于高频方波电压注入的 PMSM 无位置传感器控制框图

根据磁电功率定律，额定涡流损耗 P_{iN} 可以表示为

$$P_{iN} = 3\omega_N^2 \mathcal{L}_N \left|\Phi_N\right|^2 \tag{9.43}$$

式中，$\left|\Phi_N\right|$ 为 PMSM 定子铁心磁通的额定值；ω_N 为额定电频率；$\mathcal{L}_N$ 为额定工况下的磁感值。额定磁通的有效值 $\left|\Phi_N\right|$ 可以通过式(9.44)获得：

$$\left|\Phi_N\right| = \frac{1}{\sqrt{2}}\sqrt{\frac{(\psi_{fN} + L_d i_{dN})^2 + (L_q i_{qN})^2}{N_a^2}} \tag{9.44}$$

式中，ψ_{fN} 为永磁磁链的额定值；i_{dN}、i_{qN} 分别为 d 轴、q 轴电流额定值。通过式(9.20)，可获得注入频率 ω_h 信号下的高频磁感系数 k_h 值。

式(9.32)中的定子电压高频分量可以表示为

$$p\begin{bmatrix} i_{dh} \\ i_{qh} \end{bmatrix} = \boldsymbol{X}_h \begin{bmatrix} u_{dh} \\ u_{qh} \end{bmatrix} + \boldsymbol{Y}_h \begin{bmatrix} i_{dh} \\ i_{qh} \end{bmatrix} + \boldsymbol{Z}_h p \begin{bmatrix} i_{dh} \\ i_{qh} \end{bmatrix} \tag{9.45}$$

式中

$$\boldsymbol{X}_h = \begin{bmatrix} \dfrac{1+\omega_h k_h^2 L_d^2}{L_d} & 0 \\ 0 & \dfrac{1+\omega_h k_h^2 L_q^2}{L_q} \end{bmatrix}$$

$$\boldsymbol{Y}_{\mathrm{h}}=\begin{bmatrix} -\dfrac{R_{\mathrm{s}}(1+\omega_{\mathrm{h}}^2k_{\mathrm{h}}^2L_d^2)}{L_d}-\omega_{\mathrm{e}}\omega_{\mathrm{h}}k_{\mathrm{h}}L_d & \dfrac{\omega_{\mathrm{e}}L_q}{L_d}\dfrac{1+\omega_{\mathrm{h}}^2k_{\mathrm{h}}^2L_d^2}{1+\omega_{\mathrm{h}}^2k_{\mathrm{h}}^2L_q^2} \\ -\dfrac{\omega_{\mathrm{e}}L_d}{L_q}\dfrac{1+\omega_{\mathrm{h}}^2k_{\mathrm{h}}^2L_q^2}{1+\omega_{\mathrm{h}}^2k_{\mathrm{h}}^2L_d^2} & -\dfrac{R_{\mathrm{s}}(1+\omega_{\mathrm{h}}^2k_{\mathrm{h}}^2L_q^2)}{L_q}-\omega_{\mathrm{e}}\omega_{\mathrm{h}}k_{\mathrm{h}}L_q \end{bmatrix}$$

$$\boldsymbol{Z}_{\mathrm{h}}=\begin{bmatrix} 0 & -\dfrac{1+\omega_{\mathrm{h}}^2k_{\mathrm{h}}^2L_d^2}{1+\omega_{\mathrm{h}}^2k_{\mathrm{h}}^2L_q^2}\dfrac{\omega_{\mathrm{h}}k_{\mathrm{h}}L_q^2}{L_d} \\ \dfrac{1+\omega_{\mathrm{h}}^2k_{\mathrm{h}}^2L_q^2}{1+\omega_{\mathrm{h}}^2k_{\mathrm{h}}^2L_d^2}\dfrac{\omega_{\mathrm{h}}k_{\mathrm{h}}L_d^2}{L_q} & 0 \end{bmatrix}$$

由于 k_{h} 的存在，PMSM 高频模型中增加了一些项。为了简化信号处理过程，忽略式(9.45)右侧的微分项。然后，PMSM 的高频模型可以简化为

$$p\begin{bmatrix} i_{d\mathrm{h}} \\ i_{q\mathrm{h}} \end{bmatrix}=\boldsymbol{X}_{\mathrm{h}}\begin{bmatrix} u_{d\mathrm{h}} \\ u_{q\mathrm{h}} \end{bmatrix}+\boldsymbol{Y}_{\mathrm{h}}\begin{bmatrix} i_{d\mathrm{h}} \\ i_{q\mathrm{h}} \end{bmatrix} \tag{9.46}$$

通过将式(9.46)转换到 $\alpha\beta$ 轴，并考虑式(9.34)和式(9.35)，可以得到定子高频响应电流在 $\alpha\beta$ 轴上的微分形式为

$$p\begin{bmatrix} i_{\alpha\mathrm{h}} \\ i_{\beta\mathrm{h}} \end{bmatrix}=\frac{\pm V_{\mathrm{inj}}}{L_dL_q}\begin{bmatrix} a_1 \\ a_2 \end{bmatrix}+\begin{bmatrix} b_{11} & b_{12} \\ b_{21} & b_{22} \end{bmatrix}\begin{bmatrix} i_{\alpha\mathrm{h}} \\ i_{\beta\mathrm{h}} \end{bmatrix} \tag{9.47}$$

式中

$$a_1=L_q(1+\omega_{\mathrm{h}}^2k_{\mathrm{h}}^2L_d^2)\cos\theta_{\mathrm{e}}\cos\Delta\theta_{\mathrm{e}}+L_d(1+\omega_{\mathrm{h}}^2k_{\mathrm{h}}^2L_q^2)\sin\theta_{\mathrm{e}}\sin\Delta\theta_{\mathrm{e}}$$

$$a_2=L_q(1+\omega_{\mathrm{h}}^2k_{\mathrm{h}}^2L_d^2)\sin\theta_{\mathrm{e}}\cos\Delta\theta_{\mathrm{e}}-L_d(1+\omega_{\mathrm{h}}^2k_{\mathrm{h}}^2L_q^2)\cos\theta_{\mathrm{e}}\sin\Delta\theta_{\mathrm{e}}$$

$$b_{11}=w\cos^2\theta_{\mathrm{e}}-x\sin\theta_{\mathrm{e}}\cos\theta_{\mathrm{e}}-y\sin\theta_{\mathrm{e}}\cos\theta_{\mathrm{e}}+z\sin^2\theta_{\mathrm{e}}$$

$$b_{12}=w\sin\theta_{\mathrm{e}}\cos\theta_{\mathrm{e}}+x\cos^2\theta_{\mathrm{e}}-y\sin^2\theta_{\mathrm{e}}-z\sin\theta_{\mathrm{e}}\cos\theta_{\mathrm{e}}$$

$$b_{21}=w\sin\theta_{\mathrm{e}}\cos\theta_{\mathrm{e}}-x\sin^2\theta_{\mathrm{e}}+y\cos^2\theta_{\mathrm{e}}-z\sin\theta_{\mathrm{e}}\cos\theta_{\mathrm{e}}$$

$$b_{22}=w\sin^2\theta_{\mathrm{e}}+x\sin\theta_{\mathrm{e}}\cos\theta_{\mathrm{e}}+y\sin\theta_{\mathrm{e}}\cos\theta_{\mathrm{e}}+z\cos^2\theta_{\mathrm{e}}$$

$$w=-\frac{R_{\mathrm{s}}}{L_d}(1+\omega_{\mathrm{h}}^2k_{\mathrm{h}}^2L_d^2)-\omega_{\mathrm{e}}\omega_{\mathrm{h}}k_{\mathrm{h}}L_d$$

$$x = \frac{\omega_e L_q}{L_d} \frac{1 + \omega_h^2 k_h^2 L_d^2}{1 + \omega_h^2 k_h^2 L_q^2}$$

$$y = -\frac{\omega_e L_d}{L_q} \frac{1 + \omega_h^2 k_h^2 L_q^2}{1 + \omega_h^2 k_h^2 L_d^2}$$

$$z = -\frac{R_s}{L_q}(1 + \omega_h^2 k_h^2 L_q^2) - \omega_e \omega_h k_h L_q$$

式(9.47)中参数 b_{11}、b_{12}、b_{21}、b_{22} 与电机参数 R_s、L_d、L_q、ω_e、θ_e、ω_h 和磁感参数 k_h 有关。因此，可以获得参数 b_{11}、b_{12}、b_{21}、b_{22} 来补偿扰动项，提高转子位置估计的精度。在稳态下，将$\Delta\theta_e$ 近似为零，式(9.47)可以简化为

$$p\begin{bmatrix} i_{\alpha h} \\ i_{\beta h} \end{bmatrix} \approx \frac{\pm V_{inj}}{L_d L_q}\begin{bmatrix} L_q(1 + \omega_h^2 k_h^2 L_d^2)\cos\theta_e \\ L_q(1 + \omega_h^2 k_h^2 L_d^2)\sin\theta_e \end{bmatrix} + \begin{bmatrix} b_{11} & b_{12} \\ b_{21} & b_{22} \end{bmatrix}\begin{bmatrix} i_{\alpha h} \\ i_{\beta h} \end{bmatrix} \tag{9.48}$$

通过使用数值微分方法，式(9.48)可以转换为

$$\begin{aligned} \begin{bmatrix} \Delta i_{\alpha h} \\ \Delta i_{\beta h} \end{bmatrix} &= \begin{bmatrix} i_{\alpha h}(n) - i_{\alpha h}(n-1) \\ i_{\beta h}(n) - i_{\beta h}(n-1) \end{bmatrix} \\ &\approx \frac{\pm V_{inj} T_s (1 + \omega_h^2 k_h^2 L_d^2)}{L_d}\begin{bmatrix} \cos\theta_e \\ \sin\theta_e \end{bmatrix} + T_s\begin{bmatrix} b_{11} & b_{12} \\ b_{21} & b_{22} \end{bmatrix}\begin{bmatrix} i_{\alpha h} \\ i_{\beta h} \end{bmatrix} \\ &= M\begin{bmatrix} \cos\theta_e \\ \sin\theta_e \end{bmatrix} + T_s\begin{bmatrix} b_{11} & b_{12} \\ b_{21} & b_{22} \end{bmatrix}\begin{bmatrix} i_{\alpha h} \\ i_{\beta h} \end{bmatrix} \end{aligned} \tag{9.49}$$

式中，M 为位置信号的幅值。

通过比较式(9.38)和式(9.49)，可以观察到扰动项，即 $i_{\alpha h}$ 和 $i_{\beta h}$，出现在高频位置观测器模型的右侧，这是由于考虑涡流反作用引起的。因此，在补偿涡流反作用引起的扰动项后，可以获得更精确的转子位置观测器。需要注意的是，补偿时仍采用上一个采样周期的估计值，即

$$\begin{cases} \omega_e = \hat{\omega}_e(n-1) \\ \theta_e = \hat{\theta}_e(n-1) \end{cases} \tag{9.50}$$

将式(9.50)代入式(9.49)，补偿过程如下：

$$\begin{aligned} \Delta i'_{\alpha h} &= \Delta i_{\alpha h} - T_s(b_{11} i_{\alpha h} + b_{12} i_{\beta h}) = M\cos\theta_e \\ \Delta i'_{\beta h} &= \Delta i_{\beta h} - T_s(b_{21} i_{\beta h} + b_{22} i_{\beta h}) = M\sin\theta_e \end{aligned} \tag{9.51}$$

式中，$\Delta i'_{\alpha\mathrm{h}}$ 和 $\Delta i'_{\beta\mathrm{h}}$ 为补偿后包含位置信息的信号。

然后，可以将位置信号进一步归一化为

$$\begin{bmatrix}\Delta i'_{\alpha\mathrm{hn}}\\ \Delta i'_{\beta\mathrm{hn}}\end{bmatrix}=\frac{1}{M}\begin{bmatrix}\Delta i'_{\alpha\mathrm{h}}\\ \Delta i'_{\beta\mathrm{h}}\end{bmatrix}=\frac{L_d}{\mathrm{sign}(u_{\gamma\mathrm{h}})T_\mathrm{s}(1+\omega_\mathrm{h}^2k_\mathrm{h}^2L_d^2)}\begin{bmatrix}\Delta i'_{\alpha\mathrm{h}}\\ \Delta i'_{\beta\mathrm{h}}\end{bmatrix}=\begin{bmatrix}\cos\theta_\mathrm{e}\\ \sin\theta_\mathrm{e}\end{bmatrix} \tag{9.52}$$

式中，$\Delta i'_{\alpha\mathrm{hn}}$ 和 $\Delta i'_{\beta\mathrm{hn}}$ 为归一化后的位置信号。

图 9.20 为离散域下基于矢量磁路模型的 PMSM 高频信号注入转子位置估计方法框图。与传统方法类似，单位位置信号 $\Delta i'_{\alpha\mathrm{hn}}$ 和 $\Delta i'_{\beta\mathrm{hn}}$ 输入位置观测器，进而估计转子电角度 $\hat{\theta}_\mathrm{e}$ 。

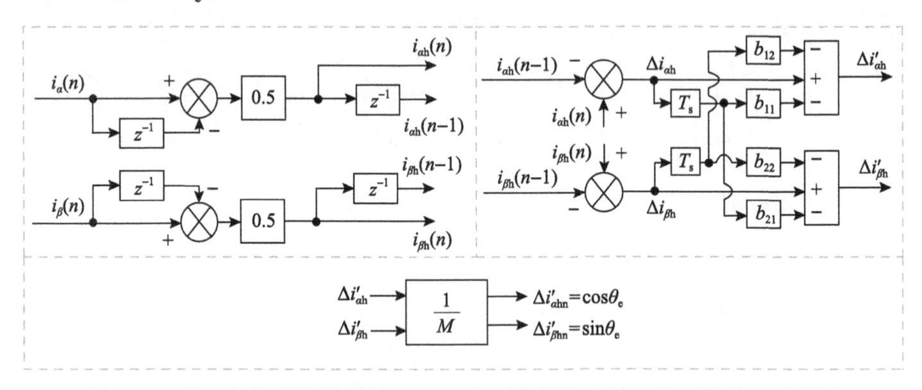

图 9.20　基于矢量磁路模型的 PMSM 高频信号注入转子位置估计方法框图

9.3.3　实验验证

为了验证所提出的基于矢量磁路模型的 PMSM 高频信号注入位置观测器，在图 9.5 所示的 PMSM 样机上进行了实验。在实验中，两电平电压源型逆变器的直流母线电压为 150V。采样和控制频率设置为 5kHz。注入电压幅值为 20V，频率为 2.5kHz。

图 9.21 给出了空载条件下，使用基于矢量磁路模型的 PMSM 高频信号注入位置观测器的实验结果。图 9.21(a)为三相电流实验波形，其中包含注入高频信号分量。图 9.21(b)给出了 $\alpha\beta$ 轴高频电流波形。图 9.21(c)为式(9.52)中的正交位置信号，包含转子位置信息，并将其输入给转子位置观测器。图 9.21(d)为估计位置及其与实际值的偏差，即$\Delta\theta_{\mathrm{em}}$。可以看出，通过式(9.39)的运算，可以很方便地获得包含位置信息的高频响应电流，并通过基于矢量磁路的高频模型提取转子位置，估计的转子电角度数值与实际值接近。

为了验证基于矢量磁路模型的高频信号注入无位置传感器控制方法的有效性，在转速 60r/min、额定负载下比较了不同方法的位置观测器性能。电机进入稳态运行后，控制器存储 700 个转子位置的估计误差数据$\Delta\theta_{em}$，对估计误差的平均值和峰值进行计算。额定负载下位置估计的稳态性能如图 9.22 所示，其中图 9.22(a)给出了传统位置观测器的稳态位置误差$\Delta\theta_{em}$，位置误差平均值为 2.5°，峰值为 5°。图 9.22(b)给出了基于矢量磁路模型的位置观测器稳态位置误差$\Delta\theta_{em}$，位置误差平均值为 1.2°，峰值为 4.1°。

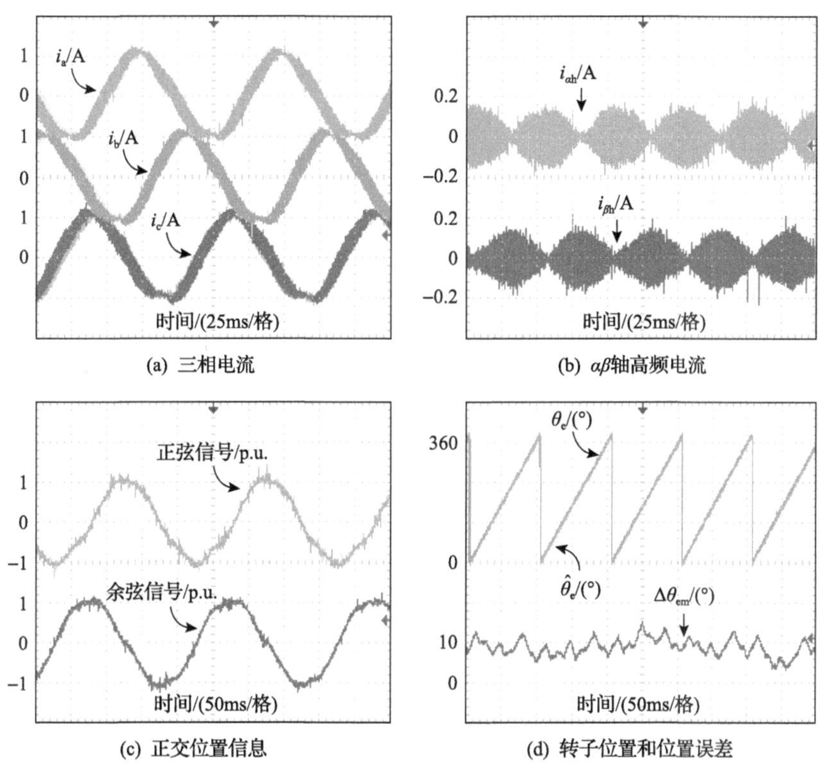

(a) 三相电流　(b) $\alpha\beta$轴高频电流

(c) 正交位置信息　(d) 转子位置和位置误差

图 9.21　60r/min 空载条件下基于矢量磁路模型的位置观测器稳态性能

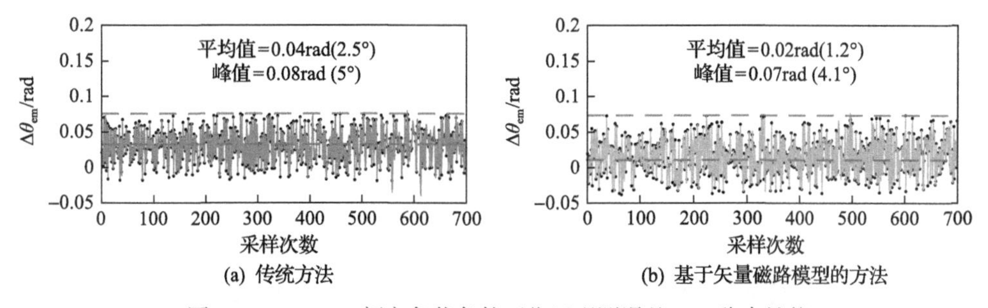

(a) 传统方法　(b) 基于矢量磁路模型的方法

图 9.22　60r/min 额定负载条件下位置观测误差$\Delta\theta_{em}$稳态性能

不同工作点下位置观测结果误差$\Delta\theta_{em}$实验结果如图 9.23 所示，可以看出，基于矢量磁路考虑涡流反作用的位置观测器在不同条件下都能提高转子位置的观测精度。因此，与传统位置观测方法对比，所提出的基于矢量磁路电机模型高频注入的位置观测方法可有效提高凸极永磁电机的位置观测性能。

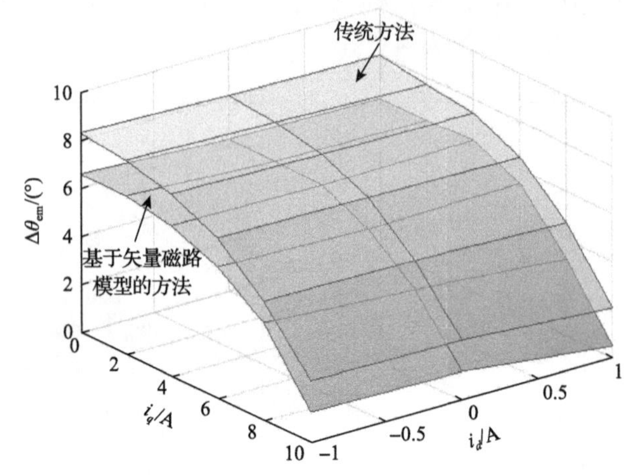

图 9.23　60r/min 不同运行条件下位置观测误差$\Delta\theta_{em}$稳态性能

9.4　基于磁感凸极性的磁通切换永磁电机无位置传感器控制

对于 PMSM，高频信号也可以在$\alpha\beta$坐标系中注入，以满足无位置传感器控制要求，其中 PMSM 在$\alpha\beta$坐标系下的高频数学模型可以表示为

$$\begin{bmatrix} pi_{\alpha h} \\ pi_{\beta h} \end{bmatrix} = \frac{1}{\overline{L}^2 - \Delta L^2} \begin{bmatrix} \overline{L} - \Delta L\cos(2\theta_e) & -\Delta L\sin(2\theta_e) \\ -\Delta L\sin(2\theta_e) & \overline{L} + \Delta L\cos(2\theta_e) \end{bmatrix} \begin{bmatrix} u_{\alpha h} \\ u_{\beta h} \end{bmatrix} \tag{9.53}$$

$$\overline{L} = \frac{L_d + L_q}{2},\quad \Delta L = \frac{L_d - L_q}{2} \tag{9.54}$$

式中，θ_e为转子的电角度。$\alpha\beta$坐标系下的高频数学模型包含了电机控制所需要的转子位置信息。假定注入的高频电压信号频率为ω_h，幅值为V_h，并且在α轴上注入，则高频电压信号可以表示为

$$\begin{bmatrix} u_{\alpha h} \\ u_{\beta h} \end{bmatrix} = \begin{bmatrix} V_h\cos(\omega_h t) \\ 0 \end{bmatrix} \tag{9.55}$$

将式(9.55)代入式(9.53)，可以得到β轴高频响应电流的表达式为

$$i_{\beta h} = \frac{-\Delta L V_h \sin(2\theta_e)}{\omega_h(\overline{L}^2 - \Delta L^2)}\sin(\omega_h t) \tag{9.56}$$

由式(9.56)可以看出，β 轴高频响应电流 $i_{\beta h}$ 包含了转子位置信息 θ_e。通过传统的信号解调可以提取高频电流的幅值，其系统结构框图如图 9.24 所示。

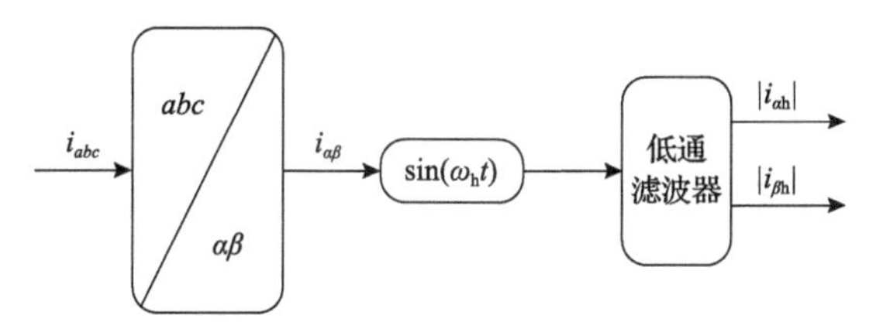

图 9.24　$\alpha\beta$ 坐标系下高频电流提取原理框图

首先，高频响应电流 $i_{\beta h}$ 乘以 $\sin(\omega_h t)$ 可得

$$i_{\beta h}\sin(\omega_h t)=\frac{-\Delta L V_h \sin(2\theta_e)}{2\omega_h(\bar{L}^2-\Delta L^2)}(1-\cos(2\omega_h t)) \tag{9.57}$$

然后，通过低通滤波器滤除频率为 $2\omega_h$ 的高频分量，可以得到 $i_{\beta h}$ 的幅值为

$$\left|i_{\beta h}\right|=\frac{-\Delta L V_h \sin(2\theta_e)}{2\omega_h(\bar{L}^2-\Delta L^2)} \tag{9.58}$$

通过式(9.58)，可以获得转子位置角 θ_e。但是，式(9.58)也揭示了基于高频注入无位置传感器控制方法的局限性，即当 $\Delta L=0$（d 轴电感和 q 轴电感相等）时，高频响应电流 $i_{\beta h}=0$，从而无法辨识出转子位置角 θ_e。

9.4.1　磁通切换永磁电机凸极性分析

磁通切换永磁(FSPM)电机具有凸极定子与凸极转子结构，似乎 FSPM 电机具有很高的凸极率(L_q/L_d)。但事实上，在绝大多数情况下，FSPM 电机凸极率很低。这一现象通过磁场调制理论已经得到了很好的解释[18]。简单来说，FSPM 电机在数学模型上类似于表贴式 PMSM[19]。本节以 6/19 极 FSPM 为分析对象，电机的拓扑结构和三维模型如图 9.25 所示。该电机的 d 轴和 q 轴的电感波形如图 9.26 所示。

从图 9.26 中可以观察到，d 轴电感平均值约为 285.6μH，q 轴电感平均值约为 319.9μH，L_q/L_d=1.12，表明该 FSPM 电机的凸极率非常低，这不利于基于高频信号注入的无位置传感器控制。此外，由于 FSPM 电机自身的结构和磁饱和的影响，电感波形在一个电周期内变化了六次，电感波形中存在相当大的高次谐波，可能导致无位置传感器控制中的多凸极问题(L_q/L_d 随转子位置改变)[20,21]。如果忽略这个问题，估计的转子位置 θ_e 将出现脉动。

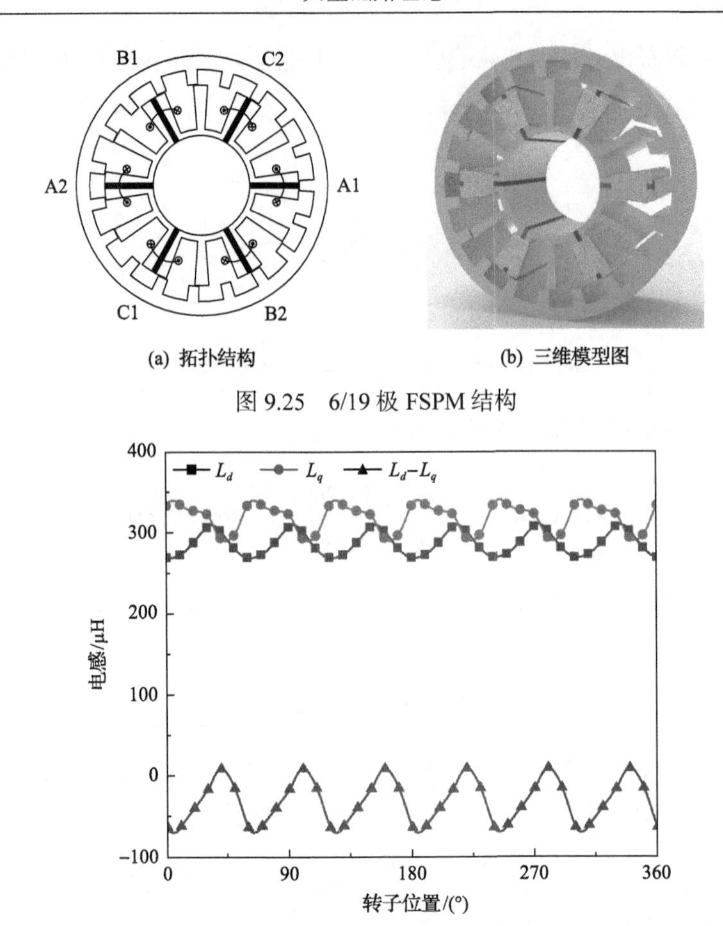

图 9.25　6/19 极 FSPM 结构

图 9.26　d 轴和 q 轴电感波形

为了研究 FSPM 电机的凸极率，在α 轴上注入 8V-2kHz 正弦电压，如图 9.27 所示。然后，电机以 50r/min 转速旋转。通过传统的信号解调方法可以获得β 轴高频响应电流幅值$|i_{\beta\mathrm{h}}|$。$|i_{\beta\mathrm{h}}|$的基波和二次谐波可以通过与它们各自的频率相对应的带通滤波器来获得。基波信号中包括期望的转子位置信息，而二次谐波则是位置观测的干扰。如图 9.28 所示，$|i_{\beta\mathrm{h}}|$的基波的幅值约为 25mA，几乎等于二次谐波的幅值，这表明难以将基波信号从$|i_{\beta\mathrm{h}}|$分离出来。低凸极率和多凸极问题可能导致基于高频信号注入的 FSPM 电机无位置传感器控制无法运作。

在传统观念中，当忽略磁路饱和时，电机的电感只与磁路的磁阻有关。但是，根据矢量磁路理论[22]，电机的等效电感同时受到电机磁感的影响。一般电机设计完成时，电机的磁路磁阻就已经确定，因此电感将很难改变。但是，根据矢量磁路理论，等效电感也同时依赖于磁感。因此，通过主动差异化 d 轴和 q 轴磁感，改变 d 轴和 q 轴等效电感来满足基于高频信号注入的无位置传感器控制条件 $\Delta L \neq 0$ 。在磁路中增加磁感元件后的矢量磁路模型如图 9.29 所示。

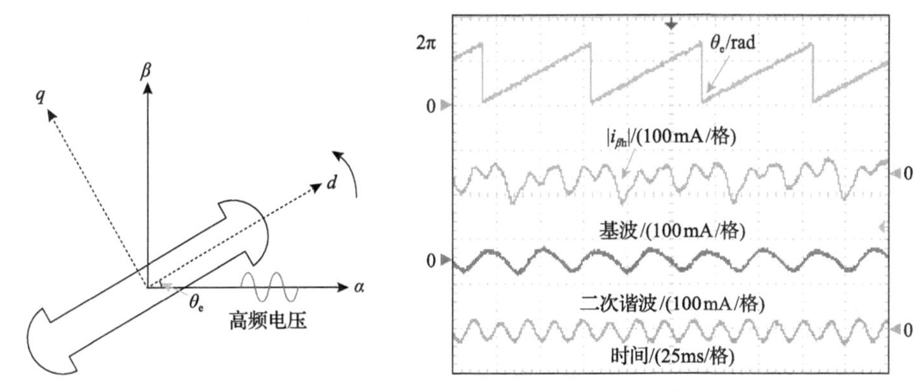

图 9.27　α 轴高频电压信号注入示意图

图 9.28　$|i_{\beta\mathrm{h}}|$ 及其基波与二次谐波波形图

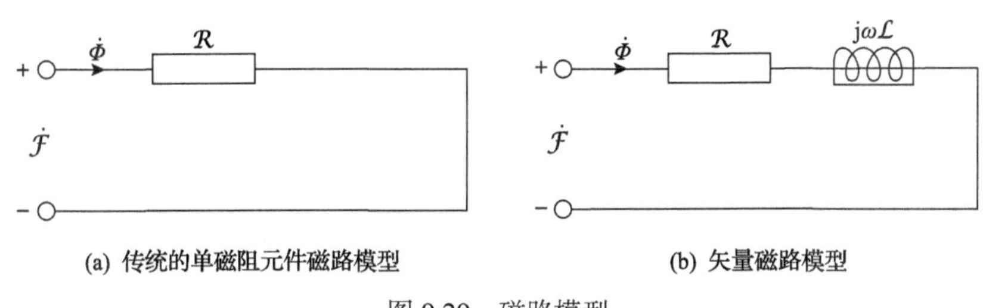

(a) 传统的单磁阻元件磁路模型　　(b) 矢量磁路模型

图 9.29　磁路模型

矢量磁路模型的方程可以表示为

$$\dot{\mathcal{F}} = \mathcal{R}\dot{\Phi} + \mathrm{j}\omega\mathcal{L}\dot{\Phi} \tag{9.59}$$

式中，$\mathcal{L}$ 为磁路的磁感。磁感可以认为是短路线圈在磁路中的映射。和传统单磁阻元件磁路模型方程的推导类似，式(9.59)可以改写为

$$N\dot{\Phi} = \frac{N^2}{\mathcal{R} + \mathrm{j}\omega\mathcal{L}}\dot{I} \tag{9.60}$$

为了计及磁感引起电机等效电感的变化，定义复电感为 $\hat{L} = N^2 / (\mathcal{R} + \mathrm{j}\omega\mathcal{L})$。因此，新的磁链和电流的关系可以表达为

$$\dot{\psi} = \hat{L}\dot{I} \tag{9.61}$$

为了更直观地表现出电感和复电感的关系，将 $L = N^2 / \mathcal{R}$ 代入式(9.60)，可以得到

$$\hat{L} = \frac{\mathcal{R}}{\mathcal{R} + \mathrm{j}\omega\mathcal{L}}L \tag{9.62}$$

由式(9.62)可以看出，当 $\omega = 0$ 时，复电感 $\hat{L}$ 等于电感 L。当 $\omega \to \infty$ 时，复电感 $\hat{L}$ 的

幅值趋近于 0。因此，可以得出结论，通过在电机 d 轴或 q 轴方向增加磁感，可以调节在高频信号注入下 d 轴或 q 轴电感的大小，从而满足实现基于高频信号注入的无位置传感器控制算法条件 $\Delta L \neq 0$。由于 d 轴和 q 轴电感的不相等是通过改变 d 轴和 q 轴磁感实现的，为了与传统的利用 d 轴和 q 轴磁阻差异的无位置传感器控制算法区别，将该方法命名为基于磁感凸极性的无位置传感器控制。

为了实现基于磁感凸极性的 FSPM 电机的无位置传感器控制，需要在 FSPM 电机的 d 轴方向增加磁感，或者说在 d 轴方向增加一个短路线圈。

首先，如图 9.30 所示，短路线圈放置在定子上，其中六个线圈分别放置在六个冗余齿上。图中，符号 F 表示线圈。然后，将六个线圈反向串联，如图 9.31 所示。因此，短路线圈的绕组函数可以表示为

$$N_{\mathrm{f}}(\theta)=\sum_{n=1}^{\infty} N_{\mathrm{f}n} \sin(nP_{\mathrm{f}}\theta) \tag{9.63}$$

式中，$N_{\mathrm{f}n}$ 为 n 次谐波绕组函数的系数；P_{f} 为短路线圈的绕组函数的极对数；θ 为定义在定子上的机械角度；下标 f 表示短路线圈。在忽略铁磁材料的磁阻和饱和的前提下，当转子为光滑圆柱，定子铁心开槽时，气隙磁导可以表示为

$$\Lambda_{\mathrm{s}}(\theta)=\Lambda_{\mathrm{s}0}+\sum_{n=1}^{\infty} \Lambda_{\mathrm{s}n} \cos(nZ_{\mathrm{s}}\theta) \tag{9.64}$$

式中，Λ_{s} 为定子磁导；Z_{s} 为定子齿数。同理，当定子为光滑圆柱，转子铁心开槽时，气隙磁导可以表示为

$$\Lambda_{\mathrm{r}}(\theta,\theta_{\mathrm{r}})=\Lambda_{\mathrm{r}0}+\sum_{n=1}^{\infty} \Lambda_{\mathrm{r}n} \cos(nZ_{\mathrm{r}}(\theta-\theta_{\mathrm{r}})) \tag{9.65}$$

式中，Λ_{r} 为转子磁导；Z_{r} 为转子齿数。当定子和转子铁心均开槽时，气隙磁导可以表示为

$$\Lambda_{\mathrm{sr}}(\theta,\theta_{\mathrm{r}})=\Lambda_{\mathrm{s}}(\theta)\Lambda_{\mathrm{r}}(\theta,\theta_{\mathrm{r}}) \tag{9.66}$$

将式(9.64)和式(9.65)代入式(9.66)可以得到

$$\begin{aligned}
\Lambda_{\mathrm{sr}}(\theta,\theta_{\mathrm{r}})=&\Lambda_{\mathrm{s}0}\Lambda_{\mathrm{r}0}+\Lambda_{\mathrm{r}0}\sum_{n=1}^{\infty}\Lambda_{\mathrm{s}n}\cos(nZ_{\mathrm{s}}\theta)+\Lambda_{\mathrm{s}0}\sum_{n=1}^{\infty}\Lambda_{\mathrm{r}n}\cos(nZ_{\mathrm{r}}(\theta-\theta_{\mathrm{r}}))\\
&+\frac{1}{2}\sum_{n=1}^{\infty}\sum_{m=1}^{\infty}\Lambda_{\mathrm{s}n}\Lambda_{\mathrm{r}m}\cos((nZ_{\mathrm{s}}+mZ_{\mathrm{r}})\theta-mZ_{\mathrm{r}}\theta_{\mathrm{r}})\\
&+\frac{1}{2}\sum_{n=1}^{\infty}\sum_{m=1}^{\infty}\Lambda_{\mathrm{s}n}\Lambda_{\mathrm{r}m}\cos((nZ_{\mathrm{s}}-mZ_{\mathrm{r}})\theta+mZ_{\mathrm{r}}\theta_{\mathrm{r}})
\end{aligned} \tag{9.67}$$

因此，短路线圈的电感可以表示为

$$L_{xf}=\frac{D_{1i}}{2}l_{stk}\int_0^{2\pi}\Lambda_{sr}(\theta,\theta_r)N_x(\theta)N_f(\theta)d\theta \tag{9.68}$$

式中，N_x 为绕组函数，下标 x=a,b,c,f；D_{1i} 和 l_{stk} 分别为定子内径和叠片的有效长度。以 6/19 极 FSPM 电机为例，Z_s 和 Z_r 分别等于 6 和 19。短路线圈 P_f 的极对数为 3。N_f 的平方可以表示为

$$\begin{aligned}N_f^2(\theta)=&-\frac{1}{2}\sum_{u=1}^{\infty}\sum_{v=1}^{\infty}N_{fu}N_{fv}\cos((u+v)P_f\theta)\\&+\frac{1}{2}\sum_{u=1}^{\infty}\sum_{v=1}^{\infty}N_{fu}N_{fv}\cos((u-v)P_f\theta)\end{aligned} \tag{9.69}$$

因此，$N_f^2(\theta)$ 的极对数为 $3(u\pm v)$。根据三角函数的正交性，只有当 $3(u\pm v)=6n+19m$ 时，$N_f^2(\theta)$ 和 Λ_{sr} 在 0～2π 区间上的积分才为非零。如果只考虑零阶和一阶分量，L_{ff} 可以表示为

$$L_{ff}=\frac{D_{1i}}{2}l_{stk}\int_0^{2\pi}\left[\frac{N_{f1}^2}{2}(1-\cos(2P_f\theta))(\Lambda_{s0}\Lambda_{r0}+\Lambda_{r0}\Lambda_{s1}\cos(Z_s\theta))\right]d\theta \tag{9.70}$$

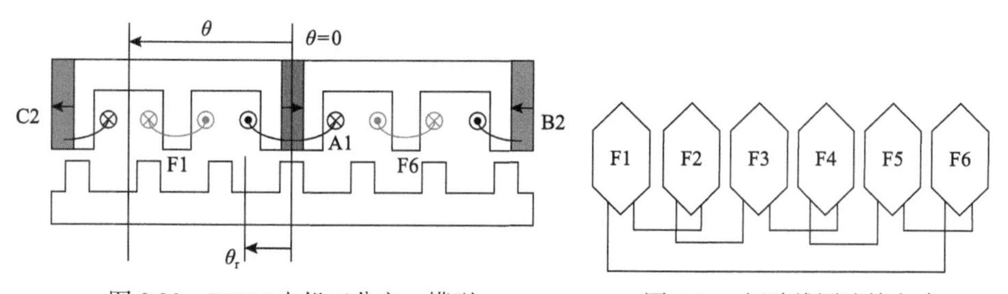

图 9.30　FSPM 电机三分之一模型　　图 9.31　短路线圈连接方式

从式(9.70)中可以观察到，由于三角函数的正交性，L_{ff} 基本与转子位置 θ_r 无关。短路线圈的电感波形如图 9.32 所示。互感 L_{af} 取决于转子位置，当 θ_r 等于零时，互感 L_{af} 获得最小值。此外，互感 L_{df} 几乎保持不变，并且 L_{qf} 近似等于零。因此，在 dq 坐标系中，短路线圈可以视为与 d 轴同步旋转的等效线圈，如图 9.33 所示。

图 9.34 为使用短路线圈改变 FSPM 电机凸极率的实验结果。高频电流中基波分量幅值约为 50mA，与之前没有短路线圈的幅值相比，增加了一倍。然而，二次谐波的幅值并没有显著增加。因为基波的幅值几乎是二次谐波幅值的 2 倍，所以很容易从 $|i_{\beta h}|$ 中消除二次谐波。结果表明，通过增加短路线圈可产生磁感凸极性，从而可以改变电机的凸极率。

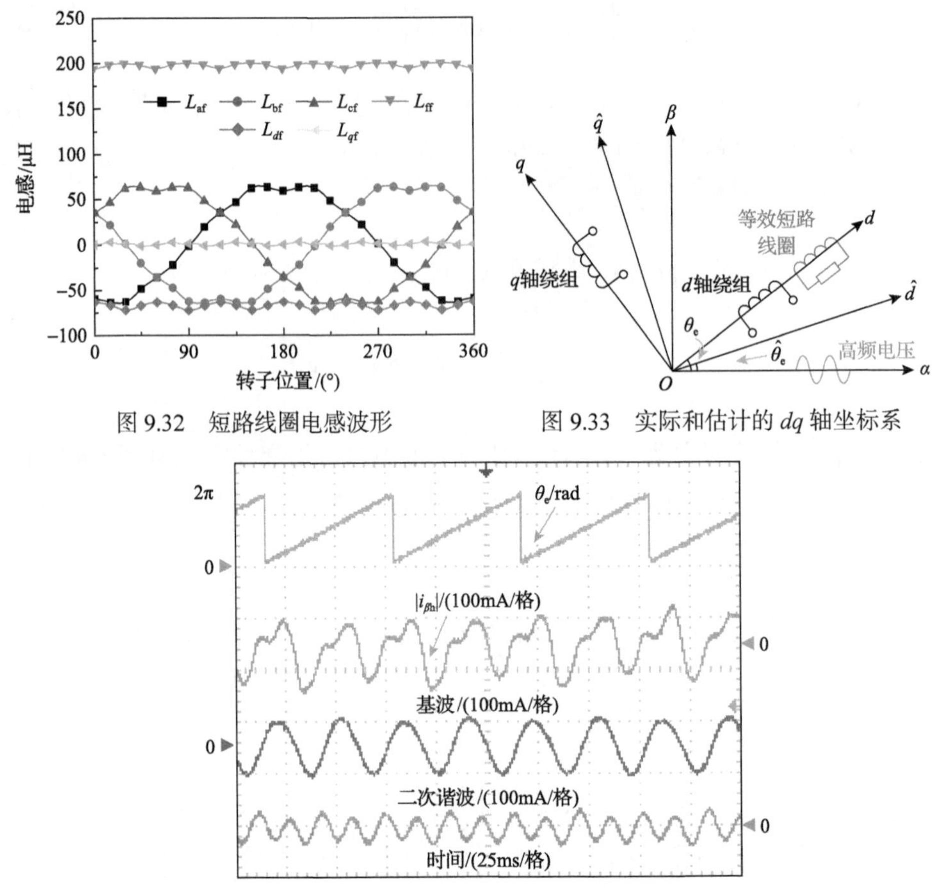

图 9.32　短路线圈电感波形

图 9.33　实际和估计的 dq 轴坐标系

图 9.34　安装短路线圈后 $|i_{\beta h}|$ 及其基波与二次谐波波形图

在 FSPM 电机上增加短路线圈之后，不可避免地会增加一些额外的损耗。为考虑 FSPM 电机正常运行过程中短路线圈造成的额外损耗，在有限元软件 ANSYS Electronics 中，FSPM 电机在没有高频电压信号注入的情况下以 120r/min 的速度运行。当在 FSPM 电机单个冗余齿上绕制短路线圈，短路线圈匝数 N_f 等于 50 时，短路线圈的电阻为 3Ω。在图 9.35 中，此时短路线圈中感应电流的有效值在 40mA 以内。短路线圈中的损耗小于 0.5mW，这对电机运行的影响是微乎其微的。

下面分析在高频电压信号注入的情况下短路线圈所产生的损耗。将大小为 $1\times\sin(2\pi\times2000\times t)$A 的高频电流沿 FSPM 电机 d 轴方向注入，d 轴方向与 a 相轴线对齐。在图 9.36 中，显示了短路线圈中高频电流幅值和 d 轴高频磁链与 N_f 之间的关系。横坐标 N_f 选取 $5k(k=0,1,2,\cdots)$ 匝为刻度值，可以观察到，在加入短路线圈后 $(k>0)$ 感应电流和 d 轴磁链的幅值随着 N_f 的增加而减小。d 轴磁链的减小表明 d 轴等效电感减小。短路线圈的高频损耗如图 9.37 所示，损耗随着 N_f 的增加而

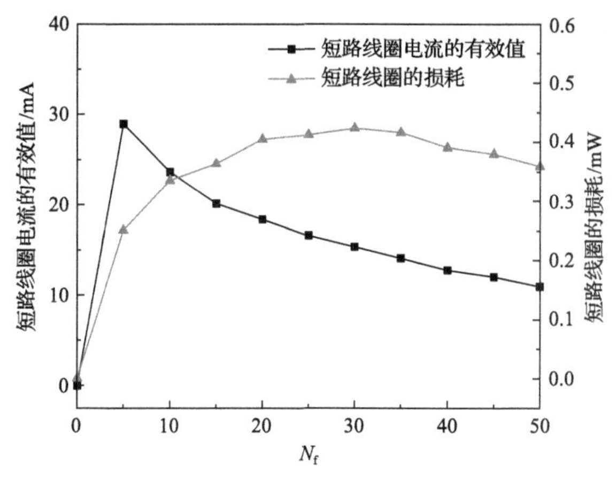

图 9.35　短路线圈的电流有效值和损耗

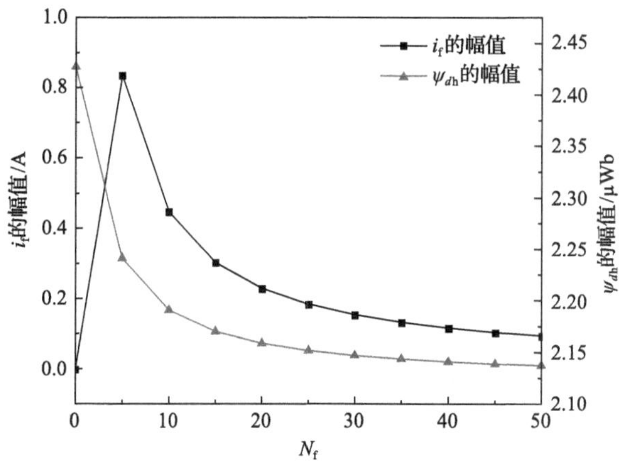

图 9.36　i_f幅值和ψ_{dh}幅值

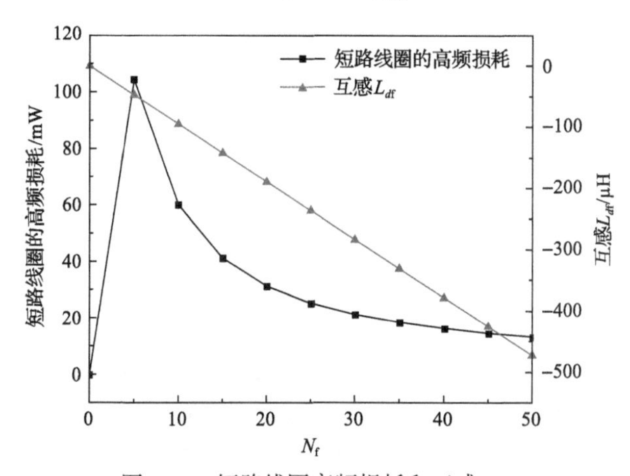

图 9.37　短路线圈高频损耗和互感 L_{df}

减小。此外，损耗的大小在 120mW 以内，这是可以接受的。考虑到随着 N_f 增加，d 轴高频磁链减小的速度变慢，同时短路线圈损耗也趋近于常数。因此，N_f 数值可以在 5～15 范围内选择。

9.4.2　磁通切换永磁电机无位置传感器控制方法

首先，将依赖于 $2\theta_e$ 的凸极性定义为主凸极性。多凸极模型可以表示为

$$\begin{bmatrix} i_{\alpha h} \\ i_{\beta h} \end{bmatrix} = \begin{bmatrix} I_p + I_n\cos(2\theta_e) + \sum I_{n\_h_m}\cos((2-h_m)\theta_e - \Delta\varphi) \\ I_n\sin(2\theta_e) + \sum I_{n\_h_m}\sin((2-h_m)\theta_e - \Delta\varphi) \end{bmatrix}\sin(\omega_h t),\quad h_m = 4,6,\cdots \tag{9.71}$$

式中，$I_{n\_h_m}$ 是 h_m 次分量的幅值；下标“h_m”代表第 h_m 阶次的凸极。关于多凸极模型的更多信息可以参考文献[20]。

为了消除位置估计中由多凸极问题引起的谐波，应用了二阶广义积分器锁相环(SOGI-FLL)。SOGI-FLL 的结构如图 9.38 所示，SOGI-FLL 的输入可以表示为

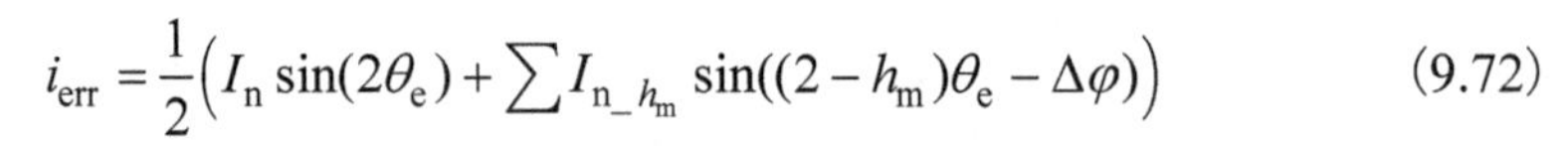

$$i_{err} = \frac{1}{2}\left(I_n\sin(2\theta_e) + \sum I_{n\_h_m}\sin((2-h_m)\theta_e - \Delta\varphi)\right) \tag{9.72}$$

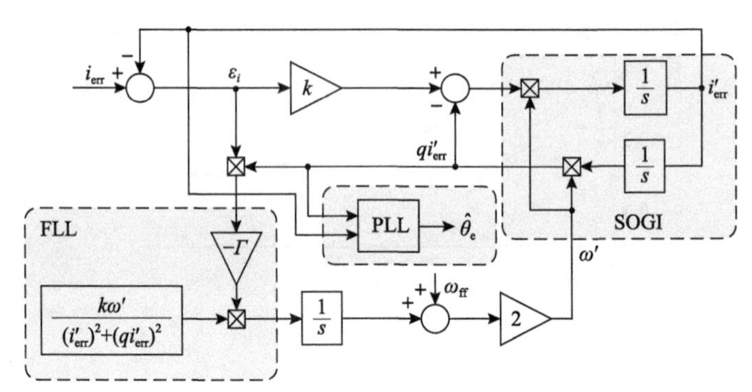

图 9.38　基于 SOGI-FLL 的位置观测器结构框图

SOGI 的传递函数可以表示为

$$D(s) = \frac{i'_{err}(s)}{i_{err}(s)} = \frac{k\omega_0 s}{s^2 + k\omega_0 s + \omega_0^2} \tag{9.73}$$

$$Q(s) = \frac{qi'_{err}(s)}{i_{err}(s)} = \frac{k\omega_0}{s^2 + k\omega_0 s + \omega_0^2} \tag{9.74}$$

式中，ω_0 为中心频率。很明显，$D(s)$ 是带通滤波器类型的传递函数。同时，在中心频率 ω_0 处，传递函数 $Q(s)$ 可以等效为积分器。SOGI 的伯德图如图 9.39 所示。因此，SOGI 可以消除来自输入 i_{err} 的谐波，同时 SOGI 可以构建与输入信号 i_{err} 幅值相同但相位差 90°的信号[23,24]。

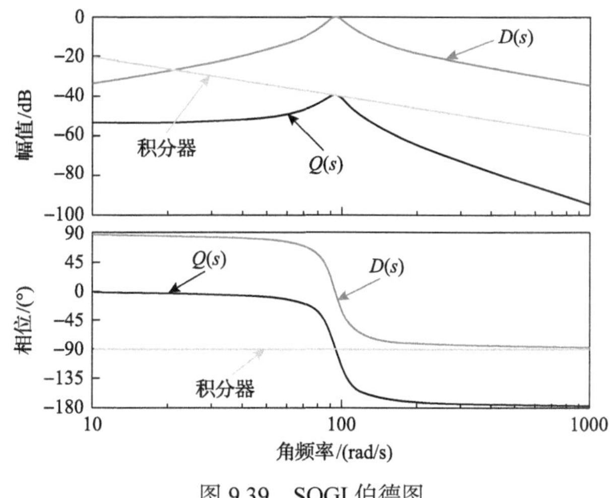

图 9.39　SOGI 伯德图

为了提高 SOGI 的动态性能，使用锁频环(FLL)来估计角频率，然后将角频率反馈到 SOGI 中实现角频率自适应调整。同时，将与参考速度相关的前馈频率 ω_{ff} 添加到控制回路中，以使 SOGI 收敛得更快。当 SOGI-FLL 达到稳态时，其输出可以表示为

$$i'_{\mathrm{err}} = A\sin(2\theta_{\mathrm{e}}) \tag{9.75}$$

$$qi'_{\mathrm{err}} = -A\cos(2\theta_{\mathrm{e}}) \tag{9.76}$$

式中，A 为幅值。进一步可以通过锁相环来获得估计的转子机械位置。图 9.40 为基于磁感凸极 FSPM 电机的高频信号注入无位置传感器控制框图。

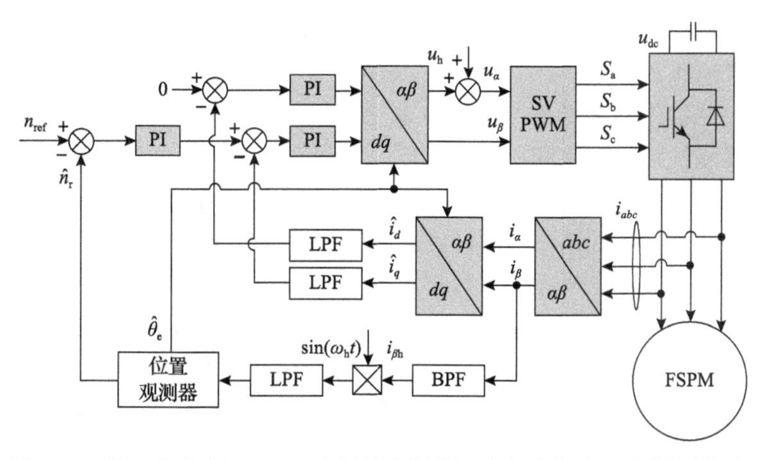

图 9.40　基于磁感凸极 FSPM 电机的高频信号注入无位置传感器控制框图

9.4.3 实验验证

为了验证所提出的方法，建立了 FSPM 电机无位置传感器控制实验平台，如图 9.41 所示。6/19 极 FSPM 电机主要参数如表 9.2 所示。根据基于磁感凸极性的 FSPM 电机的高频信号注入无位置传感器控制方法原理[25]，将 8V-2kHz 正弦电压注入 α 轴，以实现基于磁感凸极性的无位置控制算法。

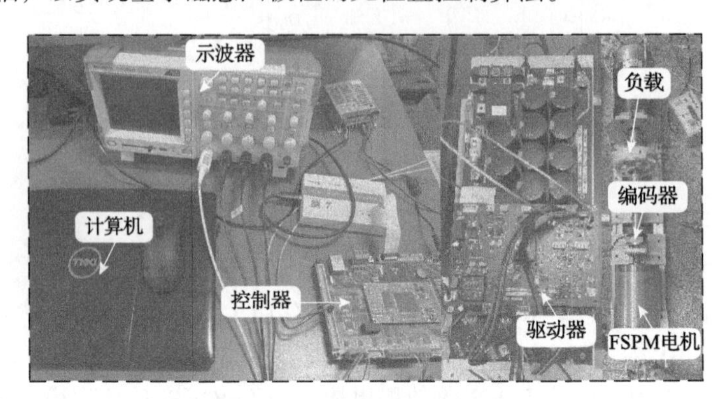

图 9.41　FSPM 实验平台照片

表 9.2　FSPM 电机主要参数

参数名称	数值	参数名称	数值
额定转速	120r/min	最大转速	986.7r/min
d 轴电感	285.6μH	q 轴电感	319.9μH
定子电阻	0.4Ω	额定电流	20A

实验中对没有短路线圈和有短路线圈的无位置传感器控制方法进行对比。实验中短路绕组匝数 N_f 设为 50。将短路线圈的两端引出电机，可采用连接器在电机外部连接短路线圈。实验结果如图 9.42 所示，电机以 50r/min 的速度运行，$\Delta\theta_e$ 是实际位置和估计位置之间的误差。可以观察到，在短路线圈断开之前，位置误差在±0.1rad 的范围内。然而，在短路线圈断开后，位置误差将增加到 –0.4rad。因此，利用磁感凸极性来改善无位置控制是有效的。

为了验证 FSPM 电机无位置传感器控制的稳态性能，在实验中电机以 50r/min 运行，三相电流波形如图 9.43 所示，可以观察到三相电流波形是对称和正弦的。高频电流信号叠加在三相电流上，由于高频电压在 α 轴上注入，a 相电流的脉动大于其他两相电流的脉动。图 9.44 为 SOGI 的输出正交信号。FSPM 电机具有多凸极，因此 i_{err} 谐波通过 SOGI 滤波后，i'_{err} 和 qi'_{err} 的波形正弦度高，且两者之间的相位差为 90°。

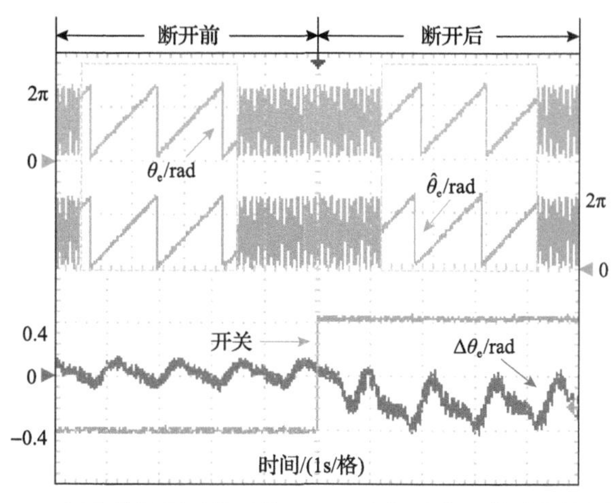

图 9.42　短路线圈断开前后的 FSPM 电机无位置传感器控制对比

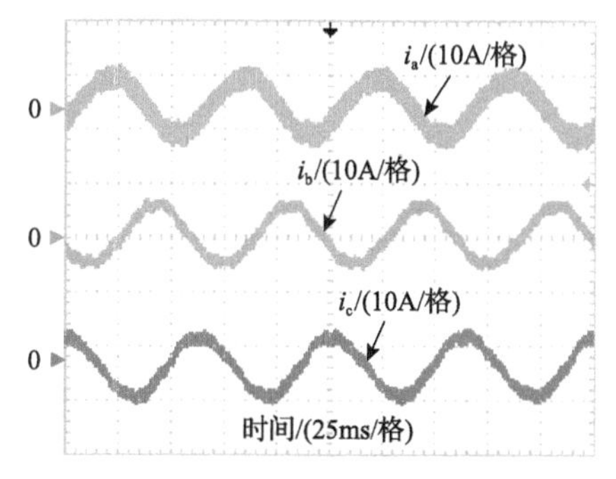

图 9.43　三相电流波形图

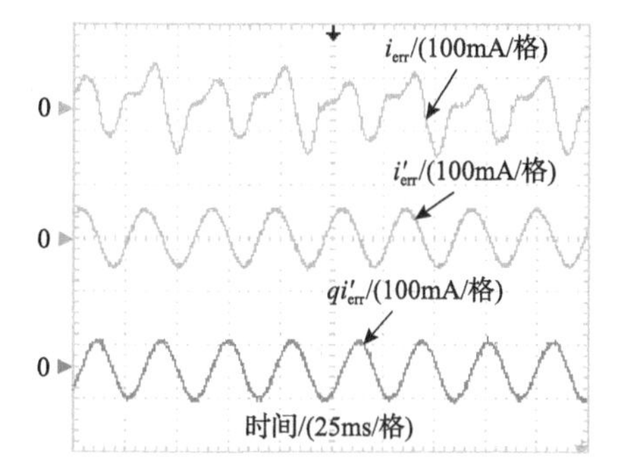

图 9.44　SOGI-FLL 性能验证

图 9.45 显示了实际转速与估计转速之间的对比。在稳态下，实际转速与估计转速之间的速度误差在±3r/min 范围内。图 9.46 为转子估计位置角与转子实际位置角之间的比较。可以观察到，最大位置角误差值大约为 0.1rad。图 9.47 显示所提出的无位置传感器控制方法在额定负载下的启动性能，给定的转速参考值为 50r/min，电机可在 300ms 内跟踪上给定的参考速度。在电机启动的短时间内，电机位置观测误差迅速收敛到零附近，并且位置误差保持在±0.1rad 范围内。图 9.48 显示了在额定负载下转速参考值发生阶跃变化时无位置传感器控制方法的动态性能，其中速度参考值从 40r/min 升为 60r/min，再从 60r/min 降为 40r/min。可以观察到，无论是在加速阶段还是减速阶段，电机速度都能很好地跟踪参考值。此外，在电机的加速和减速阶段，电机位置观测误差将增加。然而，当电机进入稳态时，位置观测误差仍将收敛到±0.1rad 的范围内。综上所述，本节提出了一种基于磁感凸极性的 FSPM 电机无位置传感器控制方法，解决了 FSPM 电机低磁阻凸极性下的高频注入无位置传感器控制算法难以执行的问题，实验验证了提出方法的有效性。

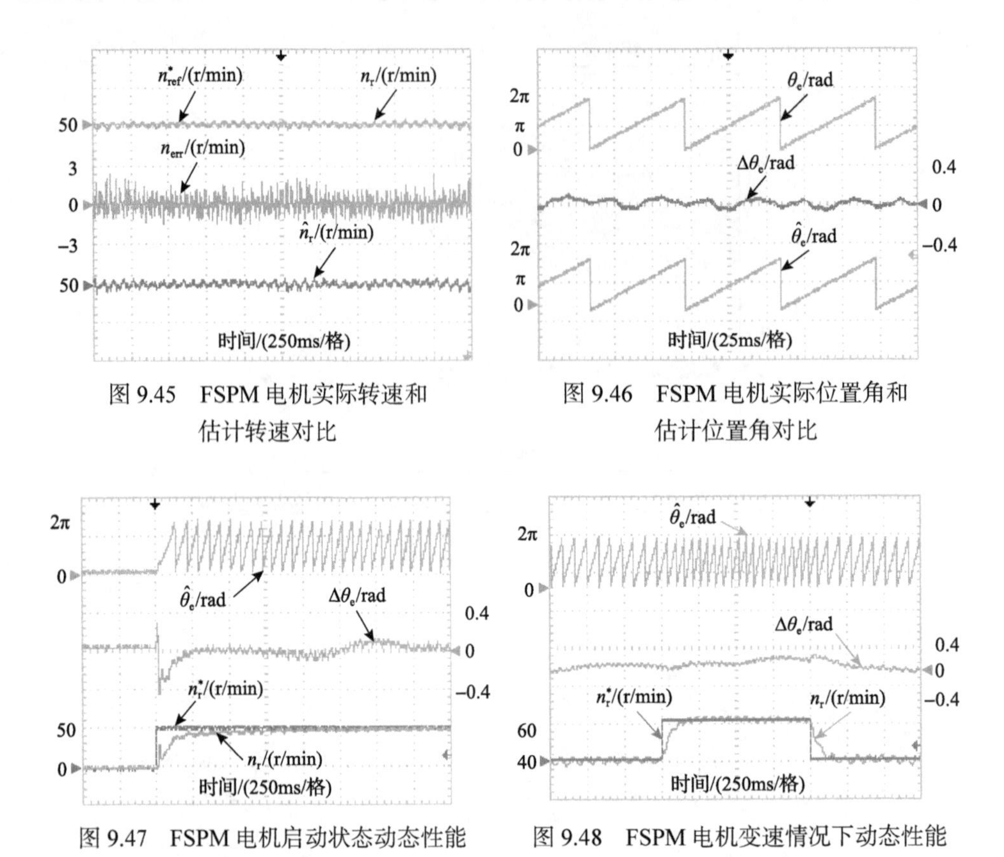

图 9.45　FSPM 电机实际转速和估计转速对比

图 9.46　FSPM 电机实际位置角和估计位置角对比

图 9.47　FSPM 电机启动状态动态性能

图 9.48　FSPM 电机变速情况下动态性能

参 考 文 献

[1] Levi E. Impact of iron loss on behavior of vector controlled induction machines[J]. IEEE Transactions on Industry Applications, 1995, 31(6): 1287-1296.

[2] Uezato K, Senjyu T, Tomori Y. Modeling and vector control of synchronous reluctance motors including stator iron loss[J]. IEEE Transactions on Industry Applications, 1994, 30(4): 971-976.

[3] Jung J, Nam K. A vector control scheme for EV induction motors with a series iron loss model[J]. IEEE Transactions on Industrial Electronics, 1998, 45(4): 617-624.

[4] Urasaki N, Senjyu T, Uezato K. Relationship of parallel model and series model for permanent magnet synchronous motors taking iron loss into account[J]. IEEE Transactions on Energy Conversion, 2004, 19(2): 265-270.

[5] Zhang H T, Dou M F, Deng J. Loss-minimization strategy of nonsinusoidal back EMF PMSM in multiple synchronous reference frames[J]. IEEE Transactions on Power Electronics, 2020, 35(8): 8335-8346.

[6] Qu J Z, Zhang P J, Zhang C N, et al. Torque ripple reduction method for interior permanent

magnet synchronous machine drives with minimal loss[C]. IEEE Energy Conversion Congress and Exposition, Detroit, 2022: 1-7.

[7] Wang Z, Gu M R, Cheng M, et al. Modeling and predictive control of PMSM considering eddy-current reaction by vector magnetic circuit theory[J]. IEEE Transactions on Industrial Electronics, 2024, 71(8): 8491-8502.

[8] Cheng M, Qin W, Zhu X K, et al. Magnetic-inductance: Concept, definition, and applications[J]. IEEE Transactions on Power Electronics, 2022, 37(10): 12406-12414.

[9] Yamamoto S, Hirahara H, Tanaka A, et al. Universal sensorless vector control of induction and permanent-magnet synchronous motors considering equivalent iron loss resistance[J]. IEEE Transactions on Industry Applications, 2015, 51(2): 1259-1267.

[10] Springob L, Holtz J. High-bandwidth current control for torque-ripple compensation in PM synchronous machines[J]. IEEE Transactions on Industrial Electronics, 1998, 45(5): 713-721.

[11] Bae B H, Sul S K. A compensation method for time delay of full-digital synchronous frame current regulator of PWM AC drives[J]. IEEE Transactions on Industry Applications, 2003, 39(3): 802-810.

[12] Zhang G Q, Wang G L, Xu D G, et al. Discrete-time low-frequency-ratio synchronous-frame full-order observer for position sensorless IPMSM drives[J]. IEEE Journal of Emerging and Selected Topics in Power Electronics, 2017, 5(2): 870-879.

[13] Park Y, Sul S K. A novel method utilizing trapezoidal voltage to compensate for inverter nonlinearity[J]. IEEE Transactions on Power Electronics, 2012, 27(12): 4837-4846.

[14] Wang Z, Gao C L, Gu M R, et al. A novel vector magnetic circuit based position observer for IPMSM drives using high-frequency signal injection[J]. IEEE Transactions on Power Electronics, 2024, 39(1): 1333-1342.

[15] Szalay I, Fodor D, Enisz K. Comparison of square-wave and sinusoidal signal injection in sensorless polarity detection for PMSMs[C]. The 20th International Power Electronics and Motion Control Conference, Brasov, 2022: 583-589.

[16] Ni R G, Xu D G, Blaabjerg F, et al. Square-wave voltage injection algorithm for PMSM position sensorless control with high robustness to voltage errors[J]. IEEE Transactions on Power Electronics, 2017, 32(7): 5425-5437.

[17] Wang G L, Xiao D X, Zhang G Q, et al. Sensorless control scheme of IPMSMs using HF orthogonal square-wave voltage injection into a stationary reference frame[J]. IEEE Transactions on Power Electronics, 2019, 34(3): 2573-2584.

[18] Wang P X, Hua W, Zhang G, et al. Inductance characteristics of flux-switching permanent magnet machine based on general air-gap filed modulation theory[J]. IEEE Transactions on Industrial Electronics, 2022, 69(12): 12270-12280.

[19] 程明. 电机气隙磁场调制统一理论及应用[M]. 北京：机械工业出版社, 2021.

[20] Lin T C, Gong L M, Liu J M, et al. Investigation of saliency in a switched-flux permanent-magnet machine using high-frequency signal injection[J]. IEEE Transactions on Industrial Electronics, 2014, 61(9): 5094-5104.

[21] Lin T C, Zhu Z Q, Liu K, et al. Improved sensorless control of switched-flux permanent-magnet synchronous machines based on different winding configurations[J]. IEEE Transactions on Industrial Electronics, 2016, 63(1): 123-132.

[22] 秦伟，程明，王政，等. 矢量磁路及应用初探[J]. 中国电机工程学报，2024, 44(18): 7381-7394.

[23] Wang S Q, Ding D W, Zhang G, et al. Flux observer based on enhanced second-order generalized integrator with limit cycle oscillator for sensorless PMSM drives[J]. IEEE Transactions on Power Electronics, 2023, 38(12): 15982-15995.

[24] Yan Q Z, Zhao R D, Yuan X B, et al. A DSOGI-FLL-based dead-time elimination PWM for three-phase power converters[J]. IEEE Transactions on Power Electronics, 2019, 34(3): 2805-2818.

[25] Jiang Y, Cheng M, Xu Z Y. A new sensorless control of flux-switching permanent magnet machine based on magductance saliency[J]. IEEE Transactions on Industrial Electronics, 2024, DOI: 10.1109/TIE.2024.3508137.

附录　矢量磁路理论的量与单位

为方便读者理解与使用矢量磁路理论，参考中华人民共和国国家标准GB/T 3102.5—1993《电学和磁学的量和单位》和IEC 80000-6: 2022 *Quantities and Units–Part 6: Electromagnetism*，编制了本书所用到的主要磁量的符号与单位，如下表所示。

量的名称	符号	定义	单位
磁场强度 magnetic field strength	$\boldsymbol{H}$	$\nabla\times\boldsymbol{H}=\boldsymbol{J}+\dfrac{\partial\boldsymbol{D}}{\partial t}$ 式中，$\boldsymbol{J}$为传导电流密度， $\boldsymbol{D}$为位移电流密度	安[培]每米 A/m Ampere per meter
磁动势 magnetomotive force	$\mathcal{F}$	$\mathcal{F}=\oint\boldsymbol{H}\cdot\mathrm{d}\boldsymbol{r}$ 式中，r为距离	安[培] A Ampere
电流链 current linkage	Θ	穿过一闭合磁路的净传导电流为I， N匝相等电流I形成的电流链 $\Theta=NI$	安[培] A Ampere
电荷链 charge linkage	Γ	穿过一闭合磁路的净传导电荷 $\Gamma=\int\Theta\cdot\mathrm{d}\boldsymbol{A}$ 式中，A为面积	库[仑] C Coulomb
磁通[量]密度 magnetic flux density 磁感应强度 magnetic induction	$\boldsymbol{B}$	$\nabla\cdot\boldsymbol{B}=0$	特[斯拉] T Tesla
磁通[量] magnetic flux	Φ	$\Phi=\int\boldsymbol{B}\cdot\mathrm{d}\boldsymbol{A}$	韦[伯] Wb Weber
磁导率 permeability	μ	$\mu=\boldsymbol{B}/\boldsymbol{H}$	亨[利]每米 H/m Henry per meter
磁阻 reluctance	$\mathcal{R}$	$\mathcal{R}=\mathcal{F}/\Phi$	负一次方亨[利] H^{-1} Henry to the power minus one $1H^{-1}=1A/Wb$
磁感* magductance	$\mathcal{L}$	$\mathcal{L}=\Gamma/\Phi$	负一次方欧[姆] Ω^{-1} Ohm to the power minus one $1\Omega^{-1}=1C/Wb$

续表

量的名称	符号	定义	单位
磁容* hysteretance	C	$C=-\int \Phi \mathrm{d}t/\mathcal{F}$	韦[伯]秒每安[培] Wb·s/A Weber second per Ampere $1\mathrm{Wb\cdot s/A}=1\Omega^{-1}\cdot\mathrm{s}^2$
磁阻抗* magnetic impedance 复[数]磁阻抗 complex magnetic impedance	Z	$Z=\|Z\|\mathrm{e}^{\mathrm{j}\theta}=\mathcal{R}+\mathrm{j}\mathcal{X}$ 式中，$\mathcal{X}$为磁抗	负一次方亨[利] H^{-1} Henry to the power minus one $1\mathrm{H}^{-1}=1\mathrm{A/Wb}$
磁阻抗模* modulus of magnetic impedance	$\|Z\|$	$\|Z\|=\sqrt{\mathcal{R}^2+\mathcal{X}^2}$	负一次方亨[利] H^{-1} henry to the power minus one $1\mathrm{H}^{-1}=1\mathrm{A/Wb}$
磁阻抗角* magnetic impedance angle	θ	$\theta=\arctan\dfrac{\mathcal{X}}{\mathcal{R}}$	弧度 rad radian
磁抗* magnetic reactance	$\mathcal{X}$	$\mathcal{X}=\omega\mathcal{L}+\dfrac{1}{\omega C}$	负一次方亨[利] H^{-1} Henry to the power minus one $1\mathrm{H}^{-1}=1\mathrm{A/Wb}$
磁导纳* magnetic admittance 复[数]磁导纳 complex magnetic admittance	$\mathcal{Y}$	$\mathcal{Y}=1/Z$	亨[利] H Henry
磁导纳模* modulus of magnetic admittance	$\|\mathcal{Y}\|$	$\|\mathcal{Y}\|=\sqrt{\mathcal{G}^2+\mathcal{B}^2}$	亨[利] H Henry
磁导 magnetic conductance	$\mathcal{G}$	$\mathcal{G}=1/\mathcal{R}$ 磁导纳的实部	亨[利] H Henry
磁纳* magnetic susceptance	$\mathcal{B}$	$\mathcal{B}=1/\mathcal{X}$ 磁导纳的虚部	亨[利] H Henry
磁滞角 magnetic hysteretic angle	γ	磁滞效应所造成的相移	弧度 rad radian
磁路复功率* magnetic circuit complex power	S	$S=\mathcal{P}+\mathrm{j}\mathcal{Q}$	伏[特]安[培] V·A Volt Ampere
磁路有功功率* magnetic circuit active power	$\mathcal{P}$	$\mathcal{P}=\omega\|\dot{\Phi}\|^2\left(\omega\mathcal{L}+\dfrac{1}{\omega C}\right)$	瓦[特] W Watt
磁路无功功率* magnetic circuit reactive power	$\mathcal{Q}$	$\mathcal{Q}=\omega\mathcal{R}\|\dot{\Phi}\|^2$	乏 var
磁路能量 magnetic circuit energy	$\mathcal{W}$	$\mathcal{W}=\dfrac{1}{2}\mathcal{R}\|\dot{\Phi}\|^2$	焦[耳] J Joule 1kW·h =3.6MJ

注：带“*”号的磁量是国家标准 GB/T 3102.5—1993 和国际标准 IEC 80000-6: 2022 中没有的，为矢量磁路理论新引入的磁量。